# 量子线路映射与优化

管致锦　程学云　朱鹏程　著

科学出版社

北京

# 内 容 简 介

量子线路映射及优化是量子算法部署到量子计算设备的关键环节。本书主要研究满足量子计算设备物理约束的量子线路变换和映射问题。在给出量子线路映射的发展历史和相关预备知识的基础上，把研究内容分为上下两篇：上篇聚焦于量子线路逻辑变换，主要探讨如何将可逆/量子线路转换为满足量子计算设备物理约束的低级量子线路，包括可逆/量子线路变换与优化、分解变换与优化、线性最近邻量子线路变换等问题；下篇针对当前量子计算设备普遍存在的多种物理局限性，提出相应的解决方案，包括量子线路初始映射、量子比特近邻化及路由、噪声约束的量子线路映射及优化、分布式映射及优化等。本书试图站在计算机工程技术视角对量子线路映射与优化工作进行系统阐述，为读者提供该领域较为全面的基本知识、研究思路和研究方法。

本书不仅适合量子计算领域的研究人员和工程师阅读，也适合作为对量子计算技术感兴趣的学者和高校计算机、人工智能、电子信息、通信乃至物理等专业的本科生、硕士研究生和博士研究生的参考用书。

**图书在版编目（CIP）数据**

量子线路映射与优化 / 管致锦，程学云，朱鹏程著. --北京：科学出版社，2025.3. --ISBN 978-7-03-080073-2

Ⅰ．TP385

中国国家版本馆 CIP 数据核字第 2024TB0250 号

责任编辑：任　静　董素芹 / 责任校对：崔向琳
责任印制：师艳茹 / 封面设计：蓝正设计

科学出版社 出版
北京东黄城根北街 16 号
邮政编码：100717
http://www.sciencep.com

涿州市般润文化传播有限公司印刷
科学出版社发行　各地新华书店经销

＊

2025 年 3 月第 一 版　开本：720×1000　1/16
2025 年 3 月第一次印刷　印张：22 1/4
字数：446 000

**定价：188.00 元**
（如有印装质量问题，我社负责调换）

# 前　言

　　随着量子计算技术的发展，一场新的计算革命距离我们越来越近。量子计算，遵循独特的量子力学原理，在解决特定类型问题方面展现出前所未有的潜力。量子线路映射作为量子算法与量子计算设备之间的桥梁，是量子算法部署到量子计算设备的重要环节，在量子计算的进程中扮演着重要的角色。在量子线路映射过程中，量子线路的变换对量子计算的可用性、可靠性和计算规模等有着重要影响；物理受限约束量子计算架构对量子算法的执行提出了特定要求，量子线路映射为实现低代价、高效率、高可靠性的量子计算提供必要且有效的技术支持。

　　本书是作者根据课题组近三十年来开展逻辑综合、可逆逻辑综合、量子逻辑综合以及量子线路映射等相关研究的系统性认识和理解编纂而成。在撰写本书的过程中，作者深入分析可逆逻辑体系、量子逻辑体系和物理量子计算体系之间的关系，探讨该领域的基础理论、关键技术以及未来的发展动向，根据研究过程的不同时间节点和研究内容，有针对性地选择研究实例，以阐述其研究过程、内容和方法。书中每个部分的研究方法在保证量子线路映射工作系统性的基础上适当考虑了该时间节点内研究工作的创新性。

　　本书第 1、2 章介绍量子线路映射的发展历史和研究内容，并按照层级和逻辑关系较为全面地阐述其非具体技术实现层面的基础知识。本书主要研究内容分为上下两篇，上篇主要研究高级可逆/量子线路变换为满足量子计算设备约束的低级量子线路的相关问题，主要内容包括可逆/量子线路化简、可逆/量子线路中可逆门的分解、量子线路近邻化等量子线路变换问题；下篇主要研究面向物理受限约束的量子线路映射及优化问题，针对中等规模带噪声量子（noisy intermediate-scale quantum，NISQ）计算设备普遍存在的多种物理局限性，提出量子比特连通性受限、退相干速度快以及量子操作误差大等问题的解决方案。

　　量子线路映射与优化是一个涉及多个学科领域的复杂问题，本书试图从计算机工程技术视角，按内容的逻辑层级自上而下地对量子线路映射与优化工作进行系统阐述，从而为读者提供该领域较为全面的基本知识、研究思路和研究方法。书中各环节的一些主要算法已集成在"全过程量子算法生成与编译优化软件系统"中。量子计算作为一项前沿技术，目前仍处于探索和成长的初期阶段。随着量子计算科学与技术的不断进步，量子线路映射与优化的方法也得到了发展。量子线路映射与优化工作历久弥新，任重道远。本书的出版希望能使读者通一孔，晓一理，进而深入理解量子计算的复杂性和潜在价值，帮助读者建立对量子线路映射与优化的全面认识，从而在量子计算的广阔领域中找到自己的研究方向及其应用场景。

本书的研究工作是国家自然科学基金"面向物理受限约束感知的量子逻辑线路映射策略研究"（62072259）、江苏省自然科学基金"面向超导计算的量子线路调度关键技术研究"（BK20221411）等项目的主要内容。南通大学学术著作出版基金、南通大学信息科学技术学院为本书出版及相关研究工作提供了资金支持。

特别感谢南通大学杨永杰教授、丁卫平教授对研究工作给予的支持、指导和帮助。本书主要内容为课题组多年来的集体研究成果，冯世光、卫丽华老师为本书的编纂做了大量工作；陈新宇、郜潇峰、姜一博、牛义仁、刘仁杰、陈子禄、唐浩天、杨帆、张宇等诸多老师和学生为本书提供了素材并参与了编纂工作；顾晖老师阅读了书稿并提出宝贵的意见和建议；诸多本领域学者和同仁的研究成果为本书提供了借鉴。诸君功不可没，在此一并表示感谢！

耳顺之年，不揣浅陋，与程学云、朱鹏程老师合著此书，冀图嘉惠来学，疏漏、欠妥之处，尚请读者批评指正。

管致锦

2024 年 5 月 20 日

# 目　　录

# 上篇　量子线路逻辑变换

## 下篇　量子线路物理感知映射

➢ 信息是物理的!——罗尔夫·朗道尔(Rolf Landauer)

➢ 如果你想模拟自然,你最好用量子力学!——理查德·费曼(Richard P. Feynman)

➢ "缘天梯兮北上,登太一兮玉台",量子线路映射工作或许就是在为天梯砌砖。——作者

# 第1章 引 言

随着量子计算技术的飞速发展,量子线路作为量子算法与量子计算设备之间的桥梁,其重要性日益凸显,见图1-1。量子线路映射与优化①作为量子计算领域的关键技术,直接关系到量子算法的有效实现与量子计算机的性能提升。

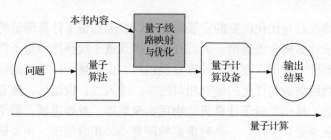

图 1-1 量子线路映射的作用示意图

## 1.1 研 究 背 景

在量子计算的研究中,物理学家从物理层面实现量子比特的存储、传输、操作和测量,计算机工作者则大多致力于面向计算问题的量子算法研究。很长一段时间以来,量子计算物理层面和算法层面的研究是相对割裂的,没有形成有效的相互感知。近年来,随着多种 NISQ 计算设备的诞生,量子计算开始进入全新的时代[1,2],如何让量子算法在真实的量子计算设备上执行,成为现实而重要的课题,也是量子线路映射这项工作的关键内容之一。

量子线路[3,4](quantum circuit)是由量子逻辑门序列以及若干测量操作构成的量子计算模型,是量子算法的一种通用表示形式。量子算法可以表示成高级可逆逻辑门的级联,理想的高级可逆门可以作用在任意的多个量子比特上。在目前的量子技术条件下,理想状态下的量子算法要在量子计算机上执行,主要存在两个方面的问题:一方面,由于量子线路是量子算法理想化的描述,和在量子计算设

---

① 本书主要面向一维线性最近邻和二维近邻连通约束的量子计算设备,如离子阱和超导量子技术等。

备上实际执行的量子线路存在差异，必须通过一系列变换过程，将高级可逆/量子逻辑线路表示的量子算法变换为与量子物理计算设备适配的低级量子线路，才能将量子算法部署到符合具体物理约束的量子计算设备中执行，从而实现量子计算；另一方面，当前可用的量子计算设备主要属于 NISQ 设备范畴。这类设备在量子比特数量、相干时间、连通性、门操作错误率以及纠错容错能力等方面存在诸多物理局限性。这些局限性对量子线路映射与优化提出了特定的要求，需要我们充分考虑量子比特之间的连接关系、量子门的执行效率以及噪声产生的错误等因素。量子线路映射与优化旨在通过深入研究量子线路的映射方法和优化策略，提高量子算法在 NISQ 设备上的执行效率和准确性。

## 1.2　发展历史

量子线路映射与优化研究的发展历史可以追溯到量子计算理论的初步形成时期。随着量子计算概念的提出，人们开始认识到量子线路作为量子算法描述和执行方式的重要性。然而，在量子计算发展初期，由于量子计算机的物理实现尚不成熟，量子线路映射与优化的研究相对较少。进入 21 世纪后，随着量子计算技术的快速发展，特别是量子计算机的物理实现取得了重要进展，量子线路映射与优化的研究逐渐受到关注，一系列重要的研究成果相继涌现，相关研究仍在不断发展和深化中。

1980 年，Benioff[5]提出了一个量子力学模型，可以实现经典图灵机的每一步过程。Feynman[6]发明的可逆计算全量子模型推动了量子计算研究的发展。物理学家 Deutsch[7]提出了量子图灵机和通用量子图灵机的概念，并在 1989 年提出了由量子门组成的量子计算的线路模型，成为量子计算的基本计算模型。Yao[8]则证明了量子图灵机模型和量子线路模型的等价性。随着 Shor[9]的大数质因子分解和 Grover 及 Long 的数据库搜索等量子算法的提出[10,11]，如何实现量子算法成为一个备受关注的热门话题，从而推动了可逆/量子逻辑综合的相关研究[12-16]。近年来，由于量子计算设备的快速发展，量子线路映射问题得到了广泛关注。根据量子算法和底层物理架构的演化，将量子线路映射的研究分为五个阶段，如图 1-2 所示。

图 1-2　量子线路映射研究的发展过程

1) 可逆/量子线路的综合与化简

早期研究者对量子算法的研究基本不考虑量子系统的物理实现方式，仅通过可逆逻辑综合[17,18]或量子逻辑综合[19]得到算法的量子线路表现形式，并假设量子门可以作用在任意的量子比特上。近年来，随着量子计算设备研究进展的加快和量子算法实现要求的提高，满足物理约束的量子线路研究成为热点。例如，在超导[20,21]、离子阱[22,23]、量子点[24]和中性原子[25]等物理实现技术上，都只支持特定的基本量子门集，要求两量子比特量子门的控制比特和目标比特必须作用在相邻的量子比特上，量子比特相干时间较短，量子门操作存在错误和延迟等。为了实现将表示量子算法的高级可逆线路表示为物理相关的低级量子线路，研究者做了大量的工作。

可逆/量子线路一般基于模板匹配或化简规则对线路进行化简，以减少线路中的门数或量子代价。基于模板匹配的化简方法中，首先定义模板，然后将模板以特定顺序应用于输入线路，在线路中彻底搜索各种可能的替换[26-33]。基于化简规则的化简方法中，通过门的移动、合并和删除等规则，实现线路的化简[34,35]。前者适用于小规模的线路，算法时间复杂度较大，后者可用于大规模线路的化简，需要不断发现新的规则来提高优化效果。

逻辑综合生成的网表中通常包含多比特的高级量子门，如广义Toffoli门等。虽然这些高级量子门便于构建量子线路，但是它们在物理上极难实现。由于单量子比特门和双量子比特门即可构成量子计算的通用门库[36]，且易物理实现，因而基于特定低级量子门库的量子门分解[37-41]成为量子线路研究的重要内容。量子门分解所采用的低级门库主要包括 NCV 门库[42]、Clifford+$T$ 门库[43]以及一些含参量子门库，这些门库均由少量的单量子比特门和双量子比特门组成，在物理上相对容易实现，甚至支持表面码等量子容错计算技术[44-46]，因此其上的量子门分解研究更为普遍。文献[47]中给出了高级可逆门分解为基本量子门的方法，为复杂高级可逆门的分解奠定了理论基础。文献[48]实现了将 NCV 线路变换到具有容错性的 Clifford+$T$ 线路，由于 $T$ 门的容错实现成本较高，因此线路变换中以最小化 $T$ 门计数和 $T$ 门深度为目标。文献[49]实现了改进的任意规模 MCT 门分解为 NCV 门的方法。文献[50]提出了一种将 Toffoli 线路和 NCV 线路映射为 Clifford+$T$ 线路的方法，以较低的代价使它们符合给定的 IBM 架构，只在 5 量子比特的 IBM QX4 上进行了测试。文献[51]给出了 MCT 门的容错分解方法，基于新给出的容错量子门库 Clifford+$Z_N$，实现了一种新的 MCT 到线性相位深度容错线路的无辅助位的分解算法，为实现量子算法的可扩展浅相位深度线路构建铺平了道路。

2) 面向线性最近邻架构的线路映射

在早期的离子阱、液态核磁共振等具有线性最近邻（linear nearest neighbor，LNN）架构的量子系统上，要求相互作用的量子比特必须在物理位置上相邻。因此，文献[52]～[56]考虑线性的连通性约束，开展线性近邻约束下的量子线路变换研究，使量子算法能够在 LNN 架构的量子系统上运行。在线性近邻架构中，每个量子比特至多只有两个近邻，将逻辑量子线路变换为符合线性近邻约束的量子线路时，需要插入大量额外的量子门保证近邻交互，线路的门数急剧增长。由于 LNN 架构在物理上最易实现，因此量子线路映射的研究始于 LNN 架构，在 LNN 架构上一个量子比特最多有两个近邻比特。Saeedi 等[57]提出了以减少 SWAP（交换）门数为目标的量子比特全局排序和局部排序策略，这两个策略明确了量子线路映射的关键步骤，对后续研究有着重要影响。Shafaei 等[58]将量子线路分解成若干子线路，并使用最小线性安排(minimum linear arrangement)算法为每个子线路生成量子比特的全局排序，最后通过插入 SWAP 门完成局部排序和各子线路的整合，该方法较基线算法平均减少了 28%的 SWAP 门数。Kole 等[59]在进行量子比特局部排序时使用了前瞻 $n$ 个后续量子门的搜索策略，从而平均减少了 27%的 SWAP 门，Wille 等[60]提出了类似的前瞻策略，该前瞻策略为后续研究中基于前瞻式代价函数的量子线路映射方法提供了启发。

　　3) 面向二维网格架构的线路映射

　　由于 LNN 架构上的量子比特连通性过于受限，架构上的每个量子比特最多仅有两个相邻比特，而在二维网格架构上每个量子比特最多可以有四个近邻比特，因此，二维网格架构逐步取代 LNN 架构成为线路映射的主要目标平台。在二维体系结构的量子系统中，每个量子比特至多有四个近邻，能够减少线路变换中额外插入门的个数。因此，对于超导、中性原子以及光子等具有二维最近邻架构的量子系统，文献[61]~[67]在考虑连通性约束的前提下，通过对量子比特的初始分配和量子比特动态路由的研究，将量子算法部署到二维最近邻架构量子系统中。Farghadan 和 Mohammadzadeh[68]构建了二维架构上的线路映射流程，包括量子比特优先级排序、量子比特分配(即全局排序)和量子门近邻化调度(即局部排序)，并在实现近邻化调度时使用了基于前瞻窗口的代价函数协助 SWAP 门的选择。Ding 和 Yamashita[69]提出了一种二维架构上的量子线路映射最优化方法，该方法将量子线路映射问题描述为布尔可满足性(Boolean satisfiability, SAT)问题，并通过可满足性模理论(satisfiability modulo theories, SMT)求解器获得 SWAP 门最少的结果线路。然而，由于 SAT 求解器的耗时随问题规模呈指数级增长，该方法无法适用于大规模量子线路，为了克服这点不足，文献[69]还提出了另外一种基于线路划分的映射方法，该方法将大规模线路分解成若干可由 SAT 求解器有效求解的小规模线路，实验结果表明该方法可以在有效时间内大幅减少 SWAP 门数。

　　4) 面向 NISQ 计算设备的线路映射

　　随着 IBM[70]、Google[71]以及 Rigetti[72]等科技公司超导 NISQ 架构的推出，量子线路映射的研究开始进入以真实 NISQ 设备为目标平台的发展阶段。相较于抽象的网格架构，NISQ 架构存在更多的物理约束：一方面，其量子比特连通拓扑并不仅局限于规则的一维或二维网格结构，而可能采用任意结构；另一方面，其上的量子比特和量子门在操作时长和操作质量等方面均存在不容忽视的物理限制。量子线路映射方法通常以量子门数、线路深度(时延)以及保真度等作为优化目标，根据问题求解方式可分为两类：最优化方法和启发式方法，如表 1-1 所示。

表 1-1 超导计算设备上的量子线路映射方法相关文献

| 量子线路映射方法 | 门数 | 线路深度/时延 | 保真度 |
| --- | --- | --- | --- |
| 最优化方法 | 文献[73]~[78] | 文献[76]、[79]~[87] | 文献[79]、[81]、[88]~[90] |
| 启发式方法 | 文献[91]~[127] | 文献[102]、[118]、[125]~[131] | 文献[132]~[141] |

量子线路映射的最优化方法通常将线路映射问题描述成其他优化问题，并使用专门的最优化工具求解。例如，部分研究[73-81]将映射问题描述成伪布尔优化(pseudo Boolean optimization，PBO)/SAT/SMT 问题，并通过现有的 SAT/SMT 求解器进行求解；部分研究[75]为映射问题构建了解的最优子结构，并通过动态规划算法求解；部分研究[82-84]将映射问题表述成整数线性规划(integer linear programming，ILP)或混合整数规划(mixed integer programming，MIP)问题，并通过已有的数学工具进行求解；还有部分研究[85-87]将映射问题表述为时间规划(temporal planning，TP)/约束规划(constrained planning，CP)问题，并通过相应的 TP/CP 算法进行求解。这类方法虽然可以输出最优解或近似最优解，但由于其超多项式级的时间复杂度，通常仅适用于求解极小规模的量子线路映射问题。

相较于最优化方法，启发式方法具有更好的可扩展性，其时间复杂度一般是量子比特数和量子门数的多项式函数，因此可适用于各种规模的量子线路映射问题。Zulehner 等[91]面向 IBM 的量子计算架构提出了一种启发式映射方法，该方法将量子线路分成若干层，并通过 A*算法逐层搜索满足连通性约束的最优 SWAP 门序列，最后在前瞻策略等优化技术的辅助下较 IBM 的 Qiskit 软件平均减少了 19.7%的 SWAP 门，但是，由于 A*算法的搜索空间呈指数级增长，该方法在处理量子门并发度高的量子线路时极易超时。为了改善超时问题，Zulehner 和 Wille[93]引入了基于量子门分组的预处理技术，通过每次仅处理一个分组的方式降低问题复杂度，从而缩短 A*算法的搜索时间。Siraichi 等[75]证明了量子线路映射问题是非确定性多项式（nondeterministic polynomial，NP）完全的，并提出了一种基于动态规划的最优映射算法，但是该算法具有极高的时间复杂度，仅适用于量子比特数和量子门数均较少的小规模线路；为了解决大规模线路映射问题，文献[75]还提出了一种快速启发式映射方法，该方法按依赖关系逐个处理量子门，并根据当前量子门的不同情况设计了专门的辅助量子门插入策略。Li 等[94]提出了

一种快速映射算法——基于 SWAP 门的双向启发式搜索算法(SWAP-based bidirectional heuristic search algorithm，SABRE)，该算法通过反向遍历技术对量子比特初始分配进行全局优化，并构建了一种具有前瞻能力的加权代价函数，相较文献[91]的映射方法，该方法不仅平均减少了 10%的 SWAP 门，而且显著缩短了运行时间。Siraichi 等[95]将量子线路映射中的两个主要子问题：量子比特分配和量子门近邻化调度，分别描述成子图同构问题和令牌交换问题，并通过相应的算法进行求解，和 SABRE[94]相比，该方法平均减少了 16%的辅助量子门数。Paler[96]通过实验揭示了量子比特分配对映射代价的重要影响，仅通过改变量子比特分配方式便可减少 10%的 SWAP 门数。Cowtan 等[97]介绍了 t|ket〉量子编译器[88]所用的量子线路映射方法，该方法在进行量子比特分配和量子门近邻化调度时均采用相对简单的启发式策略，该方法不仅运行时间较短，而且在所需门数上和 SABRE[94]相近。Itoko 等[98]分析了量子门的可对易性对映射代价的影响，构建了一种考虑量子门对易关系的依赖图，并提出了一种基于该依赖图的量子线路映射方法，该研究为优化量子线路映射代价提供了新的自由度。Zhou 等[104]提出一种基于模拟退火和启发式搜索的量子线路映射方法，该方法通过模拟退火算法进行量子比特的初始分配，并通过前瞻两步的搜索策略选择近邻化量子门所需的 SWAP 门，与文献[91]和[97]的方法相比，该方法在门数上达到了约 40%的优化幅度。Li 等[105]提出了一种基于子图同构和深度受限搜索的映射算法，该方法通过子图同构模型实现量子比特的初始分配，并在量子门近邻化调度时通过对状态空间树的深度受限搜索选择待插入的 SWAP 门，相较文献[104]的方法，该方法将平均每个双量子比特门所需的映射代价从 0.47 降至 0.38。Wu 等[118]研究了连通受限约束下的 CNOT 门（受控非门）线路综合问题，并给出了一种最优综合算法，该方法对于任意 $n$ 比特量子线路最多仅需 $2n^2$ 个 CNOT 门，由于 CNOT 门是多数超导设备所支持的唯一双量子比特门，该方法为量子线路映射提供了除插入 SWAP 门以外的新变换规则，类似的研究还有文献[119]和[120]。

　　Tannu 和 Qureshi[132]系统分析了超导设备上量子比特以及量子操作的品质差异对系统可靠性的影响，并提出了一种差异感知的量子比特分配策略和量子门近邻化调度策略，相较于不感知差异的映射方法，该方法可平均提升90%的计算成功率。Sivarajah 等[142]提出了一种差异感知的量子比特分配算法，该方法根据设备标定数据为量子线路中的逻辑量子比特优先选择高质量的物理量子比特，相较于 Qiskit 软件包中的原有线路映射方法，该方法可平均提高计算成功率约190%，目前该方法已集成于 IBM 的 Qiskit 包中。Nishio 等[133]提出了一种类似的量子比特分配算法，此外还提出了一种基于集束搜索的量子门近邻化调度算法，该算法可根据设备标定数据选择保真度更高的SWAP门，该方法同样已被集成于Qiskit 包中。Niu 等[134]在文献[94]提出的启发式量子线路映射算法的基础上，通过引入设备标定参数重构了启发式代价函数，实验结果表明该方法在提升计算成功率方面优于 Qiskit 中的内置同类方法。

由于量子计算资源极为稀缺，为了提高量子计算设备的通量和资源利用率，还出现了并发式量子线路映射的相关研究，即研究如何将多个量子线路同时且相对可靠地映射到同一量子计算设备上。Liu 和 Dou[143]利用社区发现算法辅助量子比特的划分，并引入跨线路的 SWAP 门，从而减少了约 11.6% 的映射开销。类似的并发量子线路映射研究还有文献[144]和[145]。

上述启发式量子线路映射方法均具有较好的可扩展性，基本不受限于量子比特数和量子门数，并在优化量子门数、线路深度以及保真度方面取得了持续的改进。然而，由于在问题描述、搜索策略以及变换规则等方面存在的局限性，这些启发式方法所得的映射结果仍存在很大的优化空间。Tan 和 Cong[80]构建了已知最优量子映射实例库，通过特定基准线路上的实验揭示了，虽然在小型 NISQ 设备上最优实验结果和实例库的结果之间的差距在 1.5~12 倍，但在较大型设备上差距达到 5~45 倍。

5) 分布式量子线路映射

前面所述的量子线路映射策略一般主要针对单一量子线路。一方面，在单一量子线路执行过程中，未被分配的物理量子比特通常处于闲置状态，导致量子计算资源未能得到充分利用；另一方面，随着对量子计算云服务访问请求的增加，用户的服务等待时间也延长了。为了提升量子计算设备的通量和资源利用率，有必要采用多任务并发机制实现多个量子线路的同时映射与执行。然而，引入并发量子线路映射也带来了一系列相关问题，主要表现在：①量子计算机中健壮资源较稀缺，无法为每个量子线路分配充足的健壮资源；②并发量子线路之间可能发生串扰问题[146, 147]；③映射并发量子线路时，启发式搜索的搜索空间受到限制，导致量子线路映射的开销增加。

为了解决这些问题，需要进一步研究和开发更高效的量子线路映射策略，以优化量子计算机的资源利用率，并提高并发执行的可靠性。针对量子线路多任务映射方案下量子线路之间资源分配不公以及量子线路间相互影响作用导致的保真度损失问题，研究者也提出了很多解决方法。Das 等[144]开发了一种使用量子设备校准参数将量子比特划分为多个可靠区域的方法，以使每个程序都能公平地分配可靠量子比特。窦星磊等[145]提出了一种社区检测辅助划分(community detection assisted qubit partition，CDAQP)算法，该算法通过考虑物理类型和错误率来为多任务量子程序划分物理量子比特，避免了稳健资源的浪费；同时提出了 X-SWAP 方案，该方案允许在多任务映射的量子线路间使用 SWAP 操作，大大减少了将 SWAP 操作限制在单条量子线路区间情况下的插入量子代价。Niu 和 Todri-Sanial[148]引入了并行管理器来选择适当数量的量子线路同时执行，提出了贪婪算法和启发式算法两种不同的量子比特划分算法来为多个电路分配可靠的划分方式；Liu 和 Dou[149]利用串扰感知社区检测技术为多任务量子线路公平划分物理量子比特，并根据量子比特的连接紧密程度进一步分配量子比特，该方法能够在具有二维(two-dimensional，2D)或三维(three-dimensional，3D)拓扑结构的量子设备上实现多编程量子计算，同时提高量子线路执行的保真度和量子设备资源利用率。

由于制冷、控制、布线、噪声抑制以及芯片制造等多方面的巨大挑战，单个超导量子处理器(quantum processing unit，QPU)内可容纳的量子比特数目是受限的[149]。分布式量子计算架构为绕开 QPU 芯片的物理限制增加可用量子比特数量提供了一种可行途径。

近年来，超导量子互连技术的研究取得了重要进展[150-156]，这为构建超导分布式架构奠定了物理基础，为扩展超导量子计算规模提供了新的途径。文献[150]和[151]提出了基于飞行光子的超导量子比特互连协议；文献[152]～[154]提出了一种基于驻波模式的超导量子互连协议；文献[155]和[156]提出了一种基于倒装芯片(flip-chip)的互连架构。这些研究均为连接处于不同空间位置的超导 QPU 提供了短距量子信道，可在 QPU 间实现 70%～90%的量子态传输保真度。与量子隐形传态技术[157]不同，这些超导互连技术在进行量子态传输时无须消耗额外的量子纠缠对，也无须量子测量和经典信道的辅助，在节约软硬件资源的同时更提供了较高的传输效率和保真度。另外，基于超导互连技术的量子态传输在时延上和 QPU 内双量子比特门的执行时长处于同一量级，且传输保真度也随着技术迭代逐渐接近双量子比特门的保真度。文献[158]初步验证了基于此类互连技术的分布式量子计算架构是构建大规模量子计算机的可行方案，IBM、Google 以及 Rigetti 等公司均在其量子计算发展路线中对分布式架构做了规划[159,160]。

分布式量子计算架构取得的进展引发了面向此类架构的量子线路映射研究。然而，目前已有的分布式量子线路映射相关研究[161-169]均面向一种过于理想的分布式计算模型。这种理想模型使用量子隐形传态[157] (quantum teleportation)技术在 QPU 间传输数据，主要面向远程量子通信场景，而非量子计算场景，其在传输效率、保真度以及实时性等方面难以达到协同量子计算的要求。另外，在这种理想模型中，任意两个QPU 均是直接连通的，且 QPU 内的任意一对量子比特也是直接连通的。显然，这种理想模型不适用于量子计算场景，也不符合超导量子计算技术和量子网络互连技术的发展现状。因此，基于理想分布式模型的量子线路映射方法无法直接应用于新兴的超导量子计算分布式架构。

随着量子计算领域的不断发展，量子线路映射与优化的研究也在不断深化和拓展，其中既包含了对基础理论的深入探讨，也涵盖了对实际应用的不断尝试。

未来，随着量子计算技术的不断进步、量子计算机性能的提升以及应用需求的日
益增长，量子线路映射与优化将继续作为量子计算领域的研究热点，为实现高
效、可靠的量子计算提供有力支持。

## 1.3　量子线路映射的任务

　　逻辑量子线路作为表示量子算法的形式化语言，在构建时通常不考虑底层设
备上的物理约束，可支持任意类型的量子逻辑门，并允许任意两个量子比特直接
交互。然而，实际的 NISQ 设备无论在量子门还是在量子比特连通性上均是物理
受限的，这使得量子线路通常与 NISQ 设备无法直接兼容。量子线路映射就是针
对 NISQ 计算设备上求解计算问题对量子线路进行一系列的等价变换，并感知底
层设备上的物理约束，实现量子线路向底层设备的适配。NISQ 设备上量子线路
的映射过程如图 1-3 所示。

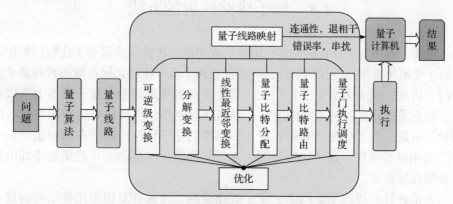

图 1-3　NISQ 设备上量子线路的映射过程

　　量子线路映射与优化可以归结为以下几个方面的工作：量子线路变换、量子
比特分配、量子比特路由和量子门的执行调度。

　　(1) 可逆/量子线路的变换和优化可减少量子线路中门的比特数，以适配物理
级的量子计算设备。实际量子技术设备上只能执行基本量子门，量子算法描述的
高级量子线路中的高级量子门可变换为一组基本量子门级联的门序列。因此，通
过一定的化简策略，减少高级量子线路中的高级量子门的个数或者减少高级量子
门的控制比特的数量，可以有效减少线路变换后基本量子门的数量。同样，高级
量子线路的一些化简方法也适用于低级量子线路，可以实现低级量子线路的进一
步优化。

　　(2) 为了将量子线路映射到目标设备上，需要为量子线路中每个逻辑量子比
特独占式地对应分配一个物理量子比特，这种寻找逻辑量子比特和物理量子比特

对应关系的量子比特映射是量子线路映射与优化的核心工作。为了使量子线路在特定的量子计算设备上可执行，可插入额外的门对量子线路进行等价变换，使两量子比特门的控制比特和目标比特满足近邻交互约束。根据目标体系架构的要求，寻求较好的量子比特初始分配方法及较优的量子比特近邻化方法，减少线路近邻化过程中额外插入的门数，这个过程对提高最终线路的可靠性有重要影响。

(3) 在带噪声量子计算架构上，量子门由于噪声影响会表现出极高的错误率，量子态相干时间很短，量子线路可执行深度比较小，能解决的问题规模非常受限。在以超导电路为代表的带噪声架构上，同一量子门在不同量子比特上通常会表现出明显不同的错误倾向。带噪声架构上量子门的高错误率以及错误率差异对量子线路的执行成功率有着重要影响。提升量子线路在带噪声架构上的执行成功率，是量子线路映射满足可行性和可靠性的关键问题。

## 1.4　量子线路映射的方法

目前，通用量子计算机大多仅限于实现单量子比特门或双量子比特门操作。然而，受限于物理元器件的制约，并非任意两个量子比特之间都能布置双量子比特门。因此，绝大多数量子算法无法直接在含有噪声的中型量子设备上直接执行，而是需要通过对量子线路进行一系列映射变换，转换成与物理器件相匹配的量子电路。为了确保所有逻辑量子线路中的量子比特门都能在物理量子比特上实现相应的操作，量子比特分配、近邻化和路由等都会不可避免地增加电路的规模和复杂度。

无论是针对逻辑量子门库的量子线路变换，还是针对物理拓扑结构的量子线路映射，都是 NP 难问题[80]，甚至对于线性最近邻结构，很可能也是 NP 难的[75]。这意味着，我们还没有找到一种能在多项式时间内精确求解量子映射问题最优解的算法，这无疑为量子线路映射研究带来了巨大的挑战。

量子线路映射与优化方法概括起来主要分为两大类。

(1) 最优化方法。这种方法的核心思想是根据量子线路映射问题设计相应的约束条件和优化目标，进而将问题转化为等价的数学优化问题，并利用求解器进行求解。对于小型量子线路映射问题，可以得到最优解或近似最优解。然而，这类方法存在一个明显的缺点，即算法时间复杂度高，从而运行时间长，因此并不适用于大规模的量子线路映射问题的求解。此外，它很难同时优化多个目标，也谈不上在多个优化目标之间找到平衡点。

(2) 启发式方法。这种方法利用启发式信息辅助搜索，具体来说，量子线路映射策略会根据启发式信息或贪心策略筛选出最合适的变换或映射方案。由于启发式方法的灵活性和可扩展性，它不受量子计算设备和量子线路规模的限制，因此具备处理更大规模量子线路映射问题的能力。然而，启发式方法并不能保证得到的结果最优。

## 1.5　全书结构

本书主要研究高级可逆逻辑线路的化简、近邻约束下的高级可逆门的有效分解方法、量子比特的初始映射和量子线路的动态调整以及噪声量子计算设备上面向物理约束的量子线路的映射与优化方法，对量子算法在实际量子计算设备上高效、可靠地运行具有重要的意义。

全书共分为 9 章内容，具体各章节安排如下：

第 1 章主要介绍量子线路映射的研究背景、发展历史、任务和方法。

第 2 章给出本书涉及的量子线路的基本概念和基本知识。

第 3 章提出可逆/量子线路变换与优化的研究，主要包括基于规则的线路变换和基于模板的线路变换方法，并给出相应的化简算法、实例验证和实验结果分析，验证减少量子门数量、降低量子线路复杂度方面的有效性。

第 4 章介绍 MCT 门的分解变换与优化研究。阐述 MCT 门的基本分解方法和优化策略，包括如何将 MCT 门分解为 NCT 门的级联，并利用量子门自可逆的特性进行优化；探讨线性近邻约束下的 MCT 门分解问题，提出考虑量子计算设备近邻约束的分解方法。另外，提出一种量子计算设备拓扑感知的 MCT 线路分解映射策略，旨在减少量子线路映射的中间环节，提高线路运行的保真度。通过实验验证，该策略在减少量子线路中的基本门数和附加门数方面取得显著效果，有助于提升 NISQ 设备的系统可靠性。

第 5 章介绍线性最近邻量子线路变换的方法和优化策略。讨论 NCV 量子门在三线 LNN 线路中的分布形式，并通过定理证明控制门输出的量子比特不发生纠缠的条件；对基于前瞻方法的最近邻量子线路综合进行研究，旨在减少 SWAP 门的添加数量；探讨基于 MCT 门 LNN 排布的线路近邻化，提供线序重排代价量模型和优化算法，并通过实验验证所提方法的有效性。

第 6 章介绍量子比特分配问题，这是量子线路映射到量子计算架构中的关键步骤。提出量子比特分配的精确方法，通过线性化表示和精确算法，优化量子线路映射中的 SWAP 门数量；分析如何通过启发式策略在时间和分配质量之间取得平衡。最后通过实验结果展示精确算法在不同规模量子线路上的应用和效率，验证该方法能够在实际量子物理计算设备上有效找到多个等效的映射最优解。

第 7 章针对量子计算设备中量子比特间的连通受限约束问题，对量子比特路由问题的计算复杂性进行分析，并提出量子比特路由算法及其优化方案。给出量子线路映射的 SWAP 门优化策略和基于动态前瞻的启发式代价函数的量子比特路由策略，旨在减少量子线路映射所需的辅助量子门数。通过实验结果验证所提方法在不同量子计算架构上的应用效果及其优化策略的有效性和可靠性。

第 8 章讨论在噪声限制下，量子线路的映射保真度优化问题。首先阐述量子比特的初始配置和映射流程，然后介绍利用交互路径树策略实现量子比特的邻接映射，并设计相应算法以增强量子线路执行的保真度。针对量子线路映射过程中串扰对计算结果的保真度影响，提出一系列量子门交换规则和变换算法，提出时间桩分层技术，旨在降低串扰对量子线路执行结果的影响，从而提高量子线路执行的保真度。

第 9 章探讨分布式量子计算架构下的量子线路映射问题。基于超导量子互连技术和 QPU 的特性，构建一个抽象模型，该模型特别考虑了 QPU 内外量子态移动的代价差异；采用模拟退火算法结合局部搜索以最小化全局量子态路由的代价；提出一种分布式量子比特路由算法，旨在为分布式量子计算提供一个有效的映射策略，通过减少量子态传输次数和 ST 门的数量，显著提高量子线路映射的效率和保真度。

# 第 2 章  预 备 知 识

量子线路映射与优化问题涉及诸多相关基本概念和基础知识，本章将介绍全书使用的量子计算和量子线路的基本概念与基本知识，主要包括布尔函数、量子态与量子比特、量子门、量子线路、量子计算体系结构、NISQ 计算设备及量子线路映射等。

2.1 节中的几个重要概念在许多研究领域和方向都有介绍，但作者认为这些概念对本书内容的理解比较重要，所以在这里重申，并加以概括和提炼。

2.2 节中介绍可逆布尔函数的相关概念，其中，可逆逻辑门、可逆逻辑线路和可逆逻辑综合等内容是可逆线路与量子线路的基础，尽管不是本书的重点内容，但为了便于系统理解相关知识，这里也将其列出。

2.3 节是关于量子态与量子比特的内容，这些概念是量子计算和量子线路的基础，许多参考资料都有相关内容，本书为了便于阅读查找也在此给出。

2.4 节~2.8 节列出了本书涉及的一系列重要概念，这些概念常见于相关参考文献，由于量子线路映射是一个新兴研究领域，有些概念还没有统一甚至没有形成，有些概念名称相同但含义不同，有些含义相同但概念不同，如此等等，本书试图进行归纳和整理。需要说明的是，本章没有给出具体实现技术涉及的概念，相关内容会在有关章节给出。

## 2.1  几个重要概念

### 2.1.1  计算模型

计算模型(computation model)是刻画"计算"这一概念的一种抽象形式系统，是能够对所处理对象的信息进行接收、表示、变换和输出的形式化机器。计算模型可以用来描述或模拟任何可能的计算问题或任务。由于观察计算的角度不同，产生了不同的计算模型，但这些计算模型的计算能力已经被证明是等价的[170]。本书主要涉及可逆线路、量子线路等计算模型。

### 2.1.2  可逆计算

可逆计算(reversible computing)是一种新的计算范式(paradigm)。IBM 的工程师 Landauer[171]最早提出了可逆计算，认为能耗来源于计算过程中的不可逆操作。Bennett[172]证明了所有不可逆的通用图灵机都可以找到对应的可逆图灵机，使两者具有完全相同的计算能力。即计算机中的每步操作都可以变为可逆操作。

一般认为，在可逆计算中，能量消耗很低，熵的增加被最小化。理论上可逆计算几乎不会产生额外的热。

可逆计算主要体现在以下几个方面：①低功耗计算，由于可逆计算中没有信息丢失，因此可以避免产生能量损耗[172,173]；②量子计算，量子系统演化的幺正性天然保证了计算的可逆性，这种可逆性是通过一系列量子门来实现的[36]。

### 2.1.3　量子计算

量子计算是一种遵循量子力学规律调控量子信息单元进行计算的新型计算模型。通用量子计算机的理论计算模型是用量子力学规律诠释的量子图灵机。从可计算问题来看，量子计算可解决传统计算机能解决的任何问题，但是从计算的效率上看，由于量子力学叠加性的存在，某些量子算法在处理问题时速度要快于已知的经典算法。

量子计算源于对可逆计算的研究，在量子力学中可以用一个幺正变换来实现可逆操作。Benioff[5]最早用量子力学来描述可逆计算；Fredkin 和 Toffoli[174]将可逆操作与量子计算建立了紧密的联系，引入了可逆线路模型，设计了一种没有信息量损失的方案；Feynman[6]发明了一种序列可逆计算的全量子模型，这一工作推动了量子计算研究的发展。

### 2.1.4　量子计算模型

量子计算模型是一种遵循量子力学规律进行信息处理的计算模式。与经典计算不同，量子计算模型理论上可以突破经典算力瓶颈，为解决某些复杂问题提供了新的可能性。

量子图灵机是量子计算的原始模型[7]。在此基础上，产生了多种等价的量子计算模型，主要包括量子线路模型、One-way 量子计算模型、绝热量子计算模型、量子随机行走模型以及拓扑量子计算模型等。这些不同的量子计算模型的计算能力一致，可以相互转换，但在具体问题分析中，某些模型使用起来会更方便。

量子计算广泛使用的量子线路模型是 Deutsch[3]在经典数字逻辑线路中的推广，这也是量子计算的基本计算模型，它的主要组成单元是编码信息的量子比特和对编码信息进行处理的量子逻辑门。构造量子线路模型只需要将经典的逻辑门转换成量子逻辑门即可。但经典逻辑门转换为量子逻辑门时，一般先转换为高级量子逻辑门，也可称为可逆逻辑门，因此后面专门介绍可逆函数和可逆逻辑门。一个量子计算的过程，可以表示成整体系统的幺正变换。任意系统的幺正变换都可以表示成两比特受控非门和单比特旋转门生成的组合，这个组合就是一种量子线路。所以，从量子线路的角度来看，只要能实现完美的两比特受控非门和任意的单比特旋转门就可以实现普适的量子计算。

### 2.1.5 量子算法

量子算法(quantum algorithm)是一种基于量子力学原理解决特定问题(实现特定目标或任务)的指令序列(步骤)。量子算法具有量子计算的基本特性，在某些情况下，由于量子算法包含量子叠加等操作，所以其时间复杂度小于经典算法的时间复杂度，这种量子算法的加速可能是平方级，也可能是指数级。

Shor 算法[9]和 Grover 算法[175]是体现量子计算相较于经典计算的优越性的典型算法。经典计算机无法在多项式时间内将一个大数分解为两个质因数，其时间复杂度是指数级别。而 Shor 算法用于分解大整数，可以在多项式时间内实现；Grover算法，也称为量子搜索算法(quantum search algorithm)，是一种非结构化搜索算法，它具有 $O(\sqrt{n})$ 的复杂度，其中 $n$ 表示搜索空间元素的个数，相较于经典搜索算法的复杂度 $O(n)$ 具有多项式量级的加速优势。

量子线路是描述量子算法的一种常用方法。量子线路不是传统意义上的电路，只是表示量子算法的一种刻画形式①。

算法无论采用何种形式描述，在实际的计算机系统中，其每条指令均需映射到相应处理器，由逻辑门电路来实现(执行)。也就是说，算法的指令最终通过逻辑门来表达和执行。Deutsch[3]提出了量子线路的理论和方法，不但清晰地描述了量子算法的本质特征，也为量子算法的物理实现创造了便利条件。

## 2.2 布 尔 函 数

布尔逻辑理论是包括计算机科学在内的所有信息科学的基础，通常称二值逻辑为布尔逻辑。处理布尔逻辑的代数系统称为布尔代数(或逻辑代数)。

在布尔代数中，变量值是 True 或 False(在信息科学中通常用"1"和"0"表示)，可以进行逻辑运算。布尔代数中有三个基本的运算：NOT(非)、AND(与)和OR(或)。Shannon[176]将布尔代数与开关电路联系起来，证明了所有布尔代数都可以用电开关来表示并执行计算。对应布尔代数这三个基本运算的是传统电路的三种基本操作，即三个基本逻辑门，根据需要将这三个基本逻辑门通过不同的组合关系级联起来(事实上，只需 NOT 与 AND、OR 其中一个组合即可)，就形成了相应的数字电路。

---

① 本书把"量子电路"称为量子线路，其英文表述方法不变，都是对英文 quantum circuit 的中文翻译。

### 2.2.1　一般布尔函数

布尔函数(Boolean function)又称逻辑函数，用于描述在给定布尔输入值的情况下，通过执行特定的逻辑计算来确定布尔输出值的一种逻辑运算规则。

**定义 2-1**　设 $B = \{0, 1\}$ 是一个布尔值集合，则称：

$$B_{n,m} = \left\{ f | f : B^n \to B^m \right\} \tag{2-1}$$

为 $B$ 上有 $n$ 个输入、$m$ 个输出的所有布尔函数的集合。式中，$n$ 为 $f$ 的输入个数；$m$ 为 $f$ 的输出个数；$B_{n,1}$ 表示单输出布尔函数的集合。$B = \{0, 1\}$ 上的 $n$ 输入/$m$ 输出布尔函数有 $2^{m2^n}$ 个。这些布尔函数在复杂性理论问题和芯片设计中扮演着重要的基础角色。

假设每个多输出函数 $f \in B_{n,m}$ 表示一个 $m$ 元组 $f = (f_1, \cdots, f_m)$，对于每个 $i \in \{1, 2, \cdots, m\}$，$f_i \in B_n$；因此对于每个 $X \in B_n, f(X) = (f_1(X), \cdots, f_m(X))$，函数 $f_i(X)$ 称为本源输出。

由于 $\{0,1\}^n$ 中的向量与 $[0, 2^n - 1]$ 的 $N (N = 2^n)$ 个整数之间存在一一对应的关系，可以按照整数的大小排列 $\{0,1\}^n$ 的向量，记为

$$x_1 = (0, \cdots, 0, 0), \ x_2 = (0, \cdots, 0, 1), \cdots, \ x_{2^n-1} = (1, \cdots, 1, 1) \tag{2-2}$$

在不引起混淆的情况下，二者可以互用。对于一般的 $n$ 元函数 $f(x)$，可将其函数值按 $x$ 的字典序列从小到大排成一个向量 $F$：

$$F = \left( f(0), f(1), \cdots, f(2^n - 1) \right) \tag{2-3}$$

可以通过上述方式枚举所有的输入值和输出值来说明布尔函数的功能。这种输入/输出关系通常以表格形式枚举，称为真值表。其中输入的所有排列列在左侧，函数的输出列在右侧。

### 2.2.2　可逆(布尔)函数

**定义 2-2**　$n$ 布尔变量的多输出函数 $f(x_1, x_2, \cdots, x_n)$ 是可逆的，如果输出数等于输入数且任一个输出模式有一个唯一的原像。

换句话说，可逆函数是输入向量集合的重新排列。一个可逆函数可以写成一个标准的真值表的形式，如表 2-1 是一个 2 输入/输出的可逆逻辑函数，可以把它看作一个整数序列 $\{0, 1, \cdots, 2^n - 1\}$ 到自身的一一映射。

表 2-1　　$f:(x,y) \to (\bar{x}, x \oplus y)$ 的真值表

| $x$ | $y$ | $\bar{x}$ | $x \oplus y$ |
| --- | --- | --- | --- |
| 0 | 0 | 1 | 0 |
| 0 | 1 | 1 | 1 |
| 1 | 0 | 0 | 1 |
| 1 | 1 | 0 | 0 |

**例 2-1**　函数 $f:(x,y) \to (\bar{x}, x \oplus y)$ 是一个 2 输入/输出的可逆函数，其输出的真值向量为(10, 11, 01, 00)，该函数也可以通过真值表(表 2-1)得以验证。

**例 2-2**　函数 $f:(x,y) \to x \oplus y$ 是 2 输入 1 输出的不可逆函数，它的输入数不等于输出数。但是，由表 2-1 可知，可以很容易地通过添加垃圾输出 $\bar{x}$ 使函数可逆。

由上述例子可知：如果一个布尔函数 F1 的输出为 F1_out，可以唯一地确定其输入 F1_in。可以构造另一个布尔函数 F2，以函数 F1 的输出 F1_out 作为 F2 的输入 F2_in，计算得出函数 F1 的输入 F1_in，即布尔函数 F1 和 F2 实现的计算为可逆计算，且 F1 和 F2 互为可逆。

### 2.2.3　可逆逻辑门

由前述可知，可逆计算的必要条件是布尔函数输入的个数与输出的个数必须相等。可逆函数 $\mathcal{B}_{n,n}$ 可以通过由至少 $n$ 条线(比特线)组成的可逆线路来实现，并且被构造为属于某个门集合的可逆门的线路[177]。

**定义 2-3**　如果一个 $n$ 输入/输出逻辑门实现了一个可逆逻辑函数，则称该门为可逆逻辑门，简称可逆门。

**定义 2-4**　用于实现可逆功能的可逆集合称为一个可逆门库。如果该集合为一个最小完集，则称该集合为通用可逆门库。

一个多输入/输出可逆门一般由控制比特和目标比特两部分组成。目标比特又分为单目标门和多目标门。由于多目标门可以通过单目标门表示，本书只讨论单目标门(下文提到的可逆门都是单目标门，不再特别说明)。

**定义 2-5**　对于给定的布尔变量集 $X = \{x_1, x_2, \cdots, x_n\}$，称一个带有 $m(m \geqslant 1)$ 条控制比特线的集合 $C$ 和一条目标比特线 $t$ 的可逆门为混合极性多控制 Toffoli(mixed-polarity multiple-control Toffoli，MPMCT)门。其中，控制比特线 $C = \{x_{i_1}, x_{i_2}, \cdots, x_{i_m}\} \subset X$，$m \geqslant 0$，$x_{i_1}, x_{i_2}, \cdots, x_{i_m} \in \{0, 1\}$；目标比特线 $t = x_j \in X$，$t \notin C$，记为 $\mathrm{MPMCT}_g(C; t)$。在 $\mathrm{MPMCT}_g$ 中，当且仅当所有控制比特线上的变量 $(x_{j_1}, x_{j_2}, \cdots, x_{j_p})$ 值均为 1，$(x_{k_1}, x_{k_2}, \cdots, x_{k_q})$ 值均为 0 时，目标比特线上变量 $t$ 的

值取反，其中 $\left\{x_{j_1}, x_{j_2}, \cdots, x_{j_p}\right\} \bigcup \left\{x_{k_1}, x_{k_2}, \cdots, x_{k_q}\right\} = C$。

混合极性是指控制比特既可以是正控制，也可以是负控制。一般使用实心圆圈(●)符号表示正控制比特，使用空心圆圈(○)符号表示负控制比特，"⊕"表示目标比特，如图 2-1(a)所示。

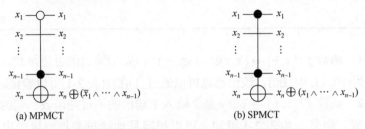

(a) MPMCT            (b) SPMCT

图 2-1　MPMCT 门和 SPMCT 门的量子形式

MPMCT 门集合包含了多种不同操作可逆逻辑门，称为 MPMCT 门库。由于 MPMCT 门操作比较复杂，这种多种类操作可以通过该门库中一类只含单极性(一般为正极性)多控制、单目标比特的可逆门等价替换来实现，图 2-1(b)就是 MPMCT 门的这种特殊形式，称为单极性多控制 Toffoli(single-polarity multiple-control Toffoli，SPMCT)门。对于给定的 $n$ 个布尔变量，单目标(single-target, ST)门中最多可以包含 $n-1$ 条控制比特线。这一类可逆门构成 MPMCT 门库的一个子集，称为 MCT 门库。

**定义 2-6**　对于给定的布尔变量集 $X = \{x_1, x_2, \cdots, x_n\}$，有 $m$ 条控制比特线 $C = \{x_{i_1}, x_{i_2}, \cdots, x_{i_m}\} \subset X, m \geqslant 0$ (均为正控制比特)和一条目标比特线 $t = x_j \in X, t \notin C$ 的可逆门称为一个多控制 Toffoli(multiple-control Toffoli，MCT)门，记为 $T_g(C; t)$。在多控制单目标门中，当且仅当所有控制比特线上的变量 $(x_{i_1}, x_{i_2}, \cdots, x_{i_k})$ 值均为 1 时，目标比特线上变量 $t$ 的值取反。

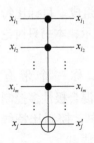

图 2-2　通用
MCT 门示意图

对于控制比特线集合为 $C = \{x_{i_1}, x_{i_2}, \cdots, x_{i_m}\}$ 的 MCT 门，示意图如图 2-2 所示，目标比特 $x_j$ 的输出为 $x_j' = x_j \oplus (x_{i_1} \wedge x_{i_2} \wedge \cdots \wedge x_{i_m})$。

在 MCT 门中，如果没有控制比特线，则为"非"门，即 NOT 门，该门可使输入值取反；只有一条控制比特线的 MCT 门称为 CNOT 门；具有两条控制比特线的 MCT 门称为 Toffoli 门。上述三个门构成的门集 NCT={NOT, CNOT, Toffoli}是一个通用门库，即单独使用该集合中的可逆门能够实现所有的可逆函数[177]，称为 NCT 门库，如图 2-3 所示。NCT 门库是最重要的可逆门库，在可逆计算和量子计算中都具有举足轻重的作用。

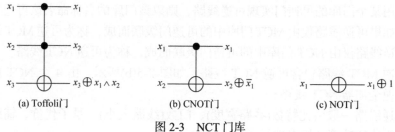

图 2-3　NCT 门库

### 2.2.4　可逆逻辑线路

**定义 2-7**[177]　由一组可逆逻辑门级联的，没有扇出或反馈的线路称为可逆逻辑线路，简称可逆线路。

可逆线路是一种量子算法的刻画方法。组成可逆线路的可逆逻辑门是量子线路的高级逻辑门组件。可逆布尔函数也可以用可逆线路表示。一般来说，如果在可逆线路的输入端包含 $n$ 个输入，其中有 $p$ 个本源输入和 $c$ 个常数输入，即 $n = p + c$，则在输出端就有 $m$ 个本源输出和 $k$ 个垃圾输出，即 $n = m + k$。当函数是双射时，既没有常量输入，也没有垃圾输出。图 2-4 为可逆线路的一般结构。

图 2-4　可逆线路的一般结构

可逆函数可以通过至少 $n$ 条比特线组成的可逆线路来实现，并且被构造为属于某个门库(如 NCT、MCT 或 MPMCT 库[178])的可逆门线路。文献[179]已经证明，任何可逆函数都可以通过 $n$ 条比特线级联 MCT 门的可逆线路实现，这意味着不需要添加任何临时比特线(称为辅助线)即可实现可逆线路。

**例 2-3**　图 2-5 为 1 位全加法器的不同可逆线路实现方法。图 2-5(a)为采用 MPMCT 门可逆线路实现的 1 位可逆全加器；图 2-5(b)为基于 MCT 门的等效线路。

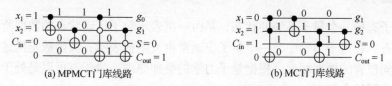

图 2-5　1 位全加法器的可逆线路

采用某个门库的可逆门实现可逆线路，则以该门库的名称命名该可逆线路。例如，如果可逆线路仅由 MCT 门库中的可逆门级联而成，称为可逆 MCT 线路；如果可逆线路仅由 NCT 门库中的可逆门级联而成，称为可逆 NCT 线路。

可逆 MCT 线路包含可逆 NCT 线路，如图 2-5(b)所示，由 4 个 NCT 门级联而成可逆全加器 NCT 线路。

可逆线路一般由比特数(线路宽度)、门数(线路大小)、量子代价、辅助比特数及垃圾比特数等指标来进行度量。

一个量子算法可以描述成包含可逆布尔组件的高级量子线路。高级量子线路的设计一般可分成两个阶段：①通过可逆线路实现相应的所需功能；②将得到的线路映射到功能等效的逻辑量子线路。

高级可逆逻辑门组件构成的可逆线路需要映射到只有特定门库中的量子门构成的量子线路。为了达到这个目的，在映射级别上，可逆线路被映射到一个功能相当的 Toffoli 线路。换句话说，在线路中，两个以上控制比特的 Toffoli 门被映射到最多有两条控制比特线的 Toffoli 门(NCT)线路中。

### 2.2.5　可逆逻辑综合

可逆逻辑综合(reversible logic synthesis)是用给定的可逆逻辑门，按照无扇出、无反馈等约束条件和限制，实现相应的可逆逻辑线路，并使其代价尽可能小。

可逆逻辑综合是可逆计算的重要研究内容，可逆逻辑门的级联是可逆逻辑综合的关键问题之一。如前所述，可逆逻辑线路是输入数与输出数相等，并且输入向量与输出向量一一映射的可逆逻辑门集合。因此，输入向量的状态可以唯一地被输出向量重构。

在可逆线路的综合(synthesis)中，需要尽可能少地保持比特线的数量。这主要是由于每个比特线都对应着量子计算架构中的量子比特，而量子比特是一种非常有限的物理资源。

## 2.3　量子态与量子比特

### 2.3.1　量子态

量子态指一个量子系统的状态，是由一组表示粒子运动状态的数值所确定的微观状态。在量子力学中，一个量子态通常由波函数表示，波函数是描述一个粒子在不同位置的概率幅度。根据量子力学的叠加原理，量子态可以是处于多个不同的态之间的叠加态。

叠加态和纠缠态是两种特殊的量子态。叠加态是指一个量子系统处于多个状态的叠加状态。纠缠态是指两个或多个量子系统的状态无法分别描述，只能作为一个整体来描述。在纠缠态中，一个系统的状态改变会立即影响到另一个系统的状态，称为量子纠缠。纠缠态是一种特殊的量子叠加态，是量子计算和量子通信中的重要资源。量子态的测量是指对量子系统进行观测，一个量子系统的量子态一旦被观测即变为坍缩态，即观测结果通常是一个确定的值。

量子态可用向量(矢量)来描述。在量子理论中，描述量子态的矢量称为态矢，态矢分为左矢和右矢。

右矢(ket)：

$$|\psi\rangle = [c_1, c_2, \cdots, c_n]^T$$

左矢(bra)：

$$\langle\psi| = [c_1^*, c_2^*, \cdots, c_n^*]$$

采用竖线和尖括号的组合描述一个量子态(符号"| ⟩"是由保罗·狄拉克提出的量子态表示方法)，其中每一个分量都是复数，右上角标 T 表示转置。这种形式表示量子态是一个向量。右矢表示一个 $n \times 1$ 的列向量，左矢表示一个 $1 \times n$ 的行向量。另外，在讨论同一个问题时，如果左矢和右矢在括号内的描述相同，那么这两个向量互为转置共轭。

对于任意的两个量子态的矩阵(坐标)：$|\alpha\rangle = [a_1, a_2, \cdots, a_n]^T$ 和 $|\beta\rangle = [b_1, b_2, \cdots, b_n]^T$，其内积定义为

$$\langle\alpha|\beta\rangle = \sum_{i=1}^{n} a_i^* b_i \tag{2-4}$$

其外积定义为

$$|\alpha\rangle\langle\beta| = \left[a_i b_j^*\right]_{n \times n} \tag{2-5}$$

表示一个 $n \times n$ 的矩阵。

量子系统由于量子操作而产生的演化可以用一个酉变换矩阵 $U$ 来描述，其中 $U = \{u_{ij}\}$ 的列对应于该变换作用在相应计算基矢态上的输出状态向量。

量子态概括了量子系统的全部信息与特性，是理解量子力学的基石。

### 2.3.2　量子比特

量子比特是经典计算的"比特"(bit)在量子计算领域的沿用和拓展，和经典比特类似，量子比特是一个两能级量子系统，具有两个计算基矢态|0)和|1)；但不同的是，量子比特不仅可以处于|0)态或|1)态，还可以处于两者的某种线性叠

加态，即量子比特是两个基态的线性组合：

$$|\psi\rangle = \alpha|0\rangle + \beta|1\rangle \tag{2-6}$$

式中，$|\psi\rangle$ 是量子比特的状态向量，简称为量子态；$\alpha$ 和 $\beta$ 均为复数，被称为量子态 $|\psi\rangle$ 在 $|0\rangle$ 和 $|1\rangle$ 上的概率幅。$|\alpha|^2$ 和 $|\beta|^2$ 分别表示测量该量子态时得到 0 和 1 的概率，且满足 $|\alpha|^2 + |\beta|^2 = 1$。

　　单量子比特的量子态是二维复向量空间的一个单位向量，该复向量空间是一个希尔伯特空间，$|0\rangle$ 和 $|1\rangle$ 构成该向量空间的一组标准正交基，通常用两个相互正交的二维单位列向量分别表示 $|0\rangle$ 和 $|1\rangle$：

$$|0\rangle = \begin{bmatrix} 1 \\ 0 \end{bmatrix}, \quad |1\rangle = \begin{bmatrix} 0 \\ 1 \end{bmatrix} \tag{2-7}$$

　　单量子比特的量子态 $|\psi\rangle$ 还可以表示为

$$|\psi\rangle = \cos\frac{\theta}{2}|0\rangle + e^{i\varphi}\sin\frac{\theta}{2}|1\rangle \tag{2-8}$$

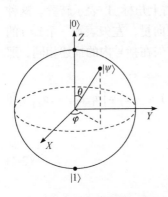

图 2-6　布洛赫球

以该公式中两个参数 $\theta$ 和 $\varphi$ 为坐标，单量子比特的量子态表示为一个单位球面上的点，如图 2-6 所示，这种表示量子态的球坐标被称为布洛赫球，基矢态 $|0\rangle$ 和 $|1\rangle$ 分别位于布洛赫球的北极和南极，$\theta$ 是量子态向量与 $Z$ 轴的夹角，$\varphi$ 是 $|\psi\rangle$ 在 $XY$ 平面上的投影与 $X$ 轴的夹角。

　　由 $n$ 个量子比特组成的复合量子系统的量子态是 $2^n$ 维复向量空间的单位向量，所有可能的量子态 $|i_0 i_1 \cdots i_{n-1}\rangle$ 构成该复合系统的一组标准正交基，其中 $i_0 i_1 \cdots i_{n-1} \in \{0,1\}$。量子态 $|i_0 i_1 \cdots i_{n-1}\rangle$ 是 $|i_0\rangle \otimes |i_1\rangle \otimes \cdots \otimes |i_{n-1}\rangle$ 的简写，这里 "$\otimes$" 是直积运算符，也称为张量积运算符。$n$ 个量子比特的复合态可表示为 $2^n$ 个计算基态的线性组合。以两量子比特系统为例，其量子态 $|\psi\rangle$ 可表示为 $\{|00\rangle, |01\rangle, |10\rangle, |11\rangle\}$ 的线性叠加：

$$|\psi\rangle = \alpha_{00}|00\rangle + \alpha_{01}|01\rangle + \alpha_{10}|10\rangle + \alpha_{11}|11\rangle \tag{2-9}$$

式中，$\alpha_{ij}\left(i, j \in \{0,1\}\right)$ 均为复数，称为计算基态 $|ij\rangle$ 的概率幅，且满足 $\sum |\alpha_{ij}|^2 = 1$。

　　当一个 $n$-量子比特量子复合系统的状态不能写成单个量子比特状态的任何组合时，称其为纠缠态。换句话说，$n$-量子比特量子系统的状态不能表示为 $n$ 个单量子比特的张量积。因此，纠缠态也可以通过张量积的形式给出定义。

**定义 2-8**　设 $|\psi\rangle$ 表示叠加态，如果 $|\psi\rangle$ 不能表示为式(2-10)：

$$|\psi\rangle = |\psi_0\rangle \otimes |\psi_1\rangle \otimes \cdots \otimes |\psi_{n-1}\rangle \tag{2-10}$$

则称 $|\psi\rangle$ 为量子纠缠态。

贝尔态是一种常见的两比特纠缠态，其无法通过两个单比特量子态的张量积表示。下面是一个贝尔态的示例：

$$|\psi_{AB}\rangle = \frac{1}{\sqrt{2}}\left(|00\rangle + |11\rangle\right) \neq \psi_A \otimes \psi_B \tag{2-11}$$

密度矩阵是量子态的另一种表示方式，其不仅可以用于表示纯态，还可以用于表示混态。假设一个量子系统以 $P_i$ 的概率处于某个量子态 $|\psi_i\rangle$，且满足 $\sum P_i = 1$，则该系统的密度算子 $\rho$ 为

$$\rho = \sum P_i |\psi_i\rangle\langle\psi_i| \tag{2-12}$$

物理上，任何满足 DiVincenzo 准则的二能级量子系统都可用于实现量子比特，如超导线路形成的非谐振子、电子的自旋以及光子的偏振等。

对于两个比特，在经典情况下存在四个可能的状态，即 00，01，10，11，而在量子系统则是四个状态的线性叠加：

$$|\psi\rangle = \alpha_{00}|00\rangle + \alpha_{01}|01\rangle + \alpha_{10}|10\rangle + \alpha_{11}|11\rangle \tag{2-13}$$

类似于单个比特情形，测量结果 $x(x=00,01,10,11)$ 发生的概率为 $|\alpha_x|^2$，测量后的状态坍缩为 $|x\rangle$，同样地，根据概率归一化：

$$\sum_{x\in\{0,1\}^2} |\alpha_x|^2 = 1 \tag{2-14}$$

式中，$\{0,1\}^2 = \{00,01,10,11\}$。当然，也可以只测量其中一个量子比特，如测量第一个，结果是 0 的概率是 $|\alpha_{00}|^2 + |\alpha_{01}|^2$，测量后的态为

$$|\psi'\rangle = \frac{\alpha_{00}|00\rangle + \alpha_{01}|01\rangle}{\sqrt{|\alpha_{00}|^2 + |\alpha_{01}|^2}} \tag{2-15}$$

测量后的态被重新归一化，使它依然满足归一化条件。

具有 $n \geqslant 1$ 个量子比特的量子系统的状态由单个量子比特空间张量积的一个元素给出，即 $2^n$ 个张量态 $|0\cdots0\rangle$、$|0\cdots1\rangle$ 和 $|1\cdots1\rangle$ 的线性组合，这些张量态是基态的张量积。因此，量子态被表示为长度为 $2^n$ 的归一化向量(称为状态向量)，其分量表示每个张量态的幅值。$n$-量子比特量子系统的状态可以表示为

$$|\psi\rangle = \sum_{x\in\{0,1\}^2} \alpha_x |x\rangle \tag{2-16}$$

类似于单个比特情形，测量结果 $x(x=|0\cdots0\rangle, |0\cdots1\rangle$ 和 $|1\cdots1\rangle)$ 发生的概率为

$\left|\alpha_x\right|^2$，测量后的状态坍缩为$|x\rangle$，同样地，根据概率归一化：

$$\sum_{x\in\{0,1\}^2}\left|\alpha_x\right|^2=1 \tag{2-17}$$

**例 2-4**　考虑 1-量子比特量子系统$|\psi\rangle=a|0\rangle+b|1\rangle$和$|\varphi\rangle=c|0\rangle+d|1\rangle$的两个态，复合系统$|\Phi\rangle$的态空间是叠加系统$|\psi\rangle$和$|\varphi\rangle$的态空间的张量积，则：

$$\begin{aligned}|\Phi\rangle &= |\psi\rangle\otimes|\varphi\rangle \\ &= (a|0\rangle+b|1\rangle)\otimes(c|0\rangle+d|1\rangle) \\ &= ac(|0\rangle\otimes|0\rangle)+ad(|0\rangle\otimes|1\rangle)+bc(|1\rangle\otimes|0\rangle)+bd(|1\rangle\otimes|1\rangle)\end{aligned}$$

由于

$$|0\rangle\otimes|0\rangle=\begin{bmatrix}1\\0\end{bmatrix}\otimes\begin{bmatrix}1\\0\end{bmatrix}=\begin{bmatrix}1\begin{bmatrix}1\\0\end{bmatrix}\\0\begin{bmatrix}1\\0\end{bmatrix}\end{bmatrix}=\begin{bmatrix}1\\0\\0\\0\end{bmatrix}=|00\rangle$$

用类似的计算方式，可以得到$|0\rangle\otimes|1\rangle$、$|1\rangle\otimes|0\rangle$和$|1\rangle\otimes|1\rangle$的张量积分别是$|01\rangle$、$|10\rangle$和$|11\rangle$。因此：

$$|\Phi\rangle=|\psi\rangle\otimes|\varphi\rangle=ac|00\rangle+ad|01\rangle+bc|10\rangle+bd|11\rangle$$

**例 2-5**　贝尔态是一个由$|\beta\rangle=\dfrac{1}{\sqrt{2}}|00\rangle+\dfrac{1}{\sqrt{2}}|11\rangle$定义的 2-量子比特量子系统。从$|00\rangle$态获得贝尔态的酉变换矩阵$U$为

$$U=\frac{1}{\sqrt{2}}\begin{bmatrix}1 & 0 & 1 & 0\\0 & 1 & 0 & 1\\0 & 1 & 0 & -1\\1 & 0 & -1 & 0\end{bmatrix}$$

**定义 2-9**　矩阵$U$如果满足$U^\dagger U=UU^\dagger=I$，其中，$U^\dagger=\left(U^*\right)^{\mathrm{T}}$，是$U$的共轭转置矩阵，则称$U$是酉矩阵。

**例 2-6**　矩阵$U=\begin{bmatrix}1 & 0\\0 & i\end{bmatrix}$是一个酉矩阵，其共轭转置矩阵$U^\dagger=\begin{bmatrix}1 & 0\\0 & -i\end{bmatrix}$。因为

$$UU^\dagger=\begin{bmatrix}1 & 0\\0 & 1\end{bmatrix}\text{且}U^\dagger U=\begin{bmatrix}1 & 0\\0 & 1\end{bmatrix}\text{，因此}U\text{是酉矩阵。}$$

# 2.4　量　子　门

量子门(quantum gate)是量子计算中的基本操作，用来控制量子比特的状态，从而实现量子计算。

## 2.4.1　量子门的概念

**定义 2-10**　在量子计算中，量子系统的演化用幺正(酉)变换来描述，这种变换通常被称为量子门。

量子逻辑门对量子态 $|\psi\rangle$ 演化的酉变换 $U$ 可描述为

$$|\psi\rangle \xrightarrow{\ U\ } U|\psi\rangle \tag{2-18}$$

一个作用于 $n$ 个量子比特的量子门可表示为 $2^n \times 2^n$ 的酉矩阵。

若采用密度矩阵 $\rho$ 表示量子系统状态，则在酉算子 $U$ 下的系统状态演化可表示为

$$\rho \xrightarrow{\ U\ } U\rho U^{\dagger} \tag{2-19}$$

由于酉变换 $U$ 存在无数种，所以理论上存在无数量子门，但是本书仅关注在量子计算设备上容易物理实现的基本量子门，其中仅包括单量子比特门和双量子比特门。

**定义 2-11**　用于实现量子计算的量子门集合称为一个量子门库。

## 2.4.2　恒等门

恒等门(identity gate)，也称I门或单位门，是一个平庸操作，换句话说就是不做任何操作，对应于量子线路中的空线。恒等门及其表示如表 2-2 所示。

表 2-2　恒等门及其表示

| 量子门 | 矩阵表示 | 符号表示 |
|---|---|---|
| I门 | $\begin{pmatrix} 1 & 0 \\ 0 & 1 \end{pmatrix}$ | —————— |

## 2.4.3　Pauli 门

Pauli(泡利)门是由 Pauli 矩阵构成的一组量子逻辑门。Pauli 门作用在单量子比特上，其作用是将量子态进行翻转。常见的 Pauli 门有 Pauli-$X$门、Pauli-$Y$门和 Pauli-$Z$门。Pauli 门及其表示如表 2-3 所示。

(1) Pauli-$X$ 门也称为量子非门。Pauli-$X$ 门使布洛赫球面上的点绕 $X$ 轴旋转

180°，Pauli-$X$门对于{|+⟩, |−⟩}没有影响，对于{|i⟩, |−i⟩}和{|0⟩, |1⟩}则取"反"。

(2) Pauli-$Y$门使布洛赫球面上的点绕 $Y$ 轴旋转 180°。Pauli-$Y$门对于{|i⟩, |−i⟩}没有影响，对于 {|+⟩, |−⟩}和{|0⟩, |1⟩}则取"反"。

(3) Pauli-$Z$门使布洛赫球面上的点绕 $Z$ 轴旋转 180°。Pauli-$Z$门对于{|0⟩, |1⟩}没有影响，对于{|+⟩, |−⟩}和{|i⟩, |−i⟩}则取"反"。

Pauli-$X$门、Pauli-$Y$门和 Pauli-$Z$门分别简称为 $X$ 门、$Y$ 门、$Z$ 门。

表 2-3　Pauli 门及其表示

| 量子门 | 矩阵表示 | 符号表示 |
|---|---|---|
| Pauli-$X$门 | $\begin{pmatrix} 0 & 1 \\ 1 & 0 \end{pmatrix}$ | —$\boxed{X}$— |
| Pauli-$Y$门 | $\begin{pmatrix} 0 & -i \\ i & 0 \end{pmatrix}$ | —$\boxed{Y}$— |
| Pauli-$Z$门 | $\begin{pmatrix} 1 & 0 \\ 0 & -1 \end{pmatrix}$ | —$\boxed{Z}$— |

### 2.4.4　NCV 门

NCV 门一般是指门集合{NOT，CNOT，$V$，$V^\dagger$门}构成的 NCV 门库。NCV 门库可以实现任意的可逆函数。

(1) NOT 门对量子比特取反，即把布洛赫球中的点(量子态)旋转 180°。

(2) CNOT 门，也称受控非门，是一个包括控制比特和目标比特的双量子比特门。如果控制比特为|1⟩，则施加一个 NOT 门，目标比特取反，即布洛赫球中的点翻转 180°；如果控制比特为|0⟩，则不做任何操作，即目标比特不变。符号表示中的黑点"·"为控制比特，"⊕"为目标比特。

(3) $V$ 和 $V^\dagger$门是指 Controlled-$V$ 门和 Controlled-$V^\dagger$门，称为控制-$V$ 门和控制-$V^\dagger$门。二者都是 CNOT 门的平方根，两个相邻的相同 $V$ 或 $V^\dagger$门等价于一个 CNOT 门。$V^\dagger$门与 $V$ 门互为相反门，如表 2-4 所示。

表 2-4　NCV 量子门库

| 量子门 | 矩阵表示 | 符号表示 |
|---|---|---|
| NOT 门 | $\begin{pmatrix} 0 & 1 \\ 1 & 0 \end{pmatrix}$ | —⊕— |
| CNOT 门 | $\begin{pmatrix} 1 & 0 & 0 & 0 \\ 0 & 1 & 0 & 0 \\ 0 & 0 & 0 & 1 \\ 0 & 0 & 1 & 0 \end{pmatrix}$ | ●⊕ |

续表

| 量子门 | 矩阵表示 | 符号表示 |
|---|---|---|
| Controlled-$V$ 门 | $\begin{pmatrix} 1 & 0 & 0 & 0 \\ 0 & 1 & 0 & 0 \\ 0 & 0 & \dfrac{1+i}{2} & \dfrac{1-i}{2} \\ 0 & 0 & \dfrac{1-i}{2} & \dfrac{1+i}{2} \end{pmatrix}$ | |
| Controlled-$V^\dagger$ 门 | $\begin{pmatrix} 1 & 0 & 0 & 0 \\ 0 & 1 & 0 & 0 \\ 0 & 0 & \dfrac{1-i}{2} & \dfrac{1+i}{2} \\ 0 & 0 & \dfrac{1+i}{2} & \dfrac{1-i}{2} \end{pmatrix}$ | |

### 2.4.5　交换门(SWAP 门)

SWAP 门是一种双量子比特门, 用于交换两个量子比特的量子态, 其线路符号和功能如图 2-7(a)所示。SWAP 门不是基本量子门, 无法在物理设备上直接实现, 但是其可分解成三个串联的 CNOT 门(这里只给出一种分解方式), 如图 2-7(b)所示。

(a) SWAP门　　　　　　　　　(b) SWAP门的分解

图 2-7　SWAP 门及其等价分解

SWAP 门的矩阵形式为

$$M = \begin{pmatrix} 1 & 0 & 0 & 0 \\ 0 & 0 & 1 & 0 \\ 0 & 1 & 0 & 0 \\ 0 & 0 & 0 & 1 \end{pmatrix} \qquad (2\text{-}20\text{a})$$

即对于量子态 $|\psi_1\rangle$ 和 $|\psi_2\rangle$, 有

$$M(|\psi_1\rangle \otimes |\psi_2\rangle) = |\psi_2\rangle \otimes |\psi_1\rangle \qquad (2\text{-}20\text{b})$$

令 $|\psi_1\rangle = \alpha_1|0\rangle + \beta_1|1\rangle$, $|\psi_2\rangle = \alpha_2|0\rangle + \beta_2|1\rangle$, 则式(2-20b)的展开式为

$$M\left(\alpha_1\alpha_2|00\rangle + \alpha_1\beta_2|01\rangle + \beta_1\alpha_2|10\rangle + \beta_1\beta_2|11\rangle\right)$$
$$= \alpha_2\alpha_1|00\rangle + \alpha_2\beta_1|01\rangle + \beta_2\alpha_1|10\rangle + \beta_2\beta_1|11\rangle$$

### 2.4.6　Clifford+$T$门

　　Clifford+$T$ 门是一个门集合 {NOT，CNOT，$H$，$S$，$S^\dagger$，$T$，$T^\dagger$}，称为 Clifford+$T$门库。表 2-5 给出了 Clifford+$T$门库中的基本量子门和每个门的矩阵及符号表示。Clifford+$T$门库更容易实现容错量子计算。Clifford+$T$门库是实现任意量子系统的一个通用门库。

**表 2-5　Clifford+$T$门及其表示**

| 量子门 | 矩阵表示 | 符号表示 |
|:---:|:---:|:---:|
| NOT 门 | $\begin{pmatrix} 0 & 1 \\ 1 & 0 \end{pmatrix}$ | |
| CNOT 门 | $\begin{pmatrix} 1 & 0 & 0 & 0 \\ 0 & 1 & 0 & 0 \\ 0 & 0 & 0 & 1 \\ 0 & 0 & 1 & 0 \end{pmatrix}$ | |
| $S$门 | $\begin{pmatrix} 1 & 0 \\ 0 & i \end{pmatrix}$ | $S$ |
| $S^\dagger$门 | $\begin{pmatrix} 1 & 0 \\ 0 & -i \end{pmatrix}$ | $S^\dagger$ |
| $T$门 | $\begin{pmatrix} 1 & 0 \\ 0 & e^{\frac{i\pi}{4}} \end{pmatrix}$ | $T$ |
| $T^\dagger$门 | $\begin{pmatrix} 1 & 0 \\ 0 & e^{\frac{-i\pi}{4}} \end{pmatrix}$ | $T^\dagger$ |
| $H$门(阿达马门) | $\frac{1}{\sqrt{2}}\begin{pmatrix} 1 & 1 \\ 1 & -1 \end{pmatrix}$ | $H$ |

　　Clifford+$T$ 门库[43]由于较少的门数、物理实现的鲁棒性以及对量子纠错 (quantum error correction, QEC)的支持，成为超导量子计算技术在逻辑层面的常用通用门库。

　　关于 NOT 门和 CNOT 门，在 NCV 门库中也包含这两个门，这里不再赘述。

　　(1) $H$ 门在量子线路中用于创建叠加态，通常用在量子线路的最前端。即 $H$ 门使布洛赫球面上的点绕 $Z$ 轴与 $X$ 轴之间倾斜 45°的轴旋转 180°。

　　(2) $S$门和 $S^\dagger$门是 $Z$ 门的平方根，$T$门和 $T^\dagger$门由 $Z$ 门的四次方根矩阵给出，见

表 2-5；$S^\dagger$ 门、$T^\dagger$ 门和 NOT 门可以分别用 ZS、ZST 和 HZH 门的组合级联实现。

### 2.4.7 相位门

相位(phase)门也被称为旋转门。

(1) 单量子比特相位门，表示为 RX($\theta$)、RY($\theta$)和 RZ($\theta$)。代表在布洛赫球上对相应的轴旋转 $\theta$ 角度，组合使用这三种操作可实现量子态在布洛赫球上的移动。其矩阵表示分别为

$$RX(\theta) = \begin{pmatrix} \cos\dfrac{\theta}{2} & -i\sin\dfrac{\theta}{2} \\ -i\sin\dfrac{\theta}{2} & \cos\dfrac{\theta}{2} \end{pmatrix} \tag{2-21}$$

$$RY(\theta) = \begin{pmatrix} \cos\dfrac{\theta}{2} & -\sin\dfrac{\theta}{2} \\ \sin\dfrac{\theta}{2} & \cos\dfrac{\theta}{2} \end{pmatrix} \tag{2-22}$$

$$RZ(\theta) = \begin{pmatrix} e^{\frac{i\theta}{2}} & 0 \\ 0 & e^{\frac{i\theta}{2}} \end{pmatrix} \tag{2-23}$$

(2) 量子受控相位门，表示为 CR($\theta$)。当控制量子比特处于 $|1\rangle$ 态时，对目标量子比特进行相应的相位操作；当控制量子比特处于 $|0\rangle$ 态时，则不对目标量子比特进行操作。CR($\theta$)门的矩阵表达为

$$CR(\theta) = \begin{pmatrix} 1 & 0 & 0 & 0 \\ 0 & 1 & 0 & 0 \\ 0 & 0 & 1 & 0 \\ 0 & 0 & 0 & e^{i\theta} \end{pmatrix} \tag{2-24}$$

(3) 相位交换门，表示为 iSWAP。其作用是交换两个量子比特的状态，并且赋予其 π/2 的相位，其矩阵表示为

$$iSWAP = \begin{pmatrix} 1 & 0 & 0 & 0 \\ 0 & \cos\theta & -i\sin\theta & 0 \\ 0 & -i\sin\theta & \cos\theta & 0 \\ 0 & 0 & 0 & 1 \end{pmatrix} \tag{2-25}$$

### 2.4.8　量子门的可逆性

　　量子门用于对量子比特进行操作运算，从数学的角度上来说就是对量子比特所表示的量子状态执行线性变换。由于量子比特的状态(表达为向量时)的长度为1，因此量子门所代表的线性变换是保向量长度(保范数)的线性变换，保向量长度的线性变换必定是幺正变换。也就是说，对应量子比特门/运算的矩阵都是幺正矩阵，而幺正矩阵都是可逆的，因此所有的量子门都是可逆的。

### 2.4.9　量子门的通用性

　　**定义 2-12**　给定由若干量子门构成的量子门库，若该门库中的量子门总能以任意精度近似任何酉矩阵，则称该门库是量子计算的通用门库[36]。

　　单量子比特门和 CNOT 门一起构成的 Clifford 门集合是 Clifford 群中的所有量子门，Clifford+$T$ 门库是量子计算的一个通用门库，Pauli 门、$H$ 门、$S$ 门以及 CNOT 门均属于 Clifford 门库。另外，由于集合{$H$ 门, $S$ 门, CNOT 门}是 Clifford 群的生成元，群中的其他门均可通过这三个门生成，因此通常将 Clifford+$T$ 门库表示为{$H$门, $S$门, $T$门, CNOT 门}。

## 2.5　量　子　线　路

### 2.5.1　基本概念

　　**定义 2-13**　量子线路是一种通用量子计算模型，是在抽象概念下对量子信息存储单元(量子比特)进行操作的一组量子门序列①。

　　在量子线路中，量子比特(quantum bit，qubit)和量子门构成量子线路的基本单元(这里的量子比特是指逻辑量子比特)。使用量子比特来表示量子信息，并使用量子门来操作量子比特。量子门对量子比特进行操作，使量子比特之间产生相互作用。每个量子门对应于一个线性映射，相应地对应于一个幺正矩阵。量子线路中施加量子门后的量子态可以通过将相应的酉矩阵与表示输入态的向量相乘得到。

　　给定一个逻辑量子比特集合 $Q = \{q_0, q_1, \cdots, q_{n-1}\}$，量子线路是作用在 $Q$ 上的量子门序列 $\Gamma = <g_0, g_1, \cdots, g_{N-1}>$，可以用 $\Phi = (Q, \Gamma)$ 表示一个量子线路。

　　量子线路可以用于刻画量子算法，即量子算法可以通过量子线路来描述。物理学家认为，包括经典逻辑线路在内的所有问题，最终都可以用量子力学来解释。原则上，可以通过量子线路模拟任何经典逻辑线路。一般来说，量子线路不

---

① 本书所述量子门序列是指由特定量子门库的单量子比特或双量子比特量子门级联生成的量子门的集合。

能直接用于模拟经典线路，其主要原因是幺正量子逻辑门本质上是可逆的，而许多经典逻辑线路是不可逆的。因此，一些问题的经典算法，如果要转变成为量子计算机能够执行的量子算法，可以先描述为由可逆逻辑门组合而成的可逆/量子逻辑线路。

### 2.5.2　量子线路的表示

（1）线路图表示法：量子线路通过一系列的水平线条和逻辑门符号来表示。水平线条代表量子比特，称为量子比特线；逻辑门则代表对量子比特进行的操作。量子比特的状态从左往右随着时间自然演化，遇上逻辑门则被操作，最后用量子测量将结果读取出来，以此实现量子计算。线路图表示法能够清晰地表达量子线路的结构和操作顺序，如图 2-8 所示。

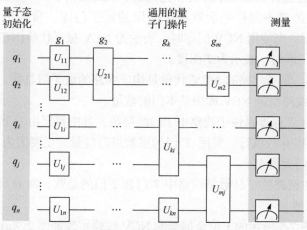

图 2-8　量子线路模型

量子线路的线路图表示法主要分为三个部分，即量子态初始化、通用的量子门操作和测量。在该量子线路模型中，除了最后一步测量以外，其他的逻辑门操作都是幺正的、可逆的。采用量子线路表示量子算法时，由于量子测量和量子线路映射问题不直接相关，本书仅讨论量子比特和量子门组成的量子线路，与量子测量有关的量子线路请查阅其他相关文献。

（2）矩阵表示法：量子线路中每个逻辑量子门表示一个幺正变换，可用酉矩阵表示，量子线路中各个量子门的酉矩阵的乘积就是量子线路的酉矩阵。也就是说，组成量子线路的每一个量子逻辑门都是一个酉算子，所以整个量子线路整体也是一个大的酉算子。即 $n$-量子比特量子线路描述了 $2^n \times 2^n$ 的酉矩阵表示的功能。如果 $n$-量子比特量子线路上含有 $m$ 个量子门 $g_i, i = 1, 2, \cdots, m$，可以表示为 $G \equiv g_m g_{m-1} \cdots g_1$。

### 2.5.3 量子线路类型

量子线路模型中，引入了不同的量子门库。这些量子门库中量子门组合表示的量子算法对应于不同层级的量子线路，或适于不同量子体系结构的量子计算设备。量子线路的命名可以与构造该量子线路量子门库的名称一致。例如，用 NCV 门库构造的量子线路称为 NCV 线路。

### 2.5.4 量子代价

量子代价(quantum cost，QC)[36,180,181]是用于评估实现一个量子逻辑门或量子线路所需基本操作的一种度量。基本操作通常是指量子比特间的标准逻辑操作，其数量直接影响到实现量子算法的物理资源需求及其执行时间。

量子代价为设计高效量子算法和优化量子线路提供了一个重要的评价指标。

量子代价的基本操作一般取决于使用的量子门库，常采用 NCV 门库和 Clifford+$T$ 门库。当使用 NCV 门库时，表示为 NCV 量子代价(NCV 代价)，当使用 Clifford+$T$ 门库时，表示为 $T$ 深度。

**定义 2-14** 量子线路的 NCV 代价是构成线路的量子门总数，它表示将该线路分解为量子线路所需 NCV 库中基本门的数量。

**定义 2-15** $T$ 深度是量子线路中 $T$ 门的层数，其中每层由一个或多个 $T$ 门(或 $T^\dagger$ 门)组成，可以并行执行。采用 $T$ 门的层数进行度量，主要因为 $T$ 门容错实现代价要比其他门大得多。

Clifford+$T$ 线路的 $T$ 计数是线路中 $T$ 门和 $T^\dagger$ 门的总数，而 $H$ 计数表示量子线路中 $H$ 门的总数。

**例 2-7** 图 2-5 所示的 1 位全加器的 NCV 线路实现如图 2-9(a)所示，其 NCV 代价为 12；1 位全加器的 Clifford+$T$ 线路实现如图 2-9(b)所示，其 $T$ 深度为 6，$T$ 计数为 14，$H$ 计数为 4。

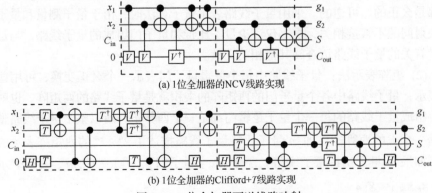

(a) 1位全加器的NCV线路实现

(b) 1位全加器的Clifford+$T$线路实现

图 2-9　1 位全加器可逆线路映射

为了优化量子线路，可以通过线路化简降低量子代价，化简后的线路与化简前的线路功能等价。

**例 2-8** 图 2-10(a)是 1 位全加器 NCV 线路的最佳实现，化简后的线路图与图 2-9(a)等效，其 NCV 代价为 6。图 2-10(b)是 1 位全加器的 Clifford+$T$ 最优线路，其 $T$ 深度为 2，$T$ 计数为 8，$H$ 计数为 2。

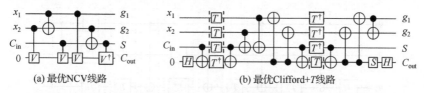

(a) 最优NCV线路　　　　　(b) 最优Clifford+$T$线路

图 2-10　实现 1 位全加器的量子线路

可逆布尔线路代价可根据文献[42]中提出的计算原则，将给定线路中的每个 MCT 门映射到一个 NCT 线路，然后评估映射后的线路中 Toffoli 门的量子代价，最后通过计算线路中每个门的量子代价之和得到。因此，可逆布尔线路的代价可以用门数进行简单度量。

### 2.5.5　量子门计数

**定义 2-16** 为了实现特定计算任务构建的量子线路中量子门的数量，称为量子线路的门计数。

门计数是量子线路设计和优化中的一个重要问题。在量子线路的设计中，通常需要根据具体任务的要求和可用的物理资源来确定量子门的类型、数量及连接方式等。门计数可以作为评估不同设计方案优劣的一个指标，以减少所需的物理资源，提高计算效率。

**例 2-9** 图 2-11 为 1 位全加器的三种不同实现方法，其中，图 2-11(a)中门计数为 6，图 2-11(b)中门计数为 6，图 2-11(c)中门计数为 4。

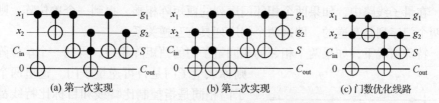

(a) 第一次实现　　　　(b) 第二次实现　　　　(c) 门数优化线路

图 2-11　实现 1 位全加器的可逆线路

### 2.5.6　量子线路分层

在量子线路中可以并行操作的量子门子序列称为线路的一个分层。即如果两个或两个以上的量子门可以存在于量子线路中的相同时间片中，且量子比特不相交，则称这些量子门构成一个分层。

**例 2-10** 对 Toffoli 门量子线路进行分层，其分层结构如图 2-12 所示。其中 $L_i(i=0, 1, \cdots, 10)$ 为量子线路的分层标号。因为位置 6、8 和 9 中的门不共享任何量子比特线，所以可以同时执行。

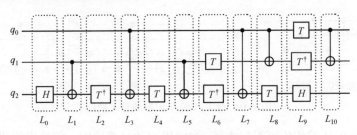

图 2-12　Toffoli 门的量子线路分层结构

### 2.5.7　量子线路深度

**定义 2-17**　量子线路中分层的数量称为量子线路深度。

图 2-12 中 Toffoli 门的量子线路深度为 11。

量子线路深度与量子线路的执行效果具有密切关系，可以反映量子算法执行所需的时间复杂性和资源消耗。一般来说，量子线路深度越大，意味着量子计算设备需要执行的操作步骤越多，所需的计算资源和时间也就越多，这将对量子比特的相干时间、错误率等约束产生重要影响。因此，优化量子线路深度是量子线路研究的重要内容之一。

**定义 2-18**　线路深度受限于特定范围的量子线路称为浅层量子线路。目前 NISQ 设备实现的量子线路一般都指浅层量子线路。

### 2.5.8　量子门序列互逆

在量子线路中，如果两个相邻门序列的酉矩阵相乘，得到一个单位阵，则称这两个门序列是互逆的，即这两个门序列具有互逆关系。

特殊情况下，如果两个相邻的相同量子门的酉矩阵相乘，得到一个单位阵，则称该量子门是自可逆量子门。这里两个量子门相同是指控制比特线和目标比特线都相同。多数量子门都是自可逆量子门。

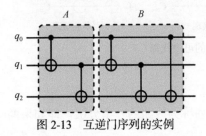

图 2-13　互逆门序列的实例

1. 几种常用的互逆门序列

(1) 图 2-13 中是两个互逆的门序列，其中

$$A = \begin{bmatrix} 1 & 0 & 0 & 0 & 0 & 0 & 0 & 0 \\ 0 & 1 & 0 & 0 & 0 & 0 & 0 & 0 \\ 0 & 0 & 0 & 1 & 0 & 0 & 0 & 0 \\ 0 & 0 & 1 & 0 & 0 & 0 & 0 & 0 \\ 0 & 0 & 0 & 0 & 0 & 0 & 0 & 1 \\ 0 & 0 & 0 & 0 & 0 & 0 & 1 & 0 \\ 0 & 0 & 0 & 1 & 0 & 0 & 0 & 0 \\ 0 & 0 & 0 & 0 & 0 & 1 & 0 & 0 \end{bmatrix}, \quad B = \begin{bmatrix} 1 & 0 & 0 & 0 & 0 & 0 & 0 & 0 \\ 0 & 1 & 0 & 0 & 0 & 0 & 0 & 0 \\ 0 & 0 & 0 & 1 & 0 & 0 & 0 & 0 \\ 0 & 0 & 1 & 0 & 0 & 0 & 0 & 0 \\ 0 & 0 & 0 & 0 & 0 & 0 & 1 & 0 \\ 0 & 0 & 0 & 0 & 0 & 0 & 0 & 1 \\ 0 & 0 & 0 & 0 & 1 & 0 & 0 & 0 \\ 0 & 0 & 0 & 0 & 1 & 0 & 0 & 0 \end{bmatrix}$$

是这两个门序列的酉矩阵（可通过序列中门的酉矩阵的张量积求得），这两个酉矩阵的积是单位阵 $I$。

(2) 几种互逆的单一量子门。两个相邻的控制比特与目标比特分别相同的 CNOT 门可以相互抵消；两个相邻的 $H$ 门可以相互抵消；两个相邻的 $T$ 门与 $T^\dagger$ 门可以相互抵消；两个相邻的 $S$ 门与 $S^\dagger$ 门可以相互抵消，分别如图 2-14(a)～图 2-14(d)所示。

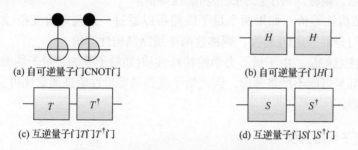

(a) 自可逆量子门 CNOT 门      (b) 自可逆量子门 $H$ 门

(c) 互逆量子门 $T$ 门 $T^\dagger$ 门      (d) 互逆量子门 $S$ 门 $S^\dagger$ 门

图 2-14 几种量子门可以相互抵消的情况

图 2-15 为两个互逆量子门序列(实际上是两个相邻 SWAP 门的分解)抵消的实例。前面提到，两个互逆门序列酉矩阵的积是单位阵 $I$，也可以表示为图 2-15 "≡" 右边的符号图。"≡" 表示其左右两边的门序列等价。

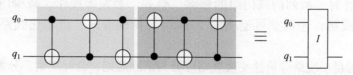

图 2-15 两个互逆量子门序列抵消的实例

## 2. 几种常用的门序列合并

有些由两个相同量子门组成的门序列可以合并为等价的一个量子门。例如，两个相邻的控制比特与目标比特分别相同的 Controlled-$V$ 门可以合并为一个 CNOT 门；同样地，两个相邻的控制比特与目标比特分别相同的 Controlled-$V^\dagger$门可以合并为一个 CNOT 门，如图 2-16 所示。

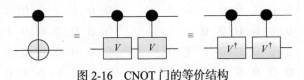

图 2-16　CNOT 门的等价结构

事实上，两个相邻的 $T$ 门可以合并为一个 $S$ 门，两个相邻的 $T^\dagger$ 门可以合并为一个 $S^\dagger$ 门。

### 2.5.9　逻辑量子线路的等价性

量子线路等价性一般可分为功能性等价和结构性等价。

(1) 功能性等价：如果两个量子线路对所有可能的输入量子态都产生相同的输出量子态，则称这两个量子线路功能性等价。

(2) 结构性等价：如果两个量子线路可以通过一系列等价变换(如量子门交换、量子门分解等)相互转换，则称这两个线路结构性等价。

需要注意的是，由于量子力学的特殊性质(如量子叠加、量子纠缠等)，逻辑量子线路甚至可能不严格等价，因此量子线路的等价性验证通常比可逆线路更加复杂和困难。

### 2.5.10　量子线路变换

**定义 2-19**　将量子线路转换为功能性等价线路的过程，称为量子线路变换。

量子线路变换的目的是适应量子计算设备可执行的约束条件。其主要工作表现为：①分解量子线路中的量子门，以满足不同层级量子计算机器(抽象)的需求；②将复杂的量子线路变换为更简单、更容易处理的等价量子线路；③通过对一系列门或门组的删除、合并、替换等操作，减少门的数量，化简量子线路；④调整可逆/量子门的组合排列方式，以优化线路的结构和操作顺序。

常用的量子线路等价性变换规则可分为消除规则、合并规则、分解规则、交换规则等，如图 2-17 所示，其中 $A$、$B$、$C$、$D$ 表示某一单量子比特门或单量子比特门序列。

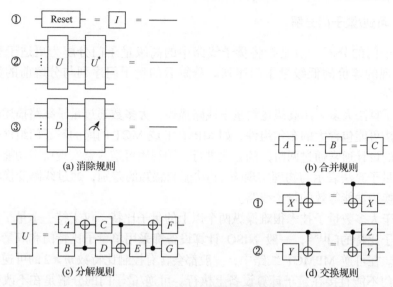

图 2-17　量子线路等价性变换规则

利用消除规则可化简量子线路中量子门的数量，以减少操作次数。图 2-17(a)为常用的几种消除规则。其中包括：①重置操作，重置操作将量子比特状态置为 $|0\rangle$，如果量子比特本身状态已经为 $|0\rangle$，则其后的重置操作可消除；②量子门的消除，当相邻的两个量子门互为逆变换时，这两个量子门的相互作用是一个恒等变换，恒等变换不改变量子比特状态，因而可消除这两个量子门；③对角阵门消除，如果施加在基为 $|i_1 i_2 \cdots i_n\rangle$ 上的量子门的矩阵是对角阵，那么量子比特的状态在 $|i_1 i_2 \cdots i_n\rangle$ 上的幅值分布不发生变化，即施加前后测量结果一致，则可消除该量子门。

图 2-17(b)为合并规则，这里主要针对单量子比特门，用于合并连续的单量子比特门，以减少量子门数目。

图 2-17(c)为两比特门的分解规则，这里合并与分解通常一同使用。

图 2-17(d)为两类交换规则，即满足 $AB=BA$ 的严格交换规则和交换后产生额外的单比特门的泛化交换规则。

## 2.5.11　量子线路化简

量子线路化简就是在不改变量子线路功能的前提下，对线路进行重组、替换和逻辑门约简等操作，以降低量子线路的代价。

化简是量子线路变换与优化问题的重要方法。如果在可逆级对线路进行有效的优化，可以大幅度减少后期线路变换中引入额外量子门的数量，对改善最终量子线路的性能具有非常重要的影响。

### 2.5.12　可逆/量子门分解

量子门的分解一般是指将量子线路中的高级量子门分解为更适于表达或物理实现的等价的低级量子门序列。分解后的量子门序列与分解前的量子门功能等价。

量子算法大多采用高级逻辑量子线路描述，大多数通过量子线路描述的已知量子算法可能包含大的布尔组件，如 MPMCT 或 MCT 门库的量子门组件等。这些组件的设计通常通过两阶段的方法进行：①利用可逆线路实现所需功能；②为了描述量子算法表示与物理实现(执行)功能和感知的差别，通过线路变换将可逆线路变换为功能等效的量子线路。

由于大多数量子技术很难操纵两个以上的量子比特，仅支持一个量子比特和两个量子比特的门[182]，一般 NISQ 计算设备都采用单量子比特门和双量子比特门实现。在可逆 MPMCT 线路中，一般都会含有控制比特数 $m \geqslant 2$ 的可逆门，这种可逆门不能直接在量子计算设备上执行。可逆/量子门的分解是在不改变线路功能的前提下，将控制比特数 $m \geqslant 3$ 的 MCT 门分解为 NCT 门(NOT 门、CNOT 门和标准 Toffoli 门)的级联，再根据目标体系结构对基本量子门库类型的要求，将标准 Toffoli 门分解为相应基本量子门的级联，从而实现将高级可逆 MCT 线路变换为较低级的量子线路。下面给出几种量子门的分解方法。

#### 1. Toffoli 门分解为 NCV 门线路

一个两控制比特的 Toffoli 门被分解成一个由 NCV 门库量子门组成的线路，如图 2-18 所示。

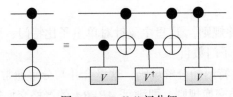

图 2-18　Toffoli 门分解

#### 2. NCV 门分解为 Clifford+$T$ 门线路

NCV 门分解为 Clifford + $T$ 线路的关键在于将线路中的 $V$ 门与 $V^\dagger$ 门分解为由 Clifford + $T$ 门库组成的线路。$V$ 门与 $V^\dagger$ 门可以分别分解成如图 2-19(a)、图 2-19(b) 所示的 7 个门。

#### 3. $S$ 门分解为 $T$ 门线路

$S$ 门与 $S^\dagger$ 门可以分别分解成如图 2-20 所示的 $T$ 门和 $T^\dagger$ 线路。

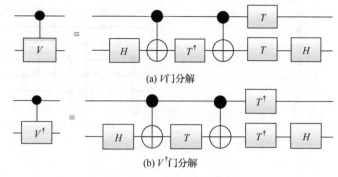

(a) $V$门分解

(b) $V^\dagger$门分解

图 2-19  $V$门和$V^\dagger$门分解

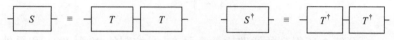

图 2-20  $S$门与$S^\dagger$门的等价结构

### 4. MCT 门的分解

#### 1) Barenco 分解

Barenco 分解[42]有两种分解方式，这里分别称为 Barenco 分解 1 和 Barenco 分解 2。

(1) Barenco 分解 1：含有 $c$ 个控制比特的 MCT 门可以直接分解为 NCT 线路，该线路包含$4(c-2)$个 2 控制 Toffoli 门。

如图 2-21 所示，由于每个 Toffoli 门的 NCV 代价为 5，$T$ 深度为 3，因此得到的 NCT 线路的 NCV 代价为$20(c-2)$，其 $T$ 深度为$12(c-2)$。

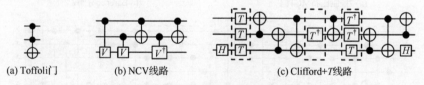

(a) Toffoli门　　　(b) NCV线路　　　(c) Clifford+$T$线路

图 2-21  Toffoli 门的分解

图 2-22(b)为 Barenco 分解一个 4 控制比特 MCT 门后得到的线路，这里需要使用两条额外的辅助线，线路由$4\times(4-2)=8$个 2 控制 Toffoli 门组成，所得线路的 NCV 代价为$5\times8=40$，$T$ 深度为$3\times8=24$。

(2) Barenco 分解 2：一个 MPMCT 门$T(C,t),|C|\geqslant3$，映射到以下四个门线路，有

$$T(C,t)=T(C_1,a_1)\circ T(C_2\cup\{a_1\},t)\circ T(C_1,a_1)\circ T(C_2\cup\{a_1\},t) \tag{2-26}$$

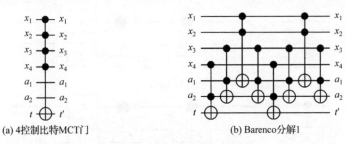

(a) 4控制比特MCT门　　　　　　　(b) Barenco分解1

图 2-22　Barenco 分解 1 示例

式中，$C = C_1 \bigcup C_2, C_1 \bigcap C_2 = \varnothing, |C_1| = \left\lceil \dfrac{|C|}{2} \right\rceil$ 并且 $|C_2| = |C| - |C_1|$；"$\circ$" 为线路上门的级联符号。

Barenco 分解 2 所得到的线路由两个具有 $|C_1|$ 控制的相同门 $G_{C_1}$ 和另外两个具有 $|C_2|$ 控制的相同门 $G_{C_2}$ 组成，$G_{C_1}$ 和 $G_{C_2}$ 交替放置。

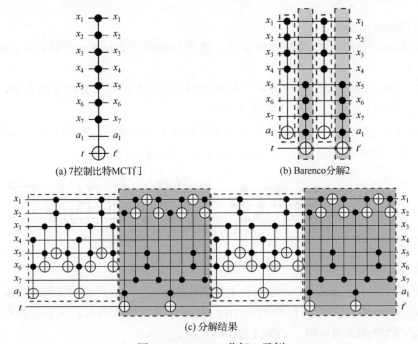

(a) 7控制比特MCT门　　　　　　　(b) Barenco分解2

(c) 分解结果

图 2-23　Barenco 分解 2 示例

**例 2-11**　使用图 2-23(b)所示的 Barenco 分解 2 分解 7 控制比特门后获得四个门。因此，它们中的每一个门都可以被分解为一个 Toffoli 线路，最终线路如图 2-23(c)所示，它由 $8 \times (7-3) = 32$ 个 Toffoli 门组成。该线路的 NCV 代价为 $5 \times 32 = 160$，$T$ 深度为 $3 \times 32 = 96$。

## 2) Nielsen 分解

Nielsen 分解[36]的目标是 NCT 线路，该线路由 $6(c-3)$ 个 2 控制比特 Toffoli 门组成，其 NCV 代价为 $18(c-3)+6$，其 $T$ 深度为 $18(c-3)$。

**例 2-12**　图 2-24(b)对图 2-24(a)所示的 7 控制比特 MCT 门进行变换，得到的三个 MCT 门都可以使用 Nielsen 方法进行分解，最终结果如图 2-24(c)所示。该线路含有 $6\times(7-3)=24$ 个 Toffoli 门，NCV 代价为 $5\times24=120$，$T$ 深度为 $3\times24=72$。

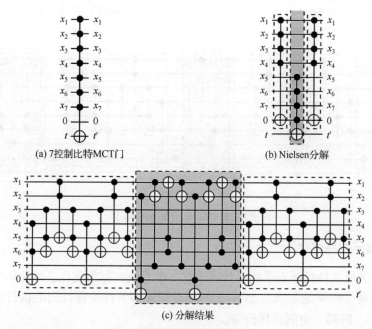

(a) 7控制比特MCT门　　　(b) Nielsen分解

(c) 分解结果

图 2-24　Nielsen 分解 MCT 门

## 3) Miller 分解

Miller 分解[37]是将 MPMCT 门直接分解为 NCV 门线路。一个 Toffoli 门 $T(C,t)$ 可以分解为 NCT 线路：

$$T(C,t)=V(a_1,t)\circ T(C_1,t)\circ V^\dagger(a_1,t)\circ T(C_2,a_1)\circ V(a_1,t)\circ T(C_1,a_1)\circ V^\dagger(a_1,t)\circ T(C_2,a_1)$$

$$(2-27)$$

当 $c\geqslant5$ 时，最多需要 $8(c-3)$ 个 Toffoli 门和 4 个 NCV 门。如果使用 Barenco 分解 2 进一步分解，得到的线路的 NCV 代价为 $24(c-4)+12$，其 $T$ 深度为 $24(c-4)$。

**例 2-13**　图 2-25(b)为 Miller 分解的实例。该线路由 $8\times(7-4)=24$ 个 Toffoli

门组成，NCV 代价为 $40 \times (7-4) + 4 = 124$ ，$T$ 深度为 $24 \times (7-4) + 8 = 80$ 。

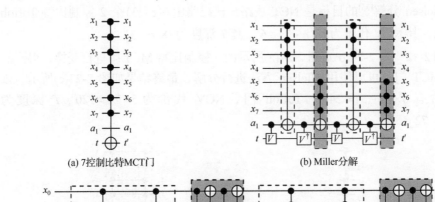

(a) 7控制比特MCT门　　　　　　　　　　　(b) Miller分解

(c) 分解结果

图 2-25　Miller 分解 MCT 门

## 2.5.13　量子线路优化

为了满足某种目标要求而设计或改进一个系统，称为优化。优化所寻求的目标要求依赖于特定的需求，如可行性(现有资源和条件确保计划的执行或目标结果的产生)、时间、空间及代价等。

量子线路优化(quantum circuit optimization)指的是通过改进或调整量子线路的结构和参数，达到提高计算效率、减少误差与降低资源消耗等目标。量子线路优化包括对量子线路进行变换、分解、重排以及化简等操作，从而更好地实现量子计算任务。优化可在量子线路映射的各个阶段进行。

量子线路优化一般是对量子线路进行各种等价变换，使变换后的量子线路在计算模型或计算设备上能够执行或产生更可靠的结果。

量子线路优化的主要技术和策略包括以下几个方面。

(1) 门合并优化：将多个相邻的量子门合并或消除，以减少门的数量。

(2) 门分解优化：将复杂的量子门分解为更简单的门序列，以适应量子门集合的变换或特定量子计算硬件设备的约束。

(3) 量子门消除优化：通过重新排列量子门或利用量子门之间的对易性，消除不必要的量子门。

(4) 量子比特分配优化：在物理硬件上优化量子比特的布局和连接，以提高量子计算的可靠性和执行效率。

(5) 量子比特近邻化与量子比特路由优化：可以使量子线路映射有效感知量子计算设备物理约束，降低量子线路执行的错误率，提高量子计算相干时间和执行效率等。

# 2.6 量子计算体系结构

## 2.6.1 线性最近邻架构

**定义 2-20** 在量子计算体系结构中，如果量子比特是线性排列的，且只允许直接相邻的量子比特相互作用，则称其为 LNN 架构。

**定义 2-21** 在逻辑量子线路中，如果一个双量子比特门所在的两条量子比特线是直接相邻的，则称该量子门是线性最近邻量子门。

逻辑量子线路映射到 LNN 架构的量子计算设备中，需要逻辑量子线路中的双量子比特门线性最近邻，以满足其在 LNN 架构上执行的条件。

量子比特之间作用距离的约束是量子计算物理实现最为普遍的限制。下面是几种常见的 LNN 架构。

(1) 离子阱：离子阱量子计算设备是一种基于离子与电磁场相互作用的量子计算设备。由于离子的排列通常是一维的，因此这种系统自然地实现了 LNN 架构。

(2) 超导：超导量子计算设备使用超导线路中的量子比特进行量子计算。其双量子比特门的执行具有连通性约束要求，因此其局部执行量子线路的结构也是 LNN 架构。

(3) 量子点：量子点量子计算设备使用半导体中的量子点作为量子比特，可以通过纳米制造技术实现 LNN 架构。

由于大多数量子计算设备采用 LNN 架构的设计原则，而量子线路映射目标之一是满足线性最近邻约束要求，因此逻辑量子线路的近邻化和物理量子比特的近邻化都是本书的重要内容。

## 2.6.2 二维网格结构

二维网格结构是用于描述抽象量子计算设备架构中量子比特分布和量子比特位置关系的一种方法。二维网格结构一般用二维网格图表示。

二维网格图一般有两种表示方法：①量子比特的位置在网格线的交叉点，称为交叉点表示法；②量子比特的位置在网格内，称为网格表示法。上述两种方法可以视为适合不同表达场合的同一种表示方法。图 2-26 是这两种表示法的一个实例，其中图 2-26(a)是一个逻辑量子线路；图 2-26(b)为二维网格结构图的交叉点表示；图 2-26(c)为二维网格结构图的网格表示。

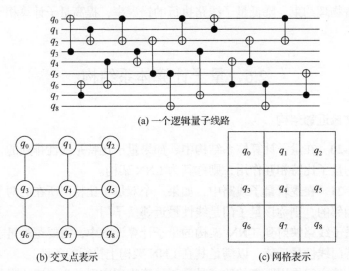

(a) 一个逻辑量子线路

(b) 交叉点表示　　　　　　　　　　　　(c) 网格表示

图 2-26　二维网格图表示实例

　　二维网格结构中量子比特之间的距离可以通过曼哈顿距离(Manhattan distance)表示。曼哈顿距离的特点是不考虑对角线方向的移动，只考虑水平和垂直方向上的移动，因此它适用于在一个离散的网格中计算两点(两个量子比特)之间最短路径的问题。曼哈顿距离问题请见相关参考资料。

### 2.6.3　拓扑结构图

　　量子计算架构的拓扑结构图是用于描述量子计算设备架构中量子比特之间相邻关系的图。

　　在量子计算架构的拓扑结构图中，每个节点通常代表一个量子比特或量子信息的存储单元。这些节点之间的相邻关系表示量子比特之间的可交互关系或量子门的操作。不同的图形符号和连接方式可以表示不同类型的量子门和相互作用。

　　量子计算设备的拓扑结构图也称为体系结构图、耦合图或量子比特连通图。可以用 $G=(V,E)$ 来表示量子计算设备中量子比特的拓扑结构图，其中每个节点 $v \in V$ 代表一个物理量子比特，每条边 $e \in E$ 代表一个连接，这个连接表示一个可执行的双量子比特门，即只能在连接的两个物理量子比特上执行的量子门。

　　量子计算设备的拓扑结构图在量子计算架构的设计和优化中起着重要作用，可以用于研究和理解量子计算的物理实现方式，如超导量子计算、离子阱量子计算等。

由于量子计算的复杂性和多样性，量子计算机的拓扑结构图并没有统一的标准或定义。不同的研究者和实验室可能会采用略有不同的符号和表示方法。因此，在具体应用中，需要根据上下文和相关的技术文档来解释和理解量子计算设备的拓扑结构图。

图 2-27 为 IBM QX20 Tokyo 和 Rigetti 16Q-Aspen 的体系结构图[89]，图中圆圈表示量子比特，边表示可以发生耦合的量子比特对。

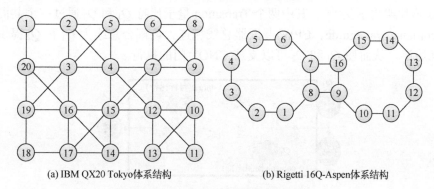

(a) IBM QX20 Tokyo体系结构　　　　(b) Rigetti 16Q-Aspen体系结构

图 2-27　量子计算设备体系结构图

### 2.6.4　量子比特近邻结构

**定义 2-22**　在某些量子计算架构上，一个量子比特通常仅允许与几个处于最近邻(也称直接近邻)位置的量子比特进行交互，这种结构被称为量子比特近邻结构。

在一维线性结构的量子体系结构中，每个量子比特最多只有两个直接相邻的量子比特可以与之交互，双量子比特门只能在一条线性路径上执行，需要在逻辑线路中近邻化量子门使其两个量子比特最近邻。

在二维或三维量子体系结构中，每个量子比特可能存在两个以上的量子比特与之直接近邻，因此双量子比特门的执行有多条线性(交互)路径以供选择，可以通过路由选择较优的路径。由于量子体系结构是多维的，物理上直接近邻的两个量子比特对应于逻辑线路中的双量子比特门不一定是近邻化的量子比特门。

量子计算体系结构中量子比特的耦合图刻画了设备上物理量子比特间的连通性，表征了该设备可支持的全部双量子比特量子门(这里主要指 CNOT 门)集合。只有作用在耦合图上直接相连的两个量子比特上的 CNOT 门才被认为是可交互的。

**定义 2-23**　在逻辑量子线路中，如果一个量子门所在的所有量子比特线都是相邻的，则称该量子门是量子比特最近邻量子门，简称最近邻门。

　　事实上，在量子计算体系结构中，两个量子比特是线性最近邻的，映射其上的逻辑量子线路中的两个量子比特不一定要求近邻。

　　迄今为止，已有多种实现量子计算的方案被提出，这些方案都有其内在的限制。量子比特之间作用距离的约束是最为普遍的限制。在大多数实现方案中，只允许相邻的量子比特相互作用，如离子阱[183]、核磁共振[184]等。超导量子比特间的相互作用需借助电感或电容耦合器件实现，这些用于连接两个量子比特的耦合器也被称为耦合总线(bus)，图 2-28 给出了一个 IBMQ(IBM Quantum)的QPU 芯片架构示例[185]，其中两个 Transmon 量子比特 $Q_1$ 和 $Q_2$ 通过一个共面波导(coplanar waveguide，CPW)谐振器总线相连，该耦合总线为 $Q_1$ 和 $Q_2$ 提供了交互通道，从而使 $Q_1$ 和 $Q_2$ 可以支持 CNOT 门的执行。

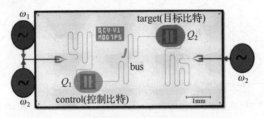

图 2-28　一对耦合的超导量子比特[185]

　　虽然理论上可以将 QPU 内的任意两个量子比特都通过耦合总线相连，但是工程上耦合总线的数量和长度均是受限的。过多或过长的耦合总线可能会引入大量串扰噪声和环境噪声。为了保证芯片品质，目前超导 QPU 大多采用了相对稀疏的量子比特连接拓扑。在这种拓扑中，每个量子比特仅和少数近邻的量子比特直接相连，其拓扑结构图也被称为 QPU 的耦合图(coupling map)。图 2-29 给出了一个 5 量子比特 IBMQ 设备的芯片架构及其对应的耦合图[50]。耦合图中的每个顶点均对应芯片中的一个物理量子比特，而每条边均对应芯片中连接相应量子比特的耦合总线。

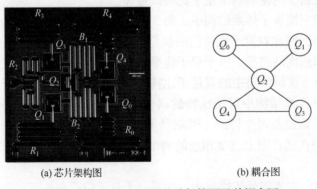

(a) 芯片架构图　　　　　　　　　　(b) 耦合图

图 2-29　ibmq_yorktown 芯片架构图及其耦合图

### 2.6.5　量子代价

量子计算的时间取决于量子线路中量子门的数量以及实现每个门所需物理操作的数量，常被称为量子代价。

外部环境的干扰会导致量子系统的退相干，所以量子计算必须在有限的相干时间内完成。表 2-6 给出了相互作用的量子比特系统的不同候选物理实现相干时间、运算时间和最大运算数。

**表 2-6　量子计算的不同候选物理实现的时间代价**

| 系统 | 相干时间/s | 运算时间/s | 最大运算数 |
|---|---|---|---|
| 核自旋 | $10^{-2}\sim10^{8}$ | $10^{-3}\sim10^{-6}$ | $10^{5}\sim10^{14}$ |
| 电子自旋 | $10^{-3}$ | $10^{-7}$ | $10^{4}$ |
| 离子阱(In$^{+}$) | $10^{-1}$ | $10^{-14}$ | $10^{13}$ |
| 电子-Au | $10^{-8}$ | $10^{-14}$ | $10^{6}$ |
| 电子-GaAs | $10^{-10}$ | $10^{-13}$ | $10^{3}$ |
| 量子点 | $10^{-6}$ | $10^{-9}$ | $10^{3}$ |
| 光学腔 | $10^{-5}$ | $10^{-14}$ | $10^{9}$ |
| 微波共振腔 | $10^{0}$ | $10^{-4}$ | $10^{4}$ |

量子比特的退相干性质要求量子线路的量子代价最小化，实现某一特定功能的量子代价最小的线路称为最优量子线路。

不同的量子门具有不同的量子代价，且在不同的物理实现中，相同的量子门的代价也不尽相同。在可逆逻辑综合中，一般将可逆门的数量作为评价其量子代价的标准，虽然并不精确，但也体现了将量子代价最小化的思想。在本书中，以基本量子门的数量作为量子代价。

### 2.6.6　量子不可克隆原理

对于任意一个未知的量子态，无法精确复制出一个与原量子态完全相同的新量子态，这称为量子不可克隆原理，也称为单量子态不可克隆原理。

量子不可克隆原理是量子力学中的一个基本原理，该原理是基于量子态的叠加原理和海森伯不确定性原理得出的。在量子力学中，由于测量会改变量子系统的状态，因此试图精确复制一个量子态的过程本身就会改变该量子态，所以无法得到一个与原量子态完全相同的新量子态。这个原理在量子通信和量子计算等领域具有重要意义，因为它为量子信息的安全传输和处理提供了理论基础。

在不可逆线路中可以有"扇出"的操作，即从同一个信号(比特)出发，可以引出两根信号线(或称输出两个相同的比特)。但是，在量子线路中，根据量子不可克隆原理，则不可以有这样的操作。

# 2.7　NISQ 计算设备

NISQ 计算设备，也称有噪声中等规模量子计算设备，该说法由 Preskill 于 2018 年首次提出[186]，泛指目前尚无法实现容错计算的各类量子计算设备[17]，NISQ 计算设备的量子比特在噪声影响下存在计算易出错、相干时间短及存储信息易丢失等较差的鲁棒性，且单个芯片上可集成的量子比特数量严重受限，目前的工艺下只能达到数十到上千的量子比特规模。超导量子计算设备是比较具有代表性的 NISQ 计算设备。为了使用这些带噪声设备相对可靠地完成计算任务，在其上运行的量子线路需严格遵循相关物理约束。下面介绍量子线路映射研究过程中重点关注的几种物理约束。

## 2.7.1　计算噪声

量子计算噪声是指在量子计算过程中，量子比特与环境之间的相互作用、量子门操作的不精确性以及其他各种非理想因素导致的误差和失真。这些噪声可以破坏量子态的相干性，干扰量子信息的传输和处理，从而降低量子计算的准确性和可靠性。

量子噪声来源主要包括以下几个方面。

(1) 热噪声：来自环境温度的影响。量子计算需要在非常低的温度下进行，环境中的热噪声可能导致量子比特的能级受到扰动，影响计算的准确性。

(2) 磁性噪声：来自周围磁场的变化。磁性噪声可能导致量子比特之间的相互作用发生变化，从而干扰计算的结果。

(3) 电磁噪声：来自周围的电磁辐射。电磁噪声可能导致量子比特之间的耦合强度发生变化，影响计算的可靠性。

(4) 控制噪声：来自量子计算系统自身的控制操作。不完美的控制操作可能导致计算过程中的噪声累积，从而影响计算结果。

根据噪声的性质和对量子比特的影响程度，可以将量子噪声分为以下几类。

(1) 相干性噪声：这类噪声主要包括纠缠损失、退化失真等。相干性噪声会导致量子系统的纯度降低，从而影响计算的可靠性。

(2) 非相干性噪声：这类噪声主要包括弛豫失真、脱相等。非相干性噪声会导致量子比特的相位信息丢失，影响计算的精度和准确性。

(3) 非马尔可夫性噪声：这类噪声是指量子比特与外界环境的相互作用不符合马尔可夫过程。非马尔可夫性噪声会导致量子比特之间的纠缠关系被破坏，影响计算的稳定性。

量子噪声对计算结果的影响包括以下几个方面。

(1) 量子噪声可能导致量子比特的能级受到扰动，从而使计算结果产生误差。

(2) 量子噪声可能导致量子比特之间的耦合关系发生变化，进而使计算的过程变得不可控或不稳定。

(3) 量子噪声可能导致量子比特的寿命缩短，从而影响计算的可靠性和持久性。随着量子计算系统中的量子比特数量增多，噪声的积累效应可能会导致整个计算系统的性能下降。

### 2.7.2 量子门约束

由于 NISQ 计算设备的物理实现受技术、工艺等诸多因素的影响，一般会采用仅由单量子门和双量子门组成的量子门库实现量子计算。从特定量子计算系统的角度来看，不同技术层面采用的量子门库也有相应的设计。图 2-30 给出了 IBMQ 系列超导量子计算设备的基本门库。

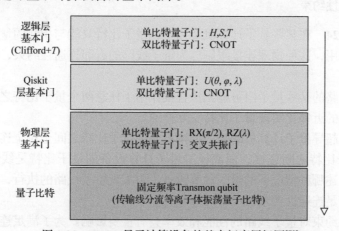

图 2-30　IBMQ 量子计算设备的基本门库层级图[70]

在 IBMQ 计算设备的物理层，为了降低硬件实现代价和抑制噪声，实现了绕 $X$ 轴旋转 $\pi/2$ 和绕 $Z$ 轴旋转任意角度的单量子比特门，并提供了一个全微波控制的交叉共振(cross resonance，CR)门[187]；在控制软件层面，为了提高开发效率和灵活性，IBM 在量子软件包 Qiskit[188]中提供了两个基本门，即 $U$ 门和 CNOT 门，其中 $U$ 门是一个参数化的单量子比特门，其对应的酉矩阵为

$$U\left(\theta,\varphi,\lambda\right)=\begin{bmatrix}\cos\left(\dfrac{\theta}{2}\right) & -\mathrm{e}^{\mathrm{i}\lambda}\sin\left(\dfrac{\theta}{2}\right)\\[2mm]\mathrm{e}^{\mathrm{i}\varphi}\sin\left(\dfrac{\theta}{2}\right) & \mathrm{e}^{\mathrm{i}(\varphi+\lambda)}\cos\left(\dfrac{\theta}{2}\right)\end{bmatrix} \tag{2-28}$$

$U(\theta,\varphi,\lambda)$ 门可通过底层的 RX($\pi$/2) 和 RZ($\lambda$) 门组合实现。另外，CNOT 门可通过底层的 CR 门实现[70]。在逻辑线路设计层面，为了屏蔽底层量子门的实现细节，通常以 Clifford+$T$ 作为基本门库，该门库中的 $H$ 门、$S$ 门以及 $T$ 门均可通过为 $U$ 门设置不同参数得到，其中：

$$H = U\left(\frac{\pi}{2},0,\pi\right) \tag{2-29}$$

$$S = U\left(0,0,\frac{\pi}{2}\right) \tag{2-30}$$

$$T = U\left(0,0,\frac{\pi}{4}\right) \tag{2-31}$$

现有量子线路映射方法通常采用逻辑层面的 Clifford+$T$ 基本门库，以屏蔽底层硬件在物理实现技术上的细节差异，保证量子线路映射方法的一般性。

### 2.7.3　连通性约束

**定义 2-24**　在某些量子计算机架构中，量子比特只能与相邻的量子比特进行直接相互作用，这种物理连接限制称为量子线路的近邻连通性约束，简称连通性约束。

量子线路的某些量子门可能无法直接作用于任意两个量子比特之间，可以通过量子比特的近邻化实现量子比特交互连通。

例如，超导量子计算机的拓扑结构不允许量子比特之间全对全连接，而只允许相邻量子比特之间连接；而离子阱量子计算设备的量子比特是线性最近邻关系。不论上述哪种情况下的量子计算设备，要实现量子线路的执行，都需要量子线路映射满足连通性要求。

连通性约束对量子线路的性能和效率具有重要影响。为了满足连通性要求，量子线路的设计者需要选择适合的量子门和级联方式，对量子线路进行调整和优化，以确保量子比特之间可以进行有效的相互作用。

根据给定的量子比特映射和耦合图，可判断线路中一个量子门是否满足底层架构的连通受限约束。

**定义 2-25**　给定量子线路 $\Phi=(Q,\Gamma)$、量子计算设备的耦合图 $G=(V,E_c)$ 和量子比特映射 $\pi$，对于 $\Phi$ 中任一双量子比特门 $g(q_c,q_t)$，将映射 $\pi$ 在耦合图上对应的物理量子比特 $v_{\pi(c)}$ 和 $v_{\pi(t)}$ 之间的最短路径长度称为量子门 $g$ 的物理距离。

根据以上内容，如果一个 CNOT 门上两个量子比特的物理距离等于 1，则表示其逻辑控制比特和逻辑目标比特被分配至物理设备耦合图上的一对物理量子比特是近邻的。

结论：量子线路的一个 CNOT($q_c$, $q_t$)门满足连通性要求，当且仅当其映射到两个物理量子比特的物理距离等于 1。

### 2.7.4 退相干约束

量子退相干是指一个量子态在环境噪声的影响下变成一个非相干态。由于物理量子比特可能受环境的影响，随着量子线路执行时间的推移，物理量子比特的状态会逐渐遭到破坏，称为退相干(decoherence)。

量子态相干时间越短，退相干效应就越明显，可用于量子计算的时间就越短。当前的 NISQ 计算机在量子态相干时间内使量子线路可执行深度为数十至数百个量子门，能解决的问题规模严重受限。因此，量子线路映射过程中，优化量子线路中门的个数是缓解退相干问题的重要方法。

在量子力学中，相干性是指两个或多个粒子之间的量子态能够表现出相互关联的性质。这种关联性可以通过量子态的纯度来衡量，纯度越高，相干性越强。在相干态中，粒子之间的量子态会随时间演化而发生变化，但它们之间的关系保持不变，从而表现出相干的特性。量子相干性是量子力学中的一种重要性质，它描述了粒子之间的相互作用和关联。相干时间一般可分别由能量弛豫时间($T_1$)和相位弛豫时间($T_2$)来刻画。

### 2.7.5 串扰约束

在 NISQ 计算设备中，串扰(crosstalk)是指系统的不同组成部分之间发生不期望的相互干扰。

串扰的产生主要有以下几个硬件原因。

(1) 环境噪声：来自量子系统外部的噪声，如电磁噪声、热噪声及震动噪声等。环境噪声会与量子比特相互作用，引发量子比特状态发生随机翻转或抖动，导致量子比特状态发生变化，从而产生串扰。

(2) 量子比特间的相互作用[147]：量子比特之间存在相互作用，会导致量子比特状态发生纠缠。某些情况下，量子比特之间的相互作用会产生串扰。

(3) 器件缺陷[189]：在 NISQ 计算设备中，由于硬件制造的缺陷，聚焦于某一特定量子比特上的驱动信号会传播到邻近量子比特上，破坏它们的状态，从而产生串扰。

串扰是量子计算设备噪声的主要来源之一，会造成量子信息的丢失或错误，严重影响量子计算的精度和效率。本书中的串扰主要针对量子线路映射过程中量子比特之间的相互干扰。

### 2.7.6 计算结果保真度

**定义 2-26** 将量子线路(或量子门)执行结果的正确率称为量子计算结果保真

度，简称保真度；将执行结果的错误率称为不保真度。保真度越高，则错误率越低。

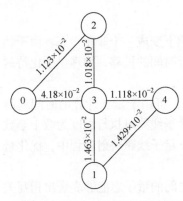

图 2-31　ibmq_5_yorktown 体系结构图

在量子线路映射过程中，几乎每个环节都要关注错误率的约束问题。

**定义 2-27**　量子比特状态发生不希望变化的概率称为量子比特的错误率。量子门对量子比特执行操作发生错误的概率，称为操作错误率或门错误率。

量子线路中双量子比特操作的错误率比单量子比特操作高一个数量级，线路总的错误率通常主要受双量子比特操作影响。

针对云平台上开放的量子计算机，IBM 提供了每种量子计算设备的日常校准数据。对于 ibmq_5_yorktown 量子计算机，其中一次双量子比特指令的错误率如图 2-31 中边权所示。

图 2-31 中每条边权并不相等，最大的为 $4.18×10^{-2}$，最小的为 $1.018×10^{-2}$，说明两量子门错误率并不相同，在实际线路变换中，可以选择总错误率最低的线路进行操作，从而提高量子线路执行的正确率[96]。

### 2.7.7　相关约束分析

噪声是当前 NISQ 计算设备的主要特征，也是制约更多实际问题中量子计算取得优势的主要障碍之一。由于 NISQ 计算设备对环境噪声高度敏感，既会影响 NISQ 计算设备的量子态相干时间，也会使量子门产生远高于经典逻辑门的错误率。表 2-7 给出了 IBMQ 的部分超导量子计算设备的系统标定数据。

表 2-7　IBMQ 超导量子计算设备的系统标定数据

| 设备名称 | 量子比特数量 | 量子体积 | $T_1$相干时间/μs | $T_2$相干时间/μs | 单量子比特门的平均错误率 | CNOT 门的平均错误率 | 测量操作的平均错误率 |
|---|---|---|---|---|---|---|---|
| ibmq_belem | 5 | 16 | 91.14 | 119.94 | $6.402×10^{-4}$ | $1.719×10^{-2}$ | $2.872×10^{-2}$ |
| ibmq_nairobi | 7 | 32 | 113.89 | 66.32 | $3.652×10^{-4}$ | $0.8759×10^{-2}$ | $3.019×10^{-2}$ |
| ibmq_guadalupe | 16 | 32 | 100.68 | 107.99 | $3.493×10^{-4}$ | $1.178×10^{-2}$ | $2.534×10^{-2}$ |
| ibmq_cairo | 27 | 64 | 107.11 | 104.71 | $3.109×10^{-4}$ | $4.665×10^{-2}$ | $1.318×10^{-2}$ |
| ibmq_montreal | 27 | 128 | 123.98 | 104.95 | $5.152×10^{-4}$ | $1.557×10^{-2}$ | $3.838×10^{-2}$ |
| ibmq_washington | 127 | 64 | 98.34 | 97.24 | $8.758×10^{-4}$ | $4.693×10^{-2}$ | $3.597×10^{-2}$ |

量子体积(quantum volume，QV)是一个评价量子计算设备性能的综合指标，其在评价过程中考虑了量子比特数量、连通性、相干时间、错误率以及其上的软件系统等多种因素。$T_1$ 和 $T_2$ 给出的是量子比特有效保持其量子态的时间，即相干时间：其中 $T_1$ 是弛豫时间(relaxation time)，表征量子态自发地从高能级落回低能级的时间；而 $T_2$ 是退相时间(dephasing time)，表征量子态丢失其相干性而由纯态变为混态的时间。目前超导量子比特的 $T_1/T_2$ 相干时间约为 100μs。

NISQ 计算设备的多种错误源，包括退相干、门操作错误以及读出错误等，是降低量子线路执行成功率的关键因素，其对量子线路可靠运行的深度以及门数设置了上限。另外，在量子门操作所致的错误中，双量子比特门的错误占主导地位。

## 2.8 量子线路映射

量子线路映射(quantum circuit mapping)是指将逻辑量子线路转换为满足量子计算设备约束要求且功能等价的量子线路的过程，包括满足量子计算设备的约束条件、寻找逻辑量子线路和量子计算设备量子比特的对应关系、优化量子线路结构和执行过程等。

量子线路映射过程中需要感知物理量子比特连通性、操作错误率以及相干时间等设备参数，其对最终量子线路能否执行、执行效率和可靠性有着重要影响。

量子线路映射可以基于不同的物理实现方式、量子比特编码及量子门集合等因素，其具体方法可能因量子计算设备架构的不同而有所不同。

在一个特定量子计算设备上执行量子线路描述的量子算法时，通常需要满足以下三个约束。

(1) 基本量子门约束。该约束可以通过量子门分解算法等将任意高级逻辑线路转换为量子技术较易物理实现的低级逻辑线路。

(2) 量子比特的连通受限约束。该约束是量子线路研究的重要内容之一，可以通过添加交换门(SWAP 门)或桥接等形式实现，这又会涉及诸多其他约束和优化问题。

(3) 量子门的执行优先级。该约束由量子线路中的量子门依赖关系决定，因此需要重点研究量子线路中量子门之间的关系。

由于以单量子比特门和双量子比特门作为基本门在底层架构的物理实现相对容易，因此，在量子线路映射研究中，通常假定量子线路是由基本量子门组成的低级逻辑线路(本书使用的门主要是单量子比特门和双量子比特门)，以此屏蔽底层硬件在物理实现技术上的细节差异，从而保证量子线路映射方法对各种物理架构的适应性。

量子线路映射的基本过程如图 2-32 所示，通过量子线路逻辑变换和量子线路物理感知映射两个关键过程，将输入量子线路最终转换成满足物理受限约束的等价量子线路。

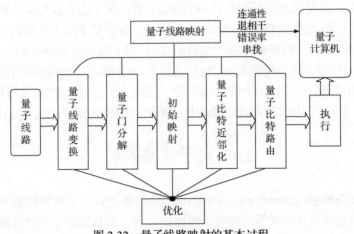

图 2-32    量子线路映射的基本过程

## 2.8.1    初始映射

在进行量子线路映射之前，为量子线路中的逻辑量子比特分配量子计算设备中的物理量子比特，建立量子比特的初始布局，形成逻辑量子比特和物理量子比特之间的映射关系，这一过程称为量子线路初始映射[190]。

初始映射对量子线路的后续映射代价和执行保真度具有重要影响。初始映射需要尽可能满足两个条件：①逻辑量子线路被映射到稳定的量子比特上；②初始分配的量子比特尽可能近邻，便于降低后续映射代价。

量子线路初始映射是实现量子算法在具体量子硬件上执行的关键步骤。在量子线路映射问题中，需要考虑量子硬件的物理特性[191]，例如，量子比特之间的耦合关系、量子比特的数量、可能存在的噪声、量子线路的运行时间及量子线路的保真度等因素，以确保量子算法能够有效地在实际的量子处理器上运行。量子线路初始映射的目标是最小化量子线路的执行代价，包括减少所需的量子门数量、降低错误率以及优化执行时间等。在量子线路映射的初始阶段，主要是确定一个基本的映射方案，为后续的映射优化提供起点。一个有效的初始映射方案可以显著减少后续优化所需的计算资源和时间，提高映射效率，对量子线路映射的后续过程会产生重要影响。

## 2.8.2    量子比特分配

**定义 2-28**    量子比特分配 $F_q$ 是逻辑量子比特集合 $\{q_1, q_2, \cdots, q_m\}$ 到物理量子

比特集合 $\{Q_1, Q_2, \cdots, Q_n\}$ 的映射，即

$$F_q : q_i \to Q_j \tag{2-32}$$

式中，$i = 1, 2, \cdots, m$；$j = 1, 2, \cdots, n$。

量子线路如果在真实量子计算设备上运行，需要将其上的逻辑量子比特映射到硬件中相应的物理量子比特上。

如果可用的物理量子比特比所需的逻辑量子比特多，则保留一些物理量子比特数以容纳传送的量子比特。这些保留的量子比特称为空量子比特。

由于物理量子比特的连接性取决于特定的 QPU，某些量子比特与其他量子比特表现出更多的连接，而有些量子比特则表现出更少的连接。因此，一个非常适合的量子比特分配方案对于有效地处理计算任务变得至关重要。

为了将量子线路映射到目标设备上，需要为量子线路中每个逻辑量子比特独占式地对应分配一个物理量子比特，这种逻辑量子比特和物理量子比特的对应关系也称为量子比特映射。

**定义 2-29** 给定量子线路 $\Phi = (Q, \Gamma)$ 和量子计算设备的耦合图 $G = (V, E_C)$，其中 $Q = \{q_0, q_1, \cdots, q_{n-1}\}$，$V = \{Q_0, Q_1, \cdots, Q_{m-1}\}$，$n \leqslant m$；对于 $Q$ 中每一个 $q_i$，都有 $V$ 中唯一一个 $Q_j$ 与之对应，该对应关系称为量子线路 $\Phi$ 到量子计算设备的一个量子比特映射，可以表示为对于映射 $\pi : Q \to V$，有 $\pi(q_i) = Q_j$，其中，$q_i \in Q$，$Q_j \in V$。

量子线路的量子比特映射 $\pi$ 可表示为如式(2-33)所示的置换形式，其中第一行是逻辑量子比特序号，而第二行是与逻辑量子比特对应的物理量子比特序号：

$$\pi = \begin{pmatrix} 0 & 1 & \cdots & n-1 \\ i_0 & i_1 & \cdots & i_{n-1} \end{pmatrix} \tag{2-33}$$

式中，$0 \leqslant i_0, i_1, \cdots, i_{n-1} < N$。

在式(2-33)中，$\pi(k) = i_k$ 表示在映射 $\pi$ 下逻辑量子比特 $q_k$ 将被分配给物理量子比特 $v_{i_k}$，$0 \leqslant k < n$。式(2-33)可以省略第一行，从而得到以下的简化形式：

$$\pi = [i_0, i_1, \cdots, i_{n-1}] \tag{2-34}$$

### 2.8.3 量子比特近邻化

**定义 2-30** 在量子线路映射中，为使逻辑量子线路中的多量子比特门(一般为两个)对应的物理量子比特满足连通性条件，对逻辑线路进行变换的过程，称为量子比特近邻化。

在逻辑量子线路中，假设任意量子门均可执行，是一种理想化的模型。然

而，实际量子计算设备往往只允许在特定量子比特间执行量子门，本书假设真实量子计算设备仅含有双量子比特门和单量子比特门，因此近邻化也只针对双量子比特门，所以需要采用某些特定的技术改变量子比特的映射关系，使不可执行的量子门得以执行。

量子比特近邻化一般采用插入 SWAP 门和桥接的方法(本书主要讨论插入 SWAP 门的方法)。例如，逻辑量子线路中的一个 CNOT 门，若其映射到量子计算设备上的两个物理量子比特不满足连通受限约束，则可以在该门之前插入 SWAP 门以进行变换，直到双量子比特门的两个逻辑量子比特满足物理量子比特的连通性。

量子比特近邻化过程中，双量子比特门映射对应的原来不相邻的两个物理量子比特，在经过对逻辑线路中的双量子比特门变换后，原来不直接相邻的物理量子比特通过其他物理量子比特形成两两彼此近邻的线性关系，达到间接可执行的目的。所以，也会把量子比特近邻化称为线性化。由于一维线性量子计算拓扑结构本身就是线性的，所以把逻辑量子线路映射到一维线性量子计算拓扑结构中(如离子阱技术等)，量子比特近邻化就是对逻辑量子线路的线性最近邻。

### 2.8.4 线性最近邻

**定义 2-31** 面向一维线性量子计算拓扑结构，对逻辑量子线路上的双量子比特门进行近邻化的过程，称为量子线路的线性最近邻。

由于一些量子计算设备为线性最近邻架构，例如，离子阱技术[192]、液体核磁共振技术[193]和基于原始凯恩模型(original Kane model)[194]的架构等，映射其上执行的逻辑量子线路的双量子比特门需要在直接相邻(即最近邻)的两个量子比特上执行[195]，即需要满足线性最近邻约束[187]才能执行。

**例 2-14** 如图 2-33(a)所示，量子线路 $G$ 中有三个非近邻量子门，分别为 $g_1$、$g_4$ 和 $g_5$，为了使其近邻化，需要在每个非近邻的门前后添加交换门，其中 $g_1$ 和 $g_5$ 的控制比特与目标比特距离为 2，需要添加两个交换门使其最近邻；而 $g_4$ 的控制比特与目标比特距离为 3，需要添加 4 个交换门使其最近邻，如图 2-33(b)所示。因此近邻化整个量子线路总共需要添加 8 个交换门。减少 SWAP 门的插入是量子线路优化的重要内容之一，如图 2.33(c)所示。

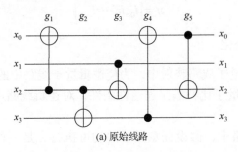

(a) 原始线路

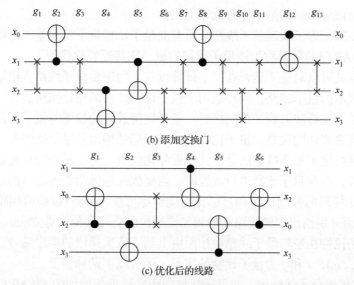

(b) 添加交换门

(c) 优化后的线路

图 2-33 线路的线性最近邻实例

### 2.8.5 线性最近邻代价

**定义 2-32** 设 $U_i = (C_i, t_i)$ 是一个双量子比特门，$U_i$ 的控制线和目标线之间的距离 $|C_i - t_i - 1|$ 称为 $U_i$ 的最近邻代价(nearest neighbor cost，NNC)。设 $G$ 是具有 $k$ 个双量子比特基本门的量子线路，$G$ 的最近邻代价 $G_c$ 为其门的最近邻代价之和：

$$G_c = \sum_{i=0}^{k} |C_i - t_i - 1| \tag{2-35}$$

线路的最佳最近邻代价为 0，其中所有量子门都是在相邻量子比特上执行的单量子比特或双量子比特门，因此 NNC 也可以表示交互代价。

**例 2-15** 图 2-34 中给出的是 Toffoli 门量子线路的实现。图 2-34(a)是关于量子代价的最优线路，它的 NCV 代价为 5，但 NNC 为 1；图 2-34(b)的线路是 NNC 为 0 的最佳线路，但它的 NCV 代价为 9。

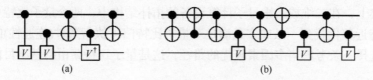

图 2-34 Toffoli 门的 NCV 量子线路实现

### 2.8.6 量子比特近邻化代价

**定义 2-33** 为了实现一个双量子比特门的量子比特近邻化所需添加 SWAP 门

的数量称为该量子门的量子比特近邻化代价。

**定义 2-34**　为了实现量子线路中所有双量子比特量子门的量子比特近邻化所需添加 SWAP 门的数量称为该量子线路的量子比特近邻化代价。

上述定义可以对应于运行在量子计算设备上的逻辑量子线路，也适用于二维网格结构表示的量子线路，同样适用于量子计算体系的拓扑结构。

在将量子比特映射到二维网格时，量子比特放置的位置与量子线路的最近邻交互代价有着密切的关系，量子比特的二维布局结构以及量子比特参与的活跃程度信息直接决定了量子线路的量子比特近邻化代价。为了尽可能在此过程中降低该交互代价，在对量子比特进行放置时，需要优先考虑活跃度较高的量子比特，使双量子比特门的控制比特和目标比特能够尽可能地靠近(以曼哈顿距离为衡量标准)。下面分别给出逻辑线路结构和二维结构的交互代价计算方法。

设量子比特在逻辑量子线路中按照由上到下依次递增的顺序编号，双量子比特门为 $G(q_i, q_j)$，$i$ 和 $j$ 为量子比特的序号，则有以下两种情况。

(1) 在逻辑量子线路中，双量子比特门线性最近邻增加的 SWAP 门的数量取决于量子比特门所在的量子比特线的位置 $i$ 和 $j$，而增加的 SWAP 门的数目是

$$S_1 = |i - j| - 1 \tag{2-36}$$

(2) 在二维结构中，双量子比特门线性最近邻需要增加的 SWAP 门的数目取决于量子比特门在逻辑量子线路中的量子比特线的位置和二维网格的宽度 $w$，所增加的 SWAP 门的数目为

$$S_2 = \left| n - m + w \times \left( \left\lfloor \frac{m}{w} \right\rfloor - \left\lfloor \frac{n}{w} \right\rfloor \right) \right| + \left\lfloor \frac{m}{w} \right\rfloor - \left\lfloor \frac{n}{w} \right\rfloor - 1 \tag{2-37}$$

式中，$m = \max\{i, j\}$；$n = \min\{i, j\}$。

### 2.8.7　量子比特路由

**定义 2-35**　在量子线路映射中，对量子比特近邻化并优化其物理量子比特可交互路径的过程，称为量子比特路由。

事实上，在二维或三维量子计算设备的拓扑结构中，两个量子比特可以通过量子比特近邻化找到一条或多条满足双量子比特门可执行条件(连通性)的路径，但需要选择一条考虑诸多因素较优的路径，这是量子比特路由的基本目标。

### 2.8.8　量子门执行调度

量子门执行调度旨在安排量子线路各个量子门的执行顺序和执行时间。量子门执行调度的一个基本目标是最小化量子线路总的执行时间，以利于降低执行结果的错误率、减缓退相干等，减小对计算的影响。可执行门在执行时序上处于最

优先级别，且满足连通受限约束，因此可以立即调度。

在量子比特分配逻辑生成一个初始映射后，可以开始对量子线路中的量子门进行调度。在调度量子门时应严格遵守量子门之间的依赖关系，只有当一个量子门所依赖的全部量子门均已被调度后，该量子门才能被调度。

### 2.8.9 量子线路调度

量子线路调度是指对量子线路执行过程中的各个环节进行协调和安排，以达到最优的执行效果。

### 2.8.10 量子线路分布式映射

**定义 2-36** 为了解决 QPU 量子位数不足的问题，把一个给定的量子线路中的量子比特分别映射到两个或两个以上 QPU 执行的过程，称为量子线路分布式映射(distributed quantum circuit mapping)。

量子线路分布式映射一般有两种思路：一种为直接映射；另一种为先对线路划分再映射。

直接映射的方式是将多个 QPU 构成的分布式量子体系架构视为一个量子计算体系架构，先将逻辑量子线路中的逻辑量子比特映射至分布式量子体系架构中的物理量子比特，实现初始映射，映射至同一个 QPU 的逻辑量子比特被视为逻辑量子线路的一个分区；先对线路划分再映射是先对逻辑量子线路的量子比特进行划分，然后每个分区对应一个 QPU 分别进行逻辑量子比特初始映射。

不论是直接映射还是先对线路划分再映射，逻辑量子线路中跨区的双量子比特门的量子比特一般都需要进行传态操作。

# 上篇 量子线路逻辑变换

# 第 3 章 可逆/量子线路变换与优化

可逆/量子线路变换与优化的研究旨在降低量子门的总数，进而降低量子线路的复杂度。该研究有助于解决底层量子计算架构对量子门执行所施加的限制，降低量子线路中潜在的量子比特错误，从而提高量子计算的准确性。此外，减少量子门的数量有助于降低量子线路的逻辑深度，进而减少退相干效应的影响。通过这些变换和优化措施，可以简化量子线路等价性的验证过程。

## 3.1 基于规则的 MCT 线路变换

量子算法的高级量子线路描述形式可以通过 MPMCT 门库(本书主要使用 MPMCT 门库的子集 MCT 门库)的可逆/量子门与量子门库的单量子比特门组合的量子线路实现。

文献[47]对于线路宽度 $n > 5$ 的 MCT 线路构建了变换规则，控制比特数 $m \in \{3, \cdots, \lceil n/2 \rceil\}$ 的 MCT 门等价于由 $4(m-2)$ 个标准 Toffoli 门级联的线路；而控制比特数 $m > \lceil n/2 \rceil$ 且 $m < n-1$ 的 MCT 门，需要 $8(m-3)$ 个标准 Toffoli 门，其中，每个标准 Toffoli 门需要 5 个基本 NCV 门级联。可见，随着 $m$ 的增加，分解后所需的基本量子门的个数会急剧增加。

由于 NCT 门库中只包含 Toffoli 门、CNOT 门和 NOT 门三个逻辑门，最多只有两个控制比特，因此 NCT 量子线路比 MCT 线路在逻辑门的类别上要简化得多。又因为 NCT 门库对可逆布尔线路是通用门库，因此所有的 MCT 线路都可以变换为 NCT 线路。事实上，NCT 线路很容易通过 Toffoli 门分解成为由基本量子门组成的等价量子线路。

### 3.1.1 门关系与变换规则

设 $B = \{0,1\}$ 是一个布尔域，$X = \{x_1, x_2, \cdots, x_n\}$ 是 $B$ 上的变量集合。如果控制比特线 $C_1 = (x_{i_1}, \cdots, x_{i_k})$，$C_2 = (x_{j_1}, \cdots, x_{j_l})$，其中，$x_{i_p}, x_{j_q} \in X$，$p = 1, 2, \cdots, k; q = 1, 2, \cdots, l$；目标比特线 $t_1 \in X \backslash C_1, t_2 \in X \backslash C_2$，则 $X$ 上两个相邻 MCT 门 $G_1 = \text{MCT}(C_1; t_1)$ 和 $G_2 = \text{MCT}(C_2; t_2)$ 存在如下五种关系和三条等价变换规则。

**关系 3-1**　如果 $G_1$ 门和 $G_2$ 门的控制比特集满足 $C_1 = C_2$，且目标比特 $t_1 = t_2$，则称 $G_1$ 门和 $G_2$ 门为相同关系。

**规则 3-1**　如果两相邻 MCT 门 $G_1$ 和 $G_2$ 满足相同关系，则 $G_1$ 门和 $G_2$ 门在线路中可同时删除[196]，称为门删除规则。

**关系 3-2**　如果在布尔域 $B$ 上存在 $x_i(1 \leqslant i \leqslant n)$，$x_i \in C_1$ 且 $x_i \in C_2$，则称两门有相同控制比特关系。

**规则 3-2**　设 $G_1$ 和 $G_2$ 满足有相同控制比特关系，相同控制比特为 $x_1$，如果在 $G_2$ 门的右侧存在与 $G_1$ 相同的门，则 $G_2$ 门左右两侧 $G_1$ 中的 $x_1$ 位可删除[197]，称为位删除规则。

**关系 3-3**　如果 $t_1 \notin C_2$ 且 $t_2 \notin C_1$，称两门为互不影响关系。

**规则 3-3**　如果 $G_1$ 门和 $G_2$ 门满足互不影响关系，则 $G_1$ 门和 $G_2$ 门交换位置后可逆线路的功能不变，称为互不影响门的移动规则。

**关系 3-4**　如果 $t_1 \in C_2$ 且 $t_2 \notin C_1$ 或 $t_2 \in C_1$ 且 $t_1 \notin C_2$，称两门为单向影响关系。

**关系 3-5**　如果 $t_1 \in C_2$ 且 $t_2 \in C_1$，称两门为双向影响关系。

### 3.1.2　门序列与变换规则

为了进一步提高基于规则的可逆线路的化简效果，下面提出两相邻 MCT 门单向影响和双向影响时的一系列等价变换规则，并扩充已有化简规则和移动规则。

1. 单向影响 MCT 门变换规则

**定理 3-1**　设两个 MCT 门 $G_1 = \mathrm{MCT}(\{x_{i_1}, x_{i_2}, \cdots, x_{i_{n-1}}\}; x_{i_n})$ 与 $G_2 = \mathrm{MCT}(\{x_{j_1}, x_{j_2}, \cdots, x_{j_{k-1}}\}; x_{j_k})$ 为单向影响关系，其中 $G_1$ 的目标比特 $x_{i_n}$ 是 $G_2$ 的控制比特 $x_{j_{k-1}}$，即 $x_{i_n} = x_{j_{k-1}}$，属于 $G_1$ 但不属于 $G_2$ 的控制比特集为 $\{x_{i_1}, x_{i_2}, \cdots, x_{i_m}\}(0 \leqslant m < n)$，则 $G_1$ 门和 $G_2$ 门交换位置后得到的等价序列为 $G_2 G_x G_1$ 或 $G_2 G_1 G_x$，这里 $G_x = \mathrm{MCT}(\{x_{i_1}, x_{i_2}, \cdots, x_{i_m}, x_{j_1}, x_{j_2}, \cdots, x_{j_{k-2}}\}; x_{j_k})$。

**证明**：如图 3-1 所示，设 $G_1$ 门的目标比特 $x_{i_n}$ 与 $G_2$ 门的控制比特 $x_{j_{k-1}}$ 在同一根线上，两门满足单向影响关系，即 $x_{i_n} = x_{j_{k-1}}$，输入信息经过如图 3-1(a)所示的 $G_1 G_2$ 门序后有

$$x'_{i_n} = x_{i_n} \oplus x_{i_1} x_{i_2} \cdots x_{i_{n-1}} \tag{3-1}$$

$$x'_{j_k} = x_{j_k} \oplus x_{j_1} x_{j_2} \cdots x_{j_{k-2}} \left( x_{i_n} \oplus x_{i_1} x_{i_2} \cdots x_{i_{n-1}} \right) \tag{3-2}$$

因为 $x_{i_n} = x_{j_{k-1}}$，又根据分配律规则 $A(B \oplus C) = AB \oplus AC$，可以推导出：

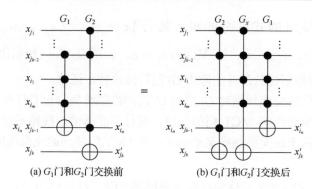

(a) $G_1$ 门和 $G_2$ 门交换前　　　　　　　(b) $G_1$ 门和 $G_2$ 门交换后

图 3-1　定理 3-1 示意图

$$x'_{j_k} = x_{j_k} \oplus x_{j_1} x_{j_2} \cdots x_{j_{k-2}} x_{j_{k-1}} \oplus x_{j_1} x_{j_2} \cdots x_{j_{k-2}} x_{i_1} x_{i_2} \cdots x_{i_{n-1}} \tag{3-3}$$

输入信息经过如图 3-1(b) 所示的 $G_2 G_x G_1$ 门序后有

$$x'_{i_n} = x_{i_n} \oplus x_{i_1} x_{i_2} \cdots x_{i_{n-1}} \tag{3-4}$$

$$x'_{j_k} = x_{j_k} \oplus x_{j_1} x_{j_2} \cdots x_{j_{k-2}} x_{j_{k-1}} \oplus x_{j_1} x_{j_2} \cdots x_{j_{k-2}} x_{i_1} x_{i_2} \cdots x_{i_m} \tag{3-5}$$

因为 $\left\{ x_{i_1}, x_{i_2}, \cdots, x_{i_m} \right\} (0 \leqslant m < n)$ 是属于 $G_1$ 门但不属于 $G_2$ 门的控制比特集合，所以 $\left\{ x_{i_{m+1}}, x_{i_{m+2}}, \cdots, x_{i_{n-1}} \right\}$ 是既属于 $G_1$ 门又属于 $G_2$ 门的控制比特集合，又因为 $x_{j_{k-1}} = x_{i_n}$，有

$$\left\{ x_{i_{m+1}}, x_{i_{m+2}}, \cdots, x_{i_{n-1}} \right\} \subseteq \left\{ x_{j_1}, x_{j_2}, \cdots, x_{j_{k-2}} \right\} \tag{3-6}$$

故：

$$x_{j_1} x_{j_2} \cdots x_{j_{k-2}} x_{i_1} x_{i_2} \cdots x_{i_m} = x_{j_1} x_{j_2} \cdots x_{j_{k-2}} x_{i_1} x_{i_2} \cdots x_{i_{n-1}} \tag{3-7}$$

如上，式(3-1)和式(3-4)等价，式(3-3)和式(3-5)等价，可得图 3-1(a)和图 3-1(b)等价。因为 $G_x$ 门和 $G_2$ 门满足互不影响关系，位置可以互换，所以门序列 $G_2 G_x G_1$ 也等价于 $G_2 G_1 G_x$。证毕。

**规则 3-4**　如定理 3-1 中所述的单向影响的 $G_1$ 门和 $G_2$ 门，交换后得到等价的门序列 $G_2 G_x G_1$ 或 $G_2 G_1 G_x$，称为单向影响门的交换规则。

**定义 3-1**　定理 3-1 中，$G_1$ 门和 $G_2$ 门交换位置后得到等价序列 $G_2 G_x G_1$ 或 $G_2 G_1 G_x$，其中 $G_x = \mathrm{MCT}\left( \left\{ x_{i_1}, x_{i_2}, \cdots, x_{i_m}, x_{j_1}, x_{j_2}, \cdots, x_{j_{k-2}} \right\}; x_{j_k} \right)$，将新增的 $G_x$ 门定义为换位插入门。

**推论 3-1**　如果 $G_x$ 是定理 3-1 的换位插入门，则 $G_x$ 门控制比特是 $G_1$ 门控制比特和 $G_2$ 门控制比特的并集除去 $G_1$ 门目标比特。

**证明：**$G_1$ 门和 $G_2$ 门交换后产生的 $G_x$ 门控制比特为 $\left\{ x_{i_1}, x_{i_2}, \cdots, x_{i_m}, x_{j_1}, x_{j_2}, \cdots, x_{j_{k-2}} \right\}$，

根据上述推导出的式(3-6)可知，集合 $\left\{x_{i_1},x_{i_2},\cdots,x_{i_m},x_{j_1},x_{j_2},\cdots,x_{j_{k-2}}\right\}$ 等价于 $\left\{x_{i_1},x_{i_2},\cdots,x_{i_{n-1}},x_{j_1},x_{j_2},\cdots,x_{j_{k-2}}\right\}$，又因为 $x_{i_n}=x_{j_{k-1}}$，所以 $G_x$ 门控制比特是 $G_1$ 门控制比特和 $G_2$ 门控制比特的并集除去 $G_1$ 门目标比特。**证毕**。

单向影响门的交换规则对 $G_1$ 门和 $G_2$ 门的控制线集合没有任何约束条件，适用于任意两个单向影响 MCT 门的交换，而且不受 MCT 线路宽度的影响，规则具有通用性，基于该交换规则又给出了三条 MCT 门序列的化简规则和一条 MCT 门的移动规则。

**定理 3-2**　设 MCT 线路中存在三个相邻的门，$G_1=\mathrm{MCT}\left(\left\{x_{i_1},\cdots,x_{i_{n-1}}\right\};x_{i_n}\right)$、$G_2=\mathrm{MCT}\left(\left\{x_{j_1},\cdots,x_{j_{k-1}}\right\};x_{j_k}\right)$ 和 $G_3=\mathrm{MCT}\left(\left\{x_{i_1},\cdots,x_{i_{n-1}}\right\};x_{i_n}\right)$，其中，$G_1$ 门与 $G_3$ 门相同，$G_1$ 门和 $G_2$ 门之间满足单向影响关系；$G_1$ 门的目标比特 $x_{i_n}$ 是 $G_2$ 门的控制比特 $x_{j_{k-1}}$，即 $x_{i_n}=x_{j_{k-1}}$；属于 $G_1$ 门但不属于 $G_2$ 门的控制比特集，即 $\left\{x_{i_1},\cdots,x_{i_{n-1}}\right\}-\left\{x_{j_1},\cdots,x_{j_{k-1}}\right\}$ 设为 $\left\{x_{i_1},x_{i_2},\cdots,x_{i_m}\right\}(0\leqslant m<n)$，则门序列 $G_1G_2G_3$ 等价于门序列 $G_2G_x$，这里 $G_x=\mathrm{MCT}\left(\left\{x_{i_1},x_{i_2},\cdots,x_{i_m},x_{j_1},x_{j_2},\cdots,x_{j_{k-2}}\right\};x_{j_k}\right)$。

**证明**：图 3-2(a)中的 $G_1$ 门和 $G_2$ 门满足单向影响关系，根据定理 3-1，$G_1$ 门可以移动到 $G_2$ 和 $G_3$ 门之间，新增 $G_x$ 门。图 3-2(b)中 $G_1$ 门与 $G_3$ 门满足相同关系，可以删除，只剩下 $G_2$ 门和 $G_x$ 门，如图 3-2(c)所示，减少了一个门。**证毕**。

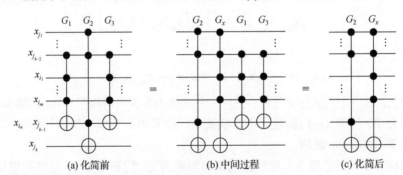

图 3-2　定理 3-2 示意图

**规则 3-5**　定理 3-2 中符合条件的 $G_1G_2G_3$ 门序列化简为 $G_2G_x$ 且线路功能不变，称为单向影响门的右对称化简规则。

**定理 3-3**　设 MCT 线路中存在三个相邻的门，$G_1=\mathrm{MCT}\left(\left\{x_{j_1},\cdots,x_{j_{k-1}}\right\};x_{j_k}\right)$、$G_2=\mathrm{MCT}\left(\left\{x_{i_1},\cdots,x_{i_{n-1}}\right\};x_{i_n}\right)$ 和 $G_3=\mathrm{MCT}\left(\left\{x_{j_1},\cdots,x_{j_{k-1}}\right\};x_{j_k}\right)$，其中，$G_1$ 门与 $G_3$ 门相同，$G_3$ 门和 $G_2$ 门之间满足单向影响关系；$G_2$ 门的目标比特 $x_{i_n}$ 是 $G_3$ 门的控制比

特 $x_{j_{k-1}}$，即 $x_{i_n} = x_{j_{k-1}}$；属于 $G_2$ 门但不属于 $G_3$ 门的控制比特集，即 $\left\{x_{i_1}, \cdots, x_{i_{n-1}}\right\} - \left\{x_{j_1}, \cdots, x_{j_{k-1}}\right\}$ 设为 $\left\{x_{i_1}, x_{i_2}, \cdots, x_{i_m}\right\}(0 \leqslant m < n)$，则门序 $G_1 G_2 G_3$ 等价于 $G_x G_2$，这里 $G_x = \mathrm{MCT}\left(\left\{x_{i_1}, x_{i_2}, \cdots, x_{i_m}, x_{j_1}, x_{j_2}, \cdots, x_{j_{k-2}}\right\}; x_{j_k}\right)$。

证明：如图 3-3 所示，图 3-3(a) 中 $G_2$ 门和 $G_3$ 门满足单向影响关系，根据定理 3-1，$G_2$ 门可以移动到 $G_3$ 门的右侧，新增 $G_x$ 门。图 3-3(b) 中 $G_1$ 门与 $G_3$ 门相同，满足相同关系，可以删除，只剩下 $G_x$ 门和 $G_2$ 门，如图 3-3(c) 所示，减少了一个门。证毕。

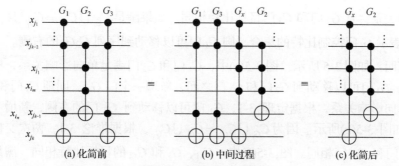

图 3-3  定理 3-3 示意图

**规则 3-6**  定理 3-3 中符合条件的 $G_1 G_2 G_3$ 门序列化简为 $G_x G_2$ 且线路功能不变，称为单向影响门的左对称化简规则。

**定理 3-4**  设 MCT 线路中相邻门 $G_1 = \mathrm{MCT}\left(\left\{x_{i_1}, \cdots, x_{i_m}, x_{j_1}, \cdots, x_{j_{k-2}}\right\}; x_{j_k}\right)$、$G_2 = \mathrm{MCT}\left(\left\{x_{i_1}, x_{i_2}, \cdots, x_{i_{n-1}}\right\}; x_{i_n}\right)$ 和 $G_3 = \mathrm{MCT}\left(\left\{x_{j_1}, x_{j_2}, \cdots, x_{j_{k-1}}\right\}; x_{j_k}\right)$，其中，$G_2$ 门和 $G_3$ 门之间满足单向影响关系；$G_2$ 门的目标比特 $x_{i_n}$ 是 $G_3$ 门的控制比特 $x_{j_{k-1}}$，即 $x_{i_n} = x_{j_{k-1}}$；属于 $G_2$ 门但不属于 $G_3$ 门的控制比特集，即 $\left\{x_{i_1}, \cdots, x_{i_{n-1}}\right\} - \left\{x_{j_1}, \cdots, x_{j_{k-1}}\right\}$ 设为 $\left\{x_{i_1}, x_{i_2}, \cdots, x_{i_m}\right\}(0 \leqslant m < n)$，则 $G_1 G_2 G_3$ 等价于 $G_3 G_2$。

证明：如图 3-4 所示，图 3-4(a) 中 $G_2$ 门和 $G_3$ 门满足单向影响关系，根据定理 3-1，$G_2$ 门可以移动到 $G_3$ 门的右侧，新增 $G_x$ 门。图 3-4(b) 中 $G_3$ 门和 $G_x$ 门满足互不影响关系，可以交换位置，$G_1$ 门与 $G_x$ 门相同，满足相同关系，可以删除，只剩下 $G_3$ 门和 $G_2$ 门，如图 3-4(c) 所示，减少了一个门。证毕。

**规则 3-7**  定理 3-4 中符合条件的 $G_1 G_2 G_3$ 门序列化简为 $G_3 G_2$ 且线路功能不变，称为单向影响门的换位化简规则。

**定理 3-5**  设 MCT 线路中三个连续的门 $G_1$、$G_2$ 和 $G_3$，$G_1$ 门的目标比特既是 $G_2$ 门的控制比特，也是 $G_3$ 门的控制比特；$G_1$ 门和 $G_2$ 门、$G_3$ 门之间均满足单

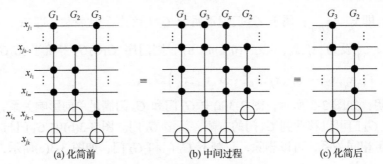

(a) 化简前　　　　　　(b) 中间过程　　　　　　(c) 化简后

图 3-4　定理 3-4 示意图

向影响关系，且 $G_2$ 门和 $G_3$ 门目标比特相同。如果满足 $C_{G_1} \bigcup C_{G_2} = C_{G_1} \bigcup C_{G_3}$，其中 $C_{G_i}$ 表示 $G_i$ 门控制比特的集合，则 $G_1$ 门可以移动到序列 $G_2 G_3$ 的右侧。

　　**证明：** 如图 3-5 所示，图 3-5(a)中，$G_1$ 门和 $G_2$ 门满足单向影响关系，根据定理 3-1，$G_1$ 门可以移动到 $G_2$ 门和 $G_3$ 门之间，新增一个门 $G_{x1}$。同理 $G_1$ 门和 $G_3$ 门满足单向影响关系，根据定理 3-1，$G_1$ 门可以移动到 $G_3$ 门的右侧，新增一个门 $G_{x2}$，如图 3-5(b)所示。因为 $C_{G_1} \bigcup C_{G_2} = C_{G_1} \bigcup C_{G_3}$，根据推论 3-1，两次交换产生的 $G_{x1}$ 门和 $G_{x2}$ 门相同。图 3-5(b)中，$G_{x1}$、$G_3$ 和 $G_{x2}$ 的目标比特相同，满足互不影响关系，$G_{x1}$ 门和 $G_3$ 门交换位置对线路功能没有影响，$G_{x1}$ 门和 $G_{x2}$ 门满足相同关系，可以从线路中删除，得到如图 3-5(c)所示的线路。**证毕**。

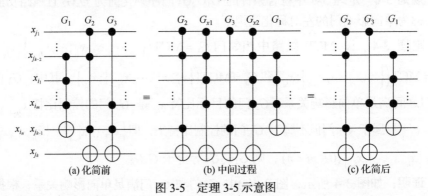

(a) 化简前　　　　　　(b) 中间过程　　　　　　(c) 化简后

图 3-5　定理 3-5 示意图

　　**规则 3-8**　定理 3-5 中符合条件的 $G_1 G_2 G_3$ 门序列中，$G_1$ 门从最左侧移动到最右侧且不改变线路功能，称为单向影响门的移动规则。

**2. 双向影响 MCT 门变换规则**

　　**定理 3-6**　如果两相邻 MCT 门 $G_1 = \mathrm{MCT}(\{x_{i_1}, x_{i_2}, \cdots, x_{i_{n-1}}\}; x_{i_n})$ 及 $G_2 = \mathrm{MCT}(\{x_{j_1}, x_{j_2}, \cdots, x_{j_{k-1}}\}; x_{j_k})$ 满足：$G_1$ 门的目标比特 $x_{i_n}$ 是 $G_2$ 门的控制比特 $x_{j_{k-1}}$，即

$x_{i_n} = x_{j_{k-1}}$ ， $G_2$ 门的目标比特 $x_{j_k}$ 是 $G_1$ 门的控制比特 $x_{i_{n-1}}$ ， 即 $x_{i_{n-1}} = x_{j_k}$ ； $G_1$ 门除去 $x_{i_{n-1}}$ 的控制比特集合为 $C_1 = \{x_{i_1}, x_{i_2}, \cdots, x_{i_{n-2}}\}$ ， $G_2$ 除去 $x_{j_{k-1}}$ 的控制比特集合为 $C_2 = \{x_{j_1}, x_{j_2}, \cdots, x_{j_{k-2}}\}$ ，且 $C_1 \subseteq C_2$ ，则门序列 $G_1 G_2 G_3$ 等价于 $G_4 G_5 G_6$ ，其中 $G_3$ 门与 $G_1$ 门相同， $G_4 = \mathrm{MCT}(\{x_{i_1}, \cdots, x_{i_{n-2}}, x_{i_n}\}; x_{j_k})$ ， $G_5 = \mathrm{MCT}(\{x_{j_1}, \cdots, x_{j_{k-2}}, x_{j_k}\}; x_{i_n})$ ， $G_6$ 与 $G_4$ 相同。

**证明：** 如图 3-6(a)所示， $G_1$ 门和 $G_2$ 门满足双向影响关系。设 $C_1 = \{x_{i_1}, x_{i_2}, \cdots, x_{i_{n-2}}\}$ 上所有控制比特的乘积为 $P_1$ ， $C_2 = \{x_{j_1}, x_{j_2}, \cdots, x_{j_{k-2}}\}$ 上所有控制比特的乘积为 $P_2$ 。

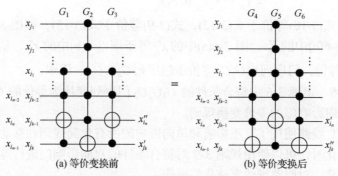

(a) 等价变换前　　　　　(b) 等价变换后

图 3-6　定理 3-6 示意图

因为 $\forall x_{i_s} \in \{0,1\}$ ， $s \in \{1, 2, \cdots, n\}$ ； $\forall x_{j_t} \in \{0,1\}$ ， $t \in \{1, 2, \cdots, k\}$ ，所以 $P_1 \in \{0,1\}$ ， $P_2 \in \{0,1\}$ 。又因为 $C_1 \subseteq C_2$ ，所以 $P_1 P_2 = P_2$ 。

根据题意， $x_{i_n} = x_{j_{k-1}}$ 且 $x_{i_{n-1}} = x_{j_k}$ ，输入信息经过如图 3-6(a)所示的 $G_1 G_2 G_3$ 序列后有

$$x'_{i_n} = x_{i_n} \oplus x_{i_1} x_{i_2} \cdots x_{i_{n-2}} x_{i_{n-1}} = x_{i_n} \oplus P_1 x_{i_{n-1}} \tag{3-8}$$

$$\begin{aligned} x'_{j_k} &= x_{j_k} \oplus x_{j_1} x_{j_2} \cdots x_{j_{k-2}} \left( x_{i_n} \oplus P_1 x_{i_{n-1}} \right) \\ &= x_{j_k} \oplus P_2 x_{i_n} \oplus P_2 P_1 x_{i_{n-1}} \\ &= x_{j_k} \oplus P_2 x_{i_n} \oplus P_2 x_{j_k} \end{aligned} \tag{3-9}$$

$$\begin{aligned} x''_{i_n} &= x'_{i_n} \oplus P_1 x'_{j_k} \\ &= x_{i_n} \oplus P_1 x_{i_{n-1}} \oplus P_1 \left( x_{j_k} \oplus P_2 x_{i_n} \oplus P_2 x_{i_{n-1}} \right) \\ &= x_{i_n} \oplus P_1 x_{i_{n-1}} \oplus P_1 x_{j_k} \oplus P_1 P_2 x_{i_n} \oplus P_1 P_2 x_{i_{n-1}} \\ &= x_{i_n} \oplus P_1 x_{j_k} \oplus P_1 x_{j_k} \oplus P_2 x_{i_n} \oplus P_2 x_{i_{n-1}} \\ &= x_{i_n} \oplus P_2 x_{i_n} \oplus P_2 x_{j_k} \end{aligned} \tag{3-10}$$

输入信息经过如图 3-6(b)所示的 $G_4 G_5 G_6$ 后有

$$x'_{j_k} = x_{j_k} \oplus x_{i_1} x_{i_2} \cdots x_{i_{n-2}} x_{i_n} = x_{j_k} \oplus P_1 x_{i_n} \tag{3-11}$$

$$\begin{aligned}
x'_{i_n} &= x_{i_n} \oplus x_{j_1} x_{j_2} \cdots x_{j_{k-2}} \left( x_{j_k} \oplus P_1 x_{i_n} \right) \\
&= x_{i_n} \oplus P_2 x_{j_k} \oplus P_2 P_1 x_{i_n} \\
&= x_{i_n} \oplus P_2 x_{j_k} \oplus P_2 x_{i_n}
\end{aligned} \tag{3-12}$$

$$\begin{aligned}
x''_{j_k} &= x'_{j_k} \oplus P_1 x'_{i_n} \\
&= x_{j_k} \oplus P_1 x_{i_n} \oplus P_1 \left( x_{i_n} \oplus P_2 x_{j_k} \oplus P_2 x_{i_n} \right) \\
&= x_{j_k} \oplus P_1 x_{i_n} \oplus P_1 x_{i_n} \oplus P_1 P_2 x_{j_k} \oplus P_1 P_2 x_{i_n} \\
&= x_{j_k} \oplus P_2 x_{j_k} \oplus P_2 x_{i_n}
\end{aligned} \tag{3-13}$$

如上，式(3-10)等价于式(3-12)，式(3-9)等价于式(3-13)，即图 3-6(a)的输出 $x''_{i_n}$ 等于图 3-6(b)中的 $x'_{i_n}$，图 3-6(a)中的 $x'_{j_k}$ 等于图 3-6(b)中的 $x''_{j_k}$，所以图 3-6(a) 和图 3-6(b)等价，门序列 $G_1 G_2 G_3$ 等价于门序列 $G_4 G_5 G_6$。**证毕**。

**规则 3-9**　定理 3-6 中符合条件的 $G_1 G_2 G_3$ 门序列变换为等价的 $G_4 G_5 G_6$ 门序列，称为双向影响门的等价变换规则。

当 MCT 线路使用了互不影响和单向影响的所有化简规则和移动规则，线路不再发生变化时，可以使用规则 3-9 对符合条件的双向影响门进行等价变换，使线路发生改变，对线路继续实施化简操作。

### 3.1.3　基于规则的线路化简算法

在已有门删除规则、位删除规则和移动规则的基础上，本节融入本章提出的一系列等价变换规则，给出了基于规则的可逆 MCT 线路化简算法(ruleSA)。

算法的主要思想为对可逆 MCT 线路从左往右扫描，判定根据移动规则可以移到一起的两个门是否满足相同关系、单向影响关系、有相同控制比特关系中的一种，如果满足三种关系之一，则继续检查是否存在可化简的子序列，如果存在就进行化简，否则根据 MCT 门的移动规则继续向右扫描。同理，再对可逆线路自右向左扫描，以此循环，当整个可逆线路不发生变化时，检查线路中是否有满足双向影响门的等价变换规则的门序列存在，如果存在且有可化简的门序列，则进行等价替换，对线路继续进行化简。基于规则的化简算法的具体步骤如算法 3.1 所示。

---

**算法 3.1**：基于规则的可逆 MCT 线路化简算法

**输入**：待化简的可逆 MCT 线路 $L$

**输出**：化简后的可逆 MCT 线路 $L'$

1. **Begin**

2.     MCT_gate_list={};    //初始化 MCT 线路

3.     $p \to G_p$；//$p$ 指向线路中第一个节点

4.     **while** $p$ != null **do**: //循环至线路为空

5.         $q=p \to$ next，$r=q \to$ next，$s=r \to$ next;    //$q$、$r$、$s$ 指针初始化

6.         **if** $\left(G_p, G_q\right)$ 满足关系 3-1 **then**:    //$p$、$q$ 所指门满足关系 3-1

7.             Gate_delete();    //门删除

8.             $p$++;    //$p$ 指向下一个要处理的门

9.         **else if** $\left(G_p, G_q\right)$ 满足关系 3-4 **then**: //$p$、$q$ 门满足单向影响关系

10.             **if** Right$(G_q)$=$=G_p$ or Left$(G_p)$=$=G_q$ and Gate_move($G, G_p,$ $G_q$) **then**:    //满足指定关系

11.                 Gate_simplify();    //根据定理 3-2 和定理 3-3 进行化简

12.             **else if** Exist$(G_x)$ and gate_move($G_q, G_x, G_p$) **then**: //满足指定关系

13.                 Gate_simplify();    //根据定理 3-4 进行化简

14.             $p$++;

15.         **else if** $\left(G_p, G_q\right)$ 满足关系 3-2 **then**: //$p$、$q$ 所指门有相同控制比特

16.             **if** Right$(G_q)$=$=G_p$ and Gate_move($G_p, G, G_q$) **then**://满足指定关系

17.                 Gate_simplify();    //根据位删除规则进行化简

18.             $p$++;

19.         **else if** $r$ != null and $s$!=null and $\left(G_p,\ G_q,\ G_r\right)$ 满足关系 3-4 **then**:

20.             Gate_delete();

21.             $p$++;

22.     $p$++;

23.　　　　　Reverse(MCT_gate_list);　　//反向扫描 MCT 线路

24.　　　　　Check(MCT_gate_list);　　//根据关系 3-3 检查线路

25.　　　　　**return** $L'$;　//返回化简后的可逆 MCT 线路

26.　**End**

基于规则的化简算法无须存储模板，节约了存储空间。设被化简的可逆 MCT 线路的输入线数为 $l$，门数为 $n$，则算法的时间复杂度为 $O(n^3)$，远小于模板优化方法，而且算法的时间复杂度与输入线数无关。

本章给出的基于规则的 MCT 线路化简算法，基于两相邻门之间的三种关系，根据不同的优化规则对线路进行化简。为了能将更多的门移动到一起进行化简操作，在原有互不影响门的移动规则的基础上，加入了单向影响门的移动规则。双向影响门在已知的文献中，均无法再操作。本章给出了双向影响门的等价变换规则，增加了线路变化的灵活度，提出的基于单向影响门的一系列等价变换规则，对 MCT 门的控制比特集没有任何限制，规则具有通用性。

### 3.1.4　实例验证

具体实例和相关可逆函数上的实验均采用启发式的基于变换的方法[196]对可逆函数进行综合，再利用基于规则的化简算法对综合后的近似最优线路进行优化。该算法同时对可逆函数及其反函数进行综合和化简，然后选择两者中代价较小的线路。如果反函数综合和优化后的线路代价较小，则将其线路逆序作为最终结果。

**例 3-1**　实现可逆函数 $F_1 = [1, 2, 5, 0, 7, 6, 3, 4]$ 的可逆线路并进行化简。

对该可逆函数进行综合，形成的可逆线路包含 6 个门，对其施加文献[197]的化简算法和本章给出的优化算法的结果仍为 6 个门。对该可逆函数的反函数进行综合，得到如图 3-7(a)所示的 6 个门，文献[197]中的化简算法无法对其进一步优化。

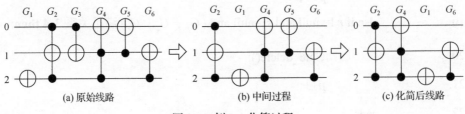

图 3-7　例 3-1 化简过程

　　图 3-7(a)使用本章给出的化简算法后，可得到进一步优化。图 3-7(a)中的 $G_1$ 门和 $G_2$ 门满足单向影响关系，$G_1G_2G_3$ 根据定理 3-4 进行操作，化简为图 3-7(b) 中的 $G_2G_1$。图 3-7(b)中的 $G_1$ 门和 $G_4$ 门满足单向影响关系，$G_1G_4G_5$ 根据定理 3-4 化简为图 3-7(c)中的 $G_4G_1$，所以该可逆函数对应的线路为图 3-7(c)的逆序列。线路由原来的 6 个门化简为 4 个门，量子代价从 14 变成 12。

　　**例 3-2**　实现可逆函数 $F_2 = [0, 1, 2, 3, 4, 5, 6, 7, 11, 14, 13, 12, 8, 10, 9, 15]$的可逆线路并进行化简。

　　对该可逆函数及其逆函数进行综合，对综合结果施加文献[197]的化简算法，结果仍为 10 个门，无法进一步优化。对可逆函数综合未化简的线路如图 3-8(a) 所示。

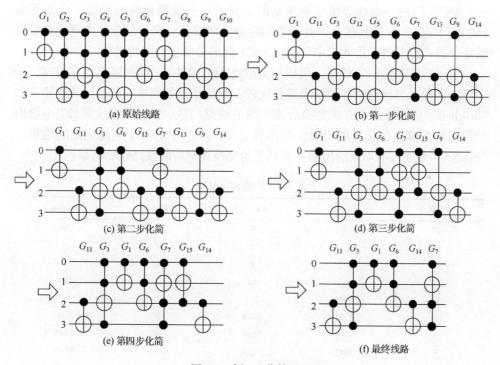

图 3-8　例 3-2 化简过程

　　图 3-8(a)中，$G_2G_3G_4$ 和 $G_8G_9G_{10}$ 门序列均符合位删除规则，化简为图 3-8(b) 中的 $G_{11}G_3G_{12}$ 和 $G_{13}G_9G_{14}$。图 3-8(b)中的 $G_6$ 门和 $G_{12}$ 门满足单向影响关系，$G_{12}G_5G_6$ 根据定理 3-4 化简为图 3-8(c)中的 $G_6G_{12}$。图 3-8(c)中的 $G_{12}$ 和 $G_7$ 满足单向影响关系，$G_{12}G_7G_{13}$ 根据定理 3-2 化简为图 3-8(d)中的 $G_7G_{15}$。

　　图 3-8(d)中，$G_1$ 和 $G_{11}$ 满足互不影响门的移动规则，$G_1$ 门和 $G_{11}$ 门交换位置。$G_9$、$G_{15}$ 和 $G_7$ 均满足单向影响关系，符合单向影响门的移动规则，$G_9$ 可以

移动到 $G_6$ 和 $G_7$ 之间。$G_9$ 和 $G_6$ 满足互不影响门的移动规则，$G_9$ 可以移动到 $G_6$ 前面。$G_1$ 和 $G_3$ 满足单向影响关系，$G_1G_3G_9$ 根据定理 3-4 化简为图 3-8(e)中的 $G_3G_1$。

图 3-8(e)中的 $G_{14}$ 和 $G_7$ 满足单向影响关系，$G_7G_{15}G_{14}$ 根据定理 3-4 化简为图 3-8(f)中的 $G_{14}G_7$。门数由 10 减少为 6，量子代价由 78 约简为 34。尤其从图 3-8(d)变为图 3-8(e)，原序列中的 3 个门并不相邻，且相隔比较远，利用模板匹配算法及已有的规则，该序列很难实现化简，基于本章提出的一系列等价变换规则，实现了可逆 MCT 线路的进一步优化。

### 3.1.5　实验结果及分析

MCT 门的一系列等价变换规则既是量子可逆线路化简的需要，也是后面 MCT 门分解工作的基础，因此相关实验分为两部分：第一部分是本章的有效性验证，另一部分将在第 4 章中与高级 MCT 门的分解实验同时进行。

为了验证算法的有效性，采用与文献[27]和[197]相同的测试集，共有 40320 个可逆函数。与已有算法的结果进行比较，对比结果如表 3-1 所示。其中第二列 "original" 是基于综合方法变换后未化简的线路门数，第三列是文献[27]中给出的模板匹配算法优化后的门数，第四列是文献[197]中的基于化简规则的结果，"ruleSA" 是加入了本章给出的一系列等价变换规则后的线路化简结果。

表 3-1　实验对比结果

| 门数 | original | 文献[27] | 文献[197] | ruleSA |
| --- | --- | --- | --- | --- |
| 15 | 2 | 0 | 0 | 0 |
| 14 | 22 | 0 | 0 | 0 |
| 13 | 112 | 6 | 0 | 0 |
| 12 | 432 | 62 | 14 | 10 |
| 11 | 1191 | 391 | 130 | 113 |
| 10 | 2575 | 1444 | 607 | 505 |
| 9 | 5116 | 3837 | 1987 | 1715 |
| 8 | 7842 | 7274 | 6304 | 5710 |
| 7 | 8989 | 9965 | 11590 | 11178 |
| 6 | 7478 | 9086 | 10856 | 11284 |
| 5 | 4314 | 5448 | 5995 | 6625 |
| 4 | 1682 | 2125 | 2163 | 2456 |
| 3 | 463 | 567 | 559 | 609 |
| 2 | 89 | 102 | 102 | 102 |
| 1 | 12 | 12 | 12 | 12 |
| 0 | 1 | 1 | 1 | 1 |
| 平均 | 7.25 | 6.80 | 6.52 | 6.41 |

表 3-1 中的实验结果表明，在启发式综合方法相同且同为只带正控制的可逆 MCT 线路中，本章给出的基于规则的化简方法优于文献[27]中基于模板匹配算法的结果，平均门数从 6.80 减少为 6.41。本章提出的一系列等价变换规则优化了原有的基于规则的化简算法，相对于文献[197]，平均门数从 6.52 减少为 6.41。

分别用文献[197]中的化简算法和本章提出的化简算法对所有可逆线路进行化简，40320 个可逆线路中结果不同的共 5102 个，其中后者优于前者的有 4725 个，可见本章提出的化简方法能够改进可逆线路的化简结果，所提出的一系列化简、移动与等价变换等规则对可逆线路化简是有效的。

## 3.2　基于模板的线路变换

### 3.2.1　模板定义

一般地，模板有两种定义方式。

(1) 第一种方式[26]：把模板看成一种模式 $P$(pattern)，该模式存在简化的等价门序列 $T$，图 3-9 所示为 $P$ 和 $T$ 的一个实例。对于一个量子线路 $G$，基于模板的线路变换可以通过模式 $P$ 去匹配线路 $G$，如果 $G$ 中存在与 $P$ 相等的子线路，则用门序列 $T$ 替换该子线路，以达到化简线路 $G$ 的目的。

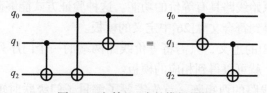

图 3-9　文献[26]中的模板示例

(2) 第二种方式[198]：如果量子线路 $T$ 由一系列酉矩阵为 $U_i$ 的门序列组成，且满足门序列的酉矩阵相乘为 $U_{|T|} \cdots U_2 U_1 = I$（$|T|$ 为模板中门的数量），那么称线路 $T$ 为模板。图 3-10 为一个模板示例。

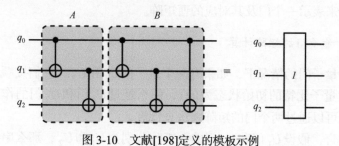

图 3-10　文献[198]定义的模板示例

　　对于这种线路酉矩阵为单位矩阵的模板，可以通过识别和匹配这种模板来实现更高效的优化。具体匹配优化方法如下：假设在线路 $C$ 中找到门序列 $U_a\cdots U_b\left(1\leqslant a\leqslant b\leqslant|T|\right)$，与模板 $T$ 中一组门序列相匹配。那么根据文献[198]的定义，模板中一系列门满足酉矩阵相乘为 $U_{|T|}\cdots U_2U_1=I$，并且每个门 $U_i$ 都有一个逆门 $U_i^\dagger$，那么门序列 $U_a\cdots U_b$ 可以等价表示为 $U_{a-1}^\dagger\cdots U_1^\dagger U_{|T|}^\dagger\cdots U_{b+1}^\dagger$。如果 $U_{a-1}^\dagger\cdots U_1^\dagger U_{|T|}^\dagger\cdots U_{b+1}^\dagger$ 门序列的量子代价比 $U_a\cdots U_b$ 的低，那么就可以用替换的方式减少线路 $C$ 中量子门的数量。匹配的门序列 $U_a\cdots U_b$ 越长，则等价表示的 $U_{a-1}^\dagger\cdots U_1^\dagger U_{|T|}^\dagger\cdots U_{b+1}^\dagger$ 就会包含尽可能少的门，因此通过将前者替换为后者来减少更多的门[199]。如图 3-10 所示，可以通过将线路 $B$ 替换为线路 $A$ 来实现线路的优化效果。

### 3.2.2　模板构建

　　为了方便构建模板，本章提出了多个命题与推论，并对给定的量子线路进行分解、综合和优化等操作，以得到简化的线路。为了确保线路变换的等价性，采用酉矩阵计算进行等价性验证。通过等价性验证，可以比较经过优化后的量子线路的酉矩阵与原始线路的酉矩阵是否相等。如果它们的酉矩阵相等，就可以确定优化后的线路与原始线路具有等价的功能。这种验证方式能够确保量子线路的功能一致性，从而得到符合文献[26]中定义的模板。

　　根据文献[198]的定义，只需将等价线路两端的一个门序列的逆与另一个门序列合并在一起，就可以得到相应的模板。

　　要求出量子线路的酉矩阵，首先需要了解量子门级联时矩阵之间的相互作用。量子门的级联可以分为两类：串行门和并行门，这些概念与经典线路的概念一致。

　　为了增强阅读的清晰性，通常使用字母"$I$"表示单位门，使用"$U$"表示一个量子门，并用"$U^\dagger$"表示该门的逆门。在没有引起混淆的情况下，使用相同的字母来表示一个门及其对应的酉矩阵。

　　1. 串行量子门的矩阵计算

　　在串行量子门的情况下，如果有两个量子门 $U_1$ 和 $U_2$，它们按顺序应用于量子比特。设量子比特的初始状态为 $|\psi\rangle$，那么经过 $U_1$ 门和 $U_2$ 门的作用后，最终的量子状态可以通过两个门的矩阵乘法来计算。

　　具体而言，假设 $U_1$ 门和 $U_2$ 门的酉矩阵分别为 $U_1$ 和 $U_2$，那么串行执行这两个门的操作可以表示为矩阵乘法：$U_2\cdot U_1$。即最终的量子状态可以表示为

$|\psi'\rangle = U_2 U_1 |\psi\rangle$，如式(3-14)所示：

$$U_1 = \begin{bmatrix} x_1 & x_2 \\ x_3 & x_4 \end{bmatrix}, \quad U_2 = \begin{bmatrix} y_1 & y_2 \\ y_3 & y_4 \end{bmatrix}$$

$$U_2 \cdot U_1 = \begin{bmatrix} y_1 x_1 + y_2 x_3 & y_1 x_2 + y_2 x_4 \\ y_3 x_1 + y_4 x_3 & y_3 x_2 + y_4 x_4 \end{bmatrix} \tag{3-14}$$

如果有更多的量子门串行执行，例如，有三个量子门 $U_1$、$U_2$、$U_3$，那么计算顺序是 $U_3 \cdot U_2 \cdot U_1$。同样地，可以通过将它们的酉矩阵相乘来计算最终的量子状态。

需要注意的是，在串行执行量子门的计算中，矩阵乘法的顺序很重要。如果改变量子门的顺序，最终得到的酉矩阵也会发生变化，从而影响量子线路的功能。

### 2. 并行量子门的矩阵计算

当量子门之间并行时，酉矩阵的计算需要引入张量积的概念。在希尔伯特空间的张量积中，两个希尔伯特空间的张量积形成了另一个希尔伯特空间。张量积的计算符号通常表示为"$\otimes$"。

具体而言，假设 $U_1$ 门和 $U_2$ 门的酉矩阵分别为 $U_1$ 和 $U_2$，并且它们作用在不同的量子比特上。那么并行执行这两个门的操作可以用张量积表示为：$U_1 \otimes U_2$。这个张量积操作将生成一个新的酉矩阵，代表了 $U_1$ 和 $U_2$ 并行应用门的作用，如式(3-15)所示：

$$U_1 \otimes U_2 = \begin{bmatrix} x_1 y_1 & x_1 y_2 & x_2 y_1 & x_2 y_2 \\ x_1 y_3 & x_1 y_4 & x_2 y_3 & x_2 y_4 \\ x_3 y_1 & x_3 y_2 & x_4 y_1 & x_4 y_2 \\ x_3 y_3 & x_3 y_4 & x_4 y_3 & x_4 y_4 \end{bmatrix} \tag{3-15}$$

需要注意的是，与线性乘法不同，矩阵张量积运算可以应用于不同大小的矩阵。在量子线路中，串行线路的计算受到操作量子比特数的限制，只能处理与操作量子比特数相同的门。然而，并行计算对于不同操作量子比特数的门同样适用。

至此，通过量子门的酉矩阵串行计算和并行计算，就可以有效地计算整个量子线路的酉矩阵了。

### 3. 单量子比特线路模板构建

单量子比特门是量子计算中的一种重要的基本门操作，它们作用于单个量子比特，用于改变量子比特的状态。通过酉矩阵计算式(3-16)中的等价线路很容易验证：

$$\begin{cases} X^\dagger = X,\ H^\dagger = H,\ Z^\dagger = Z,\ Z = S^2,\ S = T^2 \\ XH = HZ,\ HX = ZH,\ X = HZH,\ Z = HXH \\ XX = ZZ = HH = I,\ \left(XZ\right)^4 = \left(ZX\right)^4 = I \end{cases} \tag{3-16}$$

式中，$I$、$X$、$Z$、$H$、$S$、$T$ 都为常见的单量子比特门。

　　根据单量子比特门酉矩阵的不同形式，本节分类讨论了单量子比特线路之间的等价性，如下所示。

　　(1) 如果量子门 $U_1$、$U_2$ 的酉矩阵形式为 $\begin{bmatrix} a & 0 \\ 0 & b \end{bmatrix}$，那么 $U_2U_1 = U_1U_2$，如图 3-11 所示。

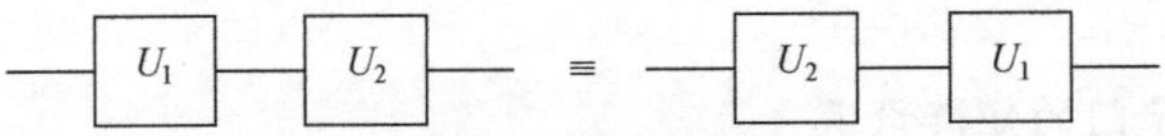

图 3-11　等价线路

那么根据式(3-16)也可以得到：$XHU_1HX = HU_1H$，$HU_1HX = XHU_1H$ 。

　　(2) 如果量子门 $U$ 的酉矩阵形式为 $\begin{bmatrix} 0 & a \\ b & 0 \end{bmatrix}$，那么可以得到式(3-17)所示的等价线路和相关演变：

$$\begin{cases} XHXUHX = HXUH \rightarrow HXUHX = XHXUH \\ XHUXHX = HUXH \rightarrow HUXHX = XHUXH \end{cases} \tag{3-17}$$

　　(3) 如果量子门 $U$ 的酉矩阵形式为 $\begin{bmatrix} a & 0 \\ 0 & -a \end{bmatrix}$，那么可以得到式(3-18)所示的等价线路：

$$HU = XUHX \rightarrow XHU = UHX \tag{3-18}$$

　　(4) 如果量子门的酉矩阵的形式有 $U = \begin{bmatrix} a & 0 \\ 0 & b \end{bmatrix}$，$U^R = \begin{bmatrix} 0 & b \\ a & 0 \end{bmatrix}$，$U^C = \begin{bmatrix} 0 & a \\ b & 0 \end{bmatrix}$，$U^D = \begin{bmatrix} b & 0 \\ 0 & a \end{bmatrix}$，那么可以得到式(3-19)所示的等价线路：

$$\begin{cases} XU = U^R,\quad UX = U^C \\ XU^R = U,\quad U^RX = U^D \\ XU^C = U^D,\quad U^CX = U \\ XU^D = U^C,\quad U^DX = U^R \end{cases} \tag{3-19}$$

**引理 3-1**　任何由 $X$ 门和酉矩阵形式为 $\begin{bmatrix} a & 0 \\ 0 & b \end{bmatrix}$ 的单量子比特门组成的单量子比特线路都相当于一个最多包含两个 $X$ 门的线路。

**证明：** 为了线路中包含尽可能多的 $X$ 门，设该单量子比特线路的酉矩阵串行计算形式为 $(A_1 X)(A_2 X)(A_3 X) \cdots (A_{n-1} X) A_n$，其中，$A_1, A_2, \cdots, A_n$ 为酉矩阵形式为 $\begin{bmatrix} a & 0 \\ 0 & b \end{bmatrix}$ 的量子门。

根据 $A_i X A_{i+1} X = X A_i X A_{i+1}$，其中，$i \in \{0,1,\cdots,n\}$ (通过酉矩阵等价性验证可容易地证明)，那么如果 $(A_1 X)(A_2 X)(A_3 X) \cdots (A_{n-1} X) A_n$ 中 $n$ 为奇数，则通过一系列量子门之间的交换，得到如式(3-20)所示的等式：

$$(A_1 X)(A_2 X)(A_3 X) \cdots (A_{n-1} X) A_n = X A_2 A_4 \cdots A_{n-1} X A_1 A_3 \cdots A_n \tag{3-20}$$

式(3-20)中只有两个 $X$ 门，所得到的线路酉矩阵的形式为 $\begin{bmatrix} a & 0 \\ 0 & b \end{bmatrix}$。

如果 $(A_1 X)(A_2 X)(A_3 X) \cdots (A_{n-1} X) A_n$ 中 $n$ 为偶数，得到如式(3-21)所示的等式：

$$(A_1 X)(A_2 X)(A_3 X) \cdots (A_{n-1} X) A_n = A_1 A_3 \cdots A_{n-1} X A_2 A_4 \cdots A_n \tag{3-21}$$

式(3-21)中只有一个 $X$ 门，所得到的线路酉矩阵的形式为 $\begin{bmatrix} 0 & a \\ b & 0 \end{bmatrix}$。

综上所述，$(A_1 X)(A_2 X)(A_3 X) \cdots (A_{n-1} X) A_n$ 为通过变换后最多包含两个 $X$ 门的线路。**证毕。**

**推论 3-2**　任何由 $X$ 门和 $Z$ 门组成的单量子比特线路都相当于一个深度最多为 4 的线路。

**证明：** 根据式(3-16)中的 $(XZ)^4 = (ZX)^4 = I$，只需要证明 $X$ 门和 $Z$ 门交替且深度小于 8 的线路可化简为深度最多为 4 的线路即可。由于 $XZXZ = ZXZX$，那么可以得到

$$\begin{cases} (XZ)(XZ)(XZ)X = Z, & (ZX)(ZX)(ZX)Z = X \\ (XZ)(XZ)(XZ) = ZX, & (ZX)(ZX)(ZX) = XZ \\ (ZX)(ZX)Z = XZX, & (XZ)(XZ)X = ZXZ \end{cases} \tag{3-22}$$

也就是说任何由 $X$ 门和 $Z$ 门组成的单量子比特线路，经过等价变换后最多为 $XZXZ$ 和 $ZXZX$ 且深度为 4 的线路。**证毕。**

**命题 3-1**　任何二阶的酉矩阵 $M$ 都可以分解为式(3-23)的形式：

$$M = \begin{bmatrix} e^{i(\alpha+\beta)} & 0 \\ 0 & -ie^{i(\alpha-\beta)} \end{bmatrix} H \begin{bmatrix} e^{-i\theta} & 0 \\ 0 & e^{i} \end{bmatrix} XH \begin{bmatrix} e^{i\gamma} & 0 \\ 0 & -ie^{-i\gamma} \end{bmatrix} \tag{3-23}$$

**证明**：由文献[36]和[47]可知，任何二阶的酉矩阵 $M$ 都可以分解为

$$M = \begin{bmatrix} e^{i\alpha} & 0 \\ 0 & e^{i\alpha} \end{bmatrix} \begin{bmatrix} e^{i\beta} & 0 \\ 0 & e^{-i\beta} \end{bmatrix} \begin{bmatrix} \cos\theta & \sin\theta \\ -\sin\theta & \cos\theta \end{bmatrix} \begin{bmatrix} e^{i\gamma} & 0 \\ 0 & e^{-i\gamma} \end{bmatrix} \tag{3-24}$$

又有

$$\begin{bmatrix} \cos\theta & \sin\theta \\ -\sin\theta & \cos\theta \end{bmatrix} = \begin{bmatrix} 1 & 0 \\ 0 & -i \end{bmatrix} \begin{bmatrix} \cos\theta & i\sin\theta \\ -i\sin\theta & -\cos\theta \end{bmatrix} \begin{bmatrix} 1 & 0 \\ 0 & -i \end{bmatrix} \tag{3-25}$$

$$\begin{aligned} \begin{bmatrix} \cos\theta & i\sin\theta \\ -i\sin\theta & -\cos\theta \end{bmatrix} &= \frac{1}{2} \begin{bmatrix} 1 & 1 \\ 1 & -1 \end{bmatrix} \begin{bmatrix} \cos\theta - i\sin\theta & -\cos\theta + i\sin\theta \\ \cos\theta + i\sin\theta & \cos\theta + i\sin\theta \end{bmatrix} \\ &= \frac{1}{2} \begin{bmatrix} 1 & 1 \\ 1 & -1 \end{bmatrix} \begin{bmatrix} e^{-i\theta} & e^{i(\pi-\theta)} \\ e^{i\theta} & e^{i\theta} \end{bmatrix} \\ &= \frac{1}{2} \begin{bmatrix} 1 & 1 \\ 1 & -1 \end{bmatrix} \begin{bmatrix} e^{-i\theta} & 0 \\ 0 & e^{i\theta} \end{bmatrix} \begin{bmatrix} 1 & -1 \\ 1 & 1 \end{bmatrix} \\ &= \frac{1}{2} \begin{bmatrix} 1 & 1 \\ 1 & -1 \end{bmatrix} \begin{bmatrix} e^{-i\theta} & 0 \\ 0 & e^{i\theta} \end{bmatrix} \begin{bmatrix} 0 & 1 \\ 1 & 0 \end{bmatrix} \begin{bmatrix} 1 & 1 \\ 1 & -1 \end{bmatrix} \\ &= H \begin{bmatrix} e^{-i\theta} & 0 \\ 0 & e^{i\theta} \end{bmatrix} XH \end{aligned} \tag{3-26}$$

所以有

$$\begin{aligned} &\begin{bmatrix} e^{i\alpha} & 0 \\ 0 & e^{i\alpha} \end{bmatrix} \begin{bmatrix} e^{i\beta} & 0 \\ 0 & e^{-i\beta} \end{bmatrix} \begin{bmatrix} \cos\theta & \sin\theta \\ -\sin\theta & \cos\theta \end{bmatrix} \begin{bmatrix} e^{i\gamma} & 0 \\ 0 & e^{-i\gamma} \end{bmatrix} \\ &= \begin{bmatrix} e^{i(\alpha+\beta)} & 0 \\ 0 & -ie^{i(\alpha-\beta)} \end{bmatrix} H \begin{bmatrix} e^{-i\theta} & 0 \\ 0 & e^{i} \end{bmatrix} XH \begin{bmatrix} e^{i\gamma} & 0 \\ 0 & -ie^{-i\gamma} \end{bmatrix} \end{aligned} \tag{3-27}$$

**证毕**。

### 4. 双量子比特线路模板构建

由于 CNOT 门的通用性，线路中双量子比特门只采用 CNOT 门进行酉矩阵计算。采用一组门序列 $(g_0, g_1, \cdots, g_n)$ 来表示一个量子线路，量子门的实现顺序是从左到右的。为了方便表示，使用 $\text{CNOT}_{q_i, q_j}$ 来表示一个具有控制量子比特 $q_i$

和目标量子比特 $q_j$ 的 CNOT 门。

表 3-2 是 CNOT 门和单量子比特门级联线路的等价模板，通过酉矩阵计算易于验证其等价性。

表 3-2 量子线路模板

| 序号 | 符号表示 | 线路表示 |
|------|----------|----------|
| 1 | $\left(\mathrm{CNOT}_{q_0,q_1},\mathrm{CNOT}_{q_0,q_1}\right)=I$ | |
| 2 | $\begin{aligned}&\left(\mathrm{CNOT}_{q_1,q_0},\mathrm{CNOT}_{q_1,q_0},\mathrm{CNOT}_{q_0,q_1}\right)\\&=\left(\mathrm{CNOT}_{q_1,q_0},\mathrm{CNOT}_{q_0,q_1},\mathrm{CNOT}_{q_1,q_0}\right)\end{aligned}$ | |
| 3 | $\left(\mathrm{CNOT}_{q_0,q_1},\mathrm{CNOT}_{q_1,q_0}\right)^3=I$ | |
| 4 | $\left(\mathrm{CNOT}_{q_1,q_0},\mathrm{CNOT}_{q_0,q_1}\right)^2=\left(\mathrm{CNOT}_{q_0,q_1},\mathrm{CNOT}_{q_1,q_0}\right)$ | |
| 5 | $\left(X_{q_1},\mathrm{CNOT}_{q_0,q_1}\right)=\left(\mathrm{CNOT}_{q_0,q_1},X_{q_1}\right)$ | |
| 6 | $\left(\mathrm{CNOT}_{q_1,q_0},H_{q_0},H_{q_1},\mathrm{CNOT}_{q_0,q_1}\right)=\left(H_{q_0},H_{q_1}\right)$ | |

下面将根据表 3-2 的量子线路模板，证明关于化简两量子比特量子线路(仅包括 CNOT 门和单量子比特门)的一些方法。如图 3-12 所示，待化简线路的类似形式为单量子比特门和 CNOT 门交替排列的线路。

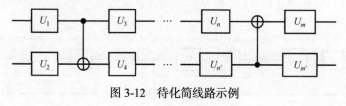

图 3-12 待化简线路示例

**引理 3-2** (1) 如果量子门 $U$ 的酉矩阵形式是 $\begin{bmatrix} a & 0 \\ 0 & b \end{bmatrix}$，那么可以得到如图 3-13

所示的等价线路。

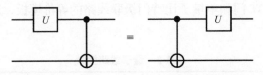

图 3-13　引理 3-2 的第一种描述等价线路

(2) 如果量子门 $U$ 的酉矩阵形式是 $\begin{bmatrix} 0 & a \\ b & 0 \end{bmatrix}$，那么可以得到如图 3-14 所示的等价线路。

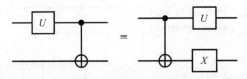

图 3-14　引理 3-2 的第二种描述等价线路

**证明：**通过酉矩阵计算可容易证得。

**命题 3-2**　假设每个 $V_i$ 门在图 3-15 的量子线路中酉矩阵是 $\begin{bmatrix} 0 & a \\ b & 0 \end{bmatrix}$ 的形式，那么当 $n \geqslant 4$ 时，可以大量减少 CNOT 门。

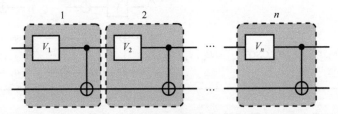

图 3-15　命题 3-2 示例线路(线路可以分割为 $n$ 个模块)

**证明：**因为 $\begin{bmatrix} a & 0 \\ 0 & b \end{bmatrix}\begin{bmatrix} 0 & 1 \\ 1 & 0 \end{bmatrix} = \begin{bmatrix} 0 & a \\ b & 0 \end{bmatrix}$，所以图 3-15 的线路等价于图 3-16 的线路。

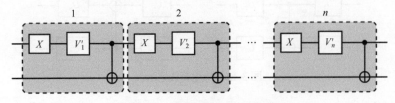

图 3-16　等价于图 3-15 的线路

如果每个量子门 $V_i'$ 的酉矩阵形式是 $\begin{bmatrix} a & 0 \\ 0 & b \end{bmatrix}$，又因为 $\begin{bmatrix} a & 0 \\ 0 & b \end{bmatrix}\begin{bmatrix} 0 & 1 \\ 1 & 0 \end{bmatrix} = \begin{bmatrix} 0 & 1 \\ 1 & 0 \end{bmatrix}\begin{bmatrix} b & 0 \\ 0 & a \end{bmatrix}$，所以图 3-16 的线路等价于图 3-17 的线路。

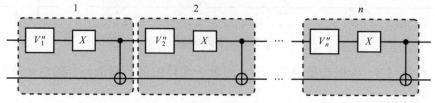

图 3-17   等价于图 3-16 的线路

如果每个量子门 $V_i''$ 的酉矩阵形式都是 $\begin{bmatrix} b & 0 \\ 0 & a \end{bmatrix}$，又因为存在如图 3-18 的等价线路，所以通过量子门之间的一系列交换，如果 $n$ 为偶数，则图 3-15 的线路等价于图 3-19 的线路。

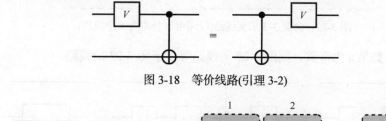

图 3-18   等价线路(引理 3-2)

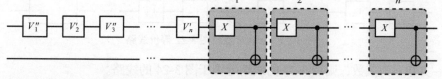

图 3-19   等价于图 3-15 的线路($n$ 为偶数时)

如果 $n$ 为奇数，则图 3-15 的线路等价于图 3-20 的线路。

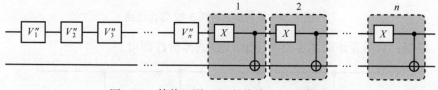

图 3-20   等价于图 3-15 的线路($n$ 为奇数时)

因为图 3-21 是恒等线路，所以，当 $n \geq 4$ 时，通过图 3-21 的线路相消方式，可以将图 3-19 和图 3-20 中的 CNOT 门和 $X$ 门消除(同图 3-15 的线路)。**证毕**。

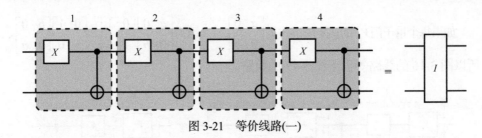

图 3-21　等价线路(一)

**命题 3-3**　假设在图 3-22 所示的量子线路中每个量子门 $V_i$ 的酉矩阵具有 $\begin{bmatrix} a & 0 \\ 0 & b \end{bmatrix}$ 的形式。

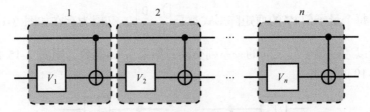

图 3-22　命题 3-3 示例线路(线路可以分割为 $n$ 个模块)

那么，如果 $n$ 为奇数，则图 3-22 的线路等价于图 3-23 的线路。

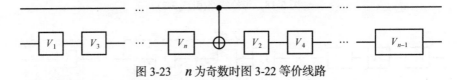

图 3-23　$n$ 为奇数时图 3-22 等价线路

如果 $n$ 为偶数，则图 3-22 的线路等价于图 3-24 的线路。

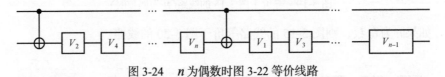

图 3-24　$n$ 为偶数时图 3-22 等价线路

**证明：**只需要证明图 3-25 所示的线路的等价性即可。

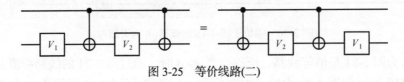

图 3-25　等价线路(二)

其中，$V_1$、$V_2$ 的形式是 $\begin{bmatrix} a & 0 \\ 0 & b \end{bmatrix}$。

通过酉矩阵计算可证得图 3-25 两边的线路等价，接着进行一系列量子门之间的交换即可分别得到图 3-23 或图 3-24 所示的等价线路。**证毕**。

**命题 3-4**　假设在图 3-26 的量子线路中每个量子门 $U_i$（和 $U_i'$）的酉矩阵具有 $\begin{bmatrix} a_i & 0 \\ 0 & b_i \end{bmatrix}$ 或 $\begin{bmatrix} 0 & a_i \\ b_i & 0 \end{bmatrix}$ 的形式。

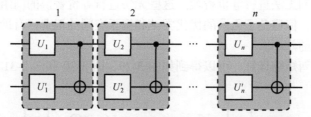

图 3-26　命题 3-4 示例线路(线路可以分割为 $n$ 个模块)

那么，如果 $n$ 为奇数，则图 3-26 的线路等价于图 3-27 的线路。

如果 $n$ 为偶数，则图 3-26 的线路等价于图 3-28 的线路。

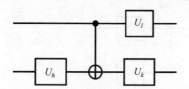

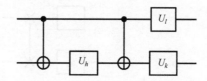

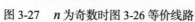

图 3-27　$n$ 为奇数时图 3-26 等价线路　　　图 3-28　$n$ 为偶数时图 3-26 等价线路

其中，量子门 $U_l$、$U_h$、$U_k$ 是 $\begin{bmatrix} a & 0 \\ 0 & b \end{bmatrix}$ 或 $\begin{bmatrix} 0 & a \\ b & 0 \end{bmatrix}$ 的形式。

**证明**：根据引理 3-2 的第一个描述以及命题 3-2 的推导，图 3-26 的线路中的 $(U_1,\cdots,U_n)$ 门可以通过量子门之间的交换、移动，聚集在一起合成表示为一个新门 $U_l$。

根据引理 3-2 的第一种描述，当量子门 $U_i$（和 $U_i'$）的酉矩阵为 $\begin{bmatrix} a_i & 0 \\ 0 & b_i \end{bmatrix}$ 的形式时，$U_i$ 和 CNOT 门交换后，$U_i'$ 酉矩阵形式仍为 $\begin{bmatrix} a_i & 0 \\ 0 & b_i \end{bmatrix}$。

根据引理 3-2 的第二种描述，当量子门 $U_i$（和 $U_i'$）的酉矩阵为 $\begin{bmatrix} 0 & a_i \\ b_i & 0 \end{bmatrix}$ 的形式

时，$U_i$ 和 CNOT 门交换后，量子门 $X$ 门与 $U_i'$ 相乘的酉矩阵形式为 $\begin{bmatrix} b_i & 0 \\ 0 & a_i \end{bmatrix}$。

也就是说，与命题 3-3 的证明相同，得证图 3-25 两边线路等价，接着进行一系列量子门之间的交换即可分别得到图 3-27 或图 3-28 的线路。**证毕。**

### 5. 模板构建限制

在构建线路模板的过程中，本节还给出了一些类似于等价线路模板形式的门组类型，但它们无法进行等价替换。这些无法进行等价替换的门组类型虽然无法直接优化线路，但避免了无谓的优化尝试和搜索空间的浪费，有助于提高模板构建和线路优化的效率。

首先根据酉矩阵计算，可以得到如图 3-29、图 3-30 和图 3-31 所示的三种等价线路。

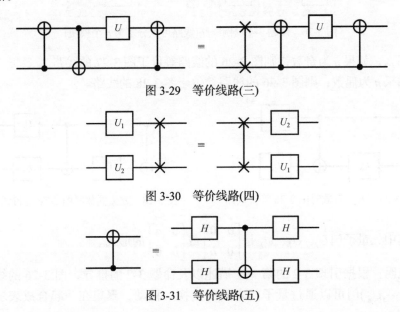

图 3-29　等价线路(三)

图 3-30　等价线路(四)

图 3-31　等价线路(五)

(1) 对于酉矩阵形式为 $\begin{bmatrix} a & 0 \\ 0 & b \end{bmatrix}$ 的单量子比特门 $U$，存在如图 3-29 所示的等价形式。

(2) 对于任意的单量子比特门 $U_1$、$U_2$，存在如图 3-30 所示的等价形式。

(3) 利用 4 个 $H$ 门可以使 CNOT 门的控制比特和目标比特翻转，即如图 3-31 所示的等价形式。

可以观察到，在特定的单量子比特门和双量子比特门组合中，可以改变单量子比特门所作用的量子比特位置，或双量子比特门的目标比特和控制比特的位置，但这些变化不会改变线路的等价性。这种等价线路类型对线路门序交换和优化有帮助。

　　单量子比特门执行的错误率比双量子比特门低得多，为了验证是否可以用单量子比特门直接表示双量子比特门，提出了命题 3-5。

　　**命题 3-5**　CNOT 门不能等价于由并行的两个任意量子比特门 $U_1$、$U_2$ 构成的线路，如图 3-32 所示。

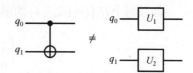

　　**证明：**首先定义 $U_1$、$U_2$ 的酉矩阵形式，使

$$U_1 = \begin{bmatrix} x_1 & x_2 \\ x_3 & x_4 \end{bmatrix}, U_2 = \begin{bmatrix} y_1 & y_2 \\ y_3 & y_4 \end{bmatrix} \quad (3\text{-}28)$$

图 3-32　命题 3-5 线路示例

则有

$$U_1 \otimes U_2 = \begin{bmatrix} x_1y_1 & x_1y_2 & x_2y_1 & x_2y_2 \\ x_1y_3 & x_1y_4 & x_2y_3 & x_2y_4 \\ x_3y_1 & x_3y_2 & x_4y_1 & x_4y_2 \\ x_3y_3 & x_3y_4 & x_4y_3 & x_4y_4 \end{bmatrix} = \begin{bmatrix} 1 & 0 & 0 & 0 \\ 0 & 1 & 0 & 0 \\ 0 & 0 & 0 & 1 \\ 0 & 0 & 1 & 0 \end{bmatrix} \quad (3\text{-}29)$$

　　从式(3-29)所示的矩阵中值为 1 的元素中，推导出 $x_1 \neq 0$，$x_4 \neq 0$，$y_1 \neq 0$，$y_2 \neq 0$，$y_3 \neq 0$，$y_4 \neq 0$。从其他元素中，推导出 $y_1 = 0$，$y_2 = 0$，$y_3 = 0$，$y_4 = 0$，所以这是矛盾的，线路不可能等价。**证毕**。

　　为了探究其他单量子比特门与 CNOT 门的目标比特和控制比特位置改变是否存在关联情况，并发现这类特定门组的限制和特性，我们分别提出了命题 3-6、命题 3-7 以及推论 3-3。

　　**命题 3-6**　假设线路由两个目标比特和控制比特相反的 CNOT 门构成，那么不存在如图 3-33 所示的任意单量子比特门 $U_1$、$U_2$、$U_3$、$U_4$ 可以改变这两个 CNOT 门的目标比特和控制比特位置。

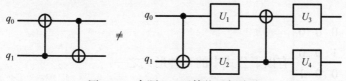

图 3-33　命题 3-6 不等价示例线路

　　**证明：**设 $A$ 和 $B$ 分别为图 3-33 左侧和右侧的量子线路的酉矩阵。

$$A = \begin{bmatrix} 1 & 0 & 0 & 0 \\ 0 & 0 & 0 & 1 \\ 0 & 1 & 0 & 0 \\ 0 & 0 & 1 & 0 \end{bmatrix} \quad (3\text{-}30)$$

$$B = U_3 \otimes U_4 \begin{bmatrix} 1 & 0 & 0 & 0 \\ 0 & 0 & 0 & 1 \\ 0 & 0 & 1 & 0 \\ 0 & 1 & 0 & 0 \end{bmatrix} U_1 \otimes U_2 \begin{bmatrix} 1 & 0 & 0 & 0 \\ 0 & 1 & 0 & 0 \\ 0 & 0 & 0 & 1 \\ 0 & 0 & 1 & 0 \end{bmatrix} \tag{3-31}$$

如果每个 $U_i (i = 1,2,3,4)$ 的形式为 $\begin{bmatrix} a & 0 \\ 0 & b \end{bmatrix}$ 或 $\begin{bmatrix} 0 & a \\ b & 0 \end{bmatrix}$，则存在如下的等价形式：

$$B = M_1 \begin{bmatrix} 1 & 0 & 0 & 0 \\ 0 & 0 & 0 & 1 \\ 0 & 0 & 1 & 0 \\ 0 & 1 & 0 & 0 \end{bmatrix} M_2 \begin{bmatrix} 1 & 0 & 0 & 0 \\ 0 & 1 & 0 & 0 \\ 0 & 0 & 0 & 1 \\ 0 & 0 & 1 & 0 \end{bmatrix} \tag{3-32}$$

每个 $M_i$ 都有以下公式中的 4 种形式之一：

$$M_i = \begin{bmatrix} x_1 & 0 & 0 & 0 \\ 0 & x_2 & 0 & 0 \\ 0 & 0 & x_3 & 0 \\ 0 & 0 & 0 & x_4 \end{bmatrix} 或 \begin{bmatrix} 0 & x_1 & 0 & 0 \\ x_2 & 0 & 0 & 0 \\ 0 & 0 & 0 & x_3 \\ 0 & 0 & x_4 & 0 \end{bmatrix} 或 \begin{bmatrix} 0 & 0 & x_1 & 0 \\ 0 & 0 & 0 & x_2 \\ x_3 & 0 & 0 & 0 \\ 0 & x_4 & 0 & 0 \end{bmatrix} 或 \begin{bmatrix} 0 & 0 & 0 & x_1 \\ 0 & 0 & x_2 & 0 \\ 0 & x_3 & 0 & 0 \\ x_4 & 0 & 0 & 0 \end{bmatrix} \tag{3-33}$$

所以 $M_1 \begin{bmatrix} 1 & 0 & 0 & 0 \\ 0 & 0 & 0 & 1 \\ 0 & 0 & 1 & 0 \\ 0 & 1 & 0 & 0 \end{bmatrix}$ 有以下公式中的 4 种形式之一：

$$M_1 \begin{bmatrix} 1 & 0 & 0 & 0 \\ 0 & 0 & 0 & 1 \\ 0 & 0 & 1 & 0 \\ 0 & 1 & 0 & 0 \end{bmatrix} = \begin{bmatrix} y_1 & 0 & 0 & 0 \\ 0 & 0 & 0 & y_2 \\ 0 & 0 & y_3 & 0 \\ 0 & y_4 & 0 & 0 \end{bmatrix} 或 \begin{bmatrix} 0 & 0 & 0 & y_1 \\ y_2 & 0 & 0 & 0 \\ 0 & y_3 & 0 & 0 \\ 0 & 0 & y_4 & 0 \end{bmatrix} 或 \begin{bmatrix} 0 & 0 & y_1 & 0 \\ 0 & y_2 & 0 & 0 \\ y_3 & 0 & 0 & 0 \\ 0 & 0 & 0 & y_4 \end{bmatrix} 或 \begin{bmatrix} 0 & y_1 & 0 & 0 \\ 0 & 0 & y_2 & 0 \\ 0 & 0 & 0 & y_3 \\ y_4 & 0 & 0 & 0 \end{bmatrix} \tag{3-34}$$

$M_2 \begin{bmatrix} 1 & 0 & 0 & 0 \\ 0 & 1 & 0 & 0 \\ 0 & 0 & 0 & 1 \\ 0 & 0 & 1 & 0 \end{bmatrix}$ 有以下公式中的 4 种形式之一：

$$M_2 \begin{bmatrix} 1 & 0 & 0 & 0 \\ 0 & 1 & 0 & 0 \\ 0 & 0 & 0 & 1 \\ 0 & 0 & 1 & 0 \end{bmatrix} = \begin{bmatrix} z_1 & 0 & 0 & 0 \\ 0 & z_2 & 0 & 0 \\ 0 & 0 & 0 & z_3 \\ 0 & 0 & z_4 & 0 \end{bmatrix} 或 \begin{bmatrix} 0 & z_1 & 0 & 0 \\ z_2 & 0 & 0 & 0 \\ 0 & 0 & z_3 & 0 \\ 0 & 0 & 0 & z_4 \end{bmatrix} 或 \begin{bmatrix} 0 & 0 & 0 & z_1 \\ 0 & 0 & z_2 & 0 \\ z_3 & 0 & 0 & 0 \\ 0 & z_4 & 0 & 0 \end{bmatrix} 或 \begin{bmatrix} 0 & 0 & z_1 & 0 \\ 0 & 0 & 0 & z_2 \\ 0 & z_3 & 0 & 0 \\ z_4 & 0 & 0 & 0 \end{bmatrix} \tag{3-35}$$

根据推导，很容易检验上面的矩阵都不能使图 3-33 中的两边线路等价。下面将考虑一个更一般的情况，将线路中的 $U$ 门酉矩阵表示为式(3-36)中的形式：

$$U_1 = \begin{bmatrix} x_1 & x_2 \\ x_3 & x_4 \end{bmatrix}, \quad U_2 = \begin{bmatrix} y_1 & y_2 \\ y_3 & y_4 \end{bmatrix}$$

$$U_3 = \begin{bmatrix} z_1 & z_2 \\ z_3 & z_4 \end{bmatrix}, \quad U_4 = \begin{bmatrix} s_1 & s_2 \\ s_3 & s_4 \end{bmatrix} \tag{3-36}$$

那么可得到式(3-37)所示的酉矩阵：

$$U_1 \otimes U_2 = \begin{bmatrix} x_1 y_1 & x_1 y_2 & x_2 y_1 & x_2 y_2 \\ x_1 y_3 & x_1 y_4 & x_2 y_3 & x_2 y_4 \\ x_3 y_1 & x_3 y_2 & x_4 y_1 & x_4 y_2 \\ x_3 y_3 & x_3 y_4 & x_4 y_3 & x_4 y_4 \end{bmatrix} \tag{3-37}$$

$$U_3 \otimes U_4 = \begin{bmatrix} z_1 s_1 & z_1 s_2 & z_2 s_1 & z_2 s_2 \\ z_1 s_3 & z_1 s_4 & z_2 s_3 & z_2 s_4 \\ z_3 s_1 & z_3 s_2 & z_4 s_1 & z_4 s_2 \\ z_3 s_3 & z_3 s_4 & z_4 s_3 & z_4 s_4 \end{bmatrix} \tag{3-38}$$

即要证明式(3-39)中两边酉矩阵等价：

$$\begin{bmatrix} z_1 s_1 & z_2 s_2 & z_2 s_1 & z_1 s_2 \\ z_1 s_3 & z_2 s_4 & z_2 s_3 & z_1 s_4 \\ z_3 s_1 & z_4 s_2 & z_4 s_1 & z_3 s_2 \\ z_3 s_3 & z_4 s_4 & z_4 s_3 & z_3 s_4 \end{bmatrix} \begin{bmatrix} x_1 y_1 & x_1 y_2 & x_2 y_2 & x_2 y_1 \\ x_1 y_3 & x_1 y_4 & x_2 y_4 & x_2 y_3 \\ x_3 y_1 & x_3 y_2 & x_4 y_2 & x_4 y_1 \\ x_3 y_3 & x_3 y_4 & x_4 y_4 & x_4 y_3 \end{bmatrix} = \begin{bmatrix} 1 & 0 & 0 & 0 \\ 0 & 0 & 0 & 1 \\ 0 & 1 & 0 & 0 \\ 0 & 0 & 1 & 0 \end{bmatrix} \tag{3-39}$$

设矩阵 $\begin{bmatrix} x_1^* y_1^* & x_1^* y_3^* & x_3^* y_1^* & x_3^* y_3^* \\ x_1^* y_2^* & x_1^* y_4^* & x_3^* y_2^* & x_3^* y_4^* \\ x_2^* y_2^* & x_2^* y_4^* & x_4^* y_2^* & x_4^* y_4^* \\ x_2^* y_1^* & x_2^* y_3^* & x_4^* y_1^* & x_4^* y_3^* \end{bmatrix}$ 是矩阵 $\begin{bmatrix} x_1 y_1 & x_1 y_2 & x_2 y_2 & x_2 y_1 \\ x_1 y_3 & x_1 y_4 & x_2 y_4 & x_2 y_3 \\ x_3 y_1 & x_3 y_2 & x_4 y_2 & x_4 y_1 \\ x_3 y_3 & x_3 y_4 & x_4 y_4 & x_4 y_3 \end{bmatrix}$ 的逆矩阵，

其中 $x_i^*$、$y_i^*$ 分别是 $x_i$、$y_i$ 的共轭，所以有

$$\begin{bmatrix} z_1 s_1 & z_2 s_2 & z_2 s_1 & z_1 s_2 \\ z_1 s_3 & z_2 s_4 & z_2 s_3 & z_1 s_4 \\ z_3 s_1 & z_4 s_2 & z_4 s_1 & z_3 s_2 \\ z_3 s_3 & z_4 s_4 & z_4 s_3 & z_3 s_4 \end{bmatrix} = \begin{bmatrix} x_1^* y_1^* & x_1^* y_3^* & x_3^* y_1^* & x_3^* y_3^* \\ x_1^* y_2^* & x_1^* y_4^* & x_3^* y_2^* & x_3^* y_4^* \\ x_2^* y_2^* & x_2^* y_4^* & x_4^* y_2^* & x_4^* y_4^* \\ x_2^* y_1^* & x_2^* y_3^* & x_4^* y_1^* & x_4^* y_3^* \end{bmatrix} \tag{3-40}$$

由式(3-40)两边矩阵可知其所有变量不能为 0，并导出式(3-41)：

$$\frac{s_1}{s_3} = \frac{s_2}{s_4} = \frac{x_1^*}{x_2^*} = \frac{x_3^*}{x_4^*}, \quad \frac{z_1}{z_3} = \frac{z_2}{z_4} = \frac{y_1^*}{y_2^*} = \frac{y_3^*}{y_4^*} \tag{3-41}$$

从酉矩阵的性质可以知道 $|s_1 s_4 - s_2 s_3| = 1$，矛盾。**证毕**。

**命题 3-7** 倒置的 CNOT 门不能等价于由酉矩阵形式为 $\begin{bmatrix} a & 0 \\ 0 & b \end{bmatrix}$ 的单量子比特门(或 $X$ 门)与 CNOT 门构成的线路，如图 3-34 所示。

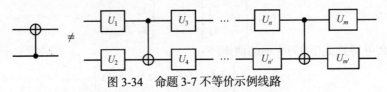

图 3-34 命题 3-7 不等价示例线路

其中，每个 $U_i$ 门仅由 $X$ 门和形式为 $\begin{bmatrix} a & 0 \\ 0 & b \end{bmatrix}$ 的门组成。

**证明：** $U_i$ ( $i \in \{1,2\}$ )的形式有两种可能性，所以 $U_1 \otimes U_2$ 的形式有式(3-44)~式(3-47)所示的 4 种可能性。

$$U_1 = \begin{bmatrix} a_1 & 0 \\ 0 & b_1 \end{bmatrix} 或 \begin{bmatrix} 0 & a_1 \\ b_1 & 0 \end{bmatrix} \tag{3-42}$$

$$U_2 = \begin{bmatrix} a_2 & 0 \\ 0 & b_2 \end{bmatrix} 或 \begin{bmatrix} 0 & a_2 \\ b_2 & 0 \end{bmatrix} \tag{3-43}$$

那么：

$$U_1 \otimes U_2 = \begin{bmatrix} a_1 & 0 \\ 0 & b_1 \end{bmatrix} \otimes \begin{bmatrix} a_2 & 0 \\ 0 & b_2 \end{bmatrix} = \begin{bmatrix} a_1 a_2 & 0 & 0 & 0 \\ 0 & a_1 b_2 & 0 & 0 \\ 0 & 0 & b_1 a_2 & 0 \\ 0 & 0 & 0 & b_1 b_2 \end{bmatrix} \tag{3-44}$$

$$U_1 \otimes U_2 = \begin{bmatrix} a_1 & 0 \\ 0 & b_1 \end{bmatrix} \otimes \begin{bmatrix} 0 & a_2 \\ b_2 & 0 \end{bmatrix} = \begin{bmatrix} 0 & a_1 a_2 & 0 & 0 \\ a_1 b_2 & 0 & 0 & 0 \\ 0 & 0 & 0 & b_1 a_2 \\ 0 & 0 & b_1 b_2 & 0 \end{bmatrix} \tag{3-45}$$

$$U_1 \otimes U_2 = \begin{bmatrix} 0 & a_1 \\ b_1 & 0 \end{bmatrix} \otimes \begin{bmatrix} a_2 & 0 \\ 0 & b_2 \end{bmatrix} = \begin{bmatrix} 0 & 0 & a_1 a_2 & 0 \\ 0 & 0 & 0 & a_1 b_2 \\ b_1 a_2 & 0 & 0 & 0 \\ 0 & b_1 b_2 & 0 & 0 \end{bmatrix} \tag{3-46}$$

$$U_1 \otimes U_2 = \begin{bmatrix} 0 & a_1 \\ b_1 & 0 \end{bmatrix} \otimes \begin{bmatrix} 0 & a_2 \\ b_2 & 0 \end{bmatrix} = \begin{bmatrix} 0 & 0 & 0 & a_1 a_2 \\ 0 & 0 & a_1 b_2 & 0 \\ 0 & b_1 a_2 & 0 & 0 \\ b_1 b_2 & 0 & 0 & 0 \end{bmatrix} \tag{3-47}$$

又有 CNOT 门的酉矩阵如图 3-35 所示。式(3-44)～式(3-47)以及 CNOT 门的酉矩阵均为$\begin{bmatrix} A & 0 \\ 0 & B \end{bmatrix}$或$\begin{bmatrix} 0 & A \\ B & 0 \end{bmatrix}$的形式，这两种矩阵形式相乘得到其他矩阵形式，即

$$= \begin{bmatrix} 1 & 0 & 0 & 0 \\ 0 & 1 & 0 & 0 \\ 0 & 0 & 0 & 1 \\ 0 & 0 & 1 & 0 \end{bmatrix}$$

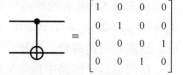

图 3-35　CNOT 门酉矩阵表示

$$\begin{bmatrix} A_1 & 0 \\ 0 & B_1 \end{bmatrix}\begin{bmatrix} A_2 & 0 \\ 0 & B_2 \end{bmatrix}=\begin{bmatrix} A_3 & 0 \\ 0 & B_3 \end{bmatrix} \tag{3-48}$$

$$\begin{bmatrix} A_1 & 0 \\ 0 & B_1 \end{bmatrix}\begin{bmatrix} 0 & A_2 \\ B_2 & 0 \end{bmatrix}=\begin{bmatrix} 0 & A_3 \\ B_3 & 0 \end{bmatrix} \tag{3-49}$$

$$\begin{bmatrix} 0 & A_1 \\ B_1 & 0 \end{bmatrix}\begin{bmatrix} 0 & A_2 \\ B_2 & 0 \end{bmatrix}=\begin{bmatrix} A_3 & 0 \\ 0 & B_3 \end{bmatrix} \tag{3-50}$$

$$\begin{bmatrix} 0 & A_1 \\ B_1 & 0 \end{bmatrix}\begin{bmatrix} A_2 & 0 \\ 0 & B_2 \end{bmatrix}=\begin{bmatrix} 0 & A_3 \\ B_3 & 0 \end{bmatrix} \tag{3-51}$$

而颠倒的 CNOT 门的酉矩阵如图 3-36 所示。显然，它不符合$\begin{bmatrix} A & 0 \\ 0 & B \end{bmatrix}$或$\begin{bmatrix} 0 & A \\ B & 0 \end{bmatrix}$相乘的任何一种酉矩阵形式。**证毕**。

**推论 3-3**　假设量子门$U_1$的酉矩阵具有$\begin{bmatrix} 0 & a \\ b & 0 \end{bmatrix}$的形式，那么不存在任意量子比特门$U_2$、$U_3$，使图 3-37 中的两边线路等价。

$$= \begin{bmatrix} 1 & 0 & 0 & 0 \\ 0 & 0 & 0 & 1 \\ 0 & 0 & 1 & 0 \\ 0 & 1 & 0 & 0 \end{bmatrix}$$

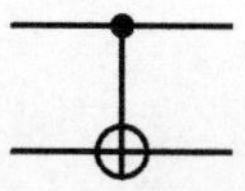

图 3-36　颠倒的 CNOT 门酉矩阵表示

图 3-37　推论 3-3 不等价示例线路

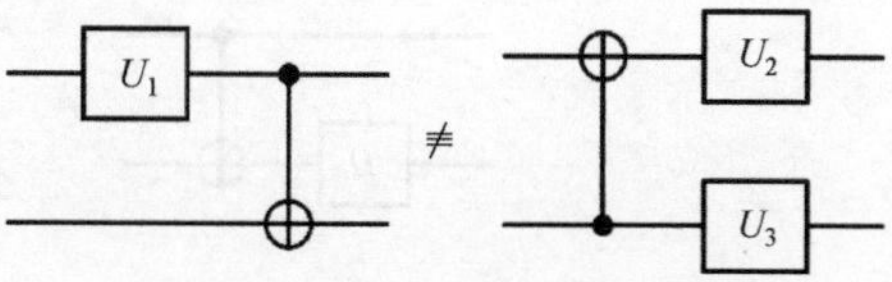

**证明**：假设$U_2=\begin{bmatrix} x_1 & x_2 \\ x_3 & x_4 \end{bmatrix}$，$U_3=\begin{bmatrix} y_1 & y_2 \\ y_3 & y_4 \end{bmatrix}$，那么图 3-37 两边线路的酉矩阵可以表示为

$$\begin{bmatrix} 0 & 0 & 0 & a \\ 0 & 0 & a & 0 \\ b & 0 & 0 & 0 \\ 0 & b & 0 & 0 \end{bmatrix}=\begin{bmatrix} x_1y_1 & x_1y_2 & x_2y_1 & x_2y_2 \\ x_3y_3 & x_3y_4 & x_4y_3 & x_4y_4 \\ x_3y_1 & x_3y_2 & x_4y_1 & x_4y_2 \\ x_1y_3 & x_1y_4 & x_2y_3 & x_2y_4 \end{bmatrix} \tag{3-52}$$

从式(3-52)所示的矩阵中值为 $a$、$b$ 的元素中，推导出 $x_1 \neq 0$，$x_2 \neq 0$，$x_3 \neq 0$，$x_4 \neq 0$，$y_1 \neq 0$，$y_2 \neq 0$，$y_3 \neq 0$，$y_4 \neq 0$。那么右边酉矩阵中不可能存在 0 元素，矛盾，线路不可能等价。**证毕**。

$H$ 门是量子线路中最常见的单量子比特门之一，具有独特的功能和性质。为了研究其他类型的单量子比特门和 CNOT 门组成的线路与由 $H$ 门和 CNOT 门构成线路的替代限制，我们提出命题 3-8。

**命题 3-8**  假设线路由一个 $H$ 门和一个 CNOT 门构成，那么不存在单量子比特门 $U_1$、$U_2$、$U_3$、$U_4$，使图 3-38 中的两边线路等价。

其中，$U_1$、$U_2$ 具有 $\begin{bmatrix} a & 0 \\ 0 & b \end{bmatrix}$ 或 $\begin{bmatrix} 0 & a \\ b & 0 \end{bmatrix}$ 的形式，$U_3$、$U_4$ 是任意的单量子比特门。

**证明：** 只需要证明第一种情况，其他情况的证明本质上是一样的。

设 $A$ 为图 3-38 中第一个不等价线路左侧的量子线路对应的酉矩阵：

$$A = \frac{1}{\sqrt{2}} \begin{bmatrix} 1 & 0 & 1 & 0 \\ 0 & 1 & 0 & 1 \\ 0 & 1 & 0 & -1 \\ 1 & 0 & -1 & 0 \end{bmatrix} \tag{3-53}$$

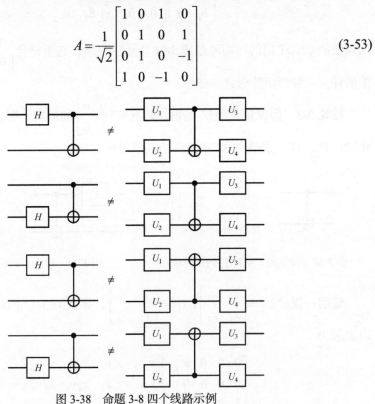

图 3-38  命题 3-8 四个线路示例

设 $B$ 为图 3-38 中第一个不等价线路右侧的量子线路的酉矩阵：

$$B = U_3 \otimes U_4 \begin{bmatrix} 1 & 0 & 0 & 0 \\ 0 & 1 & 0 & 0 \\ 0 & 0 & 0 & 1 \\ 0 & 0 & 1 & 0 \end{bmatrix} U_1 \otimes U_2 \tag{3-54}$$

$U_i (i \in \{1,2\})$ 的形式有两种可能性，所以 $U_1 \otimes U_2$ 的酉矩阵形式有命题 3-7 的证明中式(3-44)～式(3-47)所示的 4 种可能性。

那么，$\begin{bmatrix} 1 & 0 & 0 & 0 \\ 0 & 1 & 0 & 0 \\ 0 & 0 & 0 & 1 \\ 0 & 0 & 1 & 0 \end{bmatrix} U_1 \otimes U_2$ 的形式有以下公式中的 4 种可能性：

$$\begin{bmatrix} 1 & 0 & 0 & 0 \\ 0 & 1 & 0 & 0 \\ 0 & 0 & 0 & 1 \\ 0 & 0 & 1 & 0 \end{bmatrix} U_1 \otimes U_2 = \begin{bmatrix} a_1a_2 & 0 & 0 & 0 \\ 0 & a_1b_2 & 0 & 0 \\ 0 & 0 & 0 & b_1a_2 \\ 0 & 0 & b_1b_2 & 0 \end{bmatrix} \text{或} \begin{bmatrix} 0 & a_1a_2 & 0 & 0 \\ a_1b_2 & 0 & 0 & 0 \\ 0 & 0 & b_1a_2 & 0 \\ 0 & 0 & 0 & b_1b_2 \end{bmatrix} \text{或}$$

$$\begin{bmatrix} 0 & 0 & a_1a_2 & 0 \\ 0 & 0 & 0 & a_1b_2 \\ 0 & b_1a_2 & 0 & 0 \\ b_1b_2 & 0 & 0 & 0 \end{bmatrix} \text{或} \begin{bmatrix} 0 & 0 & 0 & a_1a_2 \\ 0 & 0 & a_1b_2 & 0 \\ b_1a_2 & 0 & 0 & 0 \\ 0 & b_1b_2 & 0 & 0 \end{bmatrix} \tag{3-55}$$

虽然 $B$ 有 64 个不同的结果，但通过计算可以得出它的结果只有两种不同的形式：

$$B = \frac{1}{\sqrt{2}} \begin{bmatrix} x_1 & 0 & 0 & x_2 \\ 0 & x_3 & x_4 & 0 \\ x_5 & 0 & 0 & x_6 \\ 0 & x_7 & x_8 & 0 \end{bmatrix} \tag{3-56}$$

$$B = \frac{1}{\sqrt{2}} \begin{bmatrix} 0 & y_1 & y_2 & 0 \\ y_3 & 0 & 0 & y_4 \\ 0 & y_5 & y_6 & 0 \\ y_7 & 0 & 0 & y_8 \end{bmatrix} \tag{3-57}$$

因此，很容易验证两者都不能使图 3-38 的两边线路等价。**证毕**。

### 6. 多量子比特线路模板构建

为了验证多量子比特线路中 CNOT 门两两之间的交换规则(具有相同的控制或目标量子比特的 CNOT 门可以交换)，下面对 36 种不同的两个 CNOT 门的级联线路进行酉矩阵验证。表 3-3 给出了部分交换规则以及相关等价线路表示。

**表 3-3　部分交换规则以及相关等价线路表示**

| 序号 | 符号表示 | 线路表示 |
|---|---|---|
| 1 | $\left(\mathrm{CNOT}_{q_0,q_2},\mathrm{CNOT}_{q_1,q_2}\right)=\left(\mathrm{CNOT}_{q_1,q_2},\mathrm{CNOT}_{q_0,q_2}\right)$ | |
| 2 | $\left(\mathrm{CNOT}_{q_0,q_1},\mathrm{CNOT}_{q_0,q_2}\right)=\left(\mathrm{CNOT}_{q_0,q_2},\mathrm{CNOT}_{q_0,q_1}\right)$ | |
| 3 | $\left(\mathrm{CNOT}_{q_1,q_0},\mathrm{CNOT}_{q_1,q_2}\right)=\left(\mathrm{CNOT}_{q_1,q_2},\mathrm{CNOT}_{q_1,q_0}\right)$ | |
| 4 | $\left(\mathrm{CNOT}_{q_0,q_1},\mathrm{CNOT}_{q_2,q_1}\right)=\left(\mathrm{CNOT}_{q_2,q_1},\mathrm{CNOT}_{q_0,q_1}\right)$ | |
| 5 | $\left(\mathrm{CNOT}_{q_0,q_1},\mathrm{CNOT}_{q_1,q_2}\right)=\left(\mathrm{CNOT}_{q_1,q_2},\mathrm{CNOT}_{q_0,q_1},\mathrm{CNOT}_{q_0,q_2}\right)$ | |
| 6 | $\begin{array}{l}\left(\mathrm{CNOT}_{q_1,q_0},\mathrm{CNOT}_{q_2,q_0},\mathrm{CNOT}_{q_1,q_0}\right)\\=\left(\mathrm{CNOT}_{q_0,q_1},\mathrm{CNOT}_{q_1,q_2},\mathrm{CNOT}_{q_0,q_1}\right)\end{array}$ | |

**命题 3-9**　假设一个单量子比特线路 $(U_0,\cdots,U_k)$ 等价于一个单量子比特门 $U$，其中 $U_i$ 门要么是 $X$ 门，要么是 $Z$ 门，可以得到如图 3-39～图 3-42 所示的 4 种等价线路：

(1) $\left(\mathrm{CNOT}_{q_0,q_1},U_{q_0},\mathrm{CNOT}_{q_0,q_2},U_{q_0}^{\dagger}\right)=\left(U_{q_0},\mathrm{CNOT}_{q_0,q_2},U_{q_0}^{\dagger},\mathrm{CNOT}_{q_0,q_1}\right)$。

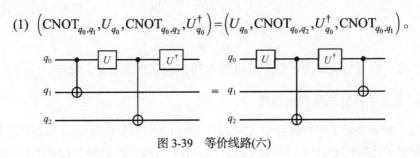

图 3-39　等价线路(六)

(2) $\left(\text{CNOT}_{q_0,q_2}, U_{q_0}, \text{CNOT}_{q_0,q_1}, U_{q_0}^{\dagger}\right) = \left(U_{q_0}, \text{CNOT}_{q_0,q_1}, U_{q_0}^{\dagger}, \text{CNOT}_{q_0,q_2}\right)$。

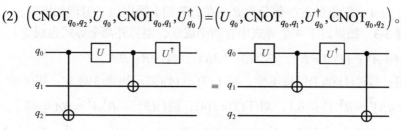

图 3-40    等价线路(七)

(3) $\left(\text{CNOT}_{q_1,q_2}, U_{q_2}, \text{CNOT}_{q_0,q_2}, U_{q_2}^{\dagger}\right) = \left(U_{q_2}, \text{CNOT}_{q_0,q_2}, U_{q_2}^{\dagger}, \text{CNOT}_{q_1,q_2}\right)$。

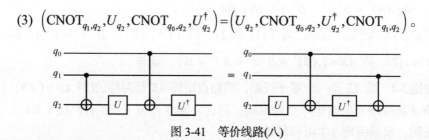

图 3-41    等价线路(八)

(4) $\left(\text{CNOT}_{q_0,q_2}, U_{q_2}, \text{CNOT}_{q_1,q_2}, U_{q_2}^{\dagger}\right) = \left(U_{q_2}, \text{CNOT}_{q_1,q_2}, U_{q_2}^{\dagger}, \text{CNOT}_{q_0,q_2}\right)$。

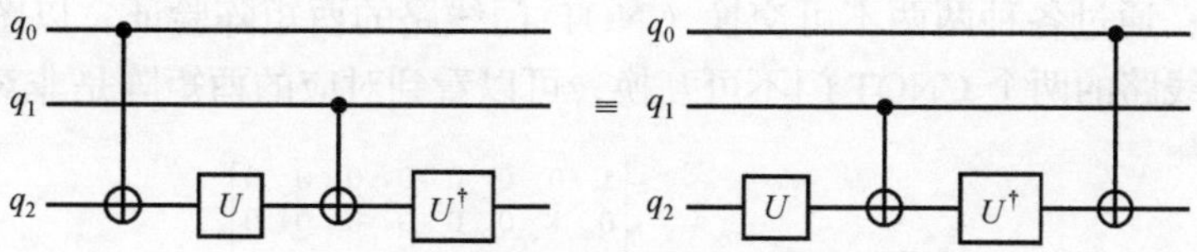

图 3-42    等价线路(九)

**证明:** 任何由 $X$ 门和 $Z$ 门组成的单量子比特线路(即 $U$)是以下公式中的 8 个
酉矩阵之一,即

$$U = \begin{bmatrix} 1 & 0 \\ 0 & 1 \end{bmatrix} \text{或} \begin{bmatrix} 1 & 0 \\ 0 & -1 \end{bmatrix} \text{或} \begin{bmatrix} -1 & 0 \\ 0 & 1 \end{bmatrix} \text{或} \begin{bmatrix} -1 & 0 \\ 0 & -1 \end{bmatrix} \text{或}$$
$$\begin{bmatrix} 0 & 1 \\ 1 & 0 \end{bmatrix} \text{或} \begin{bmatrix} 0 & 1 \\ -1 & 0 \end{bmatrix} \text{或} \begin{bmatrix} 0 & -1 \\ 1 & 0 \end{bmatrix} \text{或} \begin{bmatrix} 0 & -1 \\ -1 & 0 \end{bmatrix} \qquad (3\text{-}58)$$

将式(3-58)中 8 个矩阵分别通过线路酉矩阵运算,证实了以上 4 种等价方式。
**证毕**。

一般情况下,在量子线路 $U = (U_1, U_2, U_3)$ 中可能没有两两量子门之间的交
换,但对应于线路 $(U_1, U_2)$ 的酉矩阵可能存在对应于 $U_3$ 的酉矩阵交换。那么,
就可以把线路 $U$ 等价于 $(U_3, U_1, U_2)$。

为了证明以上论述,将量子线路(无量子门对交换)分成两部分,定义门集的

左边部分为 $A$，门集的右边部分为 $B$，在此基础上提出以下引理和推论。

**引理 3-3**　如果以下 4 个等式中有两个成立，则另外两个等式也成立。

(1) $A=A^{\mathrm{T}}$；(2) $B=B^{\mathrm{T}}$；(3) $AB=(AB)^{\mathrm{T}}$；(4) $AB=BA$。

**证明**：假设(1)和(2)保持不变，对于(3)$\Rightarrow$(4)(表示如果(3)成立，则(4)成立)，则 $AB=(AB)^{\mathrm{T}}=B^{\mathrm{T}}A^{\mathrm{T}}=BA$。对于(3)$\Leftarrow$(4)，则 $(AB)^{\mathrm{T}}=B^{\mathrm{T}}A^{\mathrm{T}}=BA=AB$。

假设(1)和(3)保持不变，对于(2)$\Rightarrow$(4)，则 $AB=(AB)^{\mathrm{T}}=B^{\mathrm{T}}A^{\mathrm{T}}=BA$。对于(2)$\Leftarrow$(4)，则 $(AB)^{\mathrm{T}}=B^{\mathrm{T}}A^{\mathrm{T}}=B^{\mathrm{T}}A=AB=BA$。

假设(3)和(4)保持不变，对于(1)$\Rightarrow$(2)，则 $AB=(AB)^{\mathrm{T}}=B^{\mathrm{T}}A^{\mathrm{T}}=B^{\mathrm{T}}A=BA$。对于(1)$\Leftarrow$(2)，则 $AB=(AB)^{\mathrm{T}}=B^{\mathrm{T}}A^{\mathrm{T}}=BA^{\mathrm{T}}=BA$。**证毕。**

**推论 3-4**　设 $AB$ 是一个量子线路，线路酉矩阵 $AB$ 是对称的(即 $AB=(AB)^{\mathrm{T}}$)，且线路 $A$ 和线路 $B$ 的酉矩阵是对称的，那么 $A$ 和 $B$ 是可互换的(即 $AB=BA$)。

**证明**：根据引理 3-3 可容易地证明。

**推论 3-5**　设 $A$、$B$ 为量子线路中两个连续的 CNOT 门的酉矩阵，$A$ 和 $B$ 是不可以互换的，那么整个线路 $AB$ 酉矩阵是非对称的。

**证明**：通过各种两两不可交换 CNOT 门线路的酉矩阵验证，以图 3-43 为例，图中线路的两个 CNOT 门不可互换，可以看到对应的酉矩阵是非对称的。

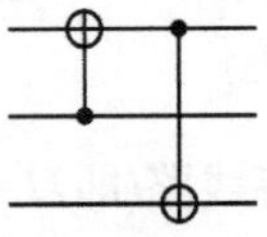

$$\Rightarrow \begin{bmatrix} 1&0&0&0&0&0&0&0\\ 0&1&0&0&0&0&0&0\\ 0&0&0&0&0&0&0&1\\ 0&0&0&0&0&0&1&0\\ 0&0&0&0&0&1&0&0\\ 0&0&0&0&1&0&0&0\\ 0&0&1&0&0&0&0&0\\ 0&0&0&1&0&0&0&0 \end{bmatrix}$$

图 3-43　不可交换两个 CNOT 门线路酉矩阵表示

**证毕**。

**引理 3-4**　假设一个由量子门 $g_1$、$g_2$和$g_3$ 组成的线路，其中每个门 $g_i$ 都是 CNOT 门，令 $A$、$B$、$C$ 分别为 $g_1$、$g_2$、$g_3$ 门对应的酉矩阵，那么以下至少有一个条件成立：

$$AB=BA$$
$$BC=CB$$
$$AC=CA$$

**证明**：通过检查所有的可能性，可证明该引理。

**命题 3-10**　给定线路 $g_1g_2g_3\cdots g_n$，其中每个 $g_i$ 是一个 CNOT 门，且每一对

$g_i$ 和 $g_{i+1}(1 \leqslant i < n)$ 不可互换；如果线路中某些门组 $g_1 \cdots g_j$ 和 $g_{j+1} \cdots g_n$ 是可互换的，则 $n \geqslant 4$。

**证明：** 假设线路由 $g_1$、$g_2$ 和 $g_3$ 三个门组成，$g_1 g_2$ 和 $g_3$ 可互换，用 $A_i$ 来表示 $g_i$ 的酉矩阵。因此，$A_1 A_2 A_3 = A_3 A_1 A_2$。通过引理 3-3，可知 $A_1 A_3 = A_3 A_1$，所以 $A_1 A_2 A_3 = A_3 A_1 A_2 = A_1 A_3 A_2$。因此，$A_3 A_2 = A_2 A_3$。而相邻量子门之间不可交换，等式矛盾。所以量子门数必须 $n \geqslant 4$，才能实现门组之间的交换。**证毕**。

图 3-44 是 CNOT 门组交换的一个例子，线路中的 CNOT 门不可两两交换，但虚线框中的门组可以和线路中剩余的 CNOT 门进行交换。

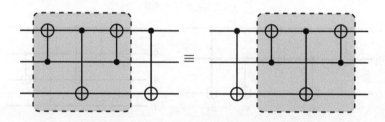

图 3-44　可交换门组示例线路

### 3.2.3　基于模板线路优化

#### 1. 问题分析

为了使逻辑量子线路在量子设备上运行，一般可通过插入额外的门(如 SWAP 门)满足连通性约束来执行线路。然而，线路映射通常会导致过多的额外门和增加线路深度。这里提出一种基于模板匹配的量子线路优化方法，该方法既考虑了量子计算架构的实际连通性约束，又可减少线路中量子门的数量。

#### 2. 模板线性重构

量子计算体系架构有多个种类，但现有的模板不可能都满足硬件拓扑结构的连通性。如果直接采用现有的模板进行匹配优化，那么优化后的线路可能不满足硬件拓扑结构的连通性约束。

图 3-45(a) 是一个已知的逻辑量子线路，符合线性拓扑结构的连通性约束。如果让图 3.45(b) 中的量子门 $g_0'$，$g_1'$，$g_2'$，$g_3'$ 与图 3-45(a) 线路中的门 $g_2, g_3, g_4, g_5$ 相匹配。将线路中匹配的门 $g_2, g_3, g_4, g_5$ 替换为模板中的 $g_4'$ 门后，优化得到如图 3-45(c) 所示的线路。可以看到，图 3-45(c) 中优化后的线路存在非近邻门 $g_4'$，该门不符合线性拓扑结构的连通性约束。

为了使映射后的量子线路在用模板匹配优化后还能满足硬件拓扑结构的连通性约束，需要依据拓扑结构构造新型线路模板。量子拓扑结构有许多种类，不可能每遇到一种结构就构造不同的模板。但在量子拓扑结构中，线性拓扑子结构是普遍存在的，所以在优化之前提出以线性拓扑结构为基础进行模板重构。

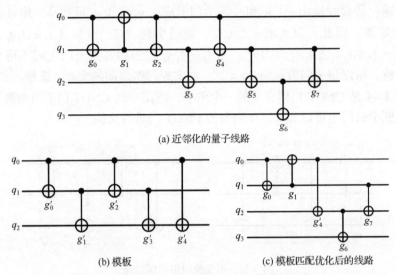

图 3-45　模板匹配优化方法示例

**定义 3-2**　如果一个模板满足量子线性拓扑结构的连通性约束，则称该模板为线性模板。

对于给定的模板库中的模板，可以对库中不满足线性拓扑的模板进行重构，生成新的模板库。模板重构方法的主要步骤是：首先，在模板中找到非近邻 CNOT 门；然后，通过插入 SWAP 门或使用桥接(bridge)门(图 3-46)，使非近邻的 CNOT 门近邻，以满足线性拓扑连通性；最终得到符合线性拓扑连通性约束的新模板。这样的重构模板可以对所有满足线性拓扑连通性的线路进行模板匹配优化。

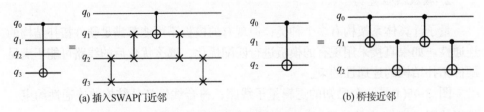

图 3-46　两种线路近邻方式

例如，对于图 3-45(b)所示的初始模板，通过如图 3-46(a)所示的方式在 $q_1$ 和 $q_2$ 量子比特之间插入 SWAP 门，使模板近邻化。当然，在实际的量子设备中不可以直接使用 SWAP 门，需要将 SWAP 门分解为 3 个 CNOT 门。图 3-47(b)为通过桥接方式，使图 3-45(b)的初始模板近邻化。该方法不仅通过考虑重构后线路中门数的代价来选择近邻方式，而且通过尝试各种近邻方法来增加线性模板的种类。

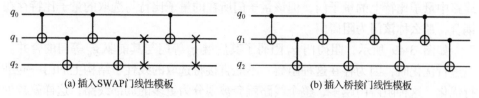

(a) 插入SWAP门线性模板　　　　　　　　　(b) 插入桥接门线性模板

图 3-47　两种不同方式的线性模板构建

3. 线性子结构选取

事实上，线性结构在量子拓扑结构中普遍存在，它们成为优化映射后量子线路的重要基础。通过利用线性模板，可以开发适用于不同架构的优化技术，而不是设计特定于每个单独架构的解决方案。因此，在量子架构中选择合适的线性子结构是量子线路模板匹配优化中获得更佳的优化结果的关键一步。

通过模板匹配优化量子线路时，需要确保被优化的量子线路中量子比特和量子门的数量不小于模板库中最小模板线路的量子比特和量子门的数量。此外，随着线路中选择的量子比特数量增加，所选量子比特对应的逻辑线路上包含的量子门数量也会增加。那么就可以在模板库中匹配更多类型和数量的模板线路，从而实现更好的优化效果。因此，在选择线性子结构时，建议选择具有尽可能多量子比特的线性子结构，并确保所选取的量子比特对应的逻辑量子线路包含尽可能多的量子门。这样可以扩大在优化过程中的选择空间，并增加找到更高效模板的机会。

假设在拓扑结构中选取 $l$ 个量子比特，表示为集合 $S = \{Q_{s1}, \cdots, Q_{sl}\}$，这时存在与 $S$ 中的量子比特相邻(连通)的 $k$ 个量子比特，表示为 $T = \{Q_{t1}, \cdots, Q_{tk}\}$，$k \geqslant 0$，$Q_{ti} \notin S, i \in \{1, 2, \cdots, k\}$。如果 $k \geqslant 2$，则由 $T$ 和 $S$ 中的量子比特组成不同的相邻量子比特对 $(Q_{ti1}, Q_{sj1})$ 和 $(Q_{ti2}, Q_{sj2})$ 对应的逻辑线路量子比特对 $(q_{i1}, q_{j1})$ 和 $(q_{i2}, q_{j2})$ 之间的量子门数量可能会不同。

如图 3-48 所示，当在拓扑结构中选取线性子结构上的 $Q_0$、$Q_1$、$Q_3$、$Q_5$、$Q_6$ 量子比特后，还存在 $Q_2$ 和 $Q_4$ 两个量子比特分别与 $Q_1$ 和 $Q_5$ 相邻(连通)。从图 3-49 对应的逻辑量子线路中可以看到 $q_1q_2$ 和 $q_4q_5$ 量子比特之间分别存在 CNOT 门 $g_4$ 和 $g_7$，这两个门不在选取的量子比特上门的范围之内。它们的存在会影响模板匹配优化时量子线路的量子比特和量子门的数量。

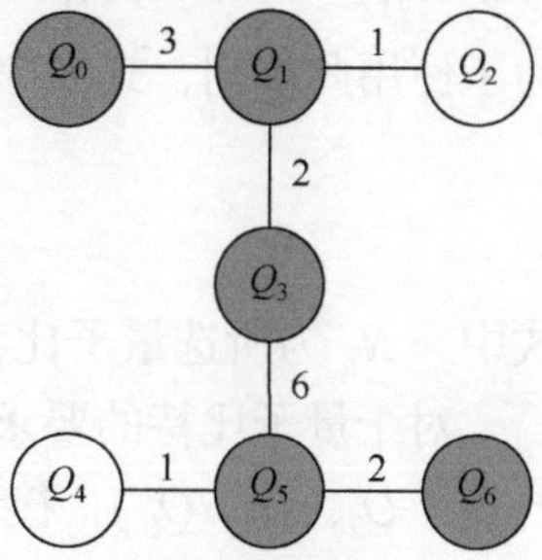

图 3-48　线性子结构选取

(ibmq_perth)

**定义 3-3**　如果一个量子门不是拓扑结构路由时选取的量子比特对应的逻辑线路中量子比特上的量子门，但该量子门所在的量子比特与选取的量子比特存在耦合，那么称该门为阻碍门。

如图 3-49 所示，阻碍门 $g_7$ 阻碍了其后继 $g_8$ 等门与其前驱 $g_6$ 等门的合并。当进行优化时，因为存在这种阻碍，不能直接将选取的线性子结构上的门一起进行优化。这种阻碍门越多，整个线路就会被划分为更多的局部线路，这样就减少了要被优化的量子局部线路上量子比特和量子门的数量。所以阻碍门的数量越少，就可以用门数越多的量子局部线路进行模板匹配优化。

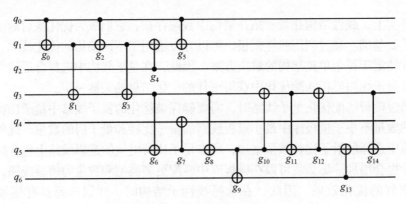

图 3-49　量子线路示例

为了满足模板匹配条件，需要考虑对应逻辑量子线路中每两个相邻量子比特之间的量子门数。为了保证在逻辑量子线路中选取的量子门数最多，且能减少线路中存在的阻碍门，下面给出拓扑结构中量子比特选取规则。

在量子拓扑结构中，对于已经选定的一个量子比特 $Q_i$，如果存在 $m$ 个以上与 $Q_i$ 相邻的量子比特 $Q_{j1},\cdots,Q_{jm},m \geqslant 2$，则在逻辑量子线路中对应的 $\left\{\left(q_i',q_{j1}'\right),\cdots,\left(q_i',q_{jm}'\right)\right\}$ 中，优先选择量子比特之间的门数最多的两个量子比特。为了使用此规则，式(3-59)给出一个权值 $\alpha$，$\alpha$ 越大代表选取的结果越好：

$$\alpha = \frac{N_a}{N_b} \tag{3-59}$$

式中，$N_a$ 为所选量子比特上的量子门的数量；$N_b$ 是阻碍门的数量。

对于量子比特的要求，以拓扑结构最外部的量子比特为起始点(如图 3-48 中的 $Q_0$、$Q_2$、$Q_4$、$Q_6$)，接着依次根据量子比特之间的门数选取后继量子比特。这样可以选取到尽可能多的量子比特，且保证选取的量子比特与其耦合量子比特之间的影响最小。

以图 3-48 中的 ibmq_perth 架构和图 3-49 的量子线路为例，首先根据每两个量子比特之间的门数判断选取拓扑结构最外部的 $Q_0$、$Q_1$ 两个量子比特；接着，选取量子比特 $Q_1$ 的后继量子比特 $Q_2$ 和 $Q_3$，因为 $Q_1$、$Q_3$ 之间对应的逻辑量子线路中量子比特 $Q_3$ 上的量子门数较多，所以选取量子比特 $Q_3$；然后，依次选取 $Q_5$、$Q_6$；最后，得到如图 3-48 的灰色量子比特所示的线性子结构。

具体第一轮线性子结构选取算法描述如下。

---

**算法 3.2**：第一轮线性子结构选取算法

---

**输入**：量子架构拓扑结构 $G(V,E)$

**输出**：选取的子结构量子比特列表 $Q$

1. Initialize a list $Q$ to store qubits
2. **for** $i \in \{0,1,\cdots,n\}$ **do**
3.  **for** $j \in \{0,1,\cdots,n\}$ **do**
4.   **if** $u \in$ peripheral node **and** $w_{u,v_i} = \max\{w_{u,v_i}\}$ **then**
5.    //找到与其他点连接最少，但连接点边的权值最大的起始点
6.   $Q \leftarrow v_i, u$
7.    **if** $v_i$ has successor nodes $v_{i+j}$ **then**  //判断是否存在后继连接点
8.     **if** $w_{v_i,v_{i+j}} = \max\{w_{v_i,v_{i+j}}\}$ **then**  //判断边权重是否为最大值
9.      $Q \leftarrow v_{i+j}$  //将对应的量子比特节点添加到选取列表
10.     **end if**
11.    **end if**
12.   **end if**
13.  **end for**
14. **end for**
15. **return** $Q$

---

#### 4. 线路分区模板匹配优化

在得到线性模板和所选线性子结构之后，由于存在阻碍门，需要对线路进行分区，并对分区后的线路进行匹配优化和重组。本节给出了相关线路分区方法以及线路优化重组步骤。

#### 1) 线路分区

经过前面的线性子结构选取后，不能直接采用这个结构上的线路进行优化。因为选取的线性子结构上的量子比特存在与之耦合的其他量子比特，而这些量子比特之间的量子门(即阻碍门)会限制所选取量子比特上量子门的数量。为了方便

线路分区，这里使用门依赖关系图进行线路表示。

　　门依赖关系图[200,201]是量子线路的一种表示方法。图 3-50 中的顶点对应于线路中的各个门。图中存在一条从顶点 $i$ 到顶点 $j$ 的边 $i{\to}j$，如果通过交换线路中的可交换门，可以将门 $i$ 移动到门 $j$ 的左边，但门 $i$ 和门 $j$ 本身不可交换。图 3-50(a)中量子门 $g_0$、$g_1$、$g_2$ 相互之间交换可以得到如图 3-50(b)所示的量子线路，且图 3-50(a)与图 3-50(b)的量子线路等效。由此可以得到如图 3-50(c)所示的门依赖关系图表示形式。

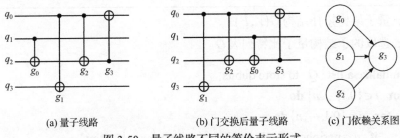

(a) 量子线路　　　　　　　　(b) 门交换后量子线路　　　　　(c) 门依赖关系图

图 3-50　量子线路不同的等价表示形式

　　以图 3-49 的线路为例，其门依赖关系图如图 3-51 所示。线路被阻碍门 $g_7$ 分割成两个部分，一个是以门 $g_0$、$g_1$、$g_2$、$g_3$、$g_5$、$g_6$ 组成的量子线路，另一个是以门 $g_8$、$g_9$、$g_{10}$、$g_{11}$、$g_{12}$、$g_{13}$、$g_{14}$ 组成的量子线路。所以在优化线路之前，需要根据量子门的限制，通过门依赖关系图，对线路中的门进行分区。然后，用模板匹配优化方法将分区的线路逐个优化。

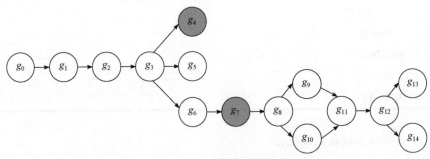

图 3-51　门依赖关系图

　　线路的分区主要以门依赖关系图为基础，具体步骤如下所示。

　　(1) 判断选取量子比特对应逻辑量子线路上的第一个量子门是否为阻碍门。如果不是，则以第一个门为起始点，进行第(2)步；如果是，则以其不是阻碍门的后继门为起始点，接着进行第(2)步。

　　(2) 判断起始点的后继门是否存在阻碍门。如果存在，那么阻碍门与其后继影响到的所有门都不在划分的范围内；如果其他后继门不是阻碍门，则将它们划分到一起。

(3) 根据步骤(2)继续判断后面的门是否存在阻碍门。直到最后一个划分的门的后继门只有阻碍门，那么第一部分的线路划分结束。

(4) 以未被划分的不是阻碍门的量子门为起始点，接着按照步骤(2)和步骤(3)继续划分。

(5) 重复步骤(4)，直到搜寻到量子线路上最后一个门，划分结束。

具体线路分区算法描述如下。

**算法 3.3**：线路分区算法

**输入**：门依赖关系图 $G$ ，量子线路 $C$ ，选取的子结构量子比特列表 $Q$
**输出**：分区线路列表 $C'$

1.   Initialize a list $C'$ to store gates
2.   **for** $i \in \{0,1,\cdots,n\}$ **do**
3.     **if** $j \in \min\{i : \text{gates on } Q\}$ **then**           //找到起始量子门
4.       $C' \leftarrow g_j$           //添加初始量子门到分区线路列表
5.       **if** one successor gate of $g_j \in \{\text{block gates}\}$ **then**   //判断后继门是
                                              //否为阻碍门
6.         continue
7.       **else if** one successor gate of $g_j \in \{\text{gates on } Q\}$ **then**
8.         $C' \leftarrow g_{j+a}$       //添加量子门到分区线路列表
9.       **else if** the only successor gate of $g_j \in \{\text{block gates}\}$ **then**
10.         break
11.       **end if**
12.     **if** one successor gate of $g_i \in \{\text{block gates}\}$ **then**
13.       continue
14.     **else if** one successor gate of $g_i \in \{\text{gates on } Q\}$ **then**
15.       $C' \leftarrow g_{i+a}$
16.     **else if** the only successor gate of $g_i \in \{\text{block gates}\}$ **then**
17.       break
18.     **end if**
19.   **end if**
20. **end for**
21. **return** $C'$

以图 3-51 为例，选取量子比特上的起始门为 $g_0$，接着其后继门 $g_1$ 不是阻碍门，将 $g_1$ 与 $g_0$ 划分到一起，之后的 $g_2$ 门和 $g_3$ 门同理。$g_3$ 门的后继门有 $(g_4, g_5, g_6)$，$g_4$ 门是阻碍门且没有后继门，先剔除，$g_5$ 门和 $g_6$ 门都不是阻碍门，将其划分到一起。接着，$g_5$ 门没有后继门，这条路径中断；$g_6$ 门的后继门只有阻碍门 $g_7$，第一部分划分结束，根据划分的门得到如图 3-52 所示的量子线路。第二部分以 $g_7$ 门的后继门 $g_8$ 为起始，它不是阻碍门，所以进行划分；接着，后续的几个门也没有阻碍门，最后根据划分的门得到如图 3-53 所示的量子线路。至此，线路中所有的门都划分结束。

2) 线路优化与重组

在经过划分得到的局部量子线路中，由于选取的量子比特连通结构是线性的，这些局部量子线路都是最近邻的量子线路。因此，可以采用线性模板匹配的方式对这些局部量子线路进行优化(采用文献[202]中的模板匹配算法对局部量子线路进行匹配)。

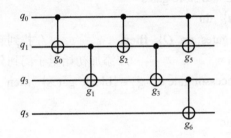

图 3-52　第一部分量子线路

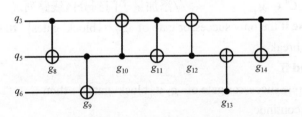

图 3-53　第二部分量子线路

以图 3-52 为例，首先遍历图 3-52 的线路和图 3-54(a)中模板中的门，发现门 $g_0$ 与门 $g'_0$ 相匹配，接着将图 3-54 模板中的量子比特 $(q_0, q_1, q_2)$ 对应图 3-52 线路中的量子比特 $(q_0, q_1, q_3)$；继续搜索发现门 $g_0$ 的后继门 $g_1$ 与门 $g'_0$ 的后继门 $g'_1$ 匹配，继续搜索发现门 $(g_2, g_3, g_5)$ 分别与门 $(g'_2, g'_3, g'_4)$ 匹配，但 $g_5$ 的后继门 $g_6$ 与门 $g'_4$ 的后继门 $g'_5$ 不匹配，匹配中断；已经匹配门的数量为 5，大于模板中门数量的一半，所以可以用模板中的剩余门 $g'_7, g'_6, g'_5$ 替换门 $g_0, g_1, g_2, g_3, g_5$；优化得到如图 3-55(a)所示的线路，比图 3-52 的线路减少了两个量子门。

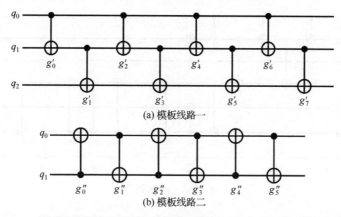

(a) 模板线路一

(b) 模板线路二

图 3-54　模板线路

同理，图 3-53 的量子线路经过图 3-54(b) 的模板进行匹配优化后得到了如图 3-55(b) 所示的量子线路，减少了两个量子门。

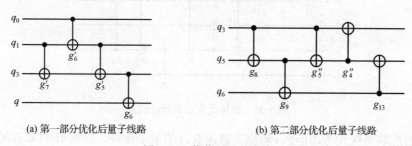

(a) 第一部分优化后量子线路　　　　　　　(b) 第二部分优化后量子线路

图 3-55　优化后量子线路

逐块优化之后，还需要将优化后的线路进行重组。重组的步骤主要是按照所划分线路的情况，将一个空的量子线路中每部分的量子门根据它的量子比特信息排放到线路当中。

根据图 3-51 的门依赖关系图，整个量子线路被分成了三个部分，除了优化的两个局部量子线路外，还有中间两个阻碍门，如图 3-56 所示。当进行重组时，首先将第一部分优化后的线路 (图 3-55(a)) 按照线路中门所在的量子比特和次序，在一个空的量子线路中依次排放；然后是两个阻碍门的放置；接着是将第二部分优化后的线路 (图 3-55(b)) 中的量子门依次排放；最后，得到如图 3-57 所示的量子线路，总体减少了四个量子门。

至此，第 1 轮量子线路优化结束。为了使整个量子线路尽可能地减少更多的量子门，需要进行第 2 轮甚至更多轮的线路优化。相比于第 1 轮优化，后面几轮优化的整体步骤基本不变，只有在线性子结构选取阶段增加了一条选取条件。即在第 $1 \sim i (i > 1)$ 轮已经选取过的线性子结构上量子比特的基础上，第 $i+1$ 轮线性子

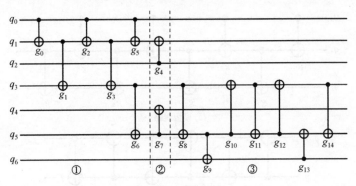

图 3-56　线路划分

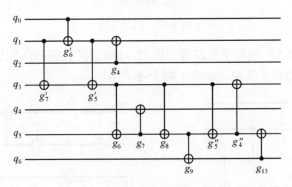

图 3-57　整体优化后的量子线路

结构的选取要优先考虑前面 $i$ 轮都未被选取过的量子比特。直到第 $j(1 \leqslant j)$ 轮拓扑结构上的量子比特都在线性子结构选取时被选取过，那么这一轮优化为当前线路的最后一轮优化。这样保证了每轮线性子结构的选取都不会发生重复，且能让拓扑结构上的每个量子比特都经过优化。

具体其他几轮线性子结构选取算法描述如下。

---

**算法 3.4**：其他几轮线性子结构选取算法

---

**输入**：量子架构拓扑结构 $G(V, E)$，已被选取过量子比特列表 $Q$

**输出**：选取的子结构量子比特 $Q'$

1. Initialize a list $Q'$ to store qubits
2. **for** $i \in \{0, 1, \cdots, n\}$ **do**
3. 　**for** $j \in \{0, 1, \cdots, n\}$ **do**
4. 　　**if** $u \in$ peripheral node and $u \notin Q$ and $w_{u,v_i} = \max\left\{w_{u,v_i}\right\}$ **then**
5. 　　　//找到与其他点连接最少，但与其连接点的边权值最大且未被选取
　　　//过的起始点

---

6.　　　　　$Q' \leftarrow v_i, u$

7.　　　　**if** $v_i$ has successor nodes $v_{i+j}$ **then**　　//判断是否存在后继连接点

8.　　　　　**if** $w_{v_i,v_{i+j}} = \max\left\{w_{v_i,v_{i+j}}\right\}$ or $v_{i+j} \notin Q$ **then**

9.　　　　　　　　　　　　//判断边权重是否为最大或节点未被选取过

10.　　　　　　$Q' \leftarrow v_{i+j}$　　　　//将对应量子比特节点添加到选取列表

11.　　　　　**end if**

12.　　　　**end if**

13.　　　**end if**

14.　　**end for**

15.　**end for**

16.　**return** $Q'$

以图 3-57 为例，第 2 轮优化以第 1 轮优化后的线路为基础。首先进行线性子结构的选取，优先考虑未被选取过的量子比特，即如图 3-58 所示，未被选取的量子比特为 $Q_2$、$Q_4$。接着，由于 $Q_2Q_1$ 和 $Q_4Q_5$ 对应的逻辑量子线路上量子比特之间的量子门数都是 1 个，所以在 $Q_2$、$Q_4$ 这两个量子比特中随机选择一个作为起始点。当选择 $Q_2$ 量子比特后，选取量子比特 $Q_1$，接着，对于量子比特 $Q_1$ 的后继量子比特 $Q_0$ 和 $Q_3$，因为 $Q_1$、$Q_3$ 之间的量子门数较多，所以选取量子比特 $Q_3$；然后选取 $Q_5$，对于量子比特 $Q_5$ 的后继量子比特 $Q_4$ 和 $Q_6$，尽管 $Q_5$、$Q_6$ 之间的量子门数

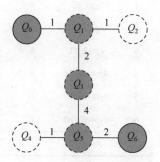

图 3-58　第 2 轮线性子结构选取(虚线框量子比特为第 2 轮选取)

较多，但 $Q_4$ 是未被选取过的量子比特，所以优先选取量子比特 $Q_4$。这样第 2 轮选取以 $(Q_2, Q_1, Q_3, Q_5, Q_4)$ 量子比特组成的线性子结构。由于整个拓扑结构上的量子比特都已经选取过，之后经过第 2 轮的线路分区优化以及重组后，整个量子线路优化结束。

5. 实验结果及分析

为了测试本章方法的有效性，使用了一组基准线路，覆盖了不同量子架构的多个量子比特。将实验结果与 t|ket⟩ 编译器相关方法以及 Qiskit 编译器相关方法的实验结果进行比较。

表 3-4 采用线性量子架构进行实验，表 3-5 采用 ibmq_perth 量子架构进行实验，表 3-6 采用 ibmq_guadalupe 量子架构进行实验。表中的 "Benchmark" 为线

路的名称；"Qubits"为量子线路的量子比特数；"CNOTs"为初始线路中 CNOT 门的数量；"Mapped"为经过 t|ket⟩ 编译器优化和映射后 CNOT 门的数量；由于 t|ket⟩ 编译器中映射方法相比于 Qiskit 编译器中映射方法较优，所以本章的方法是在"Mapped"的线路基础上进行优化的。"Tket"为在硬件拓扑结构连接性的限制下 t|ket⟩ 编译器优化后的 CNOT 门的数量；"Qiskit"为采用 Qiskit 相关优化和映射方法得到的 CNOT 门的数量；"Topt"为进一步优化后的 CNOT 门的数量；"Imp/%"为本章所提出方法分别与"Tket"和"Qiskit"相比的优化率；"Average"为平均优化率。

表 3-4　实验结果(线性架构)

| 序号 | Benchmark | Qubits | CNOTs | Mapped | Tket | Qiskit | Topt | Imp/% | |
|---|---|---|---|---|---|---|---|---|---|
| | | | | | | | | Tket | Qiskit |
| 1 | 4gt5_75 | 5 | 38 | 63 | 63 | 64 | 38 | 39.68 | 40.63 |
| 2 | 4gt13_90 | 5 | 53 | 64 | 62 | 84 | 45 | 27.42 | 46.43 |
| 3 | 4gt13_91 | 6 | 49 | 64 | 64 | 88 | 48 | 25.00 | 45.45 |
| 4 | 4gt4-v0_78 | 6 | 109 | 180 | 174 | 189 | 131 | 24.71 | 30.69 |
| 5 | 4gt4-v0_79 | 6 | 105 | 163 | 157 | 173 | 113 | 28.03 | 34.68 |
| 6 | 4gt4-v0_80 | 6 | 79 | 151 | 129 | 145 | 131 | −1.55 | 9.66 |
| | Average | | | | | | | 23.88 | 34.59 |

表 3-5　实验结果(ibmq_perth)

| 序号 | Benchmark | Qubits | CNOTs | Mapped | Tket | Qiskit | Topt | Imp/% | |
|---|---|---|---|---|---|---|---|---|---|
| | | | | | | | | Tket | Qiskit |
| 1 | 4gt5_75 | 5 | 38 | 49 | 47 | 58 | 33 | 29.79 | 43.10 |
| 2 | 4gt13_90 | 5 | 53 | 57 | 57 | 72 | 43 | 24.56 | 40.28 |
| 3 | 4gt4-v0_80 | 6 | 79 | 131 | 127 | 141 | 85 | 33.07 | 39.75 |
| 4 | alu_bdd_288 | 7 | 38 | 75 | 73 | 66 | 60 | 17.81 | 9.09 |
| 5 | majority_239 | 7 | 267 | 429 | 423 | 403 | 358 | 15.37 | 11.17 |
| 6 | C17_204 | 7 | 205 | 332 | 330 | 332 | 272 | 17.58 | 18.07 |
| 7 | ham7_104 | 7 | 149 | 212 | 210 | 266 | 155 | 26.19 | 41.73 |
| 8 | rd53_131 | 7 | 200 | 339 | 331 | 338 | 296 | 10.57 | 12.43 |
| 9 | rd53_135 | 7 | 134 | 219 | 219 | 248 | 185 | 15.53 | 25.40 |
| | Average | | | | | | | 21.16 | 26.78 |

表 3-6 实验结果(ibmq_guadalupe)

| 序号 | Benchmark | Qubits | CNOTs | Mapped | Tket | Qiskit | Topt | Imp/% | |
|------|-----------|--------|-------|--------|------|--------|------|-------|--------|
| | | | | | | | | Tket | Qiskit |
| 1 | sym9_146 | 12 | 148 | 133 | 129 | 211 | 112 | 13.18 | 46.92 |
| 2 | cnt3-5_179 | 16 | 85 | 170 | 170 | 160 | 155 | 8.82 | 3.13 |
| 3 | cnt3-5_180 | 16 | 215 | 361 | 349 | 446 | 321 | 8.02 | 28.03 |
| | Average | | | | | | | 10.01 | 26.03 |

从表 3-4 和表 3-5 可以看到,不管针对一维还是二维量子架构进行实验,量子线路都可以进一步减少大量门数,最多平均减少 34.59 %的量子门,最少也可以进一步平均减少 21.16%的量子门。实验结果表明,通过优化可以进一步减少线路中的量子门,达到较好的优化效果。

然而,需要注意的是,由于量子体系结构的复杂性,实际的优化效果和具体的量子体系结构有关。对比表 3-4 和表 3-5 的平均优化率,以 ibmq_perth 实验的线路比以线性架构实验的优化率低。特别是表 3-6 中以 ibmq_guadalupe 架构进行实验,线路的优化效果虽然也较好,但是相比于前两种架构,实验效果是较弱的。与"Tket"进行比较时,这一观察结果更明显。这是因为越复杂的架构选择线性子结构时会在量子比特之间引入越多的连通性约束以及阻碍门,线路会被划分为更多的局部线路进行优化。尽管如此,本章所提出的方法对映射到各种量子架构的各种规模的量子线路都显示出了显著的优化效果。

## 3.3 本 章 小 结

本章探讨了两种典型的可逆/量子线路变换与优化方法。

(1) 研究了基于规则的 MCT 线路变换,提出了多种门关系与变换规则,包括门删除规则、位删除规则和移动规则,以及单向和双向影响门的等价变换规则。这些规则有助于简化量子线路,减少量子门数量,从而降低逻辑深度和退相干效应的影响。实验表明,该算法优于现有基于模板匹配的优化方法,能够显著减少量子线路的门数和量子代价。

(2) 构建了单量子比特、双量子比特和多量子比特的线路模板,并通过公式推导和等价性验证等方法,验证了这些模板的正确性。针对量子架构的连通受限约束,提出了基于模板匹配的量子线路优化方法,进一步减少了量子门的数量。

# 第4章 分解变换与优化

由于 NISQ 计算设备涉及的量子技术很难操纵两个以上的量子比特，一般仅支持一个量子比特和两个量子比特的门[203]，通过可逆 MCT 线路表示的量子算法经过优化后，含有控制比特数 $m \geqslant 2$ 的 MCT 门，还不能直接在量子计算设备上执行。MCT 门的分解是在不改变门的功能的前提下，将控制比特数 $m \geqslant 3$ 的 MCT 门分解为 NCT 门(NOT 门、CNOT 门和标准 Toffoli 门)的级联，再根据目标体系结构对基本量子门库类型的要求，将标准 Toffoli 门分解为相应基本量子门的级联，从而实现将高级可逆 MCT 线路变换为适于量子计算设备的低级量子线路。

## 4.1 MCT 门分解

### 4.1.1 基本分解方法

根据文献[204]，可以得到 MCT 门的基本分解方法。其中，$n$ 表示线路的数量，$m$ 表示一个 MCT 门控制比特的个数，具体的分解方法如下。

分解前提为，若 $m = n-1$，则原线路需要添加一条额外的辅助线，即在原线路上再添加一条空线。

**分解规则 1**：Toffoli 门可以分解为图 4-1 所示的线路。

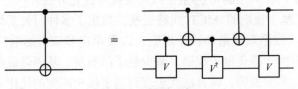

图 4-1　分解规则 1

**分解规则 2**：若 $n \geqslant 5$，$m \in \{3,4,\cdots,\lceil n/2 \rceil\}$，则含有 $m$ 个控制比特的 MCT 门可以分解为含有 $4(m-2)$ 个 Toffoli 门的线路，如图 4-2 所示。

**分解规则 3**：若 $n \geqslant 5$，$m > \lceil n/2 \rceil$，则含有 $m$ 个控制比特的 MCT 门可以分解为含有 $\lceil n/2 \rceil$ 个控制比特和 $n-1-\lceil n/2 \rceil$ 个控制比特的 MCT 门的线路，如图 4-3 所示。

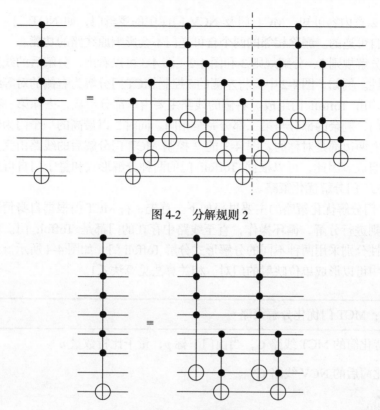

图 4-2　分解规则 2

图 4-3　分解规则 3

　　由分解规则 2 和分解规则 3 可看出，二者都要求 $n \geqslant 5$，缺少了 $n=4$ 的情况。因为 $n=4$ 时，MCT 门的控制比特数大于 2。根据前提，线路需要添加一条辅助线，即线路中的 $n$ 变成了 5，满足 $n \geqslant 5$，可以采用分解规则 2、分解规则 3。因此，三种分解规则涵盖了 MCT 门所有的情况。

### 4.1.2　MCT 门分解优化

　　若给定一组实现函数 $F$ 的串联可逆门 $G_1 G_2 \cdots G_k$，那么有 $G_k^{-1} \cdots G_2^{-1} G_1^{-1}$ 实现函数 $F^{-1}$，其中，$G_k^{-1}$ 是 $G_k$ 的转置门。同时，在实现可逆函数的线路中，$V$ 门和 $V^\dagger$ 门可以互相交换位置且不影响线路的功能[205]。因此，Toffoli 门还可以分解为另一种线路，如图 4-4 所示。

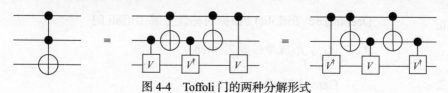

图 4-4　Toffoli 门的两种分解形式

　　由第 2 章内容可知，MCT 门及 NCV 门库中的逻辑门，如 NOT 门、Toffoli 门，都是自可逆的。删除相邻的两个自可逆门不会影响原线路的功能。

　　根据分解规则 2、分解规则 3 和图 4-2、图 4-3 可以看出，分解后的线路满足局部对称性。例如，图 4-2 中，将左侧的 5 控制 MCT 门分解为右侧的对等线路，对等线路均由 Toffoli 门组成。右侧的线路主要由两部分组成，去除第一部分的前后两个门，剩余的部分与第二部分完全相同。同时，以最高的一个门为轴，每部分的左右两边都是对称的。图 4-3 的 7 控制 MCT 门分解后的线路由完全相同的两部分组成。因此，可以根据 Toffoli 门的两种分解形式和量子门自可逆的特点给出 MCT 门分解优化策略。

　　MCT 门分解优化策略的主要思想如下。首先，将 MCT 门根据自身情况按基本分解规则进行分解，循环操作，直至线路中存在的门都是 Toffoli 门。然后，根据对称性分别采用两种不同的分解形式分解 Toffoli 门，如图 4-4 所示。最后，删除线路中可以形成单位映射的门对。相关算法见算法 4.1。

---

**算法 4.1**：MCT 门优化分解策略

---

**输入**：待化简的 MCT 线路 $G$，当前门下标 $p$，量子比特数量 $n$

**输出**：化简后的 NCV 线路 $G'$

1.　**Begin**

2.　　　**for** $p$ to $s$ **do**: //遍历 MCT 线路

3.　　　　　$m = $ Control_num$(G_p)$; // $m$ 是 $G_p$ 控制比特的个数

4.　　　　**if** $m == n-1$ **then**:

5.　　　　　　Add_Auxiliary_line(); //添加辅助线

6.　　　　**else if** $m \in \{3,4,\cdots,\lceil n/2 \rceil\}$ **then**:

7.　　　　　　Decompose_rule2(); //应用分解规则 2

8.　　　　**else** $m > \lceil n/2 \rceil$ **then**:

9.　　　　　　Decompose_rule3(); //应用分解规则 3

10.　　　　Decompose_Toffoli(); //根据对称性分解 Toffoli 门

11.　　　　**if** $(G_p, G_q)$ 形成单位映射 **then**:

12.　　　　　　Gate_delete();

---

13.　　　　　　$p$++;

14.　　　**return** $G'$;//返回化简后的 NCV 线路 $G'$

15. **End**

### 4.1.3　示例分析

本节通过具体分解一个 MCT 门，详细阐述提出的 MCT 门分解策略。图 4-5(a)是一个 $n=4$，$m=3$ 的 MCT 门，下面对其进行分解优化。

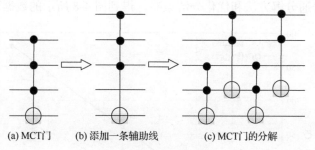

(a) MCT门　　　(b) 添加一条辅助线　　　(c) MCT门的分解

图 4-5　分解 MCT 门

首先，检查是否需要添加辅助线。由分解前提可知，$n-1=m$，则添加一条辅助线，如图 4-5(b)所示；由图 4-5(b)可知，此门满足分解规则 3，将其分解，得到图 4-5(c)所示的线路。其次，因该线路仅含有 Toffoli 门，所以根据对称性以两种不同的形式对 Toffoli 门分解，得到图 4-6 所示的线路。最后，删除可以形成单位映射的(或通过移动后可形成的)量子门对，得到图 4-7 所示的线路。

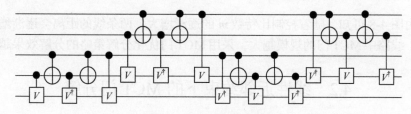

图 4-6　分解后的原始线路

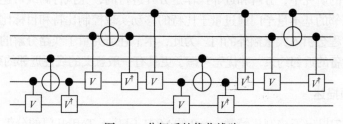

图 4-7　分解后的优化线路

比较图 4-6 和图 4-7 所示的线路，量子代价从 20 减小到 14。可见，运用 MCT 门优化分解策略可以降低线路的量子代价。

### 4.1.4　实验结果与分析

本节通过实验验证 MCT 门优化分解策略的有效性，实验线路是仅含控制比特 $m \in [3,10]$ 的 MCT 门。实验的主要思想是，分别采用 MCT 门基础分解规则与 MCT 门优化分解策略分解含有不同控制比特的 MCT 门，然后比较各自得到的线路量子代价。量子代价越小，则分解的效果越好。对控制比特 $m \in [3,10]$ 的 MCT 门分别运用普通分解方法和优化分解策略，得到图 4-8 所示的数据图。

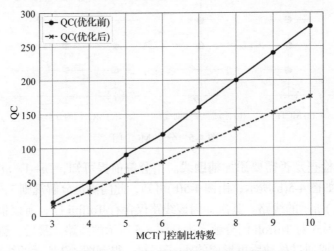

图 4-8　MCT 门优化分解策略实验折线图

由图 4-8 可知，随着控制比特数 $m$ 的逐渐增大，两条线的距离会逐渐增大。可见，线路中 MCT 门的规模越大，采用 MCT 门优化分解策略的分解效果越好。

## 4.2　线性近邻约束下的 MCT 门分解

在目前的研究中，分解和近邻操作是分开进行的，先执行高级可逆门的分解，然后将不近邻的基本量子门通过量子比特的移动实现控制比特和目标比特在物理上近邻，该过程会引入大量额外的门。为此，本节在研究量子线路分解的同时考虑了量子计算设备的近邻约束，并优先考虑了更具有一般意义的线性近邻约束问题。

### 4.2.1　问题描述

文献[47]提出了控制比特数 $m > 2$ 的 MCT 门基于 Toffoli 门的分解方法，并构造了多控制 MCT 门基于 Toffoli 门的级联模型。文献[49]讨论了一种将任意大小的 MCT 门分解为基本量子门的启发式方法，该方法避免了穷举 MCT 门所有可能的划分。文献[37]表明了不同的门分解策略对最终线路的量子代价有很大的影响。文献[187]和[206]采用的近邻化方法导致最终线路的量子代价显著增加。文献[57]给出了最近邻 Toffoli(nearest neighbour Toffoli，NNT)门的最佳 LNN 量子线路实现，提出了一种考虑最近邻代价的精确综合方法，并使量子代价最小，可以为 LNN 体系结构提供更好的量子线路实现。文献[55]利用交互图将量子线路划分为一组子线路，子线路内部量子比特排列和连接子线路之间的量子比特排列的数量被最小化，这可以大大减少 SWAP 门的数量。近邻化过程中插入的门数越多，线路延迟越大，并且增大了线路出错的概率[207]。

　　本节在高级可逆门分解的同时考虑线性近邻交互约束。为了减少插入的 SWAP 门的数量，在 LNN 体系结构中定义了一种 NNTS 门，具有多个控制比特的 MCT 门可以由 NNTS 门级联实现，此时输入线的排布是 MCT 门的 LNN 排布。当将 MCT 线路映射到 LNN 量子线路时，不需要将每个 MCT 门分解为基本量子门，而是可以在不符合 LNN 排布的 MCT 门前插入一组 SWAP 门，将其线序转换为 LNN 排布形式，然后将每个 MCT 门的 LNN 排布直接替换为最佳 LNN 量子线路实现，并给出对该线路进行优化的方法。

### 4.2.2　基本概念

　　相关可逆门、可逆线路、量子比特、量子门的介绍如 2.1 节和 2.2 节所述。

　　**定义 4-1**　如果一个 SWAP 门对量子线路中两个相邻的量子比特进行操作，则称它是最近邻的 SWAP 门，表示为 NNSWAP。

　　通常将一组 NNSWAP 门插入非近邻的量子门之前，使该门的控制线和目标线可以不断靠近，直到它们在物理上相邻为止。

　　对于任意 CNOT 门和 MCT$_3$ 门，可以在其前面插入 NNSWAP 门序列，使门的控制比特和目标比特位于相邻的量子比特上，即最近邻 CNOT(nearest neighbour CNOT，NNCNOT)门和最近邻 Toffoli( NNT$_3$)门，NNT$_3$ 右下角的 3 表示门的比特数为 3。按照目标比特所在的量子比特序，NNT$_3$ 门具有三种形式：NNT$_3^1$ 门、NNT$_3^2$ 门和 NNT$_3^3$ 门，分别如图 4-9(a)、图 4-9(b)和图 4-9(c)所示。

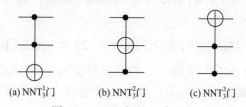

(a) NNT$_3^1$门　　　　(b) NNT$_3^2$门　　　　(c) NNT$_3^3$门

图 4-9　NNT$_3$ 门的三种形式

$NNT_3^1$ 门的最优 LNN 分解形式如图 4-10 所示[57]，由 NCV 门库中 9 个基本量子门级联而成，量子代价为 9，图 4-10(b)左边三个 CNOT 门等价于 NNSWAP 门。

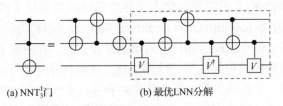

(a) $NNT_3^1$门　　　　　　(b) 最优LNN分解

图 4-10　$NNT_3^1$ 门的最优 LNN 分解形式

如果目标比特在 $NNT_3$ 门的中间位置，即 $NNT_3^2$，其最优 LNN 量子线路实现如图 4-11 所示，量子代价为 13。因为存在 $V$ 门或 $V^\dagger$ 门的目标比特作为其后续门的控制比特，所以可能会引起线路纠缠[208]，因此，对于这种情况，可以将其转换为 $NNT_3^1$ 门或 $NNT_3^3$ 门。

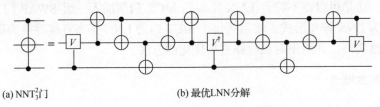

(a) $NNT_3^2$门　　　　　　　　(b) 最优LNN分解

图 4-11　$NNT_3^2$ 门的最优 LNN 分解形式

### 4.2.3　近邻交互约束下的 MCT 门分解

为了将高级可逆 MCT 线路变换成基本量子门级联的低级量子线路，需要对高级可逆门进行分解。本节先将高级可逆 MCT 门变换为 $NNT_3$ 门的级联，再对其级联结构进行优化。

设宽度为 $n$ 的 MCT 线路中，有一个控制比特数是 $m$ 的 MCT 门。为了描述方便，将 $n \geqslant 5$ 且 $m \in \{3,4,\cdots,\lceil n/2 \rceil\}$ 的 MCT 门表示为 $MCT_{m+1}^1$ 门，只表示类型时，简记为 $MCT^1$；将 $n \geqslant 5$、$m > \lceil n/2 \rceil$ 且 $m < n-1$ 的 MCT 门表示为 $MCT_{m+1}^2$ 门，简记为 $MCT^2$。其中 $\lceil a \rceil$ 表示对 $a$ 的值向上取整，如 $a$ 为 7.6，则 $\lceil a \rceil$ 的值为 8。

**引理 4-1**　一个 $MCT_{m+1}^1$ 门等价于由 $4(m-2)$ 个 $MCT_3$ 门级联的线路[47]。

在线宽 $n=9$ 的 MCT 线路上，控制比特数 $m=5$ 的 $MCT_{m+1}^1$ 门等价的标准 Toffoli 门级联结构如图 4-12 所示，含有 12 个标准 Toffoli 门。

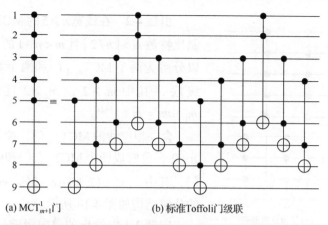

(a) MCT$_{m+1}^1$门          (b) 标准Toffoli门级联

图 4-12 MCT$_{m+1}^1$门的标准 Toffoli 门级联形式

**定理 4-1** 含有 $m$ 个控制比特的 MCT$_{m+1}^1$ 门是 $4(m-2)$ 个 NNT$_3$ 门的级联，且该门的量子代价为 $36(m-2)$。

**证明：** 为了满足近邻交互约束，对图 4-12 中 MCT 门输入线的次序进行了重排，由原来的 1-2-3-4-5-6-7-8-9 变成了 1-2-6-3-7-4-8-5-9，如图 4-13 所示。无论是图 4-13(a)的 MCT$_{m+1}^1$ 门，还是图 4-13(b)中的 Toffoli 门，虽然线序进行了调整，但每个 Toffoli 门的控制比特和目标比特没有发生变化，两侧功能仍然等价，且右侧的 Toffoli 门均变换成 NNT$_3$ 门，得到 MCT$_{m+1}^1$ 门的 NNT$_3$ 门级联结构。MCT$_{m+1}^1$ 门的控制比特数为 $m$，需要的 NNT$_3$ 门数与引理 4-1 相同，仍然为 $4(m-2)$，NNT$_3$ 门 LNN 量子代价为 9，所以 MCT$_{m+1}^1$ 门量子代价为 $36(m-2)$。证毕。

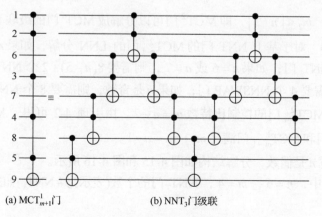

(a) MCT$_{m+1}^1$门          (b) NNT$_3$门级联

图 4-13 MCT$_{m+1}^1$门的 NNT$_3$ 门级联形式（$n=9$， $m=5$）

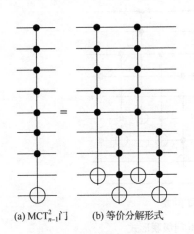

(a) $MCT_{n-1}^2$门　　(b) 等价分解形式

图 4-14 　$MCT_{n-1}^2$ 门的分解

$(n=9, m_1=5)$

**引理 4-2** 在线宽 $n \geqslant 5$ 的 MCT 线路上，控制比特数 $m > \lceil n/2 \rceil$ 且 $m < n-1$ 的 $MCT_{m+1}^2$ 门可以分解为两个 $MCT_{m_1+1}$ 门和两个 $MCT_{m_2+1}$ 门的级联，其中 $m_1 \geqslant 2$，$m_2 \geqslant 2$ 且最优情况下 $m_1 + m_2 = m + 1$[47]。

含一根空线的 $MCT_{n-1}^2$ 门，控制比特数 $m = n-2$，分解成两个 $MCT_{m_1+1}$ 门和两个 $MCT_{n-m_1}$ 门，其中，$m_1 \in \{2, 3, \cdots, n-3\}$。$n=9$ 且 $m_1 = 5$ 的分解结构如图 4-14 所示。

定理 3-1 中给出的单向影响门的化简规则也适用于图 4-14(b) 的级联结构，化简后只剩下如图 4-14(a) 所示的 $MCT_{n-1}^2$ 门。第 3 章给出的一系列门的等价变换规则是本章对高级可逆 MCT 门进行分解的理论基础，确保分解前后线路功能等价。

**定理 4-2** 设 $MCT_{n-1}^2 (n \geqslant 6)$ 门分解为两个 $MCT_{m_1+1}$ 门和两个 $MCT_{m_2+1}$ 门的级联，如果 $m_1 = \lceil n/2 \rceil$，则 $m_2 < \lceil n/2 \rceil$。

**证明：** 由引理 4-2 得到 $m_1 \geqslant 2$，$m_2 \geqslant 2$ 且 $m_1 + m_2 = n-1$，又因为 $m_1 = \lceil n/2 \rceil$，所以：

$$m_2 = n - \lceil n/2 \rceil - 1 = \lfloor n/2 \rfloor - 1 < \lceil n/2 \rceil$$

**证毕**。

由定理 4-2 可知，$MCT_{n-1}^2$ 门分解后的 $MCT_{m_1+1}$ 门和 $MCT_{m_2+1}$ 门满足 $m_1 \leqslant \lceil n/2 \rceil$，$m_2 \leqslant \lceil n/2 \rceil$，即 $MCT^2$ 门可以分解成 $MCT^1$ 门的级联。

**定理 4-3** 对于基于 NNT 门的 $MCT_{n-1}^2$ 门的 LNN 分解，如果 $n \geqslant 8$，则包含 $8(n-5)$ 个 $NNT_3$ 门；如果 $n=6$ 或 $n=7$，则需要 $8(n-5)+2$ 个 $NNT_3$ 门；如果 $n$ 是偶数，则需要 4 个 NNSWAP 门；如果 $n$ 是奇数，则需要 8 个 NNSWAP 门。

**证明：** $MCT_{n-1}^2$ 门的控制比特数 $m = n-2$。由引理 4-2 可得，$MCT_{n-1}^2$ 分解后的 $MCT_{m_1+1}^1$ 门和 $MCT_{m_2+1}^1$ 门满足 $m_1 + m_2 = n-1$。

(1) 线宽 $n$ 是偶数，分解结构如图 4-15 和图 4-16 所示。

图 4-15 中，$n=6$，$m=4$，$NNT_3$ 门的个数(表示为 $\#NNT_3$)如式(4-1)所示：

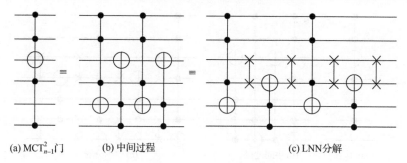

(a) $\mathrm{MCT}_{n-1}^2$门    (b) 中间过程    (c) LNN分解

图 4-15    $\mathrm{MCT}_{n-1}^2$ 门基于 NNT 门的 LNN 实现($n=6$，$m=4$)

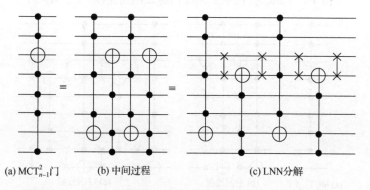

(a) $\mathrm{MCT}_{n-1}^2$门    (b) 中间过程    (c) LNN分解

图 4-16    $\mathrm{MCT}_{n-1}^2$ 门基于 NNT 门的 LNN 实现($n=8$，$m=6$)

$$2\times\left[4\left(m_1-2\right)\right]+2$$
$$=8\left(m_1-2\right)+2$$
$$=8\left(n-5\right)+2 \tag{4-1}$$

且 NNSWAP 门的个数(表示为#NNSWAP)是 4。

图 4-16 中，$n=8$，$m=6$，#NNT$_3$ 如式(4-2)所示：

$$2\times\left[4\left(m_1-2\right)+4\left(m_2-2\right)\right]$$
$$=8\left(m_1+m_2\right)-32$$
$$=8\left(n-5\right) \tag{4-2}$$

且#NNSWAP 是 4。

(2) 线宽 $n$ 是奇数，分解结构如图 4-17 和图 4-18 所示。

图 4-17 中，$n=7$，$m=5$，#NNT$_3$ 如式(4-3)所示：

$$2\times\left[4\left(m_1-2\right)\right]+2$$
$$=8\left(m_1-2\right)+2$$
$$=8\left(n-5\right)+2 \tag{4-3}$$

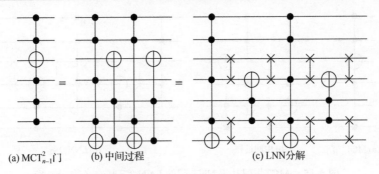

(a) $\mathrm{MCT}_{n-1}^{2}$门　　(b) 中间过程　　　　　　　(c) LNN分解

图 4-17　$\mathrm{MCT}_{n-1}^{2}$ 门基于 NNT 门的 LNN 分解($n=7$，$m=5$)

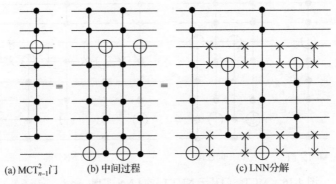

(a) $\mathrm{MCT}_{n-1}^{2}$门　　(b) 中间过程　　　　　　　(c) LNN分解

图 4-18　$\mathrm{MCT}_{n-1}^{2}$ 门基于 NNT 门的 LNN 分解($n=9$，$m=7$)

且#NNSWAP 为 8。

图 4-18 中，$n=9$，$m=7$, #NNT$_3$ 如式(4-4)所示:

$$2\times\left[4\left(m_1-2\right)+4\left(m_2-2\right)\right]$$
$$=8\left(m_1+m_2\right)-32$$
$$=8\left(n-5\right) \tag{4-4}$$

且#NNSWAP 为 8。

综上，当 $n\geqslant 8$ 时，#NNT$_3$ 为 $8\left(n-5\right)$；当 $n=6$ 或 $n=7$ 时，#NNT$_3$ 为 $8\left(n-5\right)+2$；当 $n$ 是偶数时，#NNSWAP 是 4；当 $n$ 是奇数时，#NNSWAP 是 8，即#NNSWAP 是 $4\left(n\bmod 2+1\right)$，其中 mod 表示求余运算。**证毕**。

NNT$_3$ 门的量子代价是 9，NNSWAP 门的量子代价是 3，NNT$_3$ 门和 NNSWAP 门用其最优 LNN 分解替换后，MCT$^2$ 门的量子代价如式(4-5)所示:

$$\begin{cases} 72\left(n-5\right)+12\left(n\bmod 2+1\right), & n\geqslant 8 \\ 72\left(n-5\right)+18+12\left(n\bmod 2+1\right), & n\in\{6,7\} \end{cases} \tag{4-5}$$

**定义 4-2** 如图 4-10 所示的 $NNT_3^1$ 门最优最近邻实现中,将图 4-10(b)中框内的门序列定义为 NNTS 门。

NNTS 门的符号表示及其最优 LNN 量子线路表示如图 4-19 所示,量子代价为 6。

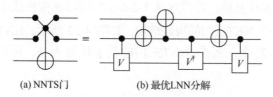

(a) NNTS门　　　　(b) 最优LNN分解

图 4-19 　NNTS 门符号表示及其最优 LNN 量子线路

$NNT_3$ 门和 NNTS 门的关系如图 4-20 所示,NNTS 门将 $NNT_3$ 门的控制比特进行了交换,只要在 NNTS 门前面或后面级联一个 NNSWAP 门即与 $NNT_3$ 门等价。

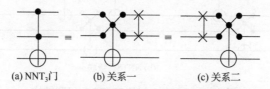

(a) $NNT_3$门　　(b) 关系一　　(c) 关系二

图 4-20 　$NNT_3$ 门和 NNTS 门的关系

**定义 4-3** 对于可逆 MCT 线路中任意的门 $G$,其占用的第一条线到最后一条线的线数称为实际宽度,表示为 $RealW(G)$;而其调整为 LNN 排布后占用的线数称为 LNN 宽度,表示为 $LNNW(G)$。

**例 4-1** 图 4-21 是 Benchmark(基准测试)线路 4gt5_75 的最优可逆 MCT 线路,其中第一个 CNOT 门 $G_1$,其实际宽度为 4,而 NNCNOT 门占用两根线,LNN 宽度为 2。

**定理 4-4** 在线宽为 $n$ 的可逆 MCT 线路上,如果将控制比特数 $m \in \{3, 4, \cdots, \lceil n/2 \rceil\}$ 的 $MCT_{m+1}^1$ 门表示成 NNTS 门的级联,则需要 $4(m-2)$ 个 NNTS 门,该级联线路的量子代价为 $24(m-2)$;$MCT_{m+1}^1$ 门的 LNN 宽度为 $2m-1$。

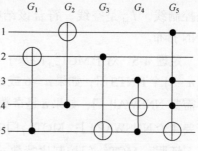

图 4-21 　4gt5_75 的最优 MCT 线路

　　**证明：** 图 4-13 中的所有 $NNT_3$ 门都可以替换成一个 NNTS 门和一个 NNSWAP 门，由于 $NNT_3$ 门都是成对出现的，所以可以消去所有的 NNSWAP 门。但线路中第 2、3、4 个 $NNT_3$ 门由于受其前一个门替换成 NNTS 门的影响，目标比特被下移一位，可以通过调整线序来解决，如将图 4-13 中的 6 线和 3 线互换、7 线和 4 线互换、8 线和 5 线互换，将线序从 1-2-6-3-7-4-8-5-9 变换成 1-2-3-6-4-7-5-8-9，得到 $MCT_{m+1}^1$ 门基于 NNTS 门的级联结构，如图 4-22 所示。NNTS 门数与引理 4-1 相同，仍为 $4(m-2)$ 个。每个 NNTS 门的量子代价为 6，所以整体量子代价为 $24(m-2)$。

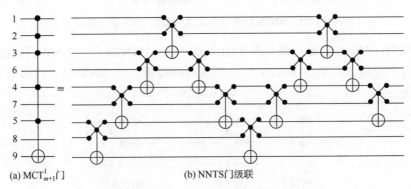

(a) $MCT_{m+1}^1$ 门　　　　　　　　　(b) NNTS 门级联

图 4-22　　$MCT_{m+1}^1$ 门的 NNTS 门级联结构

　　$MCT_{m+1}^1$ 门的控制比特数为 $m$，通过对图 4-22(a) 中 $MCT_{m+1}^1$ 门结构的分析，除去第 1、2 个控制比特，剩余的 $m-2$ 个控制比特下均有一个空位，再加上最下面一位目标比特，其 LNN 宽度为 $2+2(m-2)+1=2m-1$。**证毕。**

　　**定义 4-4**　一个 $MCT_{m+1}^1$ 门占用连续的 $2m-1$ 根线，表示为 $\{l_1, l_2, \cdots, l_{2m-1}\}$。如果满足 $l_1$ 和 $l_2$ 是控制线，$l_{2m-1}$ 是目标线，对于 $i \in [3, 2m-2]$，$i$ 是奇数时，$l_i$ 是控制线，$l_{i+1}$ 是空线，符合该结构的输入线次序或反序称为该 $MCT_{m+1}^1$ 门的 LNN 排布。

　　**定理 4-5**　对于 $MCT_{n-1}^2$ 门基于 NNTS 门的 LNN 分解，如果 $n \geqslant 6$，则需要 $8(n-5)$ 个 NNTS 门；如果 $n=6$ 或 $n=7$，则需要两个 $NNT_3$ 门；如果 $n$ 是偶数，不需要 NNSWAP 门；如果 $n$ 是奇数，则需要 8 个 NNSWAP 门，其中，$n=7$ 时需要 4 个 NNSWAP 门；$MCT_{n-1}^2$ 门的 LNN 宽度为 $m+2$。

　　**证明：** $MCT_{n-1}^2$ 门控制比特数 $m=n-2$，分解后的 $MCT_{m_1+1}^1$ 门和 $MCT_{m_2+1}^1$ 门满足 $m_1+m_2=n-1$。

　　(1) 线宽 $n$ 是偶数，分解结构如图 4-23 和图 4-24 所示。

　　图 4-23 中，$n=6$，$m=4$，其中，$m_2=2$，则 $m_1=n-3$，需要两个 $NNT_3$ 门，

NNTS 门的数量(表示为#NNTS)如式(4-6)所示：

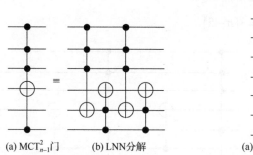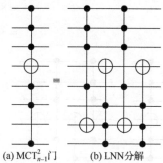

(a) $MCT_{n-1}^2$门　　(b) LNN分解　　　　　(a) $MCT_{n-1}^2$门　　(b) LNN分解

图 4-23　$MCT_{n-1}^2$ 门基于 NNTS 门的 LNN 分　图 4-24　$MCT_{n-1}^2$ 门基于 NNTS 门的 LNN 分

解( $n=6$ 且 $m=4$ )　　　　　　　　解( $n=8$ 且 $m=6$ )

$$2\times\left[4\times\left(m_1-2\right)\right]$$
$$=8\left(m_1-2\right)$$
$$=8\left(n-5\right) \tag{4-6}$$

图 4-24 中， $n=8$ ， $m=6$ ，所需的#NNTS 如式(4-7)所示：

$$2\times\left[4\left(m_1-2\right)+4\left(m_2-2\right)\right]$$
$$=8\left(m_1+m_2\right)-32$$
$$=8\left(n-5\right) \tag{4-7}$$

(2) 线宽 $n$ 是奇数，分解结构如图 4-25 和图 4-26 所示。

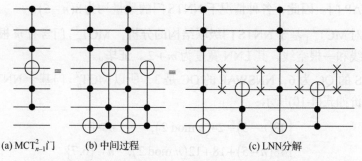

(a) $MCT_{n-1}^2$门　　　(b) 中间过程　　　　　(c) LNN分解

图 4-25　$MCT_{n-1}^2$ 门基于 NNTS 门的 LNN 分解( $n=7$ 且 $m=5$ )

图 4-25 中， $n=7$ ， $m=5$ ，其中 $m_2=2$ ，则 $m_1=n-3$ ，需要两个 $NNT_3$ 门，4 个 NNSWAP 门，#NNTS 如式(4-8)所示：

$$2 \times \left[ 4 \times (m_1 - 2) \right]$$
$$= 8(m_1 - 2)$$
$$= 8(n - 5) \tag{4-8}$$

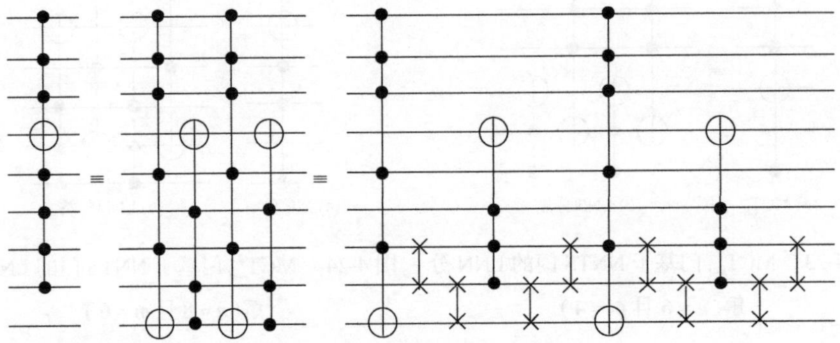

(a) $\mathrm{MCT}_{n-1}^2$ 门　　(b) 中间过程　　　　　　　　(c) LNN分解

图 4-26　$\mathrm{MCT}_{n-1}^2$ 门基于 NNTS 门的 LNN 分解( $n = 9$ 且 $m = 7$ )

图 4-26 中，$n = 9$，$m = 7$，需要 8 个 NNSWAP 门，#NNTS 如式(4-9)所示：

$$2 \times \left[ 4(m_1 - 2) + 4(m_2 - 2) \right]$$
$$= 8(m_1 + m_2) - 32$$
$$= 8(n - 5) \tag{4-9}$$

综上，$n = 6$ 或 $n = 7$ 时，需要两个 $\mathrm{NNT}_3$ 门；当 $n$ 为偶数时，不需要 NNSWAP 门；当 $n$ 为奇数时，需要 8 个 NNSWAP 门，其中，当 $n = 7$ 时，需要 4 个 NNSWAP 门。因此，各种情况下 NNTS 门的数量均为 $8(n - 5)$。

通过对 $\mathrm{MCT}_{n-1}^2$ 基于 NNTS 门级联结构的分析，$\mathrm{MCT}_{n-1}^2$ 门含有 $m$ 根控制线、一根目标线和一根空线，其 LNN 宽度为 $m + 2$。**证毕**。

NNTS 的 QC 为 6，NNSWAP 的 QC 是 3，所以 $\mathrm{MCT}_{n-1}^2$ 门基于 NNTS 门分解的量子代价如式(4-10)所示：

$$\begin{cases} 48(n-5) + 24(n \bmod 2), & n \geqslant 8 \\ 48(n-5) + 18 + 12(n \bmod 2), & n \in \{6,7\} \end{cases} \tag{4-10}$$

由式(4-5)和式(4-10)可知，对于相同的 $\mathrm{MCT}_{n-1}^2$ 门，基于 NNTS 门级联的线路相较于基于 $\mathrm{NNT}_3$ 门级联的线路，量子代价从 $72(n-5) + 12(n \bmod 2 + 1)$ 变为 $48(n-5) + 24(n \bmod 2)$，量子代价下降，表明本节给出的控制比特数 $m \geqslant 3$ 的 MCT 门基于 NNTS 门的级联结构是有效的。

**定义 4-5**　一个 $\text{MCT}^2_{m+1}$ 门占用连续的 $m+2$ 根线，表示为 $\{\,l_1, l_2, \cdots, l_{m+2}\,\}$，如果满足 $l_1$、$l_2$ 和 $l_3$ 是控制线，$l_4$ 是目标线；对于 $i \in [5, m]$，$l_i$ 都是控制线，$m$ 是偶数时，$l_{m+1}$ 是空线且 $l_{m+2}$ 是控制比特；$m$ 是奇数时，$l_{m+1}$ 是控制比特且 $l_{m+2}$ 是空线，称该输入线的次序或反序为 $\text{MCT}^2_{m+1}$ 门的 LNN 排布。

**定义 4-6**　在可逆 MCT 线路中，具有 LNN 排布的 MCT 门称为近邻 MCT门，否则称为非近邻 MCT 门。

在线性近邻约束下，首先将线路中的非近邻 MCT 门转换为近邻 MCT 门，然后根据给出的近邻分解规则进行变换，可以直接得到其基本量子门的近邻级联线路。基于 MCT 门 LNN 排布的量子线路近邻化过程将在 5.3 节阐述。

# 4.3　基于设备拓扑感知的 MCT 门分解

NISQ 计算设备存在量子比特连接受限、错误率高等问题，为了减少量子线路映射的中间环节，以适配量子计算设备量子比特数的增加，以及体系结构从一维向二维甚至更多维的扩展等要求，可以对量子线路中的高级量子门(如 MCT门)进行分解映射。本节提出基于设备拓扑感知的高级量子门分解方法。首先选择较优子拓扑作为量子计算设备感知的对象；随后利用量子门交换规则进行门序预处理，使 MCT 门序列中尽可能生成关联门对，并进一步对 MCT 门控制量子比特进行划分；最后利用衍生出的分解方式，使互逆门序列分解消除冗余门后再进行线路映射。

## 4.3.1　问题描述

目前针对高级量子门的分解已逐步成为研究热点，并存在许多现有研究。在文献[209]中，提出了一种名为 QContext 的新型编译器，其结合上下文以及拓扑感知进行量子门分解，该方法利用线路等效规则及重新合成技术，通过优化算法进行门分解工作，但该论文中使用固定分解模板，缺乏充分探索线路优化的机会。在文献[210]中提出了一种考虑量子比特布局的分解 MPMCT 门的方法以减少量子线路中的门数，在将 MPMCT 门分解为子 MPMCT 门时采用聚类算法进行分组划分，并同时在分解过程中进行线路路由，但该论文中并未考虑充分利用量子门可逆的特性进行分解。在文献[211]中，提出通过将大型多控制比特门(MCT门)分解为多个子 MCT 门，使用量子比特分组、线路深度优化、量子比特状态恢复以及门数后优化等步骤来降低量子门线路中的 Toffoli 深度，并辅以 Grover 算法作为实例进行分解证明，为下一步工作留下了巨大的拓展空间。

为了解决高级量子门(MCT 门)分解过程中门数开销大且映射所需路由次数多的问题，本节提出了一种量子计算设备拓扑感知的 MCT 线路分解映射策略，该方法同样适用于其他基本量子门库。

### 4.3.2　基本概念

　　量子计算的物理结构一般由量子芯片的拓扑结构表示，该结构可以表示量子计算体系结构中量子比特与量子比特之间的连接关系[212]。图 4-27 给出了一个由 IBM 提供的 27 量子比特的量子硬件拓扑图 ibm_cairo。拓扑图中的每个着色顶点均对应量子芯片中的一个物理量子比特，而每条着色边则对应量子芯片中连接相应量子比特的耦合总线。在图 4-27 中，较深的颜色表示较低的错误率，而较浅的颜色则表示较高的错误率。该拓扑图刻画了量子计算设备上量子比特间的连通性，只有作用在拓扑图直接相连的两个量子比特上的双量子比特门才是被物理允许的。

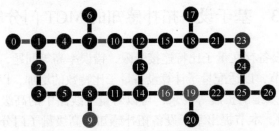

图 4-27　ibm_cairo 量子芯片拓扑结构图

### 4.3.3　硬件子拓扑选择

　　量子计算设备存在量子比特的错误率、量子比特之间的串扰等因素，这些对线路执行的保真度会产生影响，针对不同体系架构的量子计算设备，每个物理量子比特的近邻数、近邻量子比特间的交互错误率等均呈现一定的差异。为了提高线路运行的保真度，可选择量子计算设备较优的子拓扑结构用于线路的分解映射。分解映射是指将一个给定的量子线路分解为适应特定量子计算设备的子线路，并将子线路映射到量子计算设备上的过程。

　　硬件子拓扑需要在有限的量子比特中进行组合选择，而如何选择涉及量子比特连接以及错误率等因素，所以可以将该问题视作组合优化问题。针对硬件子拓扑的选择，需要设计目标函数与约束条件，以得到较优子拓扑的解决方案。针对组合优化问题，可通过二次无约束二元优化(quadratic unconstrained binary optimization，QUBO)建模[213,214]求解，从而提升求解速度与准确性。

　　1) 目标函数构造

　　由于物理量子比特及其量子比特对之间存在错误率等差异，因此需要选择最适合量子线路执行的物理量子比特，在逻辑量子比特数量 LN 小于物理量子比特数量 PN 的情况下，我们需要考虑连通性、错误率等因素，基于 QUBO 模型通过量子退火机选择较优的子拓扑结构，使量子线路的逻辑量子比特数量等于物理子拓扑中的物理量子比特数量。与在整个拓扑结构上进行搜索的解决方案相比，在特定子拓扑结构上寻找量子门分解的解决方案可以显著降低求解复杂性，尤其是在处理具有数百个物理量子比特的拓扑结构时。

为了确定线路分解前较优的物理子拓扑，本节设计了目标函数，该函数由两部分组成，旨在最大限度地降低所选子拓扑的错误率。通过选取的子拓扑，可以在考虑量子拓扑固有限制的同时，优化分解后量子线路的代价。

目标函数的第一部分如式(4-11)所示，其中 $x_i$ 为目标函数的二值变量，当 $x_i$ 的值为 1 时，表示第 $i$ 个物理量子比特被选中，反之，则第 $i$ 个物理量子比特未被选中。由于目标函数需为二次函数，所以将二值变量 $x_i$ 进行升幂处理，当 $x_i$ 只能取 0 或 1 时，$x_i = (x_i)^2$。$E_{ij}$ 为该目标函数的系数，该系数在很大程度上决定了目标函数的效率。由于在子拓扑的选择过程中，主要目标为获取在整个物理拓扑中错误率较低的子拓扑，所以当 $i = j$ 时，将 $E_{ij}$ 的值设置为第 $i$ 个物理量子比特的错误率，当 $i \neq j$ 时，将 $E_{ij}$ 的值设置为 0 即可。

$$F_1 = \sum_{i=1}^{PN}\sum_{j=1}^{PN} E_{ij}(x_i)^2 \tag{4-11}$$

目标函数的第二部分考虑物理量子比特对之间的错误率，因此给出连接矩阵及带权连接矩阵的相关定义。

**定义 4-7**　假设量子硬件拓扑图中的物理量子比特集合为 $\{Q_0, Q_1, \cdots, Q_m\}$，描述物理量子比特之间连接关系的矩阵 $M = \begin{bmatrix} W_{00} & \cdots & W_{0j} \\ \vdots & & \vdots \\ W_{i0} & \cdots & W_{ij} \end{bmatrix}$，$W_{ij}$ 表示物理量子比特 $i$ 和物理量子比特 $j$ 之间的连接情况，其中，$i, j \in \{0, 1, \cdots, m\}$，将该矩阵 $M$ 定义为连接矩阵，且 $M$ 为对称矩阵。

以上文中图 4-27 所示的硬件拓扑图为例，给出示例连接矩阵，如式(4-12)所示，该矩阵为 $27 \times 27$ 的对称矩阵。若 $W_{ij}$ 的值为 1，则表示两个物理量子比特之间互连，反之，则无连接关系。

$$M = \begin{bmatrix} 0 & 1 & 0 & \cdots & 0 & 0 & 0 \\ 1 & 0 & 1 & \cdots & 0 & 0 & 0 \\ 0 & 1 & 0 & \cdots & 0 & 0 & 0 \\ \vdots & \vdots & \vdots & & \vdots & \vdots & \vdots \\ 0 & 0 & 0 & \cdots & 0 & 1 & 0 \\ 0 & 0 & 0 & \cdots & 1 & 0 & 1 \\ 0 & 0 & 0 & \cdots & 0 & 1 & 0 \end{bmatrix} \tag{4-12}$$

**定义 4-8**　假设量子硬件拓扑图中的物理量子比特集合为 $\{Q_0, Q_1, \cdots, Q_m\}$，描

述物理量子比特之间错误率权重关系的矩阵为

$$N = \begin{bmatrix} V_{00} & \cdots & V_{0j} \\ \vdots & & \vdots \\ V_{i0} & \cdots & V_{ij} \end{bmatrix}$$

$V_{ij}$ 表示物理量子比特 $i$ 和物理量子比特 $j$ 之间的错误率大小，其中，$i,j \in \{0,1,\cdots,m\}$，将该矩阵 $N$ 定义为带权连接矩阵，且为对称矩阵。

以上文中图 4-27 所示的硬件拓扑图为例，给出示例带权连接矩阵，如式(4-13)所示，该矩阵为 $27 \times 27$ 的对称矩阵。若权重 $V_{ij}$ 较大，则物理量子比特对 $(Q_i, Q_j)$ 之间错误率较高，反之，错误率较小。

$$N = \begin{bmatrix} 0 & 1.000 & 0 & \cdots & 0 & 0 & 0 \\ 1.000 & 0 & 6.459 \times 10^{-3} & \cdots & 0 & 0 & 0 \\ 0 & 6.459 \times 10^{-3} & 0 & \cdots & 0 & 0 & 0 \\ \vdots & \vdots & \vdots & & \vdots & \vdots & \vdots \\ 0 & 0 & 0 & \cdots & 0 & 5.044 \times 10^{-3} & 0 \\ 0 & 0 & 0 & \cdots & 5.044 \times 10^{-3} & 0 & 7.084 \times 10^{-3} \\ 0 & 0 & 0 & \cdots & 0 & 7.084 \times 10^{-3} & 0 \end{bmatrix}$$

$$(4\text{-}13)$$

目标函数的第二部分如式(4-14)所示，同样需要对 $x_i$ 进行升幂处理。$W_{ij}$ 与 $V_{ij}$ 之积为该目标函数的系数，分别表示物理量子比特 $i$ 和 $j$ 之间的连接情况与物理量子比特 $i$ 和 $j$ 之间的错误率。

$$F_2 = \sum_{i=1}^{PN}\sum_{j=1}^{PN} V_{ij} W_{ij} (x_i)^2 \tag{4-14}$$

综上所述，所构造的目标函数如式(4-15)所示，其中，constraints 为约束条件。该函数的目标为找到一组变量值，使硬件子拓扑的整体错误率成本最小化。

$$F_c = \min \sum_{i=1}^{PN}\sum_{j=1}^{PN} E_{ij} (x_i)^2 + \sum_{i=1}^{PN}\sum_{j=1}^{PN} V_{ij} W_{ij} (x_i)^2 + \text{constraints} \tag{4-15}$$

2) 约束条件设计

我们将问题的约束条件分为两个部分，分别为量子比特数量相等约束与连通性约束。

在子拓扑选择的过程中，首先要确保所给量子线路中逻辑量子比特个数与物理量子比特个数一致，故设置约束条件如式(4-16)箭头左侧所示。在将该约束条件添加至目标函数时，需以惩罚函数的形式进行合并，具体形式如式(4-16)箭头右侧所示，惩罚函数前的系数$\alpha$为惩罚函数系数。通过设置惩罚函数项，一旦违反该约束则产生一个正值，如果符合该约束，则该项值为 0，对目标函数求解最小值无影响。

$$\sum_{i=1}^{LN} x_i = \sum_{j=1}^{PN} x_j \to \alpha \left( \sum_{i=1}^{LN} x_i - \sum_{j=1}^{PN} x_j \right)^2 \tag{4-16}$$

子拓扑选择需要满足的第二个约束条件为连通性约束，即选取的子拓扑结构必须为一个整体，彼此互相连接。因此引入连通性惩罚项，用于表示连通性约束的违反程度。当$x_i$和$x_j$同时为 1，即两个相邻量子比特被选中时，连通性惩罚项为 0；否则，惩罚项的值将大于 0。所选子拓扑结构之间的连接线数量通常等于逻辑量子比特数量减 1，所以连通性约束条件的具体形式如式(4-17)箭头左侧所示。同理，需要为其添加惩罚函数系数$\beta$，连通性惩罚项的具体形式如式(4-17)箭头右侧所示。

$$\sum_{i=1}^{PN}\sum_{j=1}^{PN} W_{ij}\left(1-x_i x_j\right) = LN-1 \to \beta \left[ \sum_{i=1}^{PN}\sum_{j=1}^{PN} W_{ij}\left(1-x_i x_j\right) - (LN-1) \right] \tag{4-17}$$

综上所述，硬件子拓扑选择的目标函数如式(4-18)所示，将其部署至量子退火机执行，即可选择出错误率较低的硬件子拓扑。

$$\begin{aligned}
F_{hs} = \min \sum_{i=1}^{PN}\sum_{j=1}^{PN} E_{ij}\left(x_i\right)^2 + \sum_{i=1}^{PN}\sum_{j=1}^{PN} V_{ij} W_{ij}\left(x_i\right)^2 + \alpha \left( \sum_{i=1}^{LN} x_i - \sum_{j=1}^{PN} x_j \right)^2 \\
+ \beta \left[ \sum_{i=1}^{PN}\sum_{j=1}^{PN} W_{ij}\left(1-x_i x_j\right) - (LN-1) \right]
\end{aligned} \tag{4-18}$$

3) 子拓扑选择示例

根据上述目标函数与约束条件，推导出用于求解最低错误率子拓扑的计算公式 Error_min，如式(4-19)所示，其一般形式为$X^TQX$，其中$Q$为 QUBO 矩阵，该矩阵中对角线元素表示物理量子比特自身的错误率，非对角线元素表示不同量子比特之间的相互作用成本。对该矩阵进行求解，得出[0,0,0,0,0,1,0,0,1,0,1,1,1,1,1,1,1,0,0,0,0,0,0,0,0,0,0]的结果，1 表示该物理量子比特被选中，0 则表示该物理量子比特未被选中，因此，物理量子比特 $Q_5,Q_8,Q_{10},Q_{11},Q_{12},Q_{13},Q_{14},Q_{15}$ 被选中以组成硬件子拓扑。

$$\text{Error\_min} = \begin{bmatrix} x_0 & x_1 & x_2 & \cdots & x_{24} & x_{25} & x_{26} \end{bmatrix}$$

$$\cdot \begin{bmatrix} 4.871\times10^{-1} & 1.000 & 0 & \cdots & 0 & 0 & 0 \\ 1.000 & 4.938\times10^{-1} & 6.459\times10^{-3} & \cdots & 0 & 0 & 0 \\ 0 & 6.459\times10^{-3} & 4.922\times10^{-1} & \cdots & 0 & 0 & 0 \\ \vdots & \vdots & \vdots & & \vdots & \vdots & \vdots \\ 0 & 0 & 0 & \cdots & 4.876\times10^{-1} & 5.044\times10^{-3} & 0 \\ 0 & 0 & 0 & \cdots & 5.044\times10^{-3} & 4.583\times10^{-1} & 7.084\times10^{-3} \\ 0 & 0 & 0 & \cdots & 0 & 7.084\times10^{-3} & 4.896\times10^{-1} \end{bmatrix} \begin{bmatrix} x_0 \\ x_1 \\ x_2 \\ \vdots \\ x_{24} \\ x_{25} \\ x_{26} \end{bmatrix}$$

(4-19)

以图 4-28(a)所示的量子线路分解映射至图 4-27 所示的硬件拓扑图为例，通过该目标函数与约束条件选择出的硬件子拓扑如图 4-28(b)所示，该子拓扑用灰色标出，其整体错误率呈现较低水平，因此分解映射后线路的整体错误率也会在一定程度上降低。

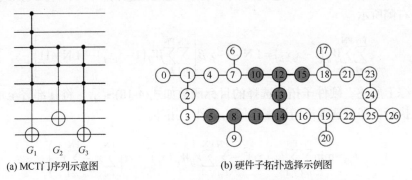

(a) MCT门序列示意图　　　　　　　(b) 硬件子拓扑选择示例图

图 4-28　MCT 线路及硬件子拓扑

### 4.3.4　MCT 线路关联门对生成

1) MCT 门分解规则

由于超导量子计算设备耦合模式的限制，无法实现多个量子比特之间的多重控制，即量子算法中的 MCT 门无法直接映射至超导量子硬件架构，因此需要对其进行进一步分解，直至量子线路只由单量子比特门或双量子比特门组成[215]。文献[216]已经证明通过脉冲工程实现 Controlled-$V$ 门与 Controlled-$V^\dagger$门相比于受控非门可以节约 65.5%的运行时间，且平均输出状态保真度更高，所以将 MCT 门分解至 NCV 门序列。

文献[211]对 MCT 门采用了米勒分解，将 MCT 门分解为具有较少控制比特的四个子 MCT 门($M_0,M_1,M_2,M_3$)以及四个双量子比特门($S_0,S_1,S_2,S_3$)，其中，$M_0$ 与 $M_2$ 完全一致，$M_1$ 与 $M_3$ 也完全一致，同样地，$S_0$ 与 $S_2$、$S_1$ 与 $S_3$ 也一致。图 4-29

给出了利用该分解方式分解 MCT 门的示例。

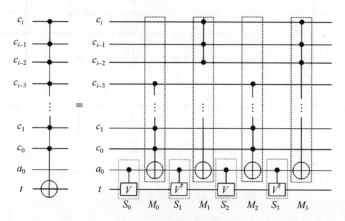

图 4-29　MCT 门米勒分解方式一

假设父 MCT 门的控制量子比特集合为 $C$，子 MCT 门 $M_0$(或 $M_2$)的控制量子比特集合为 $C_1$，子 MCT 门 $M_1$(或 $M_3$)的控制量子比特集合为 $C_2$，那么需满足式 (4-20)的约束条件：

$$\begin{cases} C_1 \cap C_2 = \varnothing \\ C_1 \cup C_2 = C \end{cases} \tag{4-20}$$

米勒分解可以递归进行，直至量子线路只由单量子比特门或双量子比特门组成。在分解至 Toffoli 门时，一个 Toffoli 门可以分解为五个基本门[37]，如图 4-30 所示。

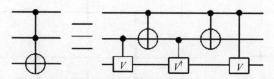

图 4-30　Toffoli 门分解方式

**引理 4-3**　在米勒分解中，如果分解方式一与分解方式二的门序列不发生改变，仅仅是相同控制比特和目标比特的 Controlled-$V$ 门 $G_1$ 和 Controlled-$V^\dagger$门 $G_2$ 互相替换，则量子线路的最终功能不发生改变[217]。

**定义 4-9**　将引理 4-3 中仅对量子门 $G_1$ 与 $G_2$ 进行互换的两种米勒分解方式定义为同族分解。

根据图 4-29 所示的分解方式一，在分解过程中将四个双量子比特门 $(S_0, S_1, S_2, S_3)$进行逆序排列，由此衍生出图 4-31 中分解方式二的情形。

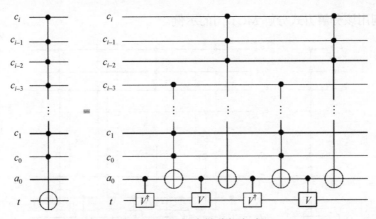

图 4-31　MCT 门米勒分解方式二

**引理 4-4**　在米勒分解中，如果分解方式一与分解方式二的门序完全相反，且门的种类与数量均不发生改变，则量子线路的最终功能不发生改变[217]。

**定义 4-10**　将引理 4-4 中门序相反且门种类与数量不发生改变的两种米勒分解方式定义为互逆分解。

根据引理 4-3、引理 4-4 及 MCT 门可逆的特性，分解方式一和分解方式二存在其逆分解，由此衍生出图 4-32 的分解方式三和图 4-33 的分解方式四。经过酉矩阵计算等方式验证，四种分解方式完全等价。

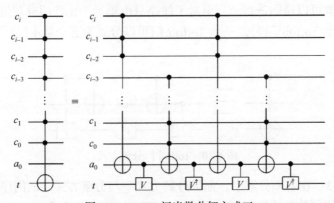

图 4-32　MCT 门米勒分解方式三

在上述分解方式中，分解方式一与二，分解方式三与四为同族分解；分解方式一与三，分解方式二与四为互逆分解。

在 MCT 门迭代分解过程中，假设单个 MCT 门控制量子比特数量为 $m$，量子比特总数为 $n$，若 $m = n-1$，通常需要增加一根额外的辅助线置于控制量子比特与目标量子比特之间以进行进一步分解。以三控制量子比特 MCT 门为例，添加一根辅助线，分解成 4 个 Toffoli 门，每个 Toffoli 门分解至 NCV 门库，需要 5

个基本量子门，共 20 个基本门，如图 4-34(a)所示。无辅助线分解仅需 13 个基本门，如图 4-34(b)所示。

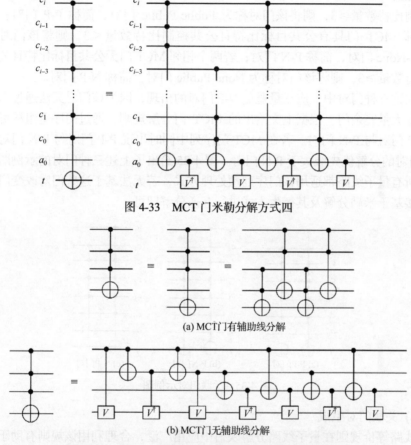

图 4-33　MCT 门米勒分解方式四

(a) MCT门有辅助线分解

(b) MCT门无辅助线分解

图 4-34　MCT 门有辅助线分解方式与无辅助线分解方式

　　在单个 MCT 门控制量子比特数量较少的情况下，采用无辅助线方式分解以进一步减少分解后基本门的数量，即在分解过程中对辅助量子比特数量与基本门数量进行折中考虑。

　　2) 关联门对

　　在高级量子门的分解过程中，冗余门往往会导致计算资源的浪费和性能的下降。通过互逆米勒分解策略，能够消除部分冗余门，但该分解方式若基于特定关联门对进行，则能提高分解效率。

　　**定义 4-11**　在量子门序列中，将存在特定关系或依赖性且门对结构相互高度关联的相邻门对定义为关联门对。

下面给出 P-P 门对、P-N 门对、N-P 门对等关联门对的相关定义，从相邻门对是否存在公共目标比特以及公共控制比特数量的角度进行判别。

**定义 4-12**　在 MCT 门序列中，若两个相邻 MCT 门具有公共目标比特且公共控制比特数量≥3，则将该门对称为 Public-Public 门对，简称 P-P 门对；若两个相邻 MCT 门具有公共目标比特且公共控制比特数量＜3，则将该门对称为 Public-None 门对，简称 P-N 门对；若两个相邻 MCT 门无公共目标比特且公共控制比特数量≥3，则将该门对称为 None-Public 门对，简称 N-P 门对。

在这三种门对中，应尽量避免 N-P 门对的出现，因为该门对无法通过米勒分解减少大量冗余门。根据上文给出的 MCT 门分解规则，通过门序重组尽可能出现 P-P 门对与 P-N 门对。若在 MCT 门序列中同时出现 P-P 门对与 P-N 门对，则 P-P 门对的分解优先级大于 P-N 门对。图 4-35 给出了上述三种门对的示例图，并不是所有量子线路都适用该门序列预处理方式，若无法基于这些门对改变门序，则直接基于米勒分解及其衍生方式进行互逆分解即可。

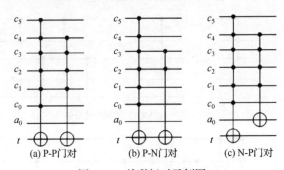

图 4-35　关联门对示例图

3) 关联门对生成

线路等价规则在量子线路分解映射中应用广泛，合理利用该规则有助于减少量子线路中的基本门数，从而进一步提升量子线路执行的保真度。线路等价规则可分为删除规则、合并与分解规则以及交换规则。针对 MCT 门序列分解，共引用了三条线路等价规则[106]。通过对 MCT 门交换规则的合理使用，可以优化量子线路门序，使线路中出现匹配度更高的关联门对。

**引理 4-5**　在 MCT 门序列中，若门 $G_1$ 的控制比特与门 $G_2$ 的目标比特不在同一量子比特上，且门 $G_1$ 的目标比特与门 $G_2$ 的控制比特不在同一量子比特上，即 $T_1 \notin C_2$，$T_2 \notin C_1$，则门 $G_1$ 与门 $G_2$ 可以交换。

**引理 4-6**　在 MCT 门序列中，若两个相邻的门 $G_1$、$G_2$ 具有相同的控制比特与目标比特，即 $C_1 = C_2$，$T_1 = T_2$，则门 $G_1$ 与门 $G_2$ 可以删除。

**引理 4-7**　在量子门序列中，若两个相邻的门 $G_1$、$G_2$ 分别为 Controlled-$V$ 门与 Controlled-$V^+$门，则门 $G_1$ 与门 $G_2$ 可以删除。

为了使 MCT 门序列中尽可能生成关联门对，下面给出量子关联门对生成算法，该算法通过识别连续的 MCT 门序列，并对每个子 MCT 门序列进行门序交换操作，从而改变原始逻辑量子线路的门序，具体预处理过程如算法 4.2 所示。

---

**算法 4.2：** 量子关联门对生成算法

---

**输入：** 原始逻辑量子线路 $L$

**输出：** 换序逻辑量子线路 $L'$

1. **Begin**
2. 　　$i,j \leftarrow 0$ //初始化索引下标
3. 　　MCT_gate_list = [] //初始化 MCT 门序列列表
4. 　　MCT_sub_gate_list[$i$]=[] //初始化子 MCT 门序列列表
5. 　**for** gate[$j$] in $L$: //遍历连续 MCT 门序列
6. 　　　**if** gate[$j$] not match MCT and gate[$j$+1] match MCT **then**:
7. 　　　　　$i$++;
8. 　　　**if** gate[$j$] match MCT **then**:
9. 　　　　　MCT_sub_gate_list[$i$].append(gate[$j$])
10. 　　　　　$j$++;
11. 　　**else**
12. 　　　　　$j$++;
13. 　　**foreach** $k$ in MCT_gate_list **do** //遍历子 MCT 门序列列表
14. 　　　$L' \leftarrow$ Gate_exchange(MCT_sub_gate_list[$i$],$m$) //以窗口深度为 $m$ 进行门序交换
15. 　**End**
16. 　return $L'$
17. **End**

---

　　算法 4.2 输入原始的逻辑量子线路 $L$，输出换序后的逻辑量子线路 $L'$，其中，MCT_gate_list 表示 MCT 门序列列表，MCT_sub_gate_list 表示子 MCT 门序列列表，$m$ 表示移动窗口深度，可自行设置该深度，并利用 Gate_exchange()函数进行门序列移动。

　　以图 4-28(a)所示的 MCT 门序列为例，该序列由 MCT 门 $G_1$、$G_2$、$G_3$ 组成，通过关联门对生成算法，门 $G_2$ 与门 $G_3$ 满足门交换关系，且交换后门 $G_1$、门 $G_3$ 形成 P-P 关联门对，便于使用米勒分解及其衍生方式进行互逆分解减少冗余门，如图 4-36 所示。

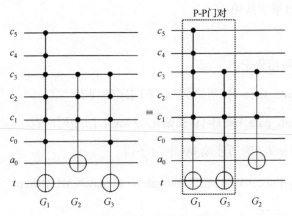

图 4-36　门序预处理示例

### 4.3.5　MCT 线路分解映射

1) MCT 门控制量子比特划分

　　针对米勒分解的特定形式，在每一次迭代分解中均需对父 MCT 门控制量子比特进行划分，而划分情况会随着控制量子比特数量的增多而增多，搜索空间较大，若采用暴力搜索方式，则会消耗较多资源。而蒙特卡罗树搜索(Monte Carlo tree search，MCTS)是一种经典的树搜索算法，在解决大规模搜索空间问题方面表现出极高的效率[218]。

　　在迭代分解过程中，每一轮分解都需要将控制量子比特分成两组，直至分组中的控制量子比特数量≤2，即分解至 Toffoli 门时停止分解。分组的方式显著影响了对完整线路进行映射所需的路由次数，因此可以合理地控制量子比特分组，使分解后线路中的门尽可能满足架构约束，从而减少映射所需的路由次数。米勒分解的过程可以抽象为蒙特卡罗树搜索的过程，合理利用该过程可以提升高级量子门分解的效率。高级量子门控制量子比特的划分由两部分组成，分别为控制量子比特的数量划分以及控制量子比特的位置划分。针对控制量子比特数量的划分基于蒙特卡罗树搜索，针对控制量子比特位置的划分基于 K-means 聚类算法[210]，通过对数量进行约束从而使位置的划分更有效。

在 MCT 门序列中，首门完成分解后，若存在满足要求的关联门对，则后续门的分解均需对照首门进行互逆分解。因此，首门的控制量子比特分组是否合理尤其重要。对单个 MCT 门控制量子比特数量进行分组的过程可构造为蒙特卡罗树搜索的流程。如图 4-37 所示，该搜索树中的每个节点 Node_num 都由三个值组成，分别为节点的价值 $V_{\mathrm{num}}$、该节点的访问次数 $N_{\mathrm{num}}$ 以及当前分解门控制量子比特数量的划分情况 C_state，C_state 可用列表进行表示，该列表可以循环嵌套子列表。

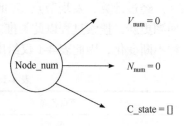

图 4-37　树节点示意图

以图 4-28(a)所示的 MCT 门序列的首个 6 控制量子比特的 MCT 门为例进行划分，构造的蒙特卡罗树如图 4-38 所示。构造过程中首先初始化根节点 $S_0$，该节点由三个值组成，详见上文；由于节点 $S_0$ 不是终止节点，因此对其进行第一次迭代拓展；节点 $S_0$ 的状态为[6]，表示该门的控制量子比特还未进行分组，对其进行拓展，则其后有五个策略，分别表示为节点 $S_1$、$S_2$、$S_3$、$S_4$、$S_5$；随后，使用置信度上界(upper confidence bound，UCB)计算公式在这五个节点中选择对哪个节点进行进一步拓展。

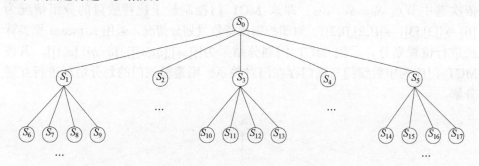

图 4-38　示例门蒙特卡罗树构造

置信度上界计算如式(4-21)所示，$V_{\mathrm{num}}(i)$ 为该节点的价值大小，对其进行取倒数处理；$c$ 为常数系数，通常取 2；$N$ 为总探索的次数，$N_{\mathrm{num}}(i)$ 为节点 Node_num$(i)$ 的探索次数。$V_{\mathrm{num}}(i)$ 的计算方法中，$a_j$ 和 $b_j$ 分别代表每一层分解控制量子比特数量的分组情况。

$$\mathrm{UCB}(S_i) = \begin{cases} \dfrac{1}{V_{\mathrm{num}}(i)} + c\sqrt{\dfrac{\log_2 N}{N_{\mathrm{num}}(i)}}, & c=2, \ V_{\mathrm{num}}(i) \neq 0 \\ 1000, & V_{\mathrm{num}}(i) = 0 \end{cases}$$

$$\text{s.t.}\left\{V_{\text{num}}(i)=\sum|a_j-b_j|,j=1,2,\cdots,n\right\} \tag{4-21}$$

经过计算，发现节点 $S_3$ 的值最大，因此选择该节点进行模拟，模拟后进行回溯更新，搜索过程以此类推。由于每个节点的价值以及访问次数会随着搜索过程不断变化，因此表 4-1 仅给出了部分节点状态信息。

表 4-1　蒙特卡罗树节点数据(部分)

| 节点名称 | 节点状态 |
| --- | --- |
| $S_0$ | [6] |
| $S_1$ | [[1],[5]] |
| $S_2$ | [[2],[4]] |
| $S_3$ | [[3],[3]] |
| $S_4$ | [[4],[2]] |
| $S_5$ | [[5],[1]] |
| ⋮ | ⋮ |
| $S_{10}$ | [[1,2],[1,2]] |
| ⋮ | ⋮ |

以 6 控制量子比特 MCT 门为例进行蒙特卡罗树搜索的结果如图 4-39 所示，依次选中节点 $S_0$、$S_3$、$S_{10}$，即该 MCT 门控制量子比特数量的分组情况为 $[6]\rightarrow[[3],[3]]\rightarrow[[1,2],[1,2]]$。对照控制比特数量划分情况，采用 K-means 聚类算法进行位置划分，示例 MCT 门划分结果为 $[[[q_0],[q_1,q_2]],[[q_3,q_5],[q_4]]]$。若该 MCT 门序列中后续门与该门存在门对关系，则遵循该门的划分情况进行互逆分解。

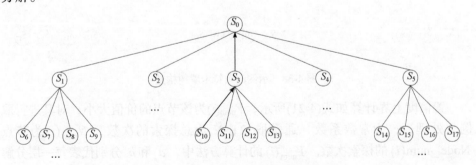

图 4-39　示例门蒙特卡罗树搜索结果

2) MCT 线路分解映射算法

文献[134]中提出了一种硬件感知的量子线路映射算法，使量子线路可以直接在量子芯片上执行。在将量子线路分解至仅由单量子比特门与双量子比特门构成后，采用该映射算法进行映射。该映射转换算法根据校准数据选择插入交换门或者桥接门进行量子比特路由，且该算法不仅适用于 IBM 量子计算设备，也可用于其他供应商的量子计算设备。实验结果表明，该算法在附加门数量、保真度和执行时间方面都表现出较高的水平。

　　量子计算设备拓扑感知的 MCT 线路分解映射算法根据输入的逻辑量子线路、量子芯片拓扑进行运算，输出物理量子线路、量子门数以及附加门数，具体分解映射流程如算法 4.3 所示。该算法中，QUBO_select()函数选取硬件子拓扑作为感知对象，Sub_select()函数选取量子线路中的子 MCT 门序列，Pre_process()函数对子 MCT 门序列进行门序预处理，Monte_carlo_tree_search()函数对 MCT 门控制量子比特进行数量划分，K_means()函数进行聚类，Gate_decompose()函数进行门分解以及 Mapping()函数进行硬件感知的量子线路映射。

---

**算法 4.3**：量子计算设备拓扑感知的 MCT 线路分解映射算法

**输入**：逻辑量子线路 $L$，量子芯片拓扑 $G(V,E)$

**输出**：物理量子线路 $P$，量子门数 $Gate_{num}$，附加门数 $CNOT_{num}$

1.　**Begin**

2.　　　　MCT_sub_gate_list ← [] //初始化 MCT 门序列列表

3.　　　　Process_sub_gate_list ← [] //初始化处理后 MCT 门序列列表

4.　　　　Circuit ← [] //初始化分解后线路

5.　　　　D_num ← [] //初始化控制量子比特数量划分结果

6.　　　　$D$ ← [] //初始化控制量子比特划分结果

7.　　　　LN = Width($L$);//根据量子线路计算逻辑量子比特数量

8.　　　　$M$ = C_Matrix($G$), $N$ = W_Matrix($G$);//根据量子芯片拓扑计算相关矩阵

9.　　　　Sub_topology←QUBO_select($G$,LN,$M$,$N$) ;//QUBO 模型硬件子拓扑选取

10.　　　　MCT_sub_gate_list[] = Sub_select($L$);//从输入线路中选取子 MCT 门序列

11.　　　　**if** MCT_sub_gate_list == Null **then**:

12.　　　　　　Mapping(Circuit,Sub_topology) ;//线路映射

13.　　　　　　return $P$ and $Gate_{num}$ and $CNOT_{num}$ ;//输出结果

---

14.　　　　**else:**

15.　　　　　　**foreach** $i$ in MCT_sub_gate_list **do**:

16.　　　　　　　　Process_sub_gate_list[] =
　　　　　　　　Pre_process(MCT_sub_gate_list[$i$]);//门序预处理

17.　　　　　　　　D_num[]←Monte_carlo_tree_search(New_sub_gate_list[]);
　　　　　　　　//划分结果

18.　　　　　　　　$D$[]←K_means(D_num);　//聚类

19.　　　　　　　　De_L=Gate_decompose($L,D$); //线路分解

20.　　　　　　　　Circuit.append(De_L);

21.　　　　　　Mapping(Circuit,Sub_topology) ;

22.　　　　　　return $P$ and Gate$_{num}$ and CNOT$_{num}$;

23.　**End**

3) 分解映射示例

　　根据 4.2 节得出的 MCT 门控制量子比特划分方法，对示例 MCT 线路的分解给出详细说明。蒙特卡罗树搜索对控制量子比特第一次分组的结果为 [[3],[3]]，根据 K-means 聚类算法，控制量子比特的分组结果为[[$q_0,q_1,q_2$],[$q_3,q_4,q_5$]]，因此根据此划分对门 $G_1$ 采用米勒分解方式四进行第一轮分解，门 $G_3$ 控制量子比特的划分遵循前门方式并采用米勒分解方式二进行互逆分解，由此两个相邻门之间出现冗余门，进行消除即可。门 $G_2$ 并不与前门产生关联门对关系，所以对其单独进行控制量子比特划分，结果为[[$q_2$],[$q_3,q_4$]]，遵循此划分可在后续映射中减少所需的路由次数，分解映射步骤一如图 4-40 所示。

　　接着进行第二轮分解，根据第一轮划分结果，控制量子比特的划分结果为[[[$q_0$],[$q_1,q_2$]],[[$q_3,q_5$],[$q_4$]]]，所以对门 $G_1$ 首次分解中第一个子 MCT 门的控制量子比特进行划分并分解，由于第二个子 MCT 门出现了控制量子比特数量等于量子比特数量减 1 的情况，所以采用图 4-34(b)所示的无辅助线分解以减少基本门数，并进一步节省量子资源，分解映射步骤二如图 4-41 所示。

　　此时，示例 MCT 线路已经完全分解至由 Toffoli 门与双量子比特门组成，将相邻 Toffoli 门分解至 NCV 门库时同样采用互逆分解，可删除部分双量子比特门，分解映射步骤三如图 4-42 所示。采用该分解方式分解后线路中的基本门数为 74，相比于原来分解方式的 134 个基本门，减少了 44.8%。

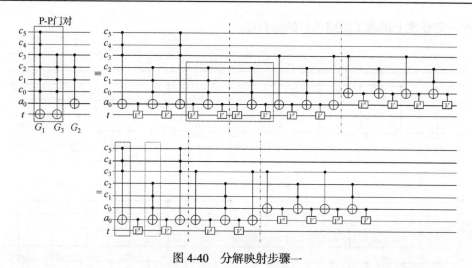

图 4-40　分解映射步骤一

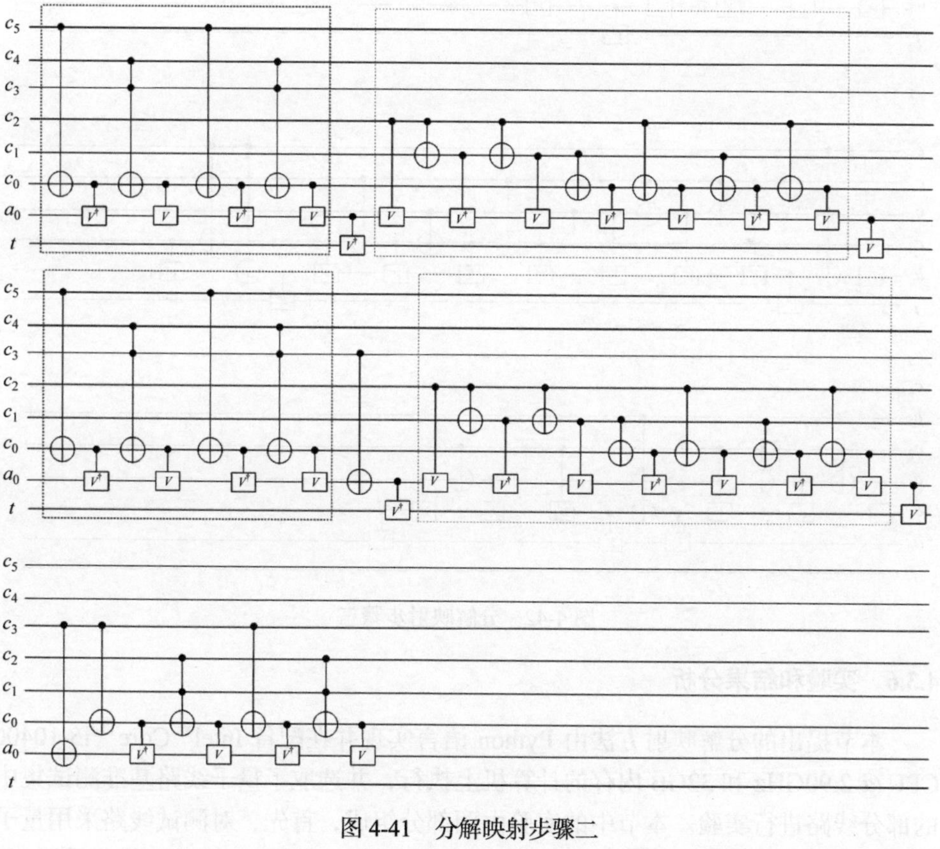

图 4-41　分解映射步骤二

　　最后对该分解后的线路采用 HA 映射方法在所选硬件子拓扑上进行映射，所需的附加门数为 138，相比于原来的分解方式，所需的附加门数减少了 31.3%，在一定程度上提高了线路执行的保真度。

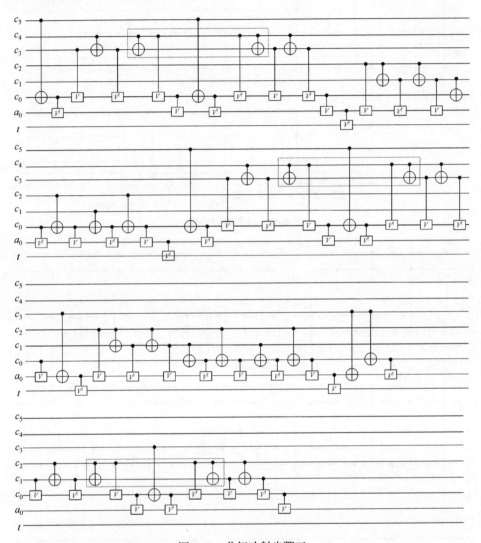

图 4-42　分解映射步骤三

### 4.3.6　实验和结果分析

　　本节提出的分解映射方法由 Python 语言实现并在配备 Intel® Core™i5-10400 CPU @ 2.90GHz 和 32GB 内存的计算机上执行，并选取了量子线路基准测试集中的部分线路进行实验。本节中的实验由两部分组成，首先，对测试线路采用量子计算设备拓扑感知的分解方法分解至 NCV 门序列，接着对分解后的线路采用 HA 映射算法进行实验。在分解前的门序列预处理中，将移动窗口深度设为 5。在利用 QUBO 模型进行硬件子拓扑选择时，通过动态调整参数，将 $\alpha$ 与 $\beta$ 分别设置为 125 与 186。

分解映射实验结果如表 4-2 所示，其中 Quantum circuit 表示量子线路相关信息，Circuit name 表示线路名称，$n$ 表示量子线路的逻辑量子比特数量，$Ori\_Gate_{num}$ 表示分解前线路中的高级量子门数量，$A\_n$ 表示该线路实际使用的逻辑量子比特数量，$Gate_{num}$ 表示分解后线路中的基本门数量，$\Delta Gate_{num}$ 表示基本门数优化率，$CNOT_{num}$ 表示线路映射所需的附加门数，$\Delta CNOT_{num}$ 表示附加门数优化率。

**表 4-2　基准线路分解与映射实验对比结果**

| Quantum circuit | | | | $Gate_{num}$ | | | $CNOT_{num}$ | | |
|---|---|---|---|---|---|---|---|---|---|
| Circuit name | $n$ | $Ori\_Gate_{num}$ | $A\_n$ | 文献 [210] | 本节所提方法 | $\Delta Gate_{num}$/ % | 文献 [210] | 本节所提方法 | $\Delta CNOT_{num}$ /% |
| symmetric | 10 | 73 | 9 | 10313 | 8695 | 15.69 | 2703 | 2301 | 14.87 |
| symmetric | 10 | 74 | 9 | 4642 | 3928 | 15.38 | 906 | 786 | 13.25 |
| symmetric | 10 | 347 | 7 | 1857 | 1564 | 15.78 | 366 | 303 | 17.21 |
| cycle | 12 | 19 | 10 | 744 | 702 | 5.65 | 201 | 177 | 11.94 |
| cycle | 20 | 48 | 17 | 3167 | 2964 | 6.41 | 801 | 711 | 11.24 |
| ham | 15 | 70 | 4 | 760 | 708 | 6.84 | 192 | 159 | 17.19 |
| ham | 15 | 109 | 4 | 205 | 181 | 11.71 | 42 | 30 | 28.57 |
| ham | 15 | 132 | 7 | 2876 | 2165 | 24.72 | 726 | 621 | 14.46 |
| mod-adder | 20 | 55 | 10 | 1505 | 1286 | 14.55 | 510 | 411 | 19.41 |
| mod-adder | 40 | 210 | 20 | 14817 | 12256 | 17.28 | 3912 | 3012 | 23.01 |
| hwb50ps | 56 | 589 | 6 | 4526 | 3459 | 23.57 | 912 | 732 | 19.74 |
| hwb100ps | 107 | 1375 | 7 | 21468 | 17618 | 17.93 | 7515 | 6102 | 18.80 |

### 1) 量子门数分析

量子线路中基本门的数量通常是评估量子线路复杂度的重要指标之一，其对量子计算的效率和可靠性有着重要的影响。量子线路中门的数量越多，量子比特之间的相互作用就越复杂，执行时间和错误率就越高，因此，为了实现高效的量子计算，需要尽可能减少量子线路分解后的基本门数。与传统的分解方法不同，这里充分利用米勒分解及其衍生方法，通过关联门对进行相邻高级量子门互逆分解，有效地减少了量子线路中的基本门数。由于分解迭代至 Toffoli 门时停止，所以线路中一个 Toffoli 门按五个基本量子门计算。

将本节提出的量子计算设备拓扑感知的 MCT 线路分解方法与文献[210]中所

提分解方法进行比较。文献[210]中使用固定模板进行分解,而我们的方法针对固定模板分解做出了进一步优化。表 4-2 的实验结果显示,本节提出的分解方法在基本门数方面相比于文献[210]中的方法平均提升了 14.6%。其中,第二条 ham 线路中未出现控制量子比特 >3 的 MCT 门序列,直接使用图 4-34(b)所示分解即可,无须使用米勒分解。量子基本门数对比如图 4-43 所示。

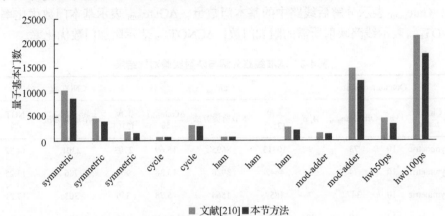

图 4-43　量子基本门数对比图

2) 附加门数分析

为了使量子线路符合硬件的连通性约束,往往需要在映射过程中采取某种路由策略使相互作用的量子比特近邻,但路由过程中带来的附加门会对量子计算的保真度带来负面影响,因此保证附加门数量尽可能少是量子线路高效执行的关键。实验采用 HA 映射算法对相关量子线路进行分解,该分解方法充分考虑了控制量子比特划分对量子线路映射的影响,相比于其他分解方法,有效减少了量子线路映射过程中的路由次数。

HA 算法在映射过程中,同时考虑插入交换门和桥接门,由于插入一个交换门相当于增加了 3 个 CNOT 门,而插入一个桥接门也相当于增加了 3 个 CNOT 门(自身原本存在一个 CNOT 门),所以无论采用哪种方式进行路由,都相当于在原先的线路中增加了 3 个 CNOT 门,附加门的计算方式如式(4-22)所示,其中 $C$ 表示附加门数,$S$ 表示 SWAP 门数,$R$ 表示桥接门数。

$$C = 3(S + R) \tag{4-22}$$

量子基准线路在量子硬件上的映射实验对比结果详见表 4-2。若线路规模 ≤27 量子比特,则选取 ibmq_cairo 架构进行实验,若线路规模处于 27~127 量子比特范围内,则选取 ibmq_washington 架构进行实验。结果显示,采用本节提出的拓扑感知分解方法分解的线路在映射过程中所需的附加门数较少,相比于采用文献[210]中分解方式分解的线路平均提升了 17.5%。量子附加门数对比如图 4-44 所示。

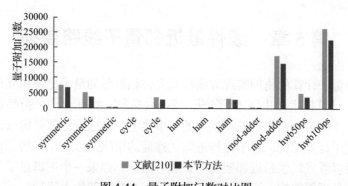

图 4-44 量子附加门数对比图

## 4.4 本 章 小 结

本章阐述了 MCT 门的基本分解方法，包括如何将 MCT 门分解为标准 Toffoli 门，以及如何进一步将 Toffoli 门分解为 NOT 门、CNOT 门和标准 Toffoli 门的组合。还提出了一种优化策略，利用量子门的自可逆特性，通过对称性分解和门对消除，降低了量子线路的量子代价。讨论了线性近邻约束下的 MCT 门分解，针对某些量子技术仅支持最近邻交互的限制，提出了一种在分解过程中同时考虑近邻约束的方法，旨在减少插入 SWAP 门的数量，从而降低了量子线路的延迟和错误率。

本章提出了基于量子计算设备拓扑感知的 MCT 门分解方法，通过选择较优的硬件子拓扑，利用量子门交换规则进行门序预处理，并动态选择分解方式，进一步优化了量子线路的映射过程。通过实验验证本章所提方法在减少量子线路基本门数和附加门数方面的有效性，展示了该方法在提高量子线路执行保真度方面的潜力。

# 第 5 章　线性最近邻量子线路变换

大多数量子计算的物理实现方案都只允许相近邻的量子比特相互作用。一些重要的量子计算技术(如囚禁粒子[22]、核磁共振[25]、离子阱[219]等)都是建立在线性最近邻量子比特相互作用的基础上的。事实上，线性最近邻架构被认为是一个可扩展的量子计算架构，量子比特近邻化连通约束(见定义 2-30)的二维量子计算体系架构可以看成线性最近邻架构的扩展。因此，如果一个逻辑量子线路可以有效地在线性最近邻架构上运行，那么它也可以在其他架构上运行。

## 5.1　NCV 线路的 LNN 构造和优化

### 5.1.1　NCV 量子门三线分布

NCV 门库对一般量子线路是通用的，即可以使用 NCV 门库构造任意功能的量子线路。本节使用 NCV 门库作为基本门讨论量子线路构造和优化问题。

一个单量子比特门在线性最近邻的 $n$ 量子比特线的量子线路中有 $n$ 种可能的分布形式；一个双量子门在 $n$ 条水平线的 LNN 线路中，由于每条线上存在控制比特和目标比特两种可能，所以有 $2\times(n-1)$ 种可能的分布形式。因此，NCV 门库在三线 LNN 线路中共有 $3+3\times2\times(3-1)=15$ 种分布形式，对应 15 种置换，如图 5-1 所示。

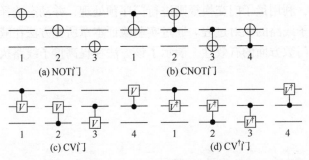

(a) NOT门　　　　　(b) CNOT门

(c) CV门　　　　　(d) CV†门

图 5-1　NCV 门库中的量子门在三线量子线路中的所有分布情况

**定理 5-1**　在 NCV 门库中，仅当该量子门控制比特的输入值是 $|0\rangle$ 或 $|1\rangle$ 时，量子比特门输出的两个量子比特不发生纠缠。

**证明：**设 CU 为 NCV 门库的一个双量子比特门，其矩阵表示为

$$CU = \begin{pmatrix} 1 & 0 & 0 & 0 \\ 0 & 1 & 0 & 0 \\ 0 & 0 & a & b \\ 0 & 0 & b & a \end{pmatrix} \tag{5-1}$$

式中，$a$、$b$ 都为复数，且 $a^2 + b^2 = 1$。

两个输入量子比特分别为 $|\psi_1\rangle$、$|\psi_2\rangle$，其中，$|\psi_1\rangle$ 为控制比特，$|\psi_2\rangle$ 为目标比特，$|\psi_1\rangle_{\text{in}} = \begin{pmatrix} \alpha_1 \\ \beta_1 \end{pmatrix}$，$|\psi_2\rangle_{\text{in}} = \begin{pmatrix} \alpha_2 \\ \beta_2 \end{pmatrix}$。

输入向量如式(5-2)所示：

$$P_{\text{in}} = |\psi_1\rangle_{\text{in}} |\psi_2\rangle_{\text{in}} = \begin{pmatrix} \alpha_1\alpha_2 \\ \alpha_1\beta_2 \\ \beta_1\alpha_2 \\ \beta_1\beta_2 \end{pmatrix} \tag{5-2}$$

其输出向量如式(5-3)所示：

$$P_{\text{out}} = CU \times P_{\text{in}} = \begin{pmatrix} 1 & 0 & 0 & 0 \\ 0 & 1 & 0 & 0 \\ 0 & 0 & a & b \\ 0 & 0 & b & a \end{pmatrix}\begin{pmatrix} \alpha_1\alpha_2 \\ \alpha_1\beta_2 \\ \beta_1\alpha_2 \\ \beta_1\beta_2 \end{pmatrix} = \begin{pmatrix} \alpha_1\alpha_2 \\ \alpha_1\beta_2 \\ a\beta_1\alpha_2 + b\beta_1\beta_2 \\ b\beta_1\alpha_2 + a\beta_1\beta_2 \end{pmatrix} \tag{5-3}$$

若该门的输出不发生纠缠，则 $P_{\text{out}}$ 可以写成两个量子比特张量积的形式，即 $P_{\text{out}} = |\psi_1\rangle_{\text{out}} |\psi_2\rangle_{\text{out}}$，其中，$|\psi_1\rangle_{\text{out}} = |\psi_1\rangle_{\text{in}} = \begin{pmatrix} \alpha_1 \\ \beta_1 \end{pmatrix}$。

设 $|\psi_2\rangle_{\text{out}} = \begin{pmatrix} \alpha_2' \\ \beta_2' \end{pmatrix}$，可得到

$$\begin{pmatrix} \alpha_1\alpha_2' \\ \alpha_1\beta_2' \\ \beta_1\alpha_2' \\ \beta_1\beta_2' \end{pmatrix} = \begin{pmatrix} \alpha_1\alpha_2 \\ \alpha_1\beta_2 \\ a\beta_1\alpha_2 + b\beta_1\beta_2 \\ b\beta_1\alpha_2 + a\beta_1\beta_2 \end{pmatrix} \tag{5-4}$$

假设控制比特的输入值不为 $|0\rangle$ 或 $|1\rangle$，则 $\alpha_1 \neq 0$，$\beta_1 \neq 0$。

由式(5-4)得，$\alpha_2 = \alpha_2'$，$\beta_2 = \beta_2'$。因此 CU 为一个恒等门，即

$$CU = \begin{pmatrix} 1 & 0 & 0 & 0 \\ 0 & 1 & 0 & 0 \\ 0 & 0 & 1 & 0 \\ 0 & 0 & 0 & 1 \end{pmatrix} \tag{5-5}$$

式(5-5)与假设条件冲突。因此，对于 NCV 门库中的控制门 CU，为了使该量子门的输出值不发生纠缠，其控制比特的输入值只能是 $|0\rangle$ 或 $|1\rangle$。**证毕**。

**定理 5-2**　在 NCV 量子线路中，如果线路的输入值都为布尔值 $|0\rangle$ 或 $|1\rangle$，则在线路中，任意时刻任意量子比特线上的值只可能有四种，即 $|0\rangle$、$|1\rangle$、$V_1$ 和 $V_2$，其中，$V_1 = \dfrac{1+\mathrm{i}}{2}\begin{pmatrix} 1 \\ -\mathrm{i} \end{pmatrix}$，$V_2 = \dfrac{1+\mathrm{i}}{2}\begin{pmatrix} -\mathrm{i} \\ 1 \end{pmatrix}$。

**证明：**由定理 5-1 可知，在 NCV 门库中，CNOT 门、CV 门和 $CV^\dagger$ 门的控制比特的值只能为 $|0\rangle$ 或 $|1\rangle$。

当 CV 门的控制比特的值为 $|0\rangle$ 时：目标比特保持不变。

当 CV 门的控制比特的值为 $|1\rangle$ 时：目标比特输入值为 $|0\rangle$ 时，目标比特输出为 $V_1$；目标比特输入值为 $|1\rangle$ 时，目标比特输出为 $V_2$；目标比特输入值为 $V_1$ 时，目标比特输出值为 $|0\rangle$；目标比特输入值为 $V_2$ 时，目标比特输出值为 $|1\rangle$。

$CV^\dagger$ 门的情况与 CV 门的情况类似。

当 CNOT 门的控制比特的值为 $|1\rangle$ 时：目标比特输入值为 $|0\rangle$ 时，目标比特输出值则为 $|1\rangle$；目标比特输入值为 $|1\rangle$ 时，输出值为 $|0\rangle$。

当 CNOT 门的控制比特输入值为 $|0\rangle$ 时，目标比特的输出值不变。**证毕**。

根据定理 5-2，可构造表 5-1 所示的输入输出对应表(其中 $c$ 表示控制比特，$t$ 表示目标比特)。

**表 5-1　NCV 门库的真值表**

| 输入 | | NOT 门输出 | CNOT 门输出 | | CV 门输出 | | $CV^\dagger$门输出 | |
| --- | --- | --- | --- | --- | --- | --- | --- | --- |
| $c$ | $t$ | $t$ | $c$ | $t$ | $c$ | $t$ | $c$ | $t$ |
| 0 | 0 | 1 | 0 | 0 | 0 | 0 | 0 | 0 |
| 0 | 1 | 0 | 0 | 1 | 0 | 1 | 0 | 1 |
| 0 | $V_1$ | $V_2$ | 0 | $V_1$ | 0 | $V_1$ | 0 | $V_1$ |
| 0 | $V_2$ | $V_1$ | 0 | $V_2$ | 0 | $V_2$ | 0 | $V_2$ |
| 1 | 0 | 1 | 1 | 1 | 1 | $V_1$ | 1 | $V_2$ |
| 1 | 1 | 0 | 1 | 0 | 1 | $V_2$ | 1 | $V_1$ |
| 1 | $V_1$ | $V_2$ | 1 | $V_1$ | 1 | 0 | 1 | 0 |
| 1 | $V_2$ | $V_1$ | 1 | $V_2$ | 1 | 0 | 1 | 1 |

使用 NCV 门库中的量子门综合双量子比特量子线路，可以很容易得到所有的双量子比特最优线路，共有 $2^2! = 24$ 个，如图 5-2 所示(未画出恒等线路，线路

下方的数字表示线路功能的置换数)。可以看出其中并未出现 CV 门或 CV$^\dagger$门,且线路中任意时刻任意线上的量子状态只能是 $|0\rangle$ 或 $|1\rangle$。

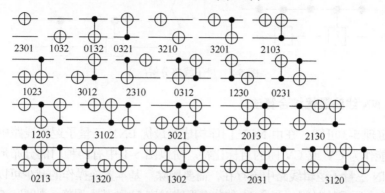

图 5-2　全部双量子最优线路

**定理 5-3**　在由 NCV 门库的量子门组成的 LNN 最优三量子逻辑线路中,最多只能有一条量子比特线上的量子状态为 $V_1$ 或 $V_2$,且 $V_1$ 或 $V_2$ 只能在第一条和第三条量子比特线 $l_1$ 和 $l_3$ 上。

**证明:** 首先证明 $V_1$ 和 $V_2$ 不可能出现在量子比特线 $l_2$ 上。

假设一个 LNN 三量子线路的量子比特线 $l_2$ 的量子状态为 $V_1$ 或 $V_2$,根据定理 5-1,$l_2$ 将不能作为控制门的控制比特。由于 LNN 线路只有相邻水平线上的量子比特发生作用,在 $l_2$ 不能作为控制比特的情况下,$l_1$ 与 $l_3$ 的量子状态将不能彼此相互作用,因此可以将此三量子线路分解为两个双量子线路,如图 5-3 所示(线路中 $U$ 代表 CNOT、CV 或 CV$^\dagger$)。已知,在最优的双量子线路中,量子比特状态不会为 $|0\rangle$ 和 $|1\rangle$ 以外的值,所以此量子线路不是最优的。

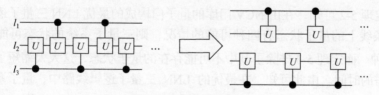

图 5-3　量子线路分解(一)

再证明 $V_1$ 和 $V_2$ 不可能同时出现在 $l_1$ 和 $l_3$ 上。

假设在一个 LNN 三量子逻辑线路中,$l_1$ 和 $l_3$ 上同时出现非逻辑值 $V_1$ 或 $V_2$。由定理 5-1 可知,$l_1$ 和 $l_3$ 都不能作为控制比特,则可以把此三量子线路分解为两个双量子线路,如图 5-4 所示。已知在最优的双量子线路中,量子比特状态不会为 $|0\rangle$ 和 $|1\rangle$ 以外的值,所以此线路不是最优的。**证毕。**

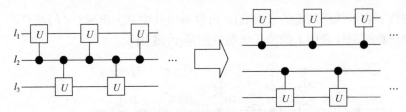

图 5-4　量子线路分解(二)

### 5.1.2　LNN 线路最优综合算法

由定理 5-3 可知，在由 NCV 门库构成的最优 LNN 三量子逻辑线路中，水平线 $l_2$ 不能作为 CV 或 CV$^\dagger$门的目标比特。所以图 5-1 中有四种门的分布形式在最优的 LNN 三量子逻辑线路中不存在，需要删除，基本置换操作的减少可以大大缩短线路综合所需的时间。剩余 11 种分布形式对应 11 种基本置换，如图 5-5 所示，记为 NCV_3。

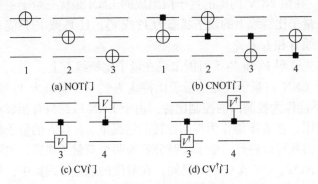

图 5-5　NCV 门库在三线最优量子线路中的可能分布情况

由定理 5-2 可知，在由 NCV 门库的量子门构成的最优 LNN 三量子逻辑线路中，每条线上的量子状态有四种可能的情况，则三量子系统的状态可能的值有 $4^3=64$ 种。而定理 5-3 排除了其中不可能存在的量子状态，这大大缩短了线路综合时所需的时间。由此可知，在最优的 LNN 三量子逻辑线路中，量子系统的所有可能状态有 24 种，记为 VC_3。线路的输入输出状态一共有 $2^3=8$ 种，记为 V_3。

可以从一个不需要任何门的恒等线路出发，依次在后面尝试添加 NCV_3 中的全部置换，每次添加一个量子门，产生一个新线路。如果新的线路输出状态不属于 VC_3，则将其删除；如果新线路的功能已存在，则将其删除；如果线路输出状态属于 V_3 且在已有的线路中不存在与新线路功能相同的线路，由于之后所得的线路代价只会比原有的大，所以新线路就是所求的最优线路。在当前最优线路后再尝试 NCV_3 中的所有置换，得到新的线路。以此类推，可得到所有的最优线路。具体算法描述为算法 5.1。

---

**算法 5.1**：最优线路置换算法

---

**输入**：原始线路集合 Opb

**输出**：最优线路集合 Op

1.　　**Begin**

2.　　　　Opb = {0},Op = {0};//初始化最优线路集合

3.　　　　S_NCV_3 = {};

4.　　　　$S$ = {0};//用 0 号节点表示恒等线路

5.　　　　NCV_3 = {NCV_3[0],NCV_3[1],···,NCV_3[10]};　//为门标号

6.　　　　**foreach** $i$ in $k$ **do**:

7.　　　　　　S_NCV_3[$i$] = {S_NCV_3[$i$][0],···,S_NCV_3[$i$][10]};　//置换

8.　　　　　　S_NCV_3.append(S_NCV_3[$i$]);

9.　　　　**foreach** $j$ in $k$ **do**:

10.　　　　　　**if** S_NCV_3[$i$][10]∈VC_3 **then**

11.　　　　　　　　Circuit.retain();　//线路保留

12.　　　　　　　　**if** S_NCV_3 == Opb **then**

13.　　　　　　　　　　Circuit.delete();　//线路删除

14.　　　　　　　　**else**

15.　　　　　　　　　　Circuit.retain();

16.　　　　　　**else**

17.　　　　　　　　Circuit.delete();

18.　　　　**foreach** $m$ in $k$ **do**:

19.　　　　　　**if** S_NCV_3[$m$]∈V_3:

20.　　　　　　　　**if** num(Op)==40320:

| 21. | | **return** Op; |
| 22. | | **else** |
| 23. | | Op.append(S_NCV_3[$m$]); |
| 24. | Clear($S$); //清空集合 | |
| 25. | $S$ = S_NCV_3; | |
| 26. | Clear(S_NCV_3); | |
| 27. | **return** Op; //返回集合 | |
| 28. | **End** | |

为了说明上述算法，给出图 5-6。图中 0 号节点表示恒等线路。在 0 号节点后接 NCV_3 中的所有置换，得到节点 1～11 的线路；判断所得线路输出状态是否属于VC_3，这里 1～11 号线路输出状态都属于 VC_3；判断树中是否存在相同功能的线路，这里 1～11 号线路不存在，保存 1～11 号线路；判断 1～11 号线路输出状态是否属于 V_3，可知 1～7 号节点的线路输出状态属于 V_3，即 1～7 号节点的线路是要求的最优线路。继续以上操作，在 1 号节点后接 NCV_3 中的所有置换，得到节点 12～22 的线路，其中 12 号线路的功能与 0 号相同，需删去；在 2 号节点，3 号节点，…，后面依次增加线路的长度，得到三量子所有最优线路。

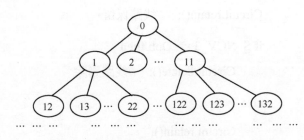

图 5-6　算法示意图

以上算法的时间复杂度主要体现在线路的搜索上，每产生一个新的线路，就需要在 Opb 中搜索是否已有相同功能的线路存在。

### 5.1.3　实验结果及分析

通过上述算法使用 NCV 门库综合出所有最优三量子比特 LNN 的量子线路，共 40320 个。线路平均量子代价为 15.9，深度最大的线路由 23 个门组成，图 5-7

所示的线路是其中一个。使用文献[57]中的方法，线路的平均量子代价为 22.7，深度最大的线路达到 34，超过 23 个门的线路多达 185542 个。表 5-2 列出了本方法所得的全部三量子比特最优线路中各个量子代价对应的线路数量。线路综合结果与文献[57]的结果比较，优化率达到 29.96%。

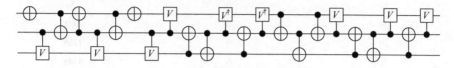

图 5-7　三量子比特最优线路中长度最大的一个线路

表 5-2　各个量子代价对应的线路数量

| 量子代价 | 本节方法最优结果 | 文献[57]方法 |
|---|---|---|
| 0 | 1 | 1 |
| 1 | 7 | 7 |
| 2 | 29 | 29 |
| 3 | 82 | 82 |
| 4 | 181 | 181 |
| 5 | 334 | 334 |
| 6 | 374 | 366 |
| 7 | 334 | 270 |
| 8 | 337 | 65 |
| 9 | 753 | 11 |
| 10 | 1652 | 24 |
| 11 | 2654 | 138 |
| 12 | 2482 | 478 |
| 13 | 1674 | 1208 |
| 14 | 1350 | 2324 |
| 15 | 3236 | 2813 |
| 16 | 6304 | 1886 |
| 17 | 6028 | 494 |
| 18 | 1508 | 43 |
| 19 | 1302 | 34 |
| 20 | 2566 | 278 |
| 21 | 4314 | 1296 |
| 22 | 2804 | 3766 |
| 23 | 14 | 6482 |
| 24 | 0 | 5366 |
| 25 | 0 | 1407 |

续表

| 量子代价 | 本节方法最优结果 | 文献[57]方法 |
|---|---|---|
| 26 | 0 | 181 |
| 27 | 0 | 4 |
| 28 | 0 | 8 |
| 29 | 0 | 160 |
| 30 | 0 | 1268 |
| 31 | 0 | 4148 |
| 32 | 0 | 4418 |
| 33 | 0 | 746 |
| 34 | 0 | 4 |
| 平均 | 15.9 | 22.7 |

# 5.2　线性最近邻量子线路综合

目前，学术界实现量子线路近邻化的手段主要可以分成两类：第一类是全排序，即全局修改量子比特的位置；第二类是局部排序，主要手段是在量子线路的部分区域中插入 SWAP 门。尽管全排序的方法可以实现较优的最近邻线路，但是实现全排序的代价较高，仅适用于规模较小的线路。因此，业内普遍采用的方法是添加 SWAP 门。添加 SWAP 门的方法也有很多，每个方法都有各自的特点，但总体的目标都是减少线路量子代价，也就是使添加的 SWAP 门的数量最少。

本节先具体介绍两种添加 SWAP 门实现最近邻的方法，然后在此基础上提出相应的优化策略，最后用一个实际的例子详细说明。

## 5.2.1　$N$ 门前瞻最近邻方法

$N$ 门前瞻最近邻方法[59]的核心思想是根据线路中某个非近邻门后 $N$ 个门的情况确定在此非近邻门前添加 SWAP 门的方式以及添加的数量。

为了使该方法具有通用性，需要考虑线路的所有情况。因此，将线路分为四类，如表 5-3 所示，其中 $G_i \cdot c$ 表示 $G_i$ 门的控制位，$G_i \cdot t$ 表示 $G_i$ 门的目标位。为了方便表述，将线路中的非近邻门命名为 $G_p$，$G_p$ 后紧跟着的 $N$ 个门均命名为 $G_n$，其中，$p+1 \leqslant n \leqslant p+N$。

表 5-3　四类线路

| 类别 | $G_p$ 和 $G_n$ 的关系 |
| --- | --- |
| 类别一 | $G_p$ 和 $G_n$ 的控制比特在同一条线上，即 $G_p \cdot c = G_n \cdot c$ |
| 类别二 | $G_p$ 和 $G_n$ 的目标比特在同一条线上，即 $G_p \cdot t = G_n \cdot t$ |
| 类别三 | $G_p$ 的控制比特和 $G_n$ 的目标比特在同一条线上，即 $G_p \cdot c = G_n \cdot t$ |
| 类别四 | $G_p$ 的目标比特和 $G_n$ 的控制比特在同一条线上，即 $G_p \cdot t = G_n \cdot c$ |

　　针对这四类情况的线路，还要分别考虑双量子比特门的控制比特和目标比特在线路中所有可能的位置，同时计算出使 $G_p$ 实现最近邻时需要添加的 SWAP 门的个数，命名为downSwapCount。表 5-4～表 5-7 分别给出了四类线路的各种详细情况。

表 5-4　第一类（$G_p \cdot c = G_n \cdot c$）

| 类别 | 示例线路 | 目标线路 |
| --- | --- | --- |

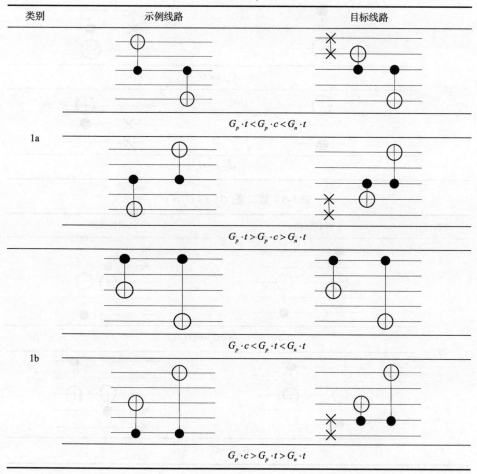

| 类别 | 示例线路 | 目标线路 |
|---|---|---|

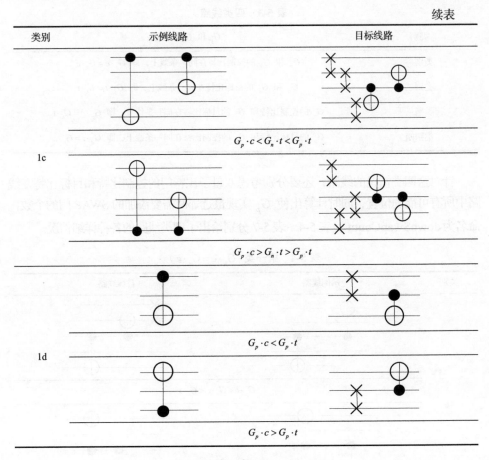

$$G_p \cdot c < G_n \cdot t < G_p \cdot t$$

1c

$$G_p \cdot c > G_n \cdot t > G_p \cdot t$$

$$G_p \cdot c < G_p \cdot t$$

1d

$$G_p \cdot c > G_p \cdot t$$

表 5-5　第二类($G_p \cdot t = G_n \cdot t$)

| 类别 | 示例线路 | 目标线路 |
|---|---|---|

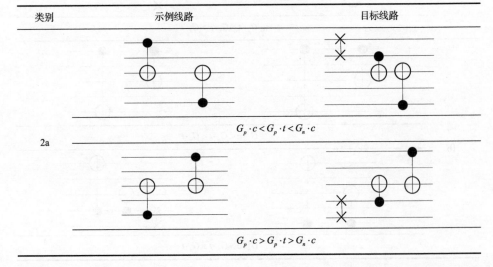

$$G_p \cdot c < G_p \cdot t < G_n \cdot c$$

2a

$$G_p \cdot c > G_p \cdot t > G_n \cdot c$$

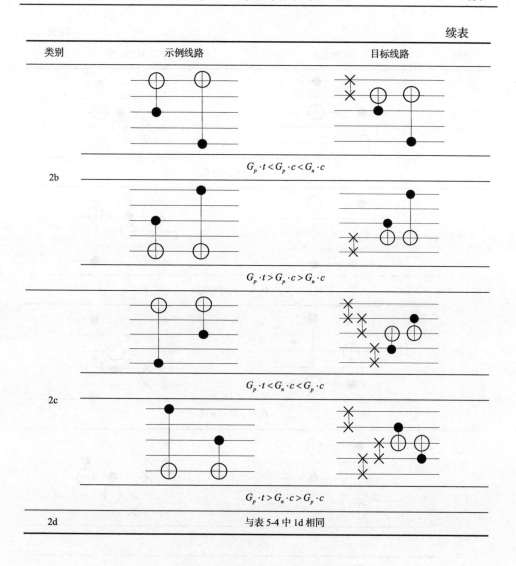

| 类别 | 示例线路 | 目标线路 |
|---|---|---|
| 2b | | |
| 2c | | |
| 2d | 与表 5-4 中 1d 相同 | |

$G_p \cdot t < G_p \cdot c < G_n \cdot c$

$G_p \cdot t > G_p \cdot c > G_n \cdot c$

$G_p \cdot t < G_n \cdot c < G_p \cdot c$

$G_p \cdot t > G_n \cdot c > G_p \cdot c$

**表 5-6**　第三类($G_p \cdot c = G_n \cdot t$)

| 类别 | 示例线路 | 目标线路 |
|---|---|---|
| 3a | | |

$G_p \cdot t < G_p \cdot c < G_n \cdot c$

| 类别 | 示例线路 | 目标线路 |
|---|---|---|
| 3a | | |
| | $G_p \cdot t > G_p \cdot c > G_n \cdot c$ | |
| 3b | | |
| | $G_p \cdot c < G_p \cdot t < G_n \cdot c$ | |
| | | |
| | $G_p \cdot c > G_p \cdot t > G_n \cdot c$ | |
| 3c | | |
| | $G_p \cdot c < G_n \cdot c < G_p \cdot t$ | |
| | | |
| | $G_p \cdot c > G_n \cdot c > G_p \cdot t$ | |
| 3d | 与表 5-4 中 1d 相同 | |

表 5-7　第四类($G_p \cdot t = G_n \cdot c$)

| 类别 | 示例线路 | 目标线路 |
|---|---|---|

$$G_p \cdot c < G_p \cdot t < G_n \cdot t$$

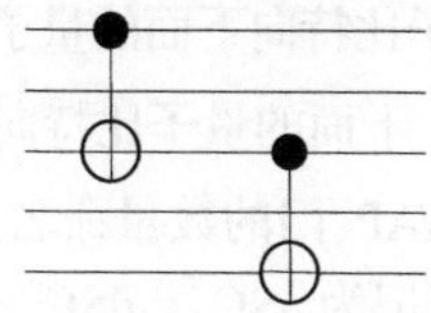

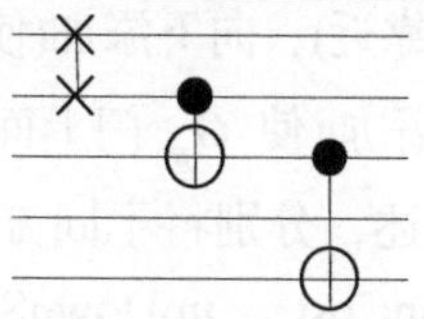

$$G_p \cdot c > G_p \cdot t > G_n \cdot t$$

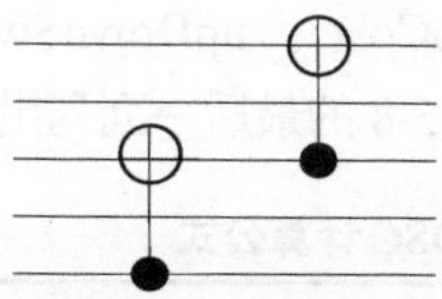

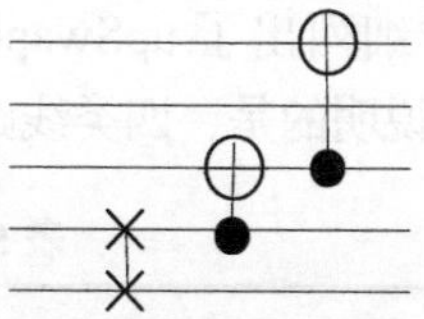

4a

$$G_p \cdot t < G_p \cdot c < G_n \cdot t$$

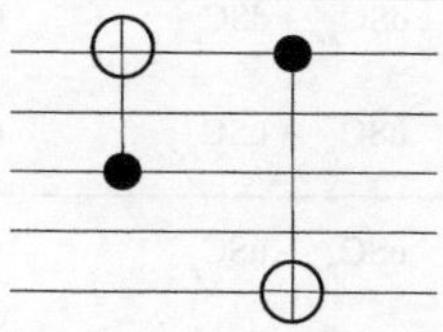

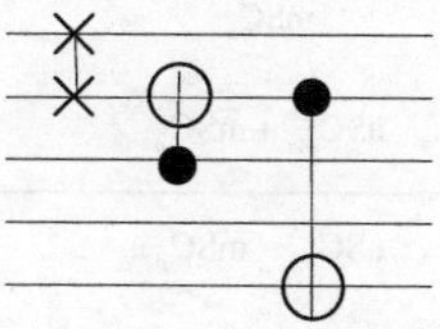

$$G_p \cdot t > G_p \cdot c > G_n \cdot t$$

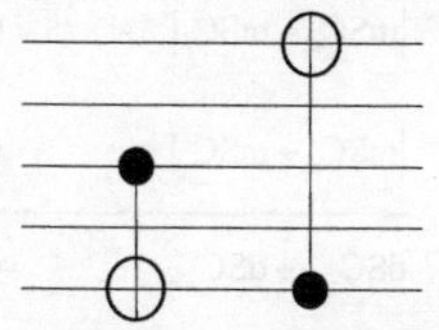

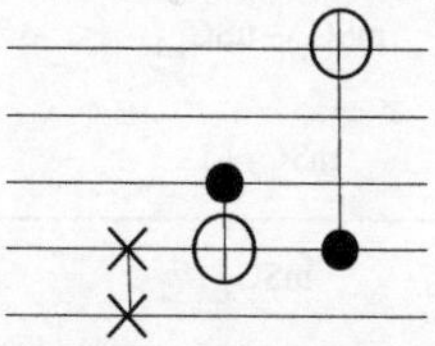

4b

$$G_p \cdot t < G_n \cdot t < G_p \cdot c$$

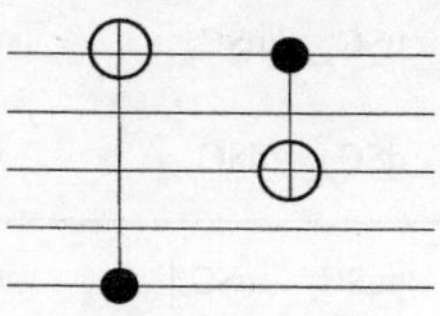

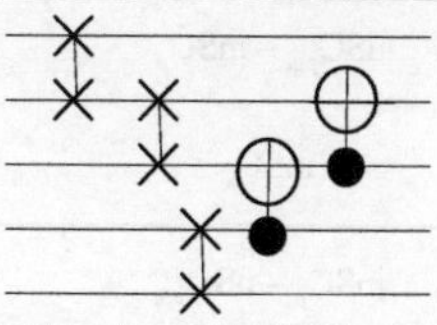

$$G_p \cdot t > G_n \cdot t > G_p \cdot c$$

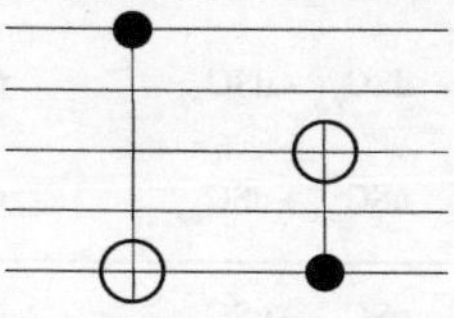

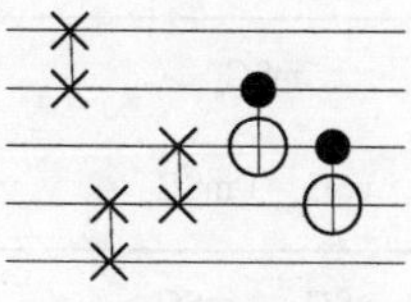

4c

4d　　　　　　　　与表 5-4 中 1d 相同

　　计算 downSwapCount 的方法主要有两步：首先，需要估算采取不同方式需要添加 SWAP 门的数量，主要的方式有向上添加(使 $G_p$ 门下面的量子比特向上面的量子比特靠近)、向下添加(使 $G_p$ 门上面的量子比特向下面的量子比特靠近)、向上向下同时添加(使 $G_p$ 门上面的量子比特向下、下面的量子比特向上相互靠近)。为了方便表述，分别将不同方式需要添加的 SWAP 门的数量命名为 upSwapCost、downSwapCost、upDownSwapCost，分别简记为 uSC、dSC、uDSC。其次，在 uSC、dSC、uDSC 中选择最小值，即 downSwapCount。表 5-8 根据上面的具体分类详细列出了 upSwapCost、downSwapCost、upDownSwapCost 的计算公式。需要说明的是，四类线路的满足条件在表 5-8 的最后一列列出。

表 5-8　uSC、dSC、uDSC 计算公式

| 情况 | dSC | uSC | uDSC | 满足条件 |
|---|---|---|---|---|
| 1a | $mSC_n$ | $dSC_{p,n}+mSC_p$ | $dSC_{p,n}+dSC_{p,r}$ | $G_p \cdot t < G_p \cdot c < G_n \cdot t$ |
| | $uSC_{p,n}+mSC_p$ | $mSC_n$ | $uSC_{p,n}+uSC_{p,r}$ | $G_p \cdot t > G_p \cdot c > G_n \cdot t$ |
| 1b | $uSC_{p,n}-mSC_p$ | $mSC_n$ | $uSC_{p,n}-uSC_{p,r}$ | $G_p \cdot c < G_p \cdot t < G_n \cdot t$ |
| | $mSC_n$ | $dSC_{p,n}-mSC_p$ | $dSC_{p,n}-dSC_{p,r}$ | $G_p \cdot c > G_p \cdot t > G_n \cdot t$ |
| 1c | $mSC_p-uSC_{p,n}$ | $mSC_n+1$ | $\left|mSC_n-mSC_r\right|$ | $G_p \cdot c < G_n \cdot t < G_p \cdot t$ |
| | $mSC_n+1$ | $mSC_p-dSC_{p,n}$ | $\left|mSC_n-mSC_r\right|$ | $G_p \cdot c > G_n \cdot t > G_p \cdot t$ |
| 2a | $mSC_n$ | $dSC_{p,n}+mSC_p$ | $dSC_{p,n}+dSC_{p,r}$ | $G_p \cdot t < G_p \cdot c < G_n \cdot t$ |
| | $uSC_{p,n}+mSC_p$ | $mSC_n$ | $uSC_{p,n}+uSC_{p,r}$ | $G_p \cdot t > G_p \cdot c > G_n \cdot t$ |
| 2b | $uSC_{p,n}-mSC_p$ | $mSC_n$ | $uSC_{p,n}-uSC_{p,r}$ | $G_p \cdot c < G_p \cdot t < G_n \cdot t$ |
| | $mSC_n$ | $dSC_{p,n}-mSC_p$ | $dSC_{p,n}-dSC_{p,r}$ | $G_p \cdot c > G_p \cdot t > G_n \cdot t$ |
| 2c | $mSC_p-uSC_{p,n}$ | $mSC_n+1$ | $\left|mSC_n-mSC_r\right|$ | $G_p \cdot c < G_n \cdot t < G_p \cdot t$ |
| | $mSC_n+1$ | $mSC_p-dSC_{p,n}$ | $\left|mSC_n-mSC_r\right|$ | $G_p \cdot c > G_n \cdot t > G_p \cdot t$ |
| 3a | $mSC_n$ | $dSC_{p,n}+mSC_p$ | $dSC_{p,n}+dSC_{p,r}$ | $G_p \cdot t < G_p \cdot c < G_n \cdot t$ |
| | $uSC_{p,n}+mSC_p$ | $mSC_n$ | $uSC_{p,n}+uSC_{p,r}$ | $G_p \cdot t > G_p \cdot c > G_n \cdot t$ |
| 3b | $uSC_{p,n}-mSC_p$ | $mSC_n$ | $uSC_{p,n}-uSC_{p,r}$ | $G_p \cdot c < G_p \cdot t < G_n \cdot t$ |
| | $mSC_n$ | $dSC_{p,n}-mSC_p$ | $dSC_{p,n}-dSC_{p,r}$ | $G_p \cdot c > G_p \cdot t > G_n \cdot t$ |

续表

| 情况 | dSC | uSC | uDSC | 满足条件 |
|---|---|---|---|---|
| 3c | $mSC_p - uSC_{p,n}$ | $mSC_n + 1$ | $\left\|mSC_n - mSC_r\right\|$ | $G_p \cdot c < G_n \cdot t < G_p \cdot t$ |
| | $mSC_n + 1$ | $mSC_p - dSC_{p,n}$ | $\left\|mSC_n - mSC_r\right\|$ | $G_p \cdot c > G_n \cdot t > G_p \cdot t$ |
| 4a | $mSC_n$ | $dSC_{p,n} + mSC_p$ | $dSC_{p,n} + dSC_{p,r}$ | $G_p \cdot t < G_p \cdot c < G_n \cdot t$ |
| | $uSC_{p,n} + mSC_p$ | $mSC_n$ | $uSC_{p,n} + uSC_{p,r}$ | $G_p \cdot t > G_p \cdot c > G_n \cdot t$ |
| 4b | $uSC_{p,n} - mSC_p$ | $mSC_n$ | $uSC_{p,n} - uSC_{p,r}$ | $G_p \cdot c < G_p \cdot t < G_n \cdot t$ |
| | $mSC_n$ | $dSC_{p,n} - mSC_p$ | $dSC_{p,n} - dSC_{p,r}$ | $G_p.c > G_p.t > G_n.t$ |
| 4c | $mSC_p - uSC_{p,n}$ | $mSC_n + 1$ | $\left\|mSC_n - mSC_r\right\|$ | $G_p \cdot c < G_n \cdot t < G_p \cdot t$ |
| | $mSC_n + 1$ | $mSC_p - dSC_{p,n}$ | $\left\|mSC_n - mSC_r\right\|$ | $G_p \cdot c > G_n \cdot t > G_p \cdot t$ |
| xd | $G_p \cdot t - G_p \cdot c - 1$ | 0 | — | $G_p \cdot c < G_p \cdot t$ |
| | 0 | $G_p \cdot c - G_p \cdot t - 1$ | — | $G_p \cdot c > G_p \cdot t$ |

表 5-8 中，$mSC_i = \max\left(dSC_i, uSC_i\right)$，$G_r$ 表示 $G_p$ 后面紧跟的一个量子门，且满足 $p+1 \leqslant r \leqslant p+N \leqslant M$，当满足 $n=r$ 时，upSwapCost $= 0$。

$N$ 门前瞻最近邻方法如算法 5.2 所示。

---

**算法 5.2：** $N$ 门前瞻最近邻方法

**输入：** MCT 线路 $G = G_1 G_2 G_3 \cdots G_S$，前瞻指数 $N$

**输出：** 最近邻线路 $G'$

1. **Begin**

2. 　　**for** $i = 1$ to $s$ **do**

3. 　　　　**if** $G_i$ 是非近邻门//根据表 5-8 计算

4. 　　　　　　dSwapCount = ng_lookahead$(G, i, N)$;

5. 　　　　　　Insert($G_i$, dSwapCount)　// $G_i$ 前插入 dSwapCount 个 SWAP 门

6. 　　　　**endif**

7. 　　**endfor**

8. 　**End**

### 5.2.2　联合考虑最近邻方法

联合考虑最近邻方法[60]也是一种局部换线添加 SWAP 门的方法，主要思想是：确定一个非近邻量子门后，通过枚举所有在该非近邻门前添加 SWAP 门的方式，然后分别计算采用每种方式后该量子门后续所有门的最近邻代价和，最后选择最近邻代价最小的方式添加 SWAP 门。

该方法的实现与 5.2.1 节中的 $N$ 门前瞻最近邻方法有类似之处，都是通过观察某个非近邻门后续的量子门来确定添加 SWAP 门的方式。但是，两者又有不同。联合考虑最近邻方法比之前的方法考虑添加 SWAP 门的方式更加全面，它枚举了所有情况再进行计算比较，而 5.2.1 节中的方法仅仅考虑三种情况。因此，联合考虑最近邻方法的时间复杂度要更高一点。为了降低时间复杂度，以适应更大规模的线路，可以通过设定前瞻窗口来减少计算的量子门的个数，即枚举所有情况后，仅计算窗口内所有门的最近邻代价和，而不是计算线路中后续所有门的代价和。这样，在一定程度上降低了时间复杂度。为了方便表述，将窗口命名为 $w$。

联合考虑最近邻方法的具体实现如算法 5.3 所示。

---

**算法 5.3**：联合考虑最近邻方法

---

**输入**：MCT 线路　$G = G_1 G_2 G_3 \cdots G_S$，窗口 $w$

**输出**：最近邻线路 $G'$

1. **Begin**

2. 　**for** $i = 1$ to $s$ **do**

3. 　　**if** $G_i$ 是非近邻门

4. 　　　min=$\infty$

5. 　　　**for** $j$=1 to $t$　　　//枚举插入的所有方式

6. 　　　　cost=CalculateNNC(way, $G_i$, $w$)　//计算该方式下的 NNC

7. 　　　　**if** cost<min **then**　　//求 NNC 最小的方式

---

8.　　　　　　　min=cost

9.　　　　　　　way1=way

10.　　　　endif

11.　　　endfor

12.　　　InsertSWAP(way1)　　//以 NNC 最小的方式插入 SWAP 门

13.　　endif

14.　endfor

15. **End**

### 5.2.3　换门序原则

　　一般而言，任意交换相邻的两个量子门的位置可能会影响原线路的功能，因而量子线路中的量子门不可以随意交换位置。但是，如果某些量子门的控制比特和目标比特符合某种特定的约束条件，则可以交换位置而不影响线路的整体功能。具体交换原则如下。

　　**交换原则**：两个相邻的门 $g_1$、$g_2$，其控制比特和目标比特分别是 $c_1$、$c_2$ 和 $t_1$、$t_2$，若有 $c_1 \bigcap t_2 = \varnothing$ 且 $c_2 \bigcap t_1 = \varnothing$，则 $g_1$ 和 $g_2$ 可以互相交换位置[220,221]。

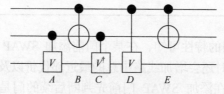

图 5-8　门序交换举例

　　例如，图 5-8 中门 $D$ 和门 $E$ 满足 $c_1 \bigcap t_2 = \varnothing$ 且 $c_2 \bigcap t_1 = \varnothing$，则可以互换位置，而门 $A$ 和门 $B$ 不能互换位置。

### 5.2.4　优化近邻化策略

　　前面介绍了两种实现最近邻的方法以及换门序的原则，为了进一步降低量子代价、减少 SWAP 门的数量，可以基于换门序的原则提出一种基于最近邻阶段的优化策略，如算法 5.4 所示。

**算法 5.4：** 最近邻优化策略

---

**输入：** NCV 线路 $G = G_1 G_2 G_3 \cdots G_S$，当前门的下标 $p$

**输出：** 线性最近邻线路 $G'$

---

1. **Begin**

2.     **for** $p = 1$ to s **do**

3.         $n = p + 1$

4.     **if** $G_p$ 是最近邻门

5.         $p++$

6.     **else if** $(G_p, G_n)$ 满足换门序原则，且 $G_p$ 是最近邻门

7.         交换两门的位置

8.     **else**

9.         采取近邻方法使 $G_p$ 最近邻

10.     $p++$

11.     **endfor**

12. **End**

---

从添加 SWAP 门的特性可知，在某个门前添加 SWAP 门会对此门后面的一系列门产生影响，有时还会增加线路中总的最近邻代价以及使某些近邻门变成非近邻门。因此，可以在添加 SWAP 门前先判断后续的门是否存在最近邻的量子门，若存在且满足换门序的要求，就可以将后续的门移至前面，再进行添加 SWAP 门的操作。

例如，图 5-8 中，门 D 是非近邻门，需要在 D 的前面添加 SWAP 门。按照之前的方法，直接通过观察门 D 后的 E，选择合适的方式添加 SWAP 门即可。但是，从图 5-8 中可以发现 E 已经是最近邻的，且门 D 和门 E 满足换门序的原则，则可以将门 E 先移到门 D 之前，然后再对门 D 进行近邻化操作。

需要说明的是，最近邻阶段采用的优化策略不仅适用于上述两种最近邻方法，它还适用于任意一种最近邻方法。只要在实现最近邻前，先前瞻交换门序，就可以将最近邻门前移，进而降低添加 SWAP 门后对此门的影响，从而减少线路 SWAP 门的数量。

**例 5-1**　对 Benchmark 标准例题集中的 4_49_17 线路进行近邻化，线路 qubit 的数量 $n=4$，原量子代价 = 32，原始量子线路图如图 5-9 所示。

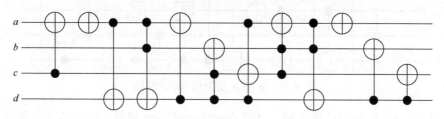

图 5-9　4_49_17 原始量子线路

图 5-9 是原始线路，线路中除了 NCV 门库外还有 MCT 门。因此，在近邻化前将 MCT 门分解，这里采用 4.1.2 节中的 MCT 优化分解策略，得到图 5-10 所示的线路。因为线路中门的数量较多，用图 5-10(a)、图 5-10(b) 两张图展示。

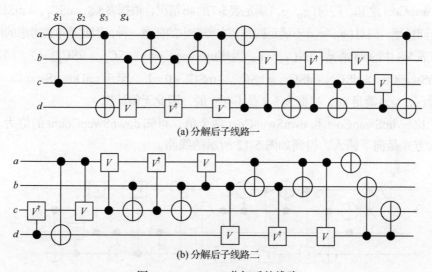

(a) 分解后子线路一

(b) 分解后子线路二

图 5-10　4_49_17 分解后的线路

对图 5-10 中的线路进行近邻化，先采用优化的 N 门前瞻近邻化方法。这里仅详细阐述第一个门的具体操作过程。设 $N$ 的值为 2，第一个门命名为 $g_1$，后面紧跟着的三个门分别为 $g_2$、$g_3$、$g_4$，如图 5-10(a) 所示。

由 5.2.1 节中的描述可知，先判断 $g_1$ 是否最近邻。从图 5-10(a) 中可知，$g_1$ 非近邻，则需要在 $g_1$ 前添加 SWAP 门。观察 $g_1$ 的后一个门 $g_2$ 是否是近邻门且与 $g_1$ 是否可以交换位置。由图 5-10(a) 可知，$(g_1, g_2)$ 满足换门序的原则，且 $g_2$ 是一元 NOT 门，没有近邻的说法，因此可以直接换到 $g_1$ 前，得到图 5-11 所示线路 (只看线路前半部分)。

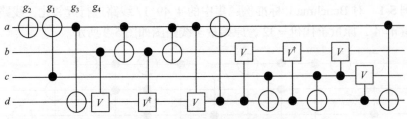

图 5-11　　$g_1$ 和 $g_2$ 交换位置后的线路

根据 5.2.1 节的计算步骤，计算 downSwapCount 的值。第一步先分别算出 upSwapCost、downSwapCost、upDownSwapCost 的值，第二步选择最小值作为 downSwapCount 的值。因为此处 $N$ 为 2，所以，需要计算出 $g_1$ 及其后面两个门的 upSwapCost、downSwapCost、upDownSwapCost。

因为 $N = 2$，所以 upSwapCost 为两个门对 $(g_1, g_3)$ 以及 $(g_1, g_4)$ 的 upSwapCost 之和。门对 $(g_1, g_3)$ 满足表5-7的4b情况，根据表5-8，$uSC_{1,3} = mSC_3 = 2$。同样地，门对 $(g_1, g_4)$ 不满足四类基本类型中的任意一种，因此是单独考虑的门，对应表5-8 中的 xd 情况，$uSC_{1,4} = 1$。因此 upSwapCost $= uSC_{1,3} + uSC_{1,4} = 3$。同理，dwnSwapCost $= dSC_{1,3} + dSC_{1,4} = uSC_{1,3} - mSC_1 + 0 = 1$。至于 upDownSwapCost，因为 $(g_1, g_4)$ 满足 xd，根据表 5-8 是不存在的，因此无须计算。

比较 upSwapCost 和 dwnSwapCost 两个值，可知 downSwapCount 的值为 1，插入方式是向下插入，得到如图 5-12 所示的线路。

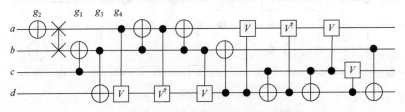

图 5-12　　对 $g_1$ 进行近邻化后的操作

按照上述步骤，再对后续的门进行同样的操作，得到图 5-13 所示线路。

图 5-13 是整个 4_49_17 线路全部实现近邻化后的线路。因为线路中门的数量过多，因此用图 5-13(a)~图 5-13(c)来展示。观察图 5-13，线路中的量子门全为近邻门，量子代价为 68，一共添加了 12 个 SWAP 门。

对图 5-9 所示线路，再采用优化的联合考虑近邻化方法。根据 5.2.3 节中的内容，联合考虑近邻化是一种启发式的局部添加 SWAP 门方法，所以要先找到非

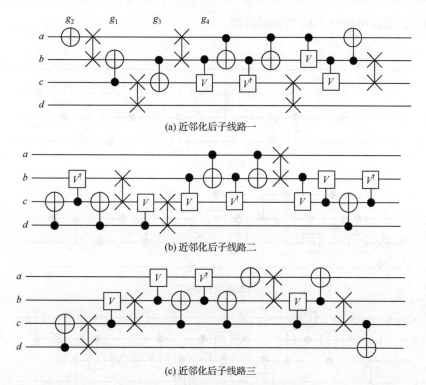

(a) 近邻化后子线路一

(b) 近邻化后子线路二

(c) 近邻化后子线路三

图 5-13　近邻化后的 4_49_17 线路

近邻门，然后枚举添加 SWAP 门的所有情况，分别计算剩余线路的最近邻代价和，最后选择最小代价的情况添加 SWAP 门。为了方便表述，这里将向上添加 SWAP 门称作"上"，向下添加称为"下"。

　　但在执行联合考虑方法前，需要前瞻换门序，因此，要先找到非近邻门 $g_1$，然后进行前瞻换门序。和上面的方法一样，前瞻换门序后的线路如图 5-13 所示。接着，继续对 $g_1$ 近邻化。

　　计算 $g_1$ 的最近邻代价，结果为 1。因此，所有添加 SWAP 门的方式就两种：要么"上"，要么"下"。对于"下"这种情况，计算后续量子门的最近邻代价，即将 $g_1$ 的目标比特移向控制比特，在 $a$、$c$ 线间添加 SWAP 门，则后续的线路变为图 5-12 所示的线路(只显示上半部分)。此时，剩余门的最近邻代价为 23。同样地，对于"上"，即将 $g_1$ 的控制比特移向目标比特，剩余的最近邻代价为 22。需要说明的是，因为线路中量子门的个数不是很多，因此不采用窗口，计算所有剩余门的最近邻代价和。比较两个最近邻代价，选择代价为 22 的插入方式，即向上插入 SWAP 门。

　　对于线路中后续的门，依旧按照这种方式近邻化，直至线路中的所有门均是近邻门，可以得到图 5-14 所示的线路。

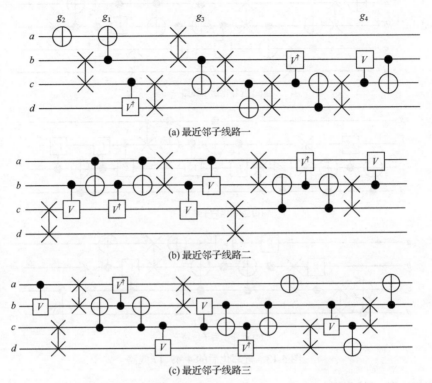

(a) 最近邻子线路一

(b) 最近邻子线路二

(c) 最近邻子线路三

图 5-14　采用优化联合考虑近邻方法实现的最近邻线路

由图 5-14 可知，线路中添加的 SWAP 门的数量是 16，量子代价为 80。相较于第一种方法得到的最近邻线路，第二种方法产生的量子代价较高。可见，运用前瞻换门序优化策略对不同的近邻化方法结果也不尽相同，但从下文的实验结果中可以看出，采用优化策略后的近邻方法结果会优于采用之前的。

### 5.2.5　量子线路化简

对于完成近邻化的量子线路，如果想要进一步减少量子代价，可以采用一些化简手段，比较常用的是删除冗余门。

一般而言，线路中的量子门不能随意删除和移动。但是，在 NCV 门库中，量子门都是自可逆的，如 CNOT 门。因此，线路中若存在相邻的或移动后相邻的自可逆门，则这两个门会形成单位映射，删去后不影响线路的功能。因此，可以提出以下删除规则。

(1) 线路中，若存在一组相邻(或移动后相邻)的 $V$ 门、$V^\dagger$ 门，如图 5-15(a)所示，则这一组门能被删除。

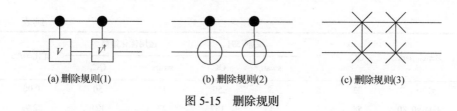

(a) 删除规则(1)　　　　　　(b) 删除规则(2)　　　　　　(c) 删除规则(3)

图 5-15　删除规则

(2) 线路中, 若存在两个相邻(或移动后相邻)的 MCT 门, 如图 5-15(b)所示, 则这两个门能被删除。

(3) 线路中, 若存在两个相邻(或移动后相邻)的 SWAP 门, 如图 5-15(c)所示, 则这两个门能被删除。

因此, 在线路近邻化后, 可以遍历线路, 运用上述的删除规则, 删除冗余的量子门对, 从而减少一些量子门的数量。这就是在量子线路化简阶段运用的优化策略。

### 5.2.6　实验结果与分析

为了进一步验证优化策略的有效性, 可以利用线路中的一些 Benchmark 例题集来验证。

1) 实验设计

量子线路综合的侧重点是降低量子代价, 因此主要通过比较线路的量子代价来判断优化策略是否有效。实验数据全部来自 RevLib[①], 一共对 22 组 RevLib 中的线路进行测试, 线路最大规模可达 15 线。实验分别将三种优化策略同时运用并结合本节提出的近邻化方法, 与之对比的数据分别来自具有相同近邻化方法的文献[59]和文献[60]。通过与相同的近邻化方法的结果进行比较, 进而验证优化策略的有效性。

2) 实验数据分析

表 5-9、表 5-10 分别详细列出了两个近邻算法运用优化策略前后的实验结果。

**表 5-9　运用优化策略前后的 $N$ 门前瞻近邻化方法实验结果**

| Benchmark | QC | $n$ | 文献[59] | | 运用优化策略 | | 优化率/% |
|---|---|---|---|---|---|---|---|
| | | | $swap_1$ | $QC_1$ | $swap_3$ | $QC_3$ | |
| 3_17_13 | 14 | 3 | 5 | 29 | 4 | 26 | 10.34 |
| 4_49_17 | 32 | 4 | 15 | 77 | 15 | 75 | 2.60 |
| 4gt10-v1_81 | 48 | 5 | 22 | 114 | 21 | 99 | 13.16 |
| 4gt11_84 | 7 | 5 | 4 | 19 | 3 | 16 | 15.79 |
| 4gt12-v1_89 | 73 | 5 | 32 | 169 | 44 | 185 | −9.47 |

① http://www.revlib.org。

续表

| Benchmark | QC | $n$ | 文献[59] | | 运用优化策略 | | 优化率/% |
|---|---|---|---|---|---|---|---|
| | | | $swap_1$ | $QC_1$ | $swap_3$ | $QC_3$ | |
| 4gt13-v1_93 | 23 | 5 | 9 | 50 | 11 | 50 | 0.00 |
| 4gt4-v0_80 | 58 | 5 | 33 | 157 | 27 | 121 | 22.93 |
| 4gt5_75 | 28 | 5 | 13 | 67 | 17 | 73 | −8.96 |
| 4mod5-v1_23 | 24 | 5 | 13 | 63 | 18 | 78 | −23.81 |
| aj-e11_165 | 52 | 5 | 29 | 139 | 26 | 122 | 12.23 |
| alu-v4_36 | 38 | 5 | 20 | 98 | 12 | 68 | 30.61 |
| ham15_108 | 642 | 15 | 492 | 2118 | 432 | 1738 | 17.94 |
| ham7_104 | 111 | 7 | 67 | 312 | 55 | 244 | 21.79 |
| hwb4_52 | 23 | 4 | 9 | 50 | 14 | 63 | −26.00 |
| hwb5_55 | 139 | 5 | 65 | 334 | 52 | 265 | 20.66 |
| hwb6_58 | 170 | 6 | 108 | 494 | 95 | 429 | 13.16 |
| mod5adder_128 | 111 | 6 | 53 | 270 | 64 | 277 | −2.59 |
| mod8-10_177 | 143 | 5 | 71 | 356 | 112 | 443 | −24.44 |
| rd53_135 | 98 | 7 | 64 | 290 | 62 | 258 | 11.03 |
| rd73_140 | 76 | 10 | 44 | 208 | 60 | 244 | −17.31 |
| rd84_142 | 112 | 15 | 76 | 340 | 94 | 380 | −11.77 |
| cycle10_2_110 | 1912 | 12 | 1128 | 5296 | 1102 | 4454 | 15.90 |

表 5-10　运用优化策略前后的联合考虑近邻化方法实验结果

| Benchmark | QC | $n$ | 文献[60] | | 运用优化策略 | | 优化率/% |
|---|---|---|---|---|---|---|---|
| | | | $swap_2$ | $QC_2$ | $swap_4$ | $QC_4$ | |
| 3_17_13 | 14 | 3 | 6 | 32 | 3 | 23 | 28.13 |
| 4_49_17 | 32 | 4 | — | — | 12 | 68 | — |
| 4gt10-v1_81 | 48 | 5 | 25 | 123 | 21 | 99 | 19.51 |
| 4gt11_84 | 7 | 5 | — | — | 3 | 16 | — |
| 4gt12-v1_89 | 73 | 5 | — | — | 45 | 190 | — |
| 4gt13-v1_93 | 23 | 5 | — | — | 8 | 41 | — |
| 4gt4-v0_80 | 58 | 5 | — | — | 27 | 125 | — |
| 4gt5_75 | 28 | 5 | — | — | 13 | 61 | — |
| 4mod5-v1_23 | 24 | 5 | — | — | 9 | 51 | — |
| aj-e11_165 | 52 | 5 | 33 | 151 | 20 | 106 | 29.80 |
| alu-v4_36 | 38 | 5 | — | — | 13 | 71 | — |
| ham15_108 | 642 | 15 | 531 | 2235 | 451 | 1811 | 18.97 |

续表

| Benchmark | QC | n | 文献[60] | | 运用优化策略 | | 优化率/% |
|---|---|---|---|---|---|---|---|
| | | | swap$_2$ | QC$_2$ | swap$_4$ | QC$_4$ | |
| ham7_104 | 111 | 7 | 72 | 327 | 64 | 279 | 14.68 |
| hwb4_52 | 23 | 4 | — | — | 10 | 53 | — |
| hwb5_55 | 139 | 5 | 66 | 337 | 58 | 283 | 16.02 |
| hwb6_58 | 170 | 6 | 111 | 503 | 92 | 420 | 16.50 |
| mod5adder_128 | 111 | 6 | 46 | 249 | 49 | 234 | 6.02 |
| mod8-10_177 | 143 | 5 | — | — | 65 | 302 | — |
| rd53_135 | 98 | 7 | 66 | 296 | 64 | 268 | 9.46 |
| rd73_140 | 76 | 10 | — | — | 54 | 226 | — |
| rd84_142 | 112 | 15 | — | — | 81 | 341 | — |
| cycle10_2_110 | 1912 | 12 | 966 | 4810 | 764 | 3516 | 26.90 |

表 5-9 中，Benchmark 一列表示量子线路的名称，QC 列表示线路原先的量子代价，$n$ 表示线路中量子比特的数量即线路的根数。后两列( swap$_1$、QC$_1$)表示文献[59]中相同线路的结果，分别表示添加的 SWAP 门的数量及近邻化后的量子代价，采用的是 $N$ 门前瞻近邻化方法。再后两列( swap$_3$、QC$_3$)表示运用优化策略后添加 SWAP 门的数量和量子代价。最后一列表示运用优化策略后相较于运用前的优化率。

表 5-10 显示了采用联合考虑近邻化方法的结果，其中 Benchmark、QC、$n$ 分别表示量子线路的名称、线路原先的量子代价及线路的量子比特的数量。后两列( swap$_2$、QC$_2$)表示文献[60]中仅采用联合考虑近邻化方法的结果，分别表示添加的 SWAP 门的数量及近邻化后的量子代价。再后两列( swap$_4$、QC$_4$)分别表示运用优化策略后添加 SWAP 门的数量和量子代价。最后一列表示运用优化策略前后的优化率。

为了保证实验的严谨性，每组数据采用的 $N$ 都是来自文献[59]中的最佳 $N$，将结果与文献[59]中的最优结果进行比较。数据比较的重点是量子代价，但文献[59]并没有直接提供量子代价，只有 SWAP 门的个数。然而，量子代价等于基本量子门的个数，对于 SWAP 门，由第 2 章的基础知识可知，一个 SWAP 门的量子代价为 3。因此，综合后线路的量子代价等于线路中基础门的个数加上 3 倍的 SWAP 门个数。从优化率来看，22 组数据中，大多数都是正数，即运用优化策略对降低线路的量子代价是有效的，最大的优化率可达 30.61%。

对于表 5-10 的数据，因为文献[60]中相同的量子线路比较少，所以只比较存在数据的线路。同样地，与文献[60]的最优结果进行比较(联合考虑采用前瞻窗口技术，不同窗口的设置会产生不同的结果)，文献[60]中的量子代价也是通过上述的方式产生的。观察优化率，所有的数据都是正数。因此，优化策略的效果也是显而易见的，最高优化率达 29.80%。

因此，提出的优化策略可以有效降低线路的量子代价，实现最近邻量子线路。与此同时，针对分解阶段的优化策略，随着 MCT 门控制比特的增多，优化的效果会越来越好。此外，优化策略不仅可以适用于不同的近邻化方法，还能将思想运用到其他任意门库中。可见，本节提出的优化策略的通用性效果也很好。

# 5.3　LNN 排布的线路近邻化

对量子线路的近邻化一般采用先分解，再通过插入 SWAP 门的方式让量子门在相邻的量子比特上交互。4.2.3 节中给出了 MCT 门 LNN 排布的方法，所以量子线路的近邻化也可以通过将 MCT 门转换成其 LNN 排布再替换的方式实现。可逆 MCT 线路变换成 LNN 量子线路的过程中，首先将每个非近邻的 MCT 门变换成近邻 MCT 门，即将 MCT 门的原始输入线调整成 LNN 排布，需要通过插入 NNSWAP 门来实现线序重排。为了衡量线序重排过程中所需 NNSWAP 门的数量，下面给出从原始输入线序到 LNN 排布的代价度量方法。

## 5.3.1　线序重排代价度量模型

**定义 5-1**　将 $\mathrm{MCT}(C;t)$ 门使用向量 $(b_1,b_2,\cdots,b_n)$ 表示，其中：

$$b_i = \begin{cases} 1, & b_i \in C \\ 2, & b_i = t \\ 0, & \text{空线} \end{cases} \tag{5-6}$$

则称该向量为 MCT 门的向量表示。

**例 5-2**　如图 5-16 所示，原来的非近邻 MCT 门如图 5-16(a)所示，线序重排得到的近邻 MCT 门如图 5-16(b)所示，分别将两门表示成向量形式。

设原始的排布是 $O_v$，则 $O_v = (1, 2, 0, 0, 0, 0, 1, 0, 1)$；设 LNN 排布为 $D_v$，则 $D_v = (0, 0, 0, 0, 2, 0, 1, 1, 1)$。

**定义 5-2**　设 LNN 排布 $D_v$ 中任意 $d_i (1 \leqslant i \leqslant n)$ 在原来排布 $O_v$ 中的位置为 $j$，表示为 $\mathrm{Loc}(O_v, d_i) = j$，向量 $M_v$ 满足 $M_v(i) = \mathrm{Loc}(O_v, d_i) - i$，称 $M_v$ 为移动向量。

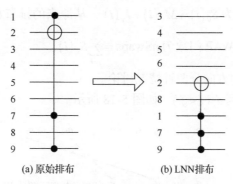

(a) 原始排布　　　　　　　　(b) LNN 排布

图 5-16　原始排布变成 LNN 排布

**例 5-3**　原始排布和 LNN 排布的移动关系如图 5-17 所示，试得到其移动向量 $M_v$。

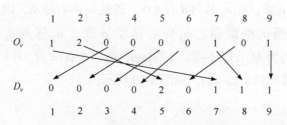

图 5-17　从原始排布到 LNN 排布的映射

例如，$D_v$ 的第 1 个元素 "0"，在 $O_v$ 中的位置为 3，$M_v(1)=3-1=2$，表示从原向量前移 2 次。又如，$D_v$ 的第 5 个元素 "2"，在 $O_v$ 中的位置为 2，$M_v(5)=2-5=-3$，表示从原向量后移 3 次。因此得到移动向量 $M_v=(2,2,2,2,-3,2,-6,-1,0)$。

**定义 5-3**　对于 $D_v$ 中任意 $d_i(1\leqslant i\leqslant n)$，设 $\mathrm{Loc}(O_v,d_i)=j$，向量 $I_v$ 的第 $i$ 个值是 $O_v$ 中 $o_j$ 之后移动到 $D_v$ 中 $d_i$ 之前的元素个数，即 $I_v(i)=|\{o_k\,|\,\mathrm{Loc}(O_v,o_k)>j$ 且 $\mathrm{Loc}(D_v,o_k)<i,j<k\leqslant n\}|$，其中 "$|\cdots|$" 表示满足条件的元素个数，称 $I_v$ 为逆向量。

**例 5-4**　原始排布和 LNN 排布的移动关系如图 5-17 所示，试得到其逆向量 $I_v$。

例如，$D_v$ 的第 5 个元素 "2"，在 $O_v$ 中的位置为 2，$O_v$ 中第 2 个元素之后移到 $D_v$ 中元素 "2" 之前的元素个数是 4 个，所以 $I_v(5)=4$。又如，$D_v$ 的第 7 个元素 "1"，在 $O_v$ 中的位置为 1，$O_v$ 中第 1 个元素之后移到 $D_v$ 中第 7 个元素之前的元素个数是 6 个，所以 $I_v(7)=6$。因此得到逆向量 $I_v=(0,0,0,0,4,0,6,1,0)$。

**定理 5-4**　对于任意控制比特数 $m\geqslant 2$ 的 MCT 门，如果原来的排布是 $O_v=(o_1,o_2,\cdots,o_n)$，新的 LNN 排布是 $D_v=(d_1,d_2,\cdots,d_n)$，则 LNN 排布中 $d_i$ 需要

NNSWAP 门的个数为 $S_v(i) = M_v(i) + I_v(i)$ ，从原来的排布 $O_v$ 变换到 LNN 排布 $D_v$ 总共需要的 NNSWAP 门数为 nSwaps $= \sum_{i=1}^{n} S_v(i)$ 。

**证明：** 根据移动方向分两种情况讨论。

(1) $o_j$ 向前移动到 $d_i$ $(i < j)$ ，如图 5-18 所示。

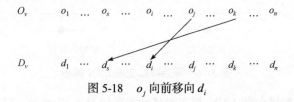

图 5-18　$o_j$ 向前移向 $d_i$

新的排布 $D_v$ 中 $d_i$ 之前的元素已被重新排列，其余元素在 $O_v$ 中的位置为 $i$ 或 $i$ 之后。$o_j$ 后的元素，如 $o_k$ 移向 $d_s(s < i)$ ，这使 $o_j$ 向右移动，因此如果 $o_j$ 后面有 $p$ 个门向前移到 $d_i$ 的前面，$o_j$ 向右移动 $p$ 次，$o_j$ 移到 $d_i$ 需要 $j - i + p$ 个 NNSWAP 门。因为 $M_v(i) = j - i$ ，$I_v(i) = p$ ，所以 $S_v(i) = M_v(i) + I_v(i)$ 。

(2) $o_s$ 向后移动到 $d_i$ $(s < i)$ ，如图 5-19 所示。

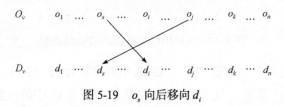

图 5-19　$o_s$ 向后移向 $d_i$

原来的排布 $O_v$ 中 $o_s$ 后面的元素，如 $o_j$ 移向 $d_s$ ，这使 $o_s$ 向右移动，所以如果 $o_s$ 后有 $p$ 个门移到 $d_i$ 前面，$o_s$ 向右移动 $p$ 次，$o_s$ 移到 $d_i$ 需要 $p - (i - s) = (s - i) + p$ 个 NNSWAP 门。因为 $M_v(i) = s - i$ 为负值，$I_v(i) = p$ ，所以 $S_v(i) = M_v(i) + I_v(i)$ 。

综上，新排布中 $d_i$ 所需的门数为 $S_v(i) = M_v(i) + I_v(i)$ 。

线序重排总共需要的 NNSWAP 门数 nSwaps $= \sum_{i=1}^{n} S_v(i)$ 。**证毕。**

**例 5-5** 原始排布和新排布的移动关系如图 5-17 所示，试得到其 $S_v$ 向量及所需的总门数。

由于移动向量 $M_v = (2, 2, 2, 2, -3, 2, -6, -1, 0)$ ，逆向量 $I_v = (0, 0, 0, 0, 4, 0, 6, 1, 0)$ ，所以 $S_v = (2, 2, 2, 2, 1, 2, 0, 0, 0)$ ，插入 NNSWAP 门的总数为 11 个。

从非近邻 MCT 门当前的输入线次序重排到其 LNN 排布所需插入 NNSWAP 门的代价度量如算法 5.5 所示。

---

**算法 5.5**：线序重排代价度量算法

---

**输入**：非近邻 MCT 门 $g\,(m \geqslant 2)$的原始的排布 $O_v$ 及其新的排布 $D_v$

**输出**：#NNSWAP 及所有具体的 NNSWAP 门

1.　　**Begin**

2.　　　　$M_v \leftarrow$定义 5-2;　　//根据定义 5-2 获取 $M_v$ 初值

3.　　　　$I_v \leftarrow$定义 5-3;　　//根据定义 5-3 获取 $I_v$ 初值

4.　　　　$S_v(i) = M_v(i) + I_v(i)(1 \leqslant i \leqslant n)$;

5.　　　　$i = 1$, gcount=0;

6.　　　　Swaps={};　　//初始化栈

7.　　　　**if** $i > n$ **then**:

8.　　　　　　return gcount and Swaps;

9.　　　　**else**

10.　　　　　$k = S_v(i)$

11.　　　　　**while** $k \neq 0$ {

12.　　　　　　$i+k-1 \leftrightarrow i+k$;

13.　　　　　　Swaps.append(NNSWAP);　　//将 NNSWAP 入栈

14.　　　　　　gcount=gcount+1, $k = k-1$;}

15.　　　　$i$++;

16.　　　　**return** gcount and Swaps;　　//返回结果

17.　　**End**

---

### 5.3.2　基于 LNN 排布的线路近邻化

本节给出了 MCT 门基于 NNTS 门的级联模型，首先得到每个 MCT 门的 LNN 排布，然后将每个 LNN 排布替换为其最优的 LNN 量子线路实现。

在 $n$ 比特量子线路中，对于 MCT 门，如果其 LNN 宽度为 $k$，则其 LNN 排布是从总共 $n$ 条线中选择 $k$ 条连续线，每个 LNN 排布都有两个方向，所有可能

的排布为 $2(n-k+1)$ 种。对于每种类型的 MCT 门，其排布总数如表 5-11 所示，$m$ 为控制比特数。特别是对于无空线的 $m=n-1$ 的 $MCT^2$ 门，必须添加一条辅助线。

表 5-11　每种 MCT 门 LNN 排布的总数

| 门类型 | LNN 宽度 | 排布总数 |
|---|---|---|
| CNOT $(m=1)$ | 2 | $2(n-1)$ |
| Toffoli $(m=2)$ | 3 | $2(n-2)$ |
| $MCT^1\left(3\leqslant m\leqslant\lceil n/2\rceil\right)$ | $2m-1$ | $2(n-2m+2)$ |
| $MCT^2\left(\lceil n/2\rceil<m<n-1\right)$ | $m+2$ | $2(n-m-1)$ |

高级可逆 MCT 线路变换为 LNN 量子线路时，从左往右扫描线路，对于每个 MCT 门，考虑其 LNN 排布而不是直接分解，将 $MCT^1$ 门或 $MCT^2$ 门的每个 LNN 排布替换为 NNTS 门的级联，然后 NNTS 门被其最佳的 LNN 量子线路所替代，最后获得了 LNN 量子线路。

LNN 宽度为 $k$ 的 MCT 门有多种选择来定位连续的 $k$ 个量子比特，如果考虑所有情况并选择具有最小 NNSWAP 门的数量(#NNSWAP)的情况作为最终结果，时间复杂度高，仅适用于小规模线路，当解决大规模问题时，必须寻求一些有效的策略来加快求解的速度。

针对控制比特数 $m\geqslant2$ 非近邻的 MCT 门，我们给出了在多个选项中局部最优的 LNN 排布算法，如算法 5.6 所示。

---

**算法 5.6：局部最优的 LNN 排布算法**

---

**输入**：非近邻的 MCT 门 $g(m\geqslant2)$

**输出**：$g$ 的局部最优 LNN 排布及插入在 $g$ 前的所有 NNSWAP 门

1.　**Begin**

2.　　　　Swap = {};　　　//初始化 SWAP 门集合

3.　　　　minline = First_line($g$);　　　//获得 $g$ 门的第一根非空线

4.　　　　maxline = Last_line($g$);　　　//获得 $g$ 门的最后一根非空线

---

5.　　　　**if**　RealW($g$) < LNNW($g$)　**then**

6.　　　　　　　startpos = minline;

7.　　　　　　　endpos = maxline;

8.　　　　　　　//根据定理 5-4 寻找局部最优 LNN 排布

9.　　　　　　　$D_v$ = Optimal_layout($g$,[startpos, endpos]);

10.　　　**else**

11.　　　　　　startpos = min(minline, maxline−nnbit+1);

12.　　　　　　endpos=max(maxline, minline+nnbit−1);

13.　　　　　　**if** startpos<0 **then**

14.　　　　　　　　startpos = 0;

15.　　　　　　**else if** endpos $\geqslant n$ **then**

16.　　　　　　　　endpos = $n$−1;

17.　　　nnbit = Width(LNN);

18.　　　//据原始排布和新的排布，利用算法 5.5 得到所有插入的 SWAP 门

19.　　　Swap = 算法 5.5($O_v$, $D_v$);

20.　　　**return**　$D_v$　and Swap;　　//返回结果

21.　**End**

---

　　遍历 MCT 线路时，对于每个 $m \geqslant 2$ 非近邻的 MCT 门，检查其下一个门是否为近邻 MCT 门，如果是并满足互不影响门的移动规则，则与当前门交换位置，使算法具有一定的前瞻性。否则，通过插入最少数量的 NNSWAP 门找到当前门的最优 LNN 排布。

　　对于非近邻的CNOT门，存在三个移动方向：向下、向上和移向中间位置，它们具有相同的#NNSWAP，但是不同的移动策略对最终结果有一定影响。因此，尝试三种类型的特定方法：移至顶部、移至底部和移向中间。对于每种移动方法，将执行以下基于 LNN 排布的映射算法，如算法 5.7 所示。

**算法 5.7：基于 LNN 排布的映射算法**

**输入：** 可逆 MCT 线路 $G = g_1g_2\cdots g_l$

**输出：** LNN 量子线路 $G'$

| | |
|---|---|
| 1. | **Begin** |
| 2. | Add_Auxiliary_line()←Check($G$); //检查线路并决定是否加入辅助线 |
| 3. | Traverse($G$);　　　//遍历线路 |
| 4. | $i = 1$; |
| 5. | **if** $i \leqslant l$ **then** |
| 6. | 　　**if** $g_i ==$NNMCT **then** |
| 7. | 　　　　$i$++; |
| 8. | 　　**else if** NN_Gate($g_{i+1}$) and ($g_i, g_{i+1}$)满足交换规则 **then** |
| 9. | 　　　　Gate_exchange($g_i, g_{i+1}$); |
| 10. | 　　　　$i$++; |
| 11. | 　　**else if** $g_i ==$CNOT **then** |
| 12. | 　　　　Choose_mobile_strategy(); |
| 13. | 　　**else** $g_i ==$MCT and $m \geqslant 2$ **then** |
| 14. | 　　　　执行算法 5.6; |
| 15. | 　　　　$i$++; |
| 16. | 　　**endif** |
| 17. | 　**endif** |
| 18. | **return** #NNSWAP and Quantum_cost;　　　//返回结果 |
| 19. | **End** |

　　**定义 5-4**　根据算法 5.8 处理了当前非近邻 MCT 门后，将其后续门更改后的矢量表示记录在矩阵的列中，称该矩阵为门排布变换矩阵。

　　**例 5-6**　线路 4gt5_75 的最佳 MCT 线路通过算法 5.8 实现 LNN 排布。

　　对图 4-21 中的 MCT 门依次进行处理，其门排布变换矩阵如表 5-12 所示。

表 5-12　门排布变换的矩阵表示

| 第 1 列 | 第 2 列 | 第 3 列 | 第 4 列 | 第 5 列 |
|---|---|---|---|---|
| 00021 | | | | |
| 20100 | 00012 | | | |
| 00012 | 20100 | 02100 | | |
| 01201 | 01201 | 10201 | 01120 | |
| 11102 | 11102 | 11102 | 11210 | 11102 |

表 5-12 中每行代表线路中门的状态演变，每列表示第几次操作。第一个 CNOT 门变换成 "00021" LNN 形式，并且在其之前插入了两个 NNSWAP 门。此时第 1 列中第 3 个门是 LNN 门，并可以与第二个门互换，因此交换两个门的位置，得到 "00012"。再将第 2 列中的 "20100" 门转换为第 3 列中的 "02100"，此时最后一个 MCT 门满足最近邻条件，但无法前移，将 "10201" 变换为 "01120"，最后将 "11210" 变换为 "11102"，实现所有门的近邻。4gt5_75 的最终 LNN 排布实现如图 5-20 所示，量子代价为 60。

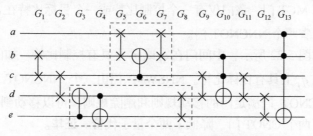

图 5-20　线路 4gt5_75 的 LNN 排布实现

### 5.3.3　线路优化

根据算法 5.8 插入 NNSWAP 门，得到每个门的 LNN 排列，还可以对线路进一步优化。首先，将每个 NNT 门替换为 NNTS 和 NNSWAP 门，如图 4-20 所示，有两种类型的替换，详细的替换流程如表 5-13 所示。

表 5-13　NNT 门的替换流程

| 序号 | 具体情况 | 替换 |
|---|---|---|
| 1 | 第一个 NNT 门 | NNTS + NNSWAP |
| 2 | 有一个 NNSWAP 门在 NNT 门右侧，且在其控制比特上 | NNTS + NNSWAP |
| 3 | 有一个 NNSWAP 门在 NNT 门左侧，且在其控制比特上 | NNSWAP+NNTS |
| 4 | 有一个 NNCNOT 门在 NNT 门右侧，且在其控制比特上 | NNTS + NNSWAP |
| 5 | 有一个 NNCNOT 门在 NNT 门左侧，且在其控制比特上 | NNSWAP+NNTS |
| 6 | 最后一个 NNT 门 | NNSWAP+NNTS |

**引理 5-1**　如果两个相邻 NNCNOT 门的控制比特和目标比特作用在相同线上，则这两个门可以删除；如果两个相邻 NNSWAP 门作用在相同线上，则这两个门可以删除。

引理 5-1 用真值表可以很容易得到证明。

**定理 5-5**　如果一个 NNCNOT 门 $MCT_2(\{q_i\}, q_j)$ 和一个 NNSWAP 门作用在相同的两个量子比特上，则该序列等价于 $MCT_2(\{q_j\}, q_i)$ 和 $MCT_2(\{q_i\}, q_j)$。

**证明：**如图 5-21 所示，将 NNSWAP 门替换为三个 NNCNOT 门，根据门删除规则，消去相同的门，只剩下最右侧两个 NNCNOT 门的级联。**证毕。**

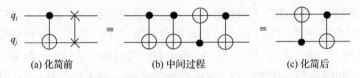

(a) 化简前　　　　　　(b) 中间过程　　　　　　(c) 化简后

图 5-21　具有相同操作量子比特的 NNCNOT 和 NNSWAP 门的化简

**定理 5-6**　如果作用在相邻量子比特 $q_i$ 和 $q_j$ 上的两个相同 NNSWAP 门之间有一个最近邻 MCT 门，该门仅有一个控制比特或一个目标比特在 $q_i$ 或 $q_j$ 上，则化简后可以节省两个 NNCNOT 门。

**证明：**如图 5-22 所示，中间门在 $q_i$ 或 $q_j$ 上具有控制比特。如图 5-23 所示，中间门在 $q_i$ 或 $q_j$ 上具有目标比特。NNSWAP 门由三个 NNCNOT 门代替，中间的两个相同 CNOT 门满足门的移动规则和删除规则，可以移动到一起并删除，化简后减少了两个 CNOT 门，降低了两个量子代价。**证毕。**

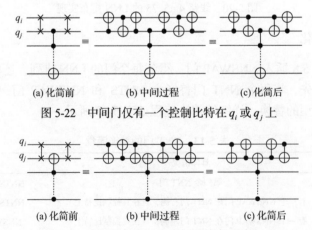

(a) 化简前　　　　　　(b) 中间过程　　　　　　(c) 化简后

图 5-22　中间门仅有一个控制比特在 $q_i$ 或 $q_j$ 上

(a) 化简前　　　　　　(b) 中间过程　　　　　　(c) 化简后

图 5-23　中间门仅有一个目标比特在 $q_i$ 或 $q_j$ 上

具有 LNN 排布的 MCT 线路通过 NNTS 门的替换和上述优化规则的应用得

以优化，详细的优化过程如算法 5.8 所示。

---

**算法 5.8**：线路优化算法

**输入**：具有最近邻排布的 MCT 线路 $G = g_1 g_2 \cdots g_l$

**输出**：最优的 LNN 量子线路 $G'$

| | |
|---|---|
| 1. | **Begin** |
| 2. | Replace_NNT();　//根据表 5-13 替换每个 NNT 门 |
| 3. | flag=1;　//标记值 |
| 4. | **if** flag==1 **then**{ |
| 5. | Traverse($G$);　//遍历线路 |
| 6. | $i = 1$, flag=0;} |
| 7. | **if** $i > l$ or flag=0 **then** |
| 8. | Return Quantum_cost and $G'$;　//返回结果 |
| 9. | **if** $g_i == g_{i+1}$ ==NNCNOT **then** |
| 10. | Gate_delete(); |
| 11. | **else if** $g_{i+1}$ ==NNSWAP and 符合定理 5-5 **then** |
| 12. | {Retain_gate(); |
| 13. | flag=1; |
| 14. | $i$++;} |
| 15. | **if** $g_i == g_{i+1}$ ==NNSWAP **then** |
| 16. | Gate_delete(); |
| 17. | **else if** $g_{i+1}$ ==NNCNOT and 符合定理 5-5 **then** |
| 18. | 执行定理 5-5; |
| 19. | **else if** $g_{i+2}$ ==NNSWAP and $g_i g_{i+1} g_{i+2}$ 符合定理 5-6 **then** |
| 20. | {执行定理 5-6; |
| 21. | flag=1;} |
| 22. | $i$++; |
| 23. | **return** Quantum_cost and $G'$; |
| 24. | **End** |

**例 5-7**　利用算法 5.8 简化图 5-20 中基于 LNN 排布的线路。

用 NNTS 门和 NNSWAP 门替换每个 NNT 门。对于图 5-20 中下面的虚线框，可以用 $\mathrm{MCT}_2(\{e\},d)$ 和 $\mathrm{MCT}_2(\{d\},e)$ 替换 $G_4$ 和 $G_8$ 门，$G_3$ 和 $\mathrm{MCT}_2(\{e\},d)$ 满足引理 5-1，该序列化简为 $\mathrm{MCT}_2(\{d\},e)$，即图 5-24 中的 $G_8$。对于图 5-20 中上面的虚线框，该序列符合定理 5-6，可以在图 5-24 中用 $G_3\sim G_7$ 代替。用最优 LNN 量子线路替换 $G_{10}$、$G_{14}$ 和所有 NNSWAP 门，最终的 LNN 量子线路的量子代价为 54，与图 5-20 相比降低了 6。

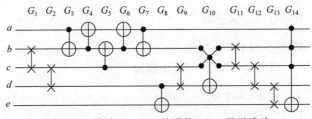

图 5-24　线路 4gt5_75 的最优 LNN 量子线路

### 5.3.4　实验结果及分析

为了验证提出算法的有效性，本节用 C++实现了所有算法，硬件环境为 2.5 GHz 双核 i5 CPU 及 4 GB RAM，并在 Benchmark 可逆 MCT 线路[①]上进行了测试[222]。

映射为 LNN 量子线路的方法先将每个可逆门分解为一组基本量子门，再通过插入 NNSWAP 序列使每个量子门满足 LNN 体系结构，如文献[57]和文献[55]。本节提出的方法先得到每个 MCT 门的 LNN 排布，再将每个 LNN 排布替换成 LNN 基本量子门序列。将本节的实验结果与文献[57]和文献[55]中的结果进行了对比，三种方法插入 NNSWAP 门的数量如表 5-14 所示。

表 5-14　插入 NNSWAP 门数的对比

| Benchmark 线路 | $n$ | gc | #NNSWAP | | | Impr1/% | |
|---|---|---|---|---|---|---|---|
| | | | 文献[57] | 文献[55] | Ours | Impr1_1 | Impr1_2 |
| 3_17_13 | 3 | 6 | 6 | 4 | 2 | 66.67 | 50.00 |
| 4_49_17 | 4 | 12 | 20 | 12 | 9 | 55.00 | 25.00 |
| 4gt10-v1_81 | 5 | 6 | 30 | 20 | 8 | 73.33 | 60.00 |
| 4gt11_84 | 5 | 3 | 3 | 1 | 3 | 0.00 | −200.00 |
| 4gt12-v1_89 | 5 | 5 | 35 | 35 | 7 | 80.00 | 80.00 |
| 4gt13-v1_93 | 5 | 4 | 11 | 6 | 3 | 72.73 | 50.00 |
| 4gt4-v0_80 | 6 | 5 | 34 | 34 | 4 | 88.24 | 88.24 |

---

① https://www.informatik.uni-bremen.de/rev_lib。

续表

| Benchmark 线路 | $n$ | gc | #NNSWAP | | | Impr1/% | |
|---|---|---|---|---|---|---|---|
| | | | 文献[57] | 文献[55] | Ours | Impr1_1 | Impr1_2 |
| 4gt5_75 | 5 | 5 | 17 | 12 | 8 | 52.94 | 33.33 |
| 4mod5-v1_23 | 5 | 8 | 16 | 9 | 7 | 56.25 | 22.22 |
| 4mod7-v0_95 | 5 | 6 | 28 | 21 | 6 | 78.57 | 71.43 |
| aj-e11_165 | 5 | 6 | 39 | 36 | 9 | 76.92 | 75.00 |
| alu-v4_36 | 5 | 7 | 23 | 18 | 6 | 73.91 | 66.67 |
| ham7_104 | 7 | 23 | 84 | 68 | 29 | 65.48 | 57.35 |
| hwb4_52 | 4 | 11 | 14 | 10 | 8 | 42.86 | 20.00 |
| hwb5_55 | 5 | 24 | 79 | 63 | 27 | 65.82 | 57.14 |
| hwb6_58 | 6 | 42 | 136 | 118 | 59 | 56.62 | 50.00 |
| hwb7_62 | 8 | 331 | 3660 | 2128 | 721 | 80.30 | 66.12 |
| hwb8_118 | 8 | 633 | 24541 | 14361 | 2172 | 91.15 | 84.88 |
| hwb9_123 | 10 | 1959 | 36837 | 21166 | 5178 | 85.94 | 75.54 |
| mod5adder_128 | 6 | 15 | 85 | 51 | 20 | 76.47 | 60.78 |
| mod8-10_177 | 6 | 14 | 77 | 72 | 10 | 87.01 | 86.11 |
| rd53_135 | 7 | 16 | 76 | 66 | 23 | 69.74 | 65.15 |
| rd73_140 | 10 | 20 | 62 | 56 | 24 | 61.29 | 57.14 |
| sym9_148 | 10 | 210 | 5480 | 3415 | 651 | 88.12 | 80.94 |
| urf1_149 | 9 | 11554 | 60235 | 44072 | 21170 | 64.85 | 51.96 |
| urf2_152 | 8 | 5030 | 25502 | 17670 | 8632 | 66.15 | 51.15 |
| urf5_158 | 9 | 10276 | 52440 | 39309 | 17897 | 65.87 | 54.47 |

　　选择与文献[57]和文献[55]相同的 Benchmark 线路，除了 decod24-v3_46、rd32-v0_67 和 sys6-v0_144 三个 Benchmark 线路，它们不是仅由 MCT 门级联的可逆 MCT 线路。表 5-14 中，$n$ 是量子比特数，gc 是原可逆 MCT 线路门数，#NNSWAP 表示插入的 NNSWAP 门的数量，Ours 表示本章给出的将 MCT 线路转换为 LNN 排布时插入的 NNSWAP 门的数量，包括在定理 4-5 中 $n$ 为奇数的 $MCT^2$ 门插入的 NNSWAP 门的数量。Impr1_1 和 Impr1_2 分别显示了本节方法和文献[57]及文献[55]中插入的 NNSWAP 门对比的优化率。

　　表 5-14 中的结果表明，除去 4gt11_84，本节方法额外插入的 NNSWAP 门数要比文献[57]和文献[55]中方法小得多。与文献[57]相比，平均优化率为 68.23%；与文献[55]相比，平均优化率为 49.65%。本节方法通过插入 NNSWAP 门获得基于 LNN 排布的 MCT 线路，还不是最终的 LNN 量子线路，但是

#NNSWAP 越少，最终得到的 LNN 量子线路的量子代价就越小。

　　除了比较所用的 NNSWAP 门的数量，我们对最终线路的量子代价也进行了对比，结果如表 5-15 所示。在文献[57]和文献[55]中，先将 MCT 门分解为基本量子门，此时线路量子代价不变，再通过插入 NNSWAP 门实现近邻化操作，因此最终线路量子代价是相应 MCT 门的量子代价加上插入的 NNSWAP 门所产生的量子代价。$QC_0$ 表示本节基于 LNN 排布再替换得到的 LNN 量子线路的量子代价，由定理 4-5 得到每个近邻 MCT 门的量子代价，再加上线序重排中插入 NNSWAP 门产生的量子代价。表 5-15 中，$n$ 是量子比特数，QC 和 gc 分别是原可逆线路的量子代价和门数，$QC_1$ 是在 $QC_0$ 的基础上对 LNN 量子线路优化后的量子代价。Impr2_1 和 Impr2_2 是 $QC_1$ 相对于文献[57]和文献[55]在量子代价上的优化率。

表 5-15　LNN 量子线路量子代价对比

| Benchmark | $n$ | QC | gc | 量子代价 | | | Impr2/% | | |
|---|---|---|---|---|---|---|---|---|---|
| | | | | 文献[57] | 文献[55] | $QC_0$ | $QC_1$ | Impr2_1 | Impr2_2 |
| 3_17_13 | 3 | 14 | 6 | 32 | 26 | 28 | 22 | 31.25 | 15.38 |
| 4_49_17 | 4 | 32 | 12 | 92 | 68 | 79 | 77 | 16.30 | −13.24 |
| 4gt10-v1_81 | 5 | 34 | 6 | 124 | 94 | 84 | 82 | 33.87 | 12.77 |
| 4gt11_84 | 5 | 7 | 3 | 16 | 10 | 20 | 20 | −25.00 | −100.00 |
| 4gt12-v1_89 | 5 | 42 | 5 | 147 | 147 | 114 | 110 | 25.17 | 25.17 |
| 4gt13-v1_93 | 5 | 17 | 4 | 50 | 35 | 36 | 36 | 28.00 | −2.86 |
| 4gt4-v0_80 | 6 | 44 | 5 | 146 | 146 | 90 | 90 | 38.36 | 38.36 |
| 4gt5_75 | 5 | 22 | 5 | 73 | 58 | 60 | 54 | 26.03 | 6.90 |
| 4mod5-v1_23 | 5 | 24 | 8 | 72 | 51 | 61 | 57 | 20.83 | −11.77 |
| 4mod7-v0_95 | 5 | 38 | 6 | 122 | 101 | 86 | 82 | 32.79 | 18.81 |
| aj-e11_165 | 5 | 60 | 6 | 177 | 168 | 103 | 95 | 46.33 | 43.45 |
| alu-v4_36 | 5 | 32 | 7 | 101 | 86 | 72 | 64 | 36.63 | 25.58 |
| ham7_104 | 7 | 87 | 23 | 339 | 291 | 226 | 212 | 37.46 | 27.15 |
| hwb4_52 | 4 | 23 | 11 | 65 | 53 | 59 | 49 | 24.62 | 7.55 |
| hwb5_55 | 5 | 109 | 24 | 346 | 298 | 260 | 252 | 27.17 | 15.44 |
| hwb6_58 | 6 | 146 | 42 | 554 | 500 | 415 | 363 | 34.48 | 27.40 |
| hwb7_62 | 8 | 2663 | 331 | 13643 | 9047 | 6866 | 6478 | 52.52 | 28.40 |
| hwb8_118 | 8 | 14260 | 633 | 87883 | 57343 | 32822 | 32232 | 63.32 | 43.79 |
| hwb9_123 | 10 | 20421 | 1959 | 130932 | 83919 | 51807 | 49267 | 62.37 | 41.29 |
| mod5adder_128 | 6 | 87 | 15 | 342 | 240 | 207 | 199 | 41.81 | 17.08 |
| mod8-10_177 | 6 | 109 | 14 | 340 | 325 | 221 | 213 | 37.35 | 34.46 |
| rd53_135 | 7 | 78 | 16 | 306 | 276 | 203 | 195 | 36.27 | 29.35 |

续表

| Benchmark | $n$ | QC | gc | 量子代价 | | | | Impr2/% | |
| --- | --- | --- | --- | --- | --- | --- | --- | --- | --- |
| | | | | 文献[57] | 文献[55] | $QC_0$ | $QC_1$ | Impr2_1 | Impr2_2 |
| rd73_140 | 10 | 76 | 20 | 262 | 244 | 204 | 144 | 45.04 | 40.98 |
| sym9_148 | 10 | 4452 | 210 | 20892 | 14697 | 10017 | 9849 | 52.86 | 32.99 |
| urf1_149 | 9 | 57770 | 11554 | 238475 | 189986 | 167496 | 156540 | 34.36 | 17.60 |
| urf2_152 | 8 | 25150 | 5030 | 101656 | 78160 | 71166 | 65538 | 35.53 | 16.15 |
| urf5_158 | 9 | 51380 | 10276 | 208700 | 169307 | 146175 | 136545 | 34.57 | 19.35 |

由表 5-15 可知，除少量基准线路 Impr2_1 或 Impr2_2 的值为负外，其余线路上，本节方法产生的 LNN 量子线路的量子代价均少于文献[57]和文献[55]。与文献[57]相比，最大优化率为 63.32%，平均优化率为 34.46%；与文献[55]相比，最大优化率为 43.79%，平均优化率为 16.95%。

在总计 27 个线路上有 24 个线路的 $QC_1$ 值小于 $QC_0$，表明本节给出的化简算法对近邻 MCT 门替换后的线路进行了优化，在 rd73_140 线路上，优化率达到 29.41%。

控制比特数越多的 MCT 门分解所需的基本量子门越多，近邻化时需要额外插入的 SWAP 门也越多，导致最终线路的量子代价急剧增长。本节对 MCT 线路中含有规模较大的 MCT 门线路的结果与文献[55]进行了对比，如表 5-16 所示。其中"分布"表示 MCT 线路中控制比特数 $m \geqslant 3$ 的 MCT 门的门数，如 $T_4$ 表示规模为 4，即控制比特数为 3 的门。"比率"是控制比特数 $m \geqslant 3$ 的 MCT 门相对于整个线路门数的比率。Impr3 是本节方法相对于文献[55]在量子代价上的优化率。

表 5-16　含有大规模 MCT 门线路的量子代价对比结果

| Benchmark | $n$ | gc | 分布 | 比率/% ($m \geqslant 3$) | 量子代价 | | Impr3/% |
| --- | --- | --- | --- | --- | --- | --- | --- |
| | | | | | 文献[55] | 本节方法 | |
| 4gt10-v1_81 | 5 | 6 | $T_4$:2 | 33.33 | 94 | 82 | 12.77 |
| 4gt12-v1_89 | 5 | 5 | $T_4$:1, $T_5$:1 | 40.00 | 147 | 110 | 25.17 |
| 4gt13-v1_93 | 5 | 4 | $T_4$:1 | 25.00 | 35 | 36 | −2.86 |
| 4gt4-v0_80 | 6 | 5 | $T_5$:1 | 20.00 | 146 | 90 | 38.36 |
| 4gt5_75 | 5 | 5 | $T_4$:1 | 20.00 | 58 | 54 | 6.90 |
| 4mod7-v0_95 | 5 | 6 | $T_4$:2 | 33.33 | 101 | 82 | 18.81 |
| aj-e11_165 | 5 | 6 | $T_4$:1 | 16.67 | 168 | 95 | 43.45 |
| alu-v4_36 | 5 | 7 | $T_4$:1 | 14.29 | 86 | 64 | 25.58 |
| ham7_104 | 7 | 23 | $T_4$:4 | 17.39 | 291 | 212 | 27.15 |
| hwb5_55 | 5 | 24 | $T_4$:5 | 20.83 | 298 | 252 | 15.44 |

续表

| Benchmark | $n$ | gc | 分布 | 比率/%<br>（$m>3$） | 量子代价 | | Impr3/% |
| --- | --- | --- | --- | --- | --- | --- | --- |
| | | | | | 文献[55] | 本节方法 | |
| hwb6_58 | 6 | 42 | $T_4$ :4, | 9.52 | 500 | 363 | 27.40 |
| hwb7_62 | 8 | 331 | $T_4$ :40, $T_5$ :34, $T_6$ :14, $T_7$ :2 | 27.19 | 9047 | 6478 | 28.40 |
| hwb8_118 | 8 | 633 | $T_4$ :201, $T_5$ :166, $T_6$ :98,<br>$T_7$ :31, $T_8$ :6 | 79.30 | 57343 | 32232 | 43.79 |
| hwb9_123 | 10 | 1959 | $T_4$ :77, $T_5$ :121, $T_6$ :122,<br>$T_7$ :74, $T_8$ :30, $T_9$ :6 | 21.95 | 83919 | 49267 | 41.29 |
| mod5adder_128 | 6 | 15 | $T_4$ :4 | 26.67 | 240 | 199 | 17.08 |
| mod8-10_177 | 6 | 14 | $T_4$ :1, $T_5$ :2 | 21.43 | 325 | 213 | 34.46 |
| rd53_135 | 7 | 16 | $T_4$ :1, $T_5$ :1 | 12.50 | 276 | 195 | 29.35 |
| sym9_148 | 10 | 210 | $T_4$ :84, $T_5$ :126 | 100 | 14697 | 9849 | 32.99 |

表 5-16 列举了线路中含有较大规模 MCT 门的量子线路优化情况，本节方法
与文献[55]的结果对比，最大优化率为 43.79%，平均优化率为 25.86%，与表 5-
15 的平均优化率 16.95%相比，结果有明显上升，表明在含有较大规模 MCT 门的
线路上，本节方法取得了更好的平均优化率。

# 5.4　本章小结

本章首先讨论了使用 NCV 门库构造 LNN 量子线路，这种直接使用 LNN 形
式的量子门进行线路逻辑综合能确保所得的线路量子代价最小，但对于综合大规
模量子线路还存在困难。在量子线路综合的三个阶段提出三种对应的优化策略：
根据 MCT 门分解后线路的对称性提出了第一种优化策略，介绍了两种实现近邻
化的方法；根据换门序的原则，提出了一种前瞻换门序的优化策略；在化简阶
段，提出了几种删除规则，进一步减少线路的量子代价。对于 MCT 线路中的每
个非近邻门，根据给出的线序重排代价度量模型选择代价最小的插入 NNSWAP
门的方法，将非近邻门变换成其 LNN 排布，再将每个 LNN 排布中的 NNTS 门替
换成其最优最近邻线路，即实现了可逆 MCT 线路向 LNN 量子线路的变换。本章
还提出了一些优化方法，以进一步降低线路的量子代价。

# 下篇　量子线路物理感知映射

# 第6章 量子线路初始映射

量子线路初始映射的主要目的是量子比特分配。量子比特分配是量子线路映射到量子计算架构执行过程中一个关键的步骤。它涉及在量子计算设备的不同量子比特(物理上的量子比特)上执行特定的量子操作。为了确保量子线路的可执行性、减少执行过程中的噪声和错误、提高计算结果的准确性,在进行量子比特分配时,需要综合考虑多种因素,包括量子比特的可用性、连通性以及噪声水平等。通过合理的量子比特分配,可以有效地提高量子计算的效率和准确性。

## 6.1 基 本 概 念

本节主要介绍相关概念、相关专用名词及其符号表示,如表 6-1 所示。

表 6-1 常用名词及其符号、说明

| 名词 | 符号 | 说明 |
| --- | --- | --- |
| 逻辑量子比特 | $Q = \{q_0, q_1, \cdots, q_{n-1}\}$ | $n$ 为逻辑量子比特总数 |
| 物理量子比特 | $V = \{v_0, v_1, \cdots, v_{N-1}\}$ | $N$ 为物理量子比特总数 |
| 逻辑量子线路 | $\Phi = (Q, \Gamma)$ | $Q$ 为逻辑量子比特集合,$\Gamma$ 为量子门序列 |
| 线路深度 | $\mathrm{dep}(\Phi)$ | 量子线路 $\Phi$ 的深度 |
| 单量子比特门 | $g(q)$ | $q$ 表示该门作用的量子比特 |
| CNOT 门 | $\mathrm{CNOT}(c, t)$ | $c$ 和 $t$ 分别表示控制量子比特和目标量子比特 |
| SWAP 门 | $\mathrm{SWAP}(q_1, q_2)$ | $q_1$ 和 $q_2$ 是 SWAP 门作用的两个量子比特 |
| 耦合图 | $G = (V, E_C)$ | $V$ 为物理量子比特集合,$E_C$ 为允许的物理量子比特交互对集合 |
| 图的直径 | $\mathrm{dia}(G)$ | 图 $G$ 上任意两点之间距离的最大值 |
| 量子比特交互图 | $\mathrm{IG} = (Q, E_I)$ | $Q$ 为逻辑量子比特集合,$E_I$ 为线路中存在的量子比特交互集合 |
| 量子门依赖关系图 | $\mathrm{DAG} = (V_D, E_D)$ | $V_D$ 为量子门集合,$E_D$ 为量子门间的依赖关系集合 |
| 量子比特映射 | $\pi: Q \rightarrow V$ | $\pi(q_i) = v_j$ 表示将逻辑量子比特 $q_i$ 分配到物理量子比特 $v_j$ |
| 距离矩阵 | $P = [p_{ij}]$ | $p_{ij}$ 或 $P[i][j]$ 表示 $v_i$ 和 $v_j$ 在耦合图上的最短路径长度 |
| 交互频度矩阵 | $X = [x_{ij}]$ | $x_{ij}$ 表示逻辑量子比特 $q_i$ 和 $q_j$ 在量子线路中的总交互次数 |

本章使用 $Q = \{q_0, q_1, \cdots, q_{n-1}\}$ 表示逻辑量子比特集合，其中，$n$ 表示逻辑量子比特的总数；将量子计算设备上的量子比特称为物理量子比特，并使用 $V = \{v_0, v_1, \cdots, v_{N-1}\}$ 表示物理量子比特集合，其中，$N$ 表示物理量子比特的总数。

给定一个逻辑量子比特集合 $Q = \{q_0, q_1, \cdots, q_{n-1}\}$，量子线路就是作用在 $Q$ 上的量子门序列 $\Gamma = [g_0, g_1, \cdots, g_{N-1}]$。

本章用 $\Phi = (Q, \Gamma)$ 表示一个量子线路，其中，$Q$ 为逻辑量子比特集合，而 $\Gamma$ 为量子门序列。

对量子线路 $\Phi$ 从左向右做分层处理，使每一层包含若干作用在不同量子比特上的量子门，将分层后得到的总层数称为量子线路 $\Phi$ 的深度。

本章使用 $\mathrm{dep}(\Phi)$ 表示量子线路 $\Phi$ 的深度，并在实际分层时使每一层包含尽量多的作用在不同量子比特上的量子门。

**定义 6-1**　给定量子线路 $\Phi = (Q, \Gamma)$，将有向无环图 $\mathrm{DAG} = (V_D, E_D)$ 称为 $\Phi$ 的量子门依赖关系图。其中，顶点集 $V_D$ 中的每个顶点均唯一对应量子门序列 $\Gamma$ 中的一个量子门，而有向边集 $E_D$ 中的每条边代表相应两个量子门间的直接依赖关系，即对于 $\Gamma$ 中任意两个量子门 $g_i$ 和 $g_j$，若 $g_i$ 的输出直接作为 $g_j$ 的输入，则 $\langle g_i, g_j \rangle \in E_D$。

**例 6-1**　给定如图 6-1 所示的量子线路，其量子门依赖关系图如图 6-2 所示，其中每个顶点均唯一对应量子线路中的一个量子门，顶点之间的有向边表示量子门之间的直接依赖关系。

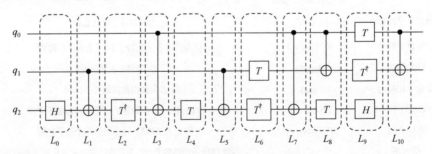

图 6-1　Toffoli 门的量子线路分层结构

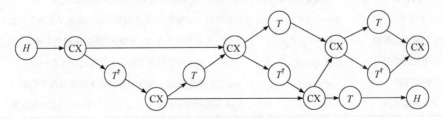

图 6-2　Toffoli 线路的量子门依赖关系图

给定一个量子线路，若在该线路对应的量子门依赖关系图上从 $g_i$ 到 $g_j$ 存在一条路径，则称 $g_j$ 依赖于 $g_i$。

**定义 6-2**　给定量子线路 $\varPhi = (Q, \varGamma)$，将无向图 $IG = (Q, E_I)$ 称为 $\varPhi$ 的量子比特交互图(qubit interaction diagram，QID)。其中，顶点集为逻辑量子比特集合 $Q$，边集 $E_I$ 中的每条边均表示相应两个量子比特间的交互关系，即对于 $Q$ 中任意两个量子比特 $q_i$ 和 $q_j$，若 $\varGamma$ 中至少存在一个作用在这两个比特上的双量子比特门，则 $(q_i, q_j) \in E_I$。

**例 6-2**　给定如图 6-1 所示的量子线路，其量子比特交互图如图 6-3 所示。

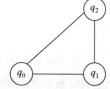

图 6-3　Toffoli 线路的量子比特交互图

**定义 6-3**　给定量子线路 $\varPhi = (Q, \varGamma)$，$|Q| = n$，将 $n \times n$ 的矩阵 $X = [x_{ij}]$ 称为 $\varPhi$ 的交互频度矩阵。其中，$x_{ij}$ 等于逻辑量子比特 $q_i$ 和 $q_j$ 在整个量子线路中的总交互次数，即等于作用在两者之上的双量子比特门数。

由于 $x_{ij} = x_{ji}$，所以交互频度矩阵是一个对称矩阵，交互频度矩阵中所有元素之和等于两倍的量子线路门数。

**例 6-3**　图 6-1 所示量子线路对应的交互频度矩阵如式(6-1)所示，由于任意一对量子比特上均存在两个 CNOT 门，因此该公式所有非对角线元素均取值为 2。

$$X = \begin{bmatrix} 0 & 2 & 2 \\ 2 & 0 & 2 \\ 2 & 2 & 0 \end{bmatrix} \tag{6-1}$$

**定义 6-4**　给定量子线路 $\varPhi = (Q, \varGamma)$，将在 $\varPhi$ 的量子门依赖关系图中无任何前驱节点的量子门称为活跃门。

对量子线路进行分层，活跃门总是位于第一层子线路。

**例6-4**　给定如图 6-1 所示的量子线路，由量子门依赖关系图(图6-2)可知，在该线路中仅存在唯一的活跃门，即位于线路第一层的 $H$ 门。

**定义 6-5**　设量子计算设备的物理量子比特集合 $V = \{v_0, v_1, \cdots, v_{N-1}\}$，量子比特间的直接耦合关系集合为 $E_C = \{(v_i, v_j) \mid v_i$ 和 $v_j$ 直接耦合$\}$，则将无向连通图 $G = (V, E_C)$ 称为量子计算设备的耦合图。其中，以物理量子比特集合 $V$ 作为顶点集，并以耦合关系集合 $E_C$ 作为边集。

量子计算设备的耦合图刻画了量子比特间的连通性，而量子比特连通性则进一步限制了可在该设备上直接执行的双量子比特门集合。只有作用在一对直接相连量子比特上的双量子比特门才是物理可执行的。本书将这种施加在双量子比特门上的设备约束称为连通受限约束，该约束也被称为拓扑约束或近邻交互约束。

**例6-5** 图6-4给出了一个耦合图，其中包含5个线性排列的物理量子比特，共有 4 对量子比特直接相连，因此在该设备上共有 8 个 CNOT 门是物理可执行的，分别是：$CNOT(v_0,v_1)$、$CNOT(v_1,v_0)$、$CNOT(v_1,v_2)$、$CNOT(v_2,v_1)$、$CNOT(v_2,v_3)$、$CNOT(v_3,v_2)$、$CNOT(v_3,v_4)$和$CNOT(v_4,v_3)$，其中，每个 CNOT 门均作用在一对近邻比特上。

图6-4　线性架构的耦合图

**定义 6-6** 给定量子计算设备的耦合图 $G=(V,E_C)$，$|V|=n$，将 $n×n$ 的矩阵 $P=[p_{ij}]$ 称为 $G$ 的距离矩阵，其中，$p_{ij}$ 等于 $v_i$ 和 $v_j$ 在耦合图 $G$ 上的最短路径长度。

由于 $p_{ij}=p_{ji}$，$P$ 是一个对称矩阵。若 $p_{ij}=1$，则表示 $v_i$ 和 $v_j$ 在耦合图上相邻。

**例6-6** 图 6-4 所示耦合图对应的距离矩阵如式(6-2)所示：

$$P=\begin{bmatrix} 0 & 1 & 2 & 3 & 4 \\ 1 & 0 & 1 & 2 & 3 \\ 2 & 1 & 0 & 1 & 2 \\ 3 & 2 & 1 & 0 & 1 \\ 4 & 3 & 2 & 1 & 0 \end{bmatrix} \tag{6-2}$$

为了将量子线路映射到目标设备上，首先要为每个逻辑量子比特独占式地分配一个物理量子比特，通常将这种逻辑量子比特和物理量子比特的对应关系称为量子比特映射，并将最开始的量子比特映射关系称为初始映射。

**定义 6-7** 给定量子计算设备的耦合图 $G=(V,E_C)$ 和量子线路 $\Phi=(Q,\Gamma)$，$|Q|\leqslant|V|$，设函数 $\pi:Q\rightarrow V$ 是一个从 $Q$ 到 $V$ 的函数，如果对于任意的 $q_i,q_j\in Q$，当且仅当 $q_i=q_j$ 时，有 $\pi(q_i)=\pi(q_j)$，则称 $\pi$ 为 $Q$ 到 $V$ 的一个量子比特映射。

设 $|Q|=n$，$|V|=N$，量子比特映射 $\pi$ 可表示为如式(6-3)所示的置换形式，其中，第一行是逻辑量子比特序号，而第二行是与逻辑量子比特对应的物理量子比特序号：

$$\pi=\begin{pmatrix} 0 & 1 & \cdots & n-1 \\ i_0 & i_1 & \cdots & i_{n-1} \end{pmatrix}, \quad 0\leqslant i_0,i_1,\cdots,i_{n-1}<N \tag{6-3}$$

在式(6-3)中，$\pi(k)=i_k$ 表示在映射 $\pi$ 下逻辑量子比特 $q_k$ 将被分配给物理量子比特 $v_{i_k}$，$0\leqslant k<n$。式(6-3)可以省略第一行，从而得到以下的简化形式：

$$\pi=[i_0,i_1,\cdots,i_{n-1}] \tag{6-4}$$

根据给定的量子比特映射和耦合图，可判断线路中一个量子门是否满足底层架构的连通受限约束。

**定义 6-8** 给定量子计算设备的耦合图 $G = (V, E_C)$ 和量子线路 $\Phi = (Q, \Gamma)$，对于 $\Phi$ 中任一双量子比特门 $g(q_c, q_t)$，将在量子比特映射 $\pi$ 下的物理量子比特 $v_{\pi(c)}$ 和 $v_{\pi(t)}$ 在耦合图上的最短路径长度称为量子门 $g$ 的物理距离。

根据定义 6-8，双量子比特门 $g(q_c, q_t)$ 在量子比特映射 $\pi$ 下的物理距离等于 $p_{\pi(c)\pi(t)}$，其中，$P$ 为设备耦合图的距离矩阵(见定义 6-6)。

一个 CNOT 门的物理距离等于 1 表示其控制逻辑比特和目标逻辑比特被分配至耦合图上的一对近邻物理量子比特。因此，给定双量子比特门 CNOT$(q_c, q_t)$，只有该门在当前量子比特映射 $\pi$ 下的物理距离等于1时，其满足连通受限约束。

**定义 6-9** 给定量子计算设备的耦合图 $G = (V, E_C)$ 和量子线路 $\Phi = (Q, \Gamma)$，在量子比特映射 $\pi$ 下，若一个量子门既是活跃门，又同时满足连通受限约束，则称该量子门为可执行门。

可执行门在执行时序上处于最优先级别，且满足连通受限约束，因此可以立即调度。

在量子比特分配逻辑生成一个初始映射后，便可以开始对量子线路中的量子门进行调度。在调度量子门时要严格遵守量子门之间的依赖关系，只有当一个量子门依赖的全部量子门均已被调度后，该量子门才能被调度。在调度某个 CNOT 门时，若该门不满足连通受限约束，则需要在该门前插入 SWAP 门对量子比特映射进行变换，直至该门的物理距离等于 1。将通过插入 SWAP 门来移动量子态的过程称为量子比特路由。

若当前量子比特映射为 $\pi$，则应用 SWAP$(v_i, v_j)$ 之后，$\pi$ 被更新为 $\Pi$，满足 $\Pi(\pi^{-1}(v_i)) = v_j$，$\Pi(\pi^{-1}(v_j)) = v_i$；且对于其他 $k \notin \{i, j\}$，$\Pi(\pi^{-1}(v_k)) = v_k$，其中，$\pi^{-1}$ 表示 $\pi$ 的逆函数。SWAP$(v_i, v_j)$ 的作用可以视为交换物理量子比特 $v_i$ 和 $v_j$ 对应的逻辑量子比特。

**定理 6-1** 给定量子计算设备的耦合图 $G = (V, E_C)$ 和量子线路 $\Phi = (Q, \Gamma)$，在量子比特映射 $\pi$ 下，对于 $\Phi$ 中任一双量子比特门 $g(q_c, q_t)$，为了使量子门 $g$ 满足耦合图 $G$ 表示的连通受限约束，最少需要 $p_{\pi(c)\pi(t)} - 1$ 个 SWAP 门。

**证明：** 因为 SWAP 门的作用效果可视为交换耦合图上两个相邻位置的逻辑量子比特，所以插入一个 SWAP 门最多可使逻辑量子比特 $q_c$ 和 $q_t$ 在耦合图上的最短路径长度减 1，也就是使 $g(q_c, q_t)$ 在耦合图上的物理距离减 1。由于 $g(q_c, q_t)$ 的物理距离为 $p_{\pi(c)\pi(t)}$ (见定义 6-8)，且只有当物理距离等于 1 时，$g(q_c, q_t)$ 才能满足连通受限约束，因此最少需要 $p_{\pi(c)\pi(t)} - 1$ 个 SWAP 门使量子门 $g$ 满足连通受限约束。**证毕。**

　　量子比特路由依次检查输入线路中的活跃门，若在当前映射下某活跃门是可执行的，则在将该门的逻辑量子比特替换为对应的物理量子比特后将其加入输出线路，并从输入线路删除该门；否则，插入SWAP门更新映射，直至该活跃门变为可执行门。

　　**例 6-7**　给定图 6-1 所示的量子线路、图 6-4 所示的耦合图以及初始映射 $\pi=\{0,1,2\}$，经映射变换得到的输出量子线路如图 6-5 所示，一共插入了 4 个 SWAP 门，每次插入 SWAP 门均会更新量子比特映射函数。

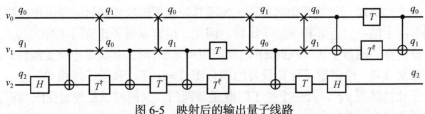

图 6-5　映射后的输出量子线路

　　如图 6-5 所示，量子线路映射通常需要向原量子线路中插入多个 SWAP 门，从而增加了量子线路的门数和深度，使量子线路更易受到门操作错误和退相干噪声的干扰。不同的初始映射以及不同的近邻化调度策略会导致不同的输出线路，为了保证较高的计算可靠性，量子线路映射算法需要在多种可能中找到 SWAP 门数最小的输出线路。

# 6.2　问题描述

## 6.2.1　概述

　　在一个特定量子计算设备上执行量子线路时，通常需要满足以下三个约束：基本量子门约束、量子比特的连通受限约束以及量子门的执行优先级。其中，前两个约束由量子计算设备施加，后一个约束由量子线路中的量子门依赖关系决定。通过量子门分解算法[38,39,49,50]可以将任意高级逻辑线路转换为由 Clifford+$T$ 等基本门库组成的低级逻辑线路，而如前所述，Clifford+$T$ 量子门较易物理实现，因此量子线路映射主要关注量子比特连通受限性和量子门执行优先级两个约束。

　　量子线路映射是为了使逻辑线路适配底层架构的连通受限约束而进行的等价线路变换，它是面向物理设备的量子线路变换的重要环节，在映射过程中需要感知物理量子比特连通性、操作错误率以及相干时间等设备参数，对最终量子线路中的门数以及计算可靠性有着重要影响。如 2.4.6 节所述，如果以 Clifford+$T$ 作为逻辑层面的常用基本门库，较易通过底层架构的物理基本门实现。因此，量子线路映射方法通常假定量子线路是由 Clifford+$T$ 等基本量子门组成的低级逻辑线路，以此屏蔽底层硬件在物理实现技术上的细节差异，从而保证量子线路映射方法对各种物理架构的普适性。

量子比特分配是量子线路映射的起始步骤，是将量子线路中的逻辑量子比特互斥地分配至量子计算架构中的物理量子比特，使每一个逻辑量子比特和唯一的物理量子比特相对应。量子比特分配的质量对于量子线路的映射代价以及执行成功率有着重要影响。对于规模为 $n$ 的量子比特分配问题，存在 $O(n!)$ 种可选的量子比特映射，量子比特分配的最优化问题是 NP 难问题。因此，以蛮力枚举的方式搜索最优初始映射实际是不可行的。

为了在时间开销和分配质量之间取得较好的平衡，研究方法通常采用启发式策略进行量子比特分配。采用的启发式策略包括但不限于遗传算法[71]、线性规划算法[223,224]、反向遍历方法[225]、贪心算法[226,227]、模拟退火算法[8]以及子图同构算法[12]等。上述方法难以定量和精确地评估量子比特分配的效果。虽然量子比特分配的最优化问题是 NP 难的，但考虑到目前大多数 NISQ 设备上的量子比特数量相对较少，通过使用剪枝等技术进行系统枚举，有可能在合理的时间内找到最优初始映射。

## 6.2.2 问题分析

量子比特分配用于确定逻辑量子比特和物理量子比特之间的初始映射关系，而初始映射对于后续的量子比特近邻化所需的 SWAP 门数有着重要影响[96]。在量子线路映射过程中，量子比特分配通常会随着 SWAP 门的插入而动态变化，这使量子线路映射所需的最少 SWAP 门不仅取决于初始映射，而且受 SWAP 门插入策略的影响。

为了便于构建量子比特分配策略，对于给定量子计算设备的耦合图 $G=(V, E_C)$ 和量子线路 $\Phi=(Q, \Gamma)$，设 $|Q|=|V|$，可以采用式(6-5)所示的代价函数对特定初始映射 $\pi$ 下所需的 SWAP 门数进行估算：

$$g(\Phi, G, \pi) = \sum_{i=0}^{n-1} \sum_{j=0}^{n-1} x_{ij} \cdot (p_{\pi(i)\pi(j)} - 1) \tag{6-5}$$

式中，$i, j \in \{0, 1, \cdots, n-1\}$ 表示逻辑量子比特序号；$\pi(i)$、$\pi(j)$ 则分别表示在初始映射 $\pi$ 下，逻辑量子比特 $i$ 和 $j$ 所对应的物理量子比特序号；$x_{ij}$ 表示在量子线路 $\Phi$ 中逻辑量子比特 $i$ 和 $j$ 的交互频次，其是交互频度矩阵 $X$ 的元素(见定义 6-3)；$p_{\pi(i)\pi(j)}$ 表示在设备耦合图 $G$ 上物理量子比特 $\pi(i)$ 和 $\pi(j)$ 之间的最短距离，其是交互距离矩阵 $P$ 的元素(见定义 6-6)。

式(6-5)中的 $p_{\pi(i)\pi(j)} - 1$ 表示在量子比特映射 $\pi$ 下，执行一个双量子比特门

$g(q_i, q_j)$所需的最少 SWAP 门数(见定理 6-1)。因此，式(6-5)给出了在初始量子比特映射 $\pi$ 下，量子线路映射过程使用对称路由策略时所需插入的最少 SWAP 门数。以下将对式(6-5)的计算方式及对称路由策略进行详细说明。

由于量子线路映射由量子比特分配和量子比特路由两个主要过程构成，映射所需的最少 SWAP 门数通常也由量子比特分配所生成的初始映射和量子比特路由策略共同决定。但是，若在量子比特路由时遵循特定方式插入 SWAP 门，则映射所需的 SWAP 门数可直接由初始映射决定。

**定义 6-10** 量子比特对称路由策略：依次调度量子线路中的活跃量子门(见定义 6-4)，若在初始量子比特映射关系下，当前活跃量子门不满足连通受限约束，则插入若干 SWAP 门对当前量子比特映射进行更新，从而使该活跃量子门转换为可执行门(见定义 6-9)，并在执行该活跃量子门之后，立即以逆序方式插入相同 SWAP 门序列，从而恢复初始映射。

在对称路由策略下，输出线路中不满足连通受限约束的 CNOT 门会被前后两组 SWAP 门包围，前面一组 SWAP 门用于更新量子比特映射，从而使 CNOT 门满足连通受限约束，而后面一组 SWAP 门是前面一组的逆序列，用于恢复初始映射。在这种情况下，如式(6-5)所示的代价函数等于在初始映射 $\pi$ 下量子线路映射过程所需的最少 SWAP 门数。

**例 6-8** 给定如图 6-6(a)所示的量子线路和如图 6-6(b)所示的耦合图，以及初始映射 $\pi=\{0,1,2,3\}$，使用对称路由策略可得到如图 6-6(c)所示的输出线路。

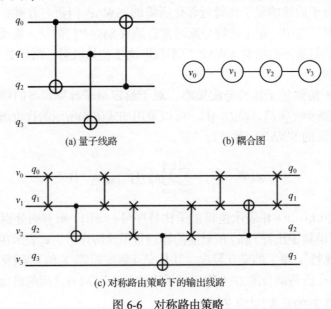

(a) 量子线路          (b) 耦合图

(c) 对称路由策略下的输出线路

图 6-6 对称路由策略

　　给定量子线路 $\Phi=(Q, \Gamma)$ 和耦合图 $G=(V, E_C)$，只要满足 $|Q| \leqslant |V|$ 即可将 $\Phi$ 映射到耦合图 $G$ 上。然而，在描述量子线路映射问题时，不失一般性，通常假定 $|Q|=|V|$，因为，若 $|Q|<|V|$，通过向量子线路中增加若干个空逻辑量子比特总可使 $|Q|=|V|$。在 $|Q|=|V|=n$ 的情况下，量子比特映射也可以表示为整数 $\{0,1,\cdots,n-1\}$ 上的一个置换 $\pi$，其中，$\pi(i) = j$ 表示将逻辑量子比特 $q_i$ 分配到物理量子比特 $v_j$ 上。由于 $n$ 比特的初始映射可视为一个 $n$ 元素的置换，所以全部 $n$ 比特的初始映射构成一个 $n$ 元置换群 $S_n$。设 $|Q|=|V|$，则式(6-5)给出了在任意初始映射 $\pi$ 下通过对称路由策略进行线路映射所需的 SWAP 门数。

　　以式(6-5)为代价函数，量子比特分配的最优化问题可描述为：给定量子计算设备的耦合图 $G=(V,E_C)$ 和量子线路 $\Phi=(Q,\Gamma)$，求初始映射 $\pi^*$，使得

$$\pi^* = \underset{\pi \in S_n}{\arg\min} \, g(\Phi, G, \pi) \tag{6-6}$$

式中，$S_n$ 表示所有可能的初始映射组成的集合；$\pi$ 是 $S_n$ 中的任意初始映射。

　　由全排列的知识可知，$S_n$ 中的置换共有 $n!$ 个，因此量子比特分配问题具有指数级规模的可行解空间。式(6-6)和二次分配问题(quadratic assignment problem，QAP)[228]具有等价的数学描述形式。QAP 是运筹学中的基本组合优化问题之一，在集成电路布线、键盘布局、设施选址等工程领域有着成功的应用。

　　**定理 6-2**　量子比特分配的最优化问题是 NP 完全的。

　　**证明：**式(6-6)所示的量子比特分配优化问题在数学描述上和 QAP 完全一致，即该问题和 QAP 是数学等价的。因为 QAP 是 NP 完全的[228]，所以该问题同样是 NP 完全的。**证毕**。

## 6.3　量子比特分配的精确方法

　　本节基于式(6-6)所示的形式化描述，构建一种精确的量子比特分配方法，即输出使式(6-5)所示的代价函数取最小值的初始映射。

### 6.3.1　线性化表示

　　为了便于对量子比特分配优化问题求解，基于 QAP 线性化模型[229]的相关知识，本节给出与式(6-5)等价的线性化模型为

$$g(\Phi, G, \pi) = \sum_{i=0}^{n-1}\sum_{j=0}^{n-1}\sum_{k=0}^{n-1}\sum_{m=0}^{n-1} x_{ik} \cdot p_{jm} \cdot u_{ij} \cdot u_{km}$$

$$= \sum_{i=0}^{n-1}\sum_{j=0}^{n-1}\sum_{k=0}^{n-1}\sum_{m=0}^{n-1} c_{ijkm} \cdot v_{ijkm} \tag{6-7}$$

式中，$U=[u_{ij}]$ 是一个用于表示量子比特映射 $\pi$ 的 $n \times n$ 的置换矩阵，对于一个

$\pi \in S_n$，$u_{ij}$=1 当且仅当$\pi(i)$=$j$ 时，其中 $i$ 表示逻辑量子比特序号，$j$ 表示物理量子比特序号，否则 $u_{ij}$=0；$x_{ik}$ 是交互频度矩阵 $X$ 的元素；$p_{jm}$ 是交互距离矩阵 $P$ 的元素；$c_{ijkm} = x_{ik} \cdot p_{jm}$；$v_{ijkm} = u_{ij} \cdot u_{km}$。

在量子线路映射中，$v_{ijkm} = 1$ 表示将逻辑量子比特 $q_i$ 和 $q_k$ 分别分配至物理量子比特 $v_j$ 和 $v_m$，而此时系数 $c_{ijkm}$ 则表示近邻化作用在 $q_i$ 和 $q_k$ 上的所有 CNOT 门所需的最少 SWAP 门数。

变量 $v_{ijkm}$ 可视为 $n^2 \times n^2$ 的矩阵 $V = U \otimes U$ 的元素。$V$ 中的元素满足以下条件：

$$v_{ijkm} = u_{ij}u_{km} = u_{km}u_{ij} = v_{kmij}, \quad i \neq j, k \neq m \tag{6-8}$$

$$v_{ijij} = u_{ij}u_{ij} = u_{ij} \tag{6-9}$$

$$v_{ijkj} = 0, \quad i \neq k \tag{6-10}$$

$$v_{ijim} = 0, \quad j \neq m \tag{6-11}$$

根据式(6-8)，$v_{ijkm}$ 和 $v_{kmij}$ 总是相等，因此将两者称为互补变量；将式(6-9)中的变量 $v_{ijij}$ 称为主导变量；将形如式(6-10)和式(6-11)中的变量 $v_{ijkj}$ 和 $v_{ijim}$ 称为无效变量。一个 9×9 的 $V$ 矩阵如图 6-7 所示，其中所有无效变量均通过星号标注，而所有主导变量通过大括号标注。

$$\left[\begin{array}{ccc|ccc|ccc}
\{v_{0000}\} & v_{0001}^* & v_{0002}^* & v_{0100}^* & \{v_{0101}\} & v_{0102}^* & v_{0200}^* & v_{0201}^* & \{v_{0202}\} \\
v_{0010}^* & v_{0011} & v_{0012} & v_{0110} & v_{0111}^* & v_{0112} & v_{0210} & v_{0211} & v_{0212}^* \\
v_{0020}^* & v_{0021} & v_{0022} & v_{0120} & v_{0121}^* & v_{0122} & v_{0220} & v_{0221} & v_{0222}^* \\
\hline
v_{1000}^* & v_{1001} & v_{1002} & v_{1100} & v_{1101}^* & v_{1102} & v_{1200} & v_{1201} & v_{1202}^* \\
\{v_{1010}\} & v_{1011}^* & v_{1012}^* & v_{1110}^* & \{v_{1111}\} & v_{1112}^* & v_{1210}^* & v_{1211}^* & \{v_{1212}\} \\
v_{1020}^* & v_{1021} & v_{1022} & v_{1120} & v_{1121}^* & v_{1122} & v_{1220} & v_{1221} & v_{1222}^* \\
\hline
v_{2000}^* & v_{2001} & v_{2002} & v_{2100} & v_{2101}^* & v_{2102} & v_{2200} & v_{2201} & v_{2202}^* \\
v_{2010}^* & v_{2011} & v_{2012} & v_{2110} & v_{2111}^* & v_{2112} & v_{2210} & v_{2211} & v_{2212}^* \\
\{v_{2020}\} & v_{2021}^* & v_{2022}^* & v_{2120}^* & \{v_{2121}\} & v_{2122}^* & v_{2220}^* & v_{2221}^* & \{v_{2222}\}
\end{array}\right]$$

图 6-7　$V$ 矩阵的元素分布

按照 $V$ 的元素分布方式构建相应的系数矩阵 $C$=[$c_{ijkm}$]，其中，$c_{ijkm}$ 是 $v_{ijkm}$ 在式 (6-7)中的系数，$c_{ijkm}$ 在 $C$ 中的分布和 $v_{ijkm}$ 在 $V$ 中的分布相同。在 $C$ 中与无效变量对应的元素称为无效系数，与主导变量对应的元素称为主导系数，所有主导系数构成 $n \times n$ 的矩阵 $L$=[$c_{ijij}$]。类似地，$c_{ijkm}$ 和 $c_{kmij}$ 称为互补系数。和图 6-7 所示的 $V$ 矩阵相同，$C$ 矩阵同样可划分成 $n \times n$ 个子块，每个子块均表示一个 $n \times n$ 的矩阵 $C_{ij}$，每个 $C_{ij}$ 有唯一的主导元素。图 6-8 给出了 $n$=3 时的 $C$ 矩阵和 $L$ 矩阵，在 $C$ 中所有无效系数用星号取代，而所有主导系数通过加粗强调。

本节求解映射问题的精确算法将基于式(6-7)所示的 QAP 线性化模型搜索最

优解。

$$C = \begin{bmatrix} C_{00} & C_{01} & C_{02} \\ C_{10} & C_{11} & C_{12} \\ C_{20} & C_{21} & C_{22} \end{bmatrix}$$

$$= \begin{bmatrix} c_{0000} & * & * & * & c_{0101} & * & * & * & c_{0202} \\ * & c_{0011} & c_{0012} & c_{0110} & * & c_{0112} & c_{0210} & c_{0211} & * \\ * & c_{0021} & c_{0022} & c_{0120} & * & c_{0122} & c_{0220} & c_{0221} & * \\ * & c_{1001} & c_{1002} & c_{1100} & * & c_{1102} & c_{1200} & c_{1201} & * \\ c_{1010} & * & * & * & c_{1111} & * & * & * & c_{1212} \\ * & c_{1021} & c_{1022} & c_{1120} & * & c_{1122} & c_{1220} & c_{1221} & * \\ * & c_{2001} & c_{2002} & c_{2100} & * & c_{2102} & c_{2200} & c_{2201} & * \\ * & c_{2011} & c_{2012} & c_{2110} & * & c_{2112} & c_{2210} & c_{2211} & * \\ c_{2020} & * & * & * & c_{2121} & * & * & * & c_{2222} \end{bmatrix}$$

$$L = \begin{bmatrix} c_{0000} & c_{0101} & c_{0202} \\ c_{1010} & c_{1111} & c_{1212} \\ c_{2020} & c_{2121} & c_{2222} \end{bmatrix}$$

(a) 系数矩阵 $C$　　　　　　　　　　　　　　　(b) 主导矩阵 $L$

图 6-8　$C$ 矩阵和 $L$ 矩阵

### 6.3.2　精确量子比特分配算法

　　量子比特分配问题的解空间是由 $n!$ 个全排列组成的集合 $S_n$，其中，$n$ 为量子比特数目，且每个全排列均对应一种可行的初始映射。若仅通过暴力枚举的方式在 $S_n$ 中搜索能带来最少 SWAP 门的初始映射，在最坏情况下需要遍历全部 $n!$ 个全排列，这种做法显然不可取。为了能够高效并精确地找出最优解，可采用排列树表示可行解组成的状态空间，并通过分支限界法[230]对解空间进行系统的遍历。

　　1) 解空间结构和搜索策略

　　初始映射描述的是逻辑量子比特和物理量子比特之间一一对应的关系，所有初始映射组成的解空间可通过一个排列树(permutation tree)表述。图 6-9 给出了一个三量子比特映射问题的排列树，其中，每个叶子节点均对应一个完整的初始映射，而非叶子节点均对应一个部分映射(即还存在未分配物理量子比特的逻辑量子比特)，节点上的标签用于说明当前考虑的逻辑量子比特，而各条边上的标签表示当前逻辑量子比特指定的物理量子比特。该树形结构展示了每一个完整解的构造过程，从根节点开始，通过依次为每个逻辑量子比特指定所有可能的物理量子比特，对当前节点不断扩展，直至到达叶子节点，此时所有逻辑量子比特均已分配完毕。在 $n$ 量子比特的排列树中，共有 $n!$ 个叶子节点，所有叶子节点均位于排列树的底层，即第 $n$ 层。

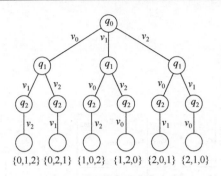

图 6-9　初始映射的解空间

排列树提供了结构化的解空间，但暴力枚举的方式依然不可取。分支限界法是一种用于求解组合优化问题最优解的枚举算法，是在排列树结构上常用的一种搜索范式。为了降低在排列树中搜索最优解所需的时间代价，分支限界法[230]通过相应的剪枝策略跳过排列树中部分无法带来最优解的节点。

2) 代价函数下界

如上所述，量子比特分配问题的解空间可表示成一个排列树，为了降低寻找映射最优解所需的时间开销，利用分支限界法对排列树进行高效搜索。分支限界法在遍历排列树中的某一节点时会先计算出该节点的代价函数下界，若所得下界表明该节点无法带来最优解，则不再遍历以该节点为根的子树，即对该节点进行剪枝。代价函数下界与最优值间的差异决定了剪枝效率，从而对分支限界法的时间开销有着重要影响。

本节以所需的最少 SWAP 门数作为初始映射排列树中每个节点的代价函数，设排列中当前节点对应的部分映射为 $\Pi_p$，则其代价函数下界如定义 6-11 所示。

**定义 6-11**　给定量子计算设备的耦合图 $G=(V, E_C)$ 和量子线路 $\Phi=(Q, \Gamma)$，则在部分映射 $\Pi_p$ 下，设 $g(\Phi,G,\pi)$ 为式(6-5)所示代价函数的最小值，则将满足公式：

$$\Omega \leqslant \min\{g(\Phi,G,\pi)|\pi \in \Pi_p\} \tag{6-12}$$

的任意数值 $\Omega$ 称为 $g(\Phi,G,\pi)$ 的下界。

代价函数下界与实际最优值的偏差越小，则剪枝效率越高，但同时求解下界消耗的时间开销也会越大。为了在下界的求解精度和求解速度上取得较好的平衡，基于量子线路映射的线性化 QAP 模型(见式(6-7))采用对偶上升下界法[229]计算在部分映射下的最少 SWAP 门数下界，计算过程如算法 6.1 所示。

给定量子线路映射 QAP 模型的系数矩阵 $C$ 和主导矩阵 $L$，算法 6.1 根据对偶上升下界法的基本原理，以各系数子矩阵 $C_{ij}$ 和主导矩阵 $L$ 作为线性分配问题(linear assignment problem, LAP)的代价矩阵，并通过使用匈牙利算法[231]对相应

LAP 进行求解。算法 6.1 由多次迭代组成，每次迭代均利用匈牙利算法从矩阵 $C$ 和矩阵 $L$ 中提取代价值，并将该值累加到下界 $\Omega$ 上，从而下界 $\Omega$ 会随着迭代进行逐渐上升。在每一次迭代中，首先使用匈牙利算法求解子系数矩阵 $C_{ij}$ 对应的 LAP，并根据返回的最优解和最小代价更新主导元素 $c_{ijij}$ 和上界 $\Theta$，如算法第 12~17 行所示；然后再次使用匈牙利算法求解主导矩阵 $L$ 对应的 LAP，并根据返回的最优解和最小代价同时更新下界 $\Omega$ 和上界 $\Theta$，如代码第 18~22 行所示。算法结束迭代的情况分为三种，分别如下：下界 $\Omega$ 和上界 $\Theta$ 相等；下界 $\Omega$ 的增量为 0；循环次数达到预定的上限。其中，下界 $\Omega$ 和上界 $\Theta$ 相等是一种理想情况，此时返回的下界 $\Omega$ 直接等于当前映射所需的最少 SWAP 门数，即下界 $\Omega$ 和最优解的偏差为 0。

---

**算法 6.1：** 求 $g(\Phi,G,\pi)$ 在部分映射 $\Pi_p$ 下的下界

**输入：** 量子比特数 $n$、系数矩阵 $C$

**输出：** $g(\Phi,G,\pi)$ 的下界 $\Omega$、上界 $\Theta$ 和 $\pi_\Theta$

1. $\Omega = \infty$, $\Theta = -\infty$; //初始化上界和下界

2. **while not**($\Omega == \Theta$ **or** $\min_L =0$) **do** //循环至上界等于下界或下界增量为 0

3.  **foreach** submatrix $C_{ij}$ in $C$ **do** //遍历 $C$ 中每个子矩阵 $C_{ij}$

4.   **foreach** allowed element $c_{ijkm}$ in $C_{ij}$ **do**//遍历 $C_{ij}$ 中的每一个非无效系数 $c_{ijkm}$

5.    $c_{ijkm} = c_{ijkm} + c_{ijij}/(n-1)$; //将主导系数平摊到其他 $n-1$ 列的非无效系数上

6.   **end**

7.   $c_{ijij} = 0$; //主导元素清零

8.  **end**

9.  **foreach** complementary pair $(c_{ijkm}, c_{kmij})$ **in** $C$ **do**
   //遍历 $C$ 中的每一个互补系数对

10.   $c_{ijkm} = c_{kmij} = (c_{ijkm} + c_{kmij})/2$; //平均化每个互补系数对的值

11.  **end**

12.  **foreach** submatrix $C_{ij}$ **in** $C$ **do** //遍历 $C$ 中每个子矩阵 $C_{ij}$

13.   $(\pi_{ij}, \min_{ij}) = \text{lap\_hug}(C_{ij})$; //利用匈牙利算法求解以 $C_{ij}$ 为代价矩阵的
   //LAP，$\pi_{ij}$ 和 $\min_{ij}$ 分别代表该 LAP 的最佳解和该解对应的最小代价

14.   $c_{ijij} = c_{ijij} + \min_{ij}$; //使用 $\min_{ij}$ 更新对应的主导系数

15.   $\Theta_{ij} = g(\Phi,G,\pi_{ij})$ //根据式 (6-5) 计算 $\pi_{ij}$ 所需的 SWAP 门数

16.   **if** $\Theta_{ij} < \Theta$ **then** $\Theta = \Theta_{ij}$, $\pi_\Theta = \pi_{ij}$;//根据 $\Theta_{ij}$ 更新上界 $\Theta$，并相应地更新 $\pi_\Theta$

17.  **end**

18.  $(\pi_L, \min_L) = \text{lap\_hug}(L)$; //利用匈牙利算法求解以 $L$ 为代价矩阵的 LAP

19.  $\Omega = \Omega + \min_L$; //使用 $\min_{ij}$ 更新下界 $\Omega$

| 20. | $\Theta_L = g(\Phi, G, \pi_L)$ | //根据式(6-5)计算 $\pi_L$ 所需的 SWAP 门数 |
| 21. | **if** $\Theta_L < \Theta$ **then** $\Theta = \Theta_L$, $\pi_\Theta = \pi_{ij}$; | //根据 $\Theta_L$ 更新上界 $\Theta$，并相应地更新 $\pi_\Theta$ |
| 22. | **end** | |

　　为了使对偶上升下界法更好地适配量子线路映射问题，算法 6.1 做了如下工作：不同于对偶上升下界法仅返回代价函数下界，算法 6.1 同时返回代价函数上界 $\Theta$ 和下界 $\Omega$。由于在算法运行过程中需要多次调用匈牙利算法为 LAP 子问题计算最优解，这些解有较大概率同样是原 SWAP 门优化问题的近最优解或最优解，因此以这些解所需 SWAP 门的数量作为上界 $\Theta$ 有助于提升分支限界法的剪枝效率。另外，算法 6.1 采用了可以更为高效地判断是否已找到最优解的方式，对偶上升下界法将 $n^2+1$ 个 $n \times n$ 的子矩阵中 0 值元素的分布模式是否相同作为判断准则，而算法 6.1 将上界和下界是否相等作为判断准则，这种判断方式更直接和有效。得益于上述工作，算法 6.1 在求解规模较小的映射问题的代价函数下界时，有较大概率直接求得最优值(即返回的下界和上界相等)。这种特性可极大地提高剪枝效率，这也是选择对偶上升下界法的重要原因之一。

　　在算法 6.1 中，每次迭代需调用匈牙利算法 $n^2+1$ 次，而匈牙利算法的时间复杂度为 $O(n^3)$。另外，迭代次数存在预设的常数上限，因此算法 6.1 的时间复杂度约为 $O(n^5)$。

　　3) 逻辑量子比特的优先级排序

　　除了上述的代价函数下界以外，在构建排列树时的逻辑量子比特分配次序同样对 SWAP 门最优化算法的收敛速度有着重要影响。优先分配交互频繁的逻辑量子比特有助于提升最优算法的收敛速度，其主要原因如下：相较于交互频度低的逻辑量子比特，交互频度高的逻辑量子比特对代价函数的影响更大，更易使代价函数值较远地偏离最优值，从而提高在排列树的较浅层进行剪枝的概率。鉴于以上分析，给出逻辑量子比特的优先级排序算法，见算法 6.2。

**算法 6.2**：逻辑量子比特的优先级排序算法

**输入**：逻辑量子比特集合 $Q$，交互频度矩阵 $X=[x_{ij}]$

**输出**：逻辑量子比特的优先队列 sort_arr

| 1. | q_set = $Q$; //初始化集合 q_set，其中包括所有逻辑量子比特 |
| 2. | max_count = $\infty$; //初始化最大 CNOT 门数 |
| 3. | **while** q_set $\neq$ NULL **do** //循环至 q_set 为空 |
| 4. | **foreach** $q$ **in** q_set **do** //遍历每一个逻辑量子比特 $q$ |
| 5. | tmp_set = q_set $- q$; //将 $q$ 临时从 q_set 中删除 |
| 6. | cnot_count = total_cnot(tmp_set, $X$) //统计删除 $q$ 后剩余的 CNOT 门数 |

| 7. | **if** cnot_count > max_count **then** |
| | //记录删除 $q$ 后得到的最大 CNOT 门数 |
| 8. | max_count = cnot_count, max_q = $q$; |
| 9. | **end** |
| 10. | **end** |
| 11. | q_set = q_set – max_q;　//从 q_set 中删除 max_q |
| 12. | sort_arr = max_q + sort_arr；　//将 max_q 逆序加入 sort_arr |
| 13. | **end** |

该算法的核心思想是：每次从量子线路中删除一个关联 CNOT 门数最少的逻辑量子比特，即和其他逻辑量子比特交互最少的逻辑量子比特，直至逻辑量子比特全部删除，最后按删除顺序的逆序确定每个逻辑量子比特的优先级。从算法 6.2 的计算过程可知，其时间复杂度为 $O(n^3)$。

4）求最优初始映射的精确算法

基于上述代价函数下界以及逻辑量子比特优先级排序，本节采用分支限界法在排列树形态的状态空间中搜寻最优初始映射，从而给出量子比特分配精确算法，如算法 6.3 所示。

**算法 6.3**：求最优初始映射的精确算法

**输入**：量子线路 $\Phi=(Q, \Gamma)$，耦合图 $G=(V, E_C)$，量子比特优先队列 sort_arr
**输出**：最优初始映射集合 $\Pi$ 及最少 SWAP 门数 min_swap

| 1. | $X = $ cnot_mat$(\Phi)$, $P = $ dist_mat$(G)$; |
| | //初始化交互频度矩阵 $X$ 和交互距离矩阵 $P$ |
| 2. | $C = $ init$(X, P)$;　//根据 $X$ 和 $P$ 构建系数矩阵 $C$ |
| 3. | $n = |Q|$, lb = 0; min_swap=∞　//初始化逻辑量子比特数、代价函数下界和最少门数 |
| 4. | sort_arr = sort$(Q, X)$;　//调用算法 6.2 对逻辑量子比特进行排序 |
| 5. | stk = stack();　//辅助深度优先遍历的堆栈 |
| 6. | $\pi_0 = $ NULL;　//空解，不包含任何量子比特间的对应关系 |
| 7. | stack.push$((\pi_0, n, C, $ visited[]$))$;　//进栈操作，visited[]用于标注物理量子比特 |
| | //是否已访问 |
| 8. | **while** stk **is not** empty **do** |
| 9. | $(\pi, n, C, $ visited$) = $ stk.top(); |
| 10. | $(\Omega, \Theta, \pi_\Theta) = $ lower_bound$(n, C)$;　//调用算法 6.1 返回下界 $\Omega$ 和上界 $\Theta$ |
| 11. | **if** lb +$\Theta <$ min_swap **then** //根据 $\Theta$ 判断是否能找到比当前最优解更好的解 |

12.　　　　min_swap = lb + $\Theta$;　　//更新 min_swap

13.　　　　$\Pi = \pi_\Theta$;　　//将当前最优解替换为 $\pi_\Theta$

14.　　　**else if** lb + $\Theta$ == min_swap **then** //判断是否能找到和当前最优解代价相同的解

15.　　　　$\Pi = \Pi + \pi_\Theta$;　　//将 $\pi_\Theta$ 添加到最优解集合

16.　　　**end**

17.　　　lb = lb + $\Omega$;　　//将 $\Omega$ 累加到当前下界

18.　　　**if** lb > min_swap **then** stk.top()//若下界超出最优代价，则无须进一步扩展

19.　　　**if** $\Omega$ == $\Theta$ **then** stk.top()　　//若已找到该问题的解，则无须进一步扩展

20.　　　q = next($\pi$, sort_arr);　　//根据 $\pi$ 从 sort_arr 中取出下一个未分配的逻辑量子比特

21.　　　v_list = free_pqubit($\pi$, V);　　//利用耦合图的对称性获得空闲物理量子比特集合

22.　　　if visited[v_list] == 1 then stk.top(), continue;
　　　　　　//所有子节点已扩展完毕，无法再扩展

23.　　　**foreach** $v_i$ **in** v_list **do**　　//依次考虑每一个空闲物理量子比特

24.　　　　**if** visited[j] == 1 **then** continue //跳过已访问的物理量子比特

25.　　　　**if** $C_{ij}[i][j]$ + lb > min_swap **then** continue
　　　　　　//跳过不可能提高最优解的分配方式

26.　　　　lb = lb + $C_{ij}[i][j]$;　　//将 $C_{ij}$ 的主导系数累加到当前下界

27.　　　　$\pi(i) = j$; visited[j] = 1;　　//将逻辑量子比特 $q_i$ 分配给物理量子比特 $v_i$

28.　　　　n = n − 1, C = reduce(C, i, j);　　//问题规模减一，对 C 进行相应的更新

29.　　　　stack.push(($\pi$, n, C, visited[]));　　//新节点进栈

30.　　　**end**

31.　**end**

　　　算法 6.3 从排列树的根节点出发，以深度优先的顺序构建排列树。在首次访问某节点时调用算法 6.1 计算该节点对应的代价函数下界和上界，并在以下几种情况下对排列树进行剪枝：当节点的下界已超过目前所得的最优代价函数值时，说明以该节点为根的子树空间中不存在更好的解，则无须进一步扩展该节点，如算法 6.3 的第 18 行和第 25 行所示；当节点的下界和上界相等时，说明已获得以该节点为根的子树空间中的最优解，同样无须对节点进行进一步扩展，如算法 6.3 的第 19 行所示。除上述基于上下界的剪枝策略外，算法 6.3 还利用了耦合图上可能存在的结构对称性进行剪枝，如算法的第 21 行所示，以图 6-6(b) 的耦合图为例，根据位置的对称性，物理量子比特可分为两个等价类：$\{v_0, v_3\}$ 和 $\{v_1, v_2\}$。在扩展排列树根节点时，将逻辑量子比特分配给同一等价类内的任意物理量子比特不影响最优 SWAP 门数，因此在指定物理量子比特时仅需考虑 $\{v_0, v_1\}$。若不满足剪枝条件，则对当前节点进行扩展，具体做法如下：取出优先队列

(sort_arr)中的下一个逻辑量子比特 $q_i$(第 20 行), 为其分配一个空闲物理量子比特 $v_j$(第 27 行), 然后将新生成子节点的问题规模减一, 并为其更新系数矩阵 $C$。系数矩阵 $C$ 的更新方式如下: 对于 $C$ 的每个子矩阵 $C_{xy}$, 其中, $x{\neq}i$, $y{\neq}j$, 将非无效系数的 $C_{xy}[i][j]$ 累加到主导系数 $C_{xy}[x][y]$ 上, 然后删除子矩阵 $C_{xy}$ 的第 $i$ 行和第 $j$ 列元素, 即 $C_{xy}$ 由 $n{\times}n$ 的矩阵缩小为 $(n{-}1){\times}(n{-}1)$ 的矩阵; 将子矩阵 $C_{ij}$ 中的每个非无效系数 $C_{ij}[x][y]$ 累加到相应的主导系数 $C_{xy}[x][y]$ 上, 并删除与子矩阵 $C_{ij}$ 同行或同列的其余子矩阵 $C_{xy}$, 即 $C$ 由 $n^2{\times}n^2$ 的矩阵缩小为 $(n{-}1)^2{\times}(n{-}1)^2$ 的矩阵。该算法最终会返回在排列树遍历过程中遇到的全部最优初始映射, 这些初始映射具有相同的最小 SWAP 门数。

$n$ 层排列树中共包含 $O(n!)$ 个节点, 为每个节点计算代价函数下界的时间复杂度为 $O(n^5)$, 因此算法 6.3 在最坏情况下的时间复杂度为 $O(n^5{\cdot}n!)$。该时间复杂度并未考虑剪枝策略的效用, 实际上算法在多数测试用例上访问的节点数量远小于 $O(n!)$ 的规模。

通过限定 SWAP 门的插入方式, 量子线路映射的 SWAP 门优化问题也可以转换为等价的 QAP。

### 6.3.3　实验结果与分析

为了对求解量子比特分配优化问题的精确算法(算法 6.3, 简称为 qap_qcm 算法)进行测试和评价, 本节从量子线路映射的常用基准线路库[91,94]中选择了 21 个不同规模的量子线路, 并以 IBMQ Melbourne 架构(含 16 个物理量子比特, 如图 6-10 所示)为目标量子计算平台对这些基准线路进行测试。

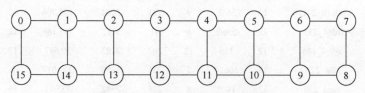

图 6-10　IBMQ Melbourne 的耦合图

算法采用 C++语言实现, 实验的运行环境为 2.5GHz Intel i7-4710HQ CPU, 16GB 内存。

IBMQ Melbourne 架构具有 16 个量子比特, 因此该架构上量子线路映射问题的解空间为一个 16 层的排列树, 共包含约 $3.59512{\times}10^{13}$ 个节点。但通过分支限界法的搜索策略, qap_qcm 算法可在较短时间内获得最优映射方案, 实验结果如表 6-2 所示。表 6-2 中从左向右各列的含义分别如下: 线路序号、线路名(circuit_name)、逻辑量子比特数($n$)、线路中的 CNOT 门数量($g$)、排列树中被访问节点的最大深度(lev)、排列树中首次得到最优解的节点序号(fb)、排列树中被访问的节点总数

(vn)、算法运行时间($t$)、算法最终得到的等价最优初始映射的数量(mn)以及对应的代价函数(式(6-5))最小值(swap)。从表 6-2 的 lev 数据列可见，在所有基准线路上被访问节点在排列树中的最大深度为 4~12，这主要得益于算法 6.1 返回的上下界和相应配置下的真实最优解较为接近，从而使 qap_qcm 算法可在访问排列树中较浅层次的节点时直接进行剪枝操作(算法 6.3 的第 18~19 行)。从表 6.2 的 fb 数据列可得，在 21 个基准线路的实验中，所提 qap_qcm 算法平均首次得到最优解访问的节点数仅占被访问节点总数的 5.40%。表 6-2 的 vn 数据列可见，qap_qcm 算法在所有基准线路上仅访问了排列树中少部分的节点，最少 33 个，最多 36743 个，显然相较总节点数($3.59512 \times 10^{13}$)是非常小的一部分。qap_qcm 算法仅需访问解空间中的少量节点便可以找到多个最优解，除归功于分支限界法所用的剪枝策略外，还得益于该算法利用了耦合图的结构对称性进行额外的剪枝。正是由于 qap_qcm 算法在排列树中访问的节点数量少以及层次浅，所有基准线路上的实验均在 20min 以内完成，且少数基准线路上的实验仅需数秒即可完成。

**表 6-2　qap_qcm 算法的实验结果**

| 线路序号 | circuit_name | $n$ | $g$ | lev | fb | vn | $t$/s | mn | swap |
|---|---|---|---|---|---|---|---|---|---|
| 1 | qft_10 | 10 | 90 | 6 | 15 | 6280 | 8.808 | 16 | 240 |
| 2 | sqn_258 | 10 | 4459 | 8 | 55 | 16074 | 657.09 | 32 | 6140 |
| 3 | sym9_148 | 10 | 9408 | 11 | 23 | 10324 | 542.871 | 32 | 13904 |
| 4 | sym9_193 | 11 | 15232 | 8 | 119 | 6817 | 1057.55 | 12 | 23936 |
| 5 | wim_266 | 11 | 427 | 11 | 157 | 12493 | 263.18 | 48 | 480 |
| 6 | z4_268 | 11 | 1343 | 10 | 523 | 36743 | 1049.48 | 12 | 2140 |
| 7 | cycle10_2_110 | 12 | 2648 | 9 | 121 | 2004 | 105.704 | 12 | 4688 |
| 8 | rd84_253 | 12 | 5960 | 8 | 41 | 1115 | 115.169 | 12 | 9864 |
| 9 | sym9_146 | 12 | 148 | 12 | 202 | 3103 | 39.697 | 12 | 196 |
| 10 | dist_223 | 13 | 16624 | 7 | 255 | 1250 | 293.017 | 8 | 31682 |
| 11 | radd_250 | 13 | 1405 | 8 | 284 | 2982 | 135.47 | 16 | 2484 |
| 12 | root_255 | 13 | 7493 | 7 | 236 | 1381 | 244.635 | 8 | 13514 |
| 13 | clip_206 | 14 | 14772 | 9 | 2405 | 4453 | 778.535 | 8 | 33416 |
| 14 | cm42a_207 | 14 | 771 | 11 | 593 | 1323 | 60.231 | 96 | 836 |
| 15 | cm85a_209 | 14 | 4986 | 9 | 222 | 901 | 136.645 | 8 | 10678 |
| 16 | co14_215 | 15 | 7840 | 4 | 2 | 33 | 14.81 | 4 | 10824 |
| 17 | misex1_241 | 15 | 2100 | 10 | 150 | 335 | 44.297 | 12 | 3188 |
| 18 | square_root_7 | 15 | 3089 | 6 | 342 | 725 | 206.671 | 4 | 3072 |
| 19 | inc_237 | 16 | 4636 | 10 | 22 | 100 | 16.481 | 4 | 8318 |
| 20 | ising_model | 16 | 150 | 10 | 0 | 227 | 1.067 | 40 | 0 |
| 21 | mlp4_245 | 16 | 8232 | 5 | 175 | 1435 | 331.121 | 4 | 21408 |

# 6.4 考虑时序权重的量子比特分配

量子比特分配用于确定逻辑量子比特和物理量子比特之间的初始映射关系，初始映射对于后续的量子门路由所需的辅助量子门数量有着重要影响[96]。量子线路的两个关键特征，即量子比特的交互结构和量子门的执行时序是在进行量子比特分配时需要重点考虑的因素。量子比特的交互结构要求将交互频繁的逻辑量子比特尽量分配到耦合图上的近邻位置，而量子门的执行时序要求优先保证量子线路中时序靠前的量子门满足连通受限约束。本节将结合两种因素提出时序交互图的概念，并基于时序交互图给出一种量子比特分配方法。

### 6.4.1 时序交互图

给定一个量子线路，为该线路对应的量子比特交互图(见定义 6-2)中的各边增加时序权重信息，称为其对应的时序交互图。

根据量子线路的量子门依赖关系图(见定义 6-1)为线路中的量子门生成一个拓扑排序序列，并根据排序结果为每个量子门分配相应的序号，则时序交互图上各边的权重信息等于该边代表的 CNOT 门在线路中第一次出现的序号。

**例 6-9** 给定如图 6-11(a)所示的量子线路 $\Phi$。根据 $\Phi$ 的量子门依赖关系图，可得到量子门的拓扑排序序列：$g_0, g_1, g_2, g_3, g_4, g_5, g_6$。$\Phi$ 对应的量子比特时序交互图为 WIG=$(Q, E, W)$，如图 6-11(b)所示，WIG 中的每条边均表示在 $\Phi$ 中至少存在一个 CNOT 门作用在该边相连的两个量子比特上，如边$(q_0, q_2)$对应 $\Phi$ 中的两个 CNOT 门 $g_0$ 和 $g_2$；每条边的权重量等于该边对应 CNOT 门的最早时序，如边$(q_0, q_2)$的权重信息等于 $g_0$ 的时序编号，即编号为 0。

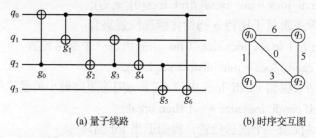

(a) 量子线路      (b) 时序交互图

图 6-11 量子线路及其量子比特时序交互图

### 6.4.2 量子比特分配算法

在建立量子线路的逻辑量子比特和量子计算设备的物理量子比特的对应关系时，逻辑量子比特的分配顺序和位置对于初始量子线路映射的质量均有着重要影响。一个合理的逻辑量子比特分配顺序应该是在为某个逻辑量子比特(第一个除外)指定最佳位置时，在量子计算设备耦合图上总能找到至少一个与其交互的已分配逻辑量子比特，这些已分配逻辑量子比特在量子设备耦合图上的物理位置构成了此次分配的参考位置集合。基于这些参考位置，在进行量子比特分配时可在多个候选位置中选择最有利的位置进行逻辑量子比特分配，以便降低后续为满足量子线路执行条件而插入的辅助量子门数量。为了确保在分配量子比特时总存在参考位置，将根据时序交互图的广度优先遍历序列确定逻辑量子比特的分配顺序，以交互时序图的中心为起点，按照时序顺序(由交互图中每条边的权重定义)依次访问当前节点的所有相邻节点。由此生成的逻辑量子比特分配顺序不仅保证了分配时总存在参考位置，同时还兼顾了量子门的时序性。基于时序交互图的量子比特分配算法如算法 6.4 所示。

---

**算法 6.4：** 基于时序交互图的量子比特分配算法

---

**输入：** 量子线路 $\Phi=(Q, \Gamma)$ 及其时序交互图 WIG，量子计算设备耦合图 $G=(V, E_C)$

**输出：** 初始映射 $\pi$

1.　　$\pi=\{\}$;　　//将初始映射设置为空

2.　　$c$ = get_center(WIG);　//获得时序交互图的中心点索引

3.　　log_arr = bfs(WIG, $c$);
　　　//log_arr 为 WIG 的广度优先遍历序列，序列不包含起点 $c$

4.　　$\pi(c) = s$;　//将逻辑量子比特 $q_c$ 分配给任意度相近的物理量子比特 $v_s$

5.　　**while** log_arr is not empty **do**　//循环至 log_arr 为空

6.　　　　$t$ = log_arr.pop_front();　//取出 log_arr 中的第一个元素

7.　　　　ref_locs = init_ref($t$, $\pi$, WIG); //为逻辑量子比特 $q_t$ 初始化参考位置集合

8.　　　　candi_locs = init_candi $f$(ref_locs[0], $\pi$, $G$);
　　　　　//为逻辑量子比特 $q_t$ 初始化候选位置集合

9.　　　　**for** $i$=1 to ref_locs.size−1 **do**　　//遍历每一个参考位置

10.　　　　　candi_locs = min_dist(candi_locs);
　　　　　　//仅保留 candi_locs 中与 ref_locs[$i$]的距离最小的候选位置

11.　　　　　**if** candi_locs.size == 1 **then** break;
　　　　　　//仅余一个候选位置，提前退出 for 循环

12.　　　　**end**

13.　　　　**if** candi_locs.size > 1 **then** $p$ = get_one ($t$, candi_locs);
　　　　　//若候选位置仍多于 1，则在其中任选一个度数最相近的物理位置

14.　　　　$\pi(t) = p$;　//将逻辑量子比特 $q_t$ 分配给物理量子比特 $v_p$

15.　　**end**

---

算法 6.4 的第 2 行用于获得时序交互图的中心点(图的中心是图的一个或多个顶点，这些顶点到图中所有其他顶点的最短路径的最大长度被最小化[232])；第 3 行通过对交互时序图的广度优先遍历生成逻辑量子比特分配的优先序列 log_arr；第 4 行将位于时序交互图中心的逻辑量子比特 $q_c$ 分配给在耦合图中与该逻辑比特度数最为相近的任意物理量子比特 $v_s$；第 5~15 行根据 log_arr 定义的顺序依次为每个逻辑量子比特分配物理量子比特，直至所有逻辑量子比特均分配完毕。第 7 行为当前逻辑量子比特 $q_t$ 初始化参考位置集合 ref_locs，ref_locs 是由已分配且和 $q_t$ 存在交互关系的逻辑量子比特在当前映射 $\pi$ 下对应的物理量子比特组成的集合，ref_locs 中各参考位置根据与 $q_t$ 的交互时序进行升序排序。第 8 行为前逻辑量子比特 $q_t$ 初始化候选位置集合 candi_locs，该集合最初包含了所有与物理量子比特 ref_locs[0]距离最短的空闲物理量子比特。在第 9~12 行代码中，通过依次考虑 ref_locs[0]以外的每个参考位置，对 candi_locs 进行不断筛选，在每次筛选时，仅保留其中距离当前参考位置最近的量子比特，直至 candi_locs 仅余唯一的候选位置。若经过所有参考位置筛选后仍存在多个候选位置，此时根据 $q_t$ 在时序交互图中的度，任选一个在耦合图中具有最相近度的候选位置作为最终分配位置，如第 13 行所示。第 14 行将当前逻辑量子比特 $q_t$ 分配给物理量子比特 $v_p$。

算法 6.4 的最耗时部分是第 5~15 行的嵌套循环体。其中，第 5 行的 while 循环最多循环$|Q|$次；参考位置集合 ref_locs 最多可包含$|V|$个元素，因此第 9 行的 for 循环最多循环$|V|$次；候选位置集合 candi_locs 最多可包含 deg($G$)个元素，deg($G$)表示耦合图的度，通常为较小的常数。因此，算法 6.4 的时间复杂度为 $O(|Q|\cdot|V|)$，由于$|Q|\leqslant|V|$，其时间复杂度约为 $O(|V|^2)$。

**例 6-10** 给定如图 6-12(a)所示的量子线路 $\Phi$ 和如图 6-12(a)所示的量子计算设备耦合图 $G$，其顶点为位置的集合为$\{v_1,v_2,\cdots,v_{19}\}$。假设为第一个逻辑量子比特指定物理量子比特 $v_7$，则算法 6.4 生成初始映射的步骤如下。

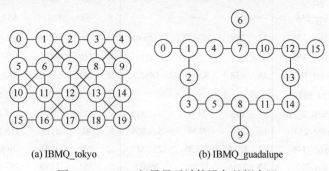

(a) IBMQ_tokyo    (b) IBMQ_guadalupe

图 6-12　IBMQ 超导量子计算设备的耦合图

(1) 获取位于时序交互图中心的逻辑量子比特 $q_0$，并将其分配给 $v_7$。

(2) 为未分配的逻辑量子比特确定分配优先序列 $\{q_2,q_1,q_3\}$。

(3) 根据优先序列依次为每个逻辑量子比特指定物理量子比特的位置。首先，为 $q_2$ 分配物理量子比特，其参考位置为 $\{v_7\}$，最初的候选位置为 $\{v_1,v_2,v_6,v_8,v_{12},v_{13}\}$，这些候选位置均是参考位置 $v_7$ 的近邻位置。由于 $q_2$ 不存在除 $v_7$ 以外的参考位置，对候选位置集合做进一步筛选，因此将 $q_2$ 分配给度最邻近的 $v_1$。然后，为 $q_1$ 指定物理量子比特，其参考位置为 $\{v_7,v_1\}$。由于 $q_1$ 和 $q_0$ 的交互时序早于其与 $q_2$ 的交互时序，因此参考位置 $v_7$ 排在 $v_1$ 之前。$q_1$ 最初的候选位置为 $\{v_2,v_6,v_8,v_{12},v_{13}\}$，这些位置均和 $v_7$ 近邻，根据到 $v_1$ 的距离对候选位置进行筛选得到 $\{v_2,v_6\}$，$v_2$ 和 $q_1$ 具有最相近的度，因此将逻辑量子比特 $q_1$ 分配给物理量子比特 $v_2$。最后，按照类似的方式将逻辑量子比特 $q_3$ 分配给物理量子比特 $v_6$。

(4) 最终得到完整的初始映射 $\{7,2,1,6\}$。在该初始映射下量子线路 $\Phi$ 中的所有 CNOT 门均满足连通受限约束，因此无须插入任何辅助量子门。

### 6.4.3　实验结果与分析

为了确定剪枝策略相关的改进措施对 SWAP 门最优化方法的影响，本节实现了另一个版本的 SWAP 门最优化算法——qap_ori 算法，其与 qap_qcm 算法的区别如下：将 qap_qcm 算法中使用的下界计算方法由算法 6.1 替换为原始的对偶上升下界法；按照 $\{0,1,\cdots,n-1\}$ 的平凡顺序分配逻辑量子比特；未利用耦合图的结构对称性进行剪枝。本次实验设定了 1h 的运行时间上限，在所有基准线路上对 qap_ori 算法进行了测试，实验结果如表 6-3 所示。

表 6-3　qap_qcm 算法和 qap_ori 算法的比较结果

| 基准线路 | | qap_ori 算法 | | | | qap_qcm 算法 | | | | 比较 |
|---|---|---|---|---|---|---|---|---|---|---|
| 线路序号 | circuit_name | lev | fb | vn | t/s | lev | fb | vn | t/s | impr |
| 1 | qft_10 | 6 | 15 | 25117 | 34.554 | 6 | 15 | 6280 | 8.808 | 4.00 |
| 2 | sqn_258 | — | — | — | — | 8 | 55 | 16074 | 657.09 | — |
| 3 | sym9_148 | 13 | 129 | 103128 | 3169.66 | 11 | 23 | 10324 | 542.871 | 9.99 |
| 4 | sym9_193 | — | — | — | — | 8 | 119 | 6817 | 1057.55 | — |
| 5 | wim_266 | 13 | 438 | 89460 | 1462.3 | 11 | 157 | 12493 | 263.18 | 7.16 |
| 6 | z4_268 | — | — | — | — | 10 | 523 | 36743 | 1049.48 | — |
| 7 | cycle10_2_110 | 9 | 172 | 4479 | 311.813 | 9 | 121 | 2004 | 105.704 | 2.24 |
| 8 | rd84_253 | 10 | 278 | 5830 | 519.809 | 8 | 41 | 1115 | 115.169 | 5.23 |
| 9 | sym9_146 | 12 | 1314 | 26120 | 272.517 | 12 | 202 | 3103 | 39.697 | 8.42 |
| 10 | dist_223 | 10 | 2216 | 15796 | 2660.8 | 7 | 255 | 1250 | 293.017 | 12.64 |
| 11 | radd_250 | 12 | 712 | 14627 | 696.463 | 8 | 284 | 2982 | 135.47 | 4.91 |
| 12 | root_255 | 10 | 1731 | 20655 | 2702.08 | 7 | 236 | 1381 | 244.635 | 14.96 |
| 13 | clip_206 | — | — | — | — | 9 | 2405 | 4453 | 778.535 | — |

| 基准线路 | | qap_ori 算法 | | | | qap_qcm 算法 | | | | 比较 |
|---|---|---|---|---|---|---|---|---|---|---|
| 线路序号 | circuit_name | lev | fb | vn | *t*/s | lev | fb | vn | *t*/s | impr |
| 14 | cm42a_207 | — | — | — | — | 11 | 593 | 1323 | 60.231 | — |
| 15 | cm85a_209 | 11 | 1191 | 6739 | 870.438 | 9 | 222 | 901 | 136.645 | 7.48 |
| 16 | co14_215 | 6 | 73 | 335 | 70.024 | 4 | 2 | 33 | 14.81 | 10.15 |
| 17 | misex1_241 | 13 | 3807 | 61815 | 3152.01 | 10 | 150 | 335 | 44.297 | 184.52 |
| 18 | square_root_7 | 10 | 1026 | 1890 | 391.941 | 6 | 342 | 725 | 206.671 | 2.61 |
| 19 | inc_237 | 10 | 5510 | 37337 | 2745.49 | 10 | 22 | 100 | 16.481 | 373.37 |
| 20 | ising_model | 10 | 5 | 972 | 4.023 | 10 | 0 | 227 | 1.067 | 4.28 |
| 21 | mlp4_245 | 10 | 2177 | 5295 | 1025.93 | 5 | 175 | 1435 | 331.121 | 3.69 |

表中各列含义和表 6-2 相同，"—"表示超时。在所有 21 个基准线路上，qap_ori 算法所需的时间(*t* 列)远多于 qap_qcm 算法，甚至有 5 个出现了超时现象；qap_ori 算法第一个最优解出现的时机(fb 列)普遍晚于 qap_qcm 算法；qap_ori 算法访问的节点数(vn 列)以及节点最大深度(lev)普遍多于 qap_qcm 算法，其中 qap_ori 算法访问节点的数目最多是 qap_qcm 算法的 373.37 倍，最少也达到了 2.61 倍，如 impr 数据列所示。上述实验结果充分体现了剪枝策略相关改进措施的有效性。

# 6.5　考虑活跃度的量子比特分配

## 6.5.1　量子比特分配顺序

假设给定逻辑量子线路所包含的双量子比特门集合是 Gates=$\{g_1, g_2, \cdots, g_m\}$，其对应的量子比特集合是 Qubits=$\{q_1, q_2, \cdots, q_n\}$。

1) 量子比特活跃度

**定义 6-12**　在一个逻辑量子线路中，每一个量子比特参与量子门活动的次数称为该量子比特的量子比特活跃度。

由定义 6-12 可知，量子比特活跃度的值表示量子线路中量子比特相互作用的次数。例如，在图 6-13(a)中，$q_0 \sim q_8$ 的活跃度分别为 5、2、6、3、4、3、4、3、2，其中，$q_1$ 的活跃度低于 $q_2$，活跃度之差为 4。

在将逻辑量子线路映射到二维网格时，应优先将高活性的量子比特放置在相邻空闲位置较多的网格中，使相邻位置关系密切的量子比特尽可能地聚集在一起，以达到预先减少近邻化过程中 SWAP 门的插入数量的目的。

**定义 6-13**　以量子线路中双量子比特门的控制比特和目标比特为顶点，并以目标比特为头、控制比特为尾构成有向边，则量子线路可构成一个有向图，称为量子比特的线路映射图。将活跃度图对应的邻接矩阵称为活跃度矩阵。

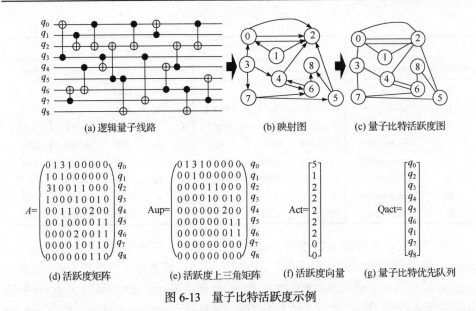

(a) 逻辑量子线路　　　　　　(b) 映射图　　　　(c) 量子比特活跃度图

$$A=\begin{pmatrix}0&1&3&1&0&0&0&0&0\\1&0&1&0&0&0&0&0&0\\3&1&0&0&1&1&0&0&0\\1&0&0&0&1&0&0&1&0\\0&0&1&1&0&0&2&0&0\\0&0&1&0&0&0&0&1&1\\0&0&0&0&2&0&0&1&1\\0&0&0&1&0&1&1&0&0\\0&0&0&0&0&0&1&1&0\end{pmatrix}\begin{matrix}q_0\\q_1\\q_2\\q_3\\q_4\\q_5\\q_6\\q_7\\q_8\end{matrix}$$

$$Aup=\begin{pmatrix}0&1&3&1&0&0&0&0&0\\0&0&1&0&0&0&0&0&0\\0&0&0&0&1&1&0&0&0\\0&0&0&0&1&0&0&1&0\\0&0&0&0&0&2&0&0\\0&0&0&0&0&0&0&1&1\\0&0&0&0&0&0&0&1&1\\0&0&0&0&0&0&0&0&0\\0&0&0&0&0&0&0&0&0\end{pmatrix}\begin{matrix}q_0\\q_1\\q_2\\q_3\\q_4\\q_5\\q_6\\q_7\\q_8\end{matrix}$$

$$Act=\begin{pmatrix}5\\1\\2\\2\\2\\2\\2\\2\\0\end{pmatrix}$$

$$Qact=\begin{pmatrix}q_0\\q_2\\q_3\\q_4\\q_5\\q_6\\q_1\\q_7\\q_8\end{pmatrix}$$

(d) 活跃度矩阵　　　　(e) 活跃度上三角矩阵　　　(f) 活跃度向量　　(g) 量子比特优先队列

图 6-13　量子比特活跃度示例

由定义 6-13 可知，量子比特活跃度图中某一顶点的入度为该顶点代表的量子比特作为目标比特参与双量子比特门作用的次数，出度为作为控制比特的次数。

**定义 6-14**　在量子线路映射图中，顶点的出度和入度之和称为量子比特的活跃度。

由定义 6-14，将量子线路映射图转换为无向图，称为量子比特活跃度图。活跃度图的邻接矩阵称为活跃度矩阵。以活跃度矩阵的每一行的元素之和为元素，可以得到活跃度向量。根据活跃度向量元素大小，可以得到量子比特布局的优先级队列向量。

2) 确定分配优先级

从上面的分析可以看出，当量子比特映射到二维网格时，先放置的量子比特相对于后放置的量子比特在位置选择上有一定的优势，这势必会影响下一个量子比特的放置位置的选择。因此，可以给出量子比特的排列顺序。下面给出逻辑量子线路映射到二维网格结构时放置量子比特顺序的一种方法。

设量子线路均由双量子比特门和单量子比特门直接级联构成，每条量子比特线代表一个量子比特。由定义 6-14 可知，量子比特线上控制比特和目标比特个数之和为该量子比特线所代表量子比特的活跃度，记作 QB_act。QB_act 的值越大，量子比特参与交互就越频繁。换句话说，活跃度 QB_act 越高的量子比特，与之交互的其他量子比特也就越多。

　　下面给出一种寻找量子比特优先级队列的算法，其主要原则包括：①确定量子比特分配优先级，使活跃程度高的量子比特在排布过程中尽可能被优先放置；②选择在拥有较多空闲近邻位置的网格处放置，以合理排布量子比特的放置顺序；③关系密切的量子比特尽可能地聚集在一起，以达到预先减少近邻化过程中SWAP 门插入数量的目的。

---

**算法 6.5**：确定量子比特分配优先级算法

**输入**：交互活跃度矩阵 CArr

**输出**：优先级队列 qu

0.　**Begin**

1.　　　$n$<-qubit_Num; //记 $n$ 为量子比特数

2.　　　Init_mat[][$n$]; //初始化二维数组_mat[][$n$]

3.　　　Init_ QB_act[$n$]; //初始化一维数组

4.　　　Init_qu; //初始化优先级队列堆栈 qu

5.　　　//6~10 行对交互活跃度矩阵 Carr 做预处理

6.　　　　　**if** $i < j$

7.　　　　　　　_mat[$i$][$j$] = CArr[$i$][$j$]

8.　　　　　**else**

9.　　　　　　　_mat[$i$][$j$] = 0

10.　　　　**for** $i = 0$; $i < n$; $i$++

11.　　　　　　 **for** $j = 0$; $i < n$; $j$ ++

12.　　　　　　　　QB_act[$i$] += _mat[$i$][$j$]

13.　　　QB_act[$i$]<-> QB_act[$j$]; //比较 QB_act 的所有元素，进行大小排序

14.　　　　　 qu.push()<-QB_act[$i$]; //按从小到大的顺序给堆栈赋值

15.　　　qu<- qu.pop(); //得到优先级队列 qu

16. **End**

---

　　对于给定的由双量子比特门和单量子比特门构成的逻辑线路，很容易过滤单量子比特门而留下双量子比特门信息，并且统计每个量子比特实际参与双量子比特门的交互次数，也就是该量子比特的活跃度 QB_act。

　　算法 6.5 中的数组_mat 用来记录量子线路 Ql(quantum_logic)中各个门的相关信息，QB_act 用来记录活跃度向量，算法 1~5 行初始化二维数组_mat[][$n$]、一维数组 QB_act[$n$]、优先级队列堆栈 qu，其中，$n$ 为量子线路包含的量子比特总数；第 6~10 行是对交互活跃度矩阵 CArr 的预处理，目的是避免存在冗余。对于某个量子比特，如果在前面已经考虑过其参与某个门的活跃度，接下来就不再

给予重复考虑，表现在交互活跃度矩阵 CArr 上，即只需考虑该矩阵的上三角区域，算法第 7 行就是把 CArr 的上三角区域赋值给新的二维矩阵_mat[][$n$]的上三角区域，第 10 行的目的就是把_mat[][$n$]的下三角区域置 0；第 11～13 行是对_mat[][$n$]进行操作，把数组_mat 的每一行元素叠加，并赋值给数组 QB_act，数组 QB_act 的下标与_mat 的行下标一一对应；第 14～15 行是对数组 QB_act 的操作，按照 QB_act 中的元素大小进行排序，然后，按照从小到大的顺序放入堆栈 qu，即堆栈 qu 就是要找的优先级队列。

　　在图 6-13 所示寻找量子比特放置顺序的实例中，对量子线路文件进行处理，过滤掉单量子比特门，只留下双量子比特门 $g(q_3, q_0)$、$g(q_7, q_6)$、$g(q_1, q_2)$等，得到量子线路如图 6-13(a)所示；图 6-13(b)为由逻辑量子线路向图转换的映射图，该图以线路图中量子比特为顶点转换而成；图 6-13(c)为量子比特活跃度图，由于考虑量子比特布局时不考虑控制位、目标位的情况，所以去掉映射图中的箭头转换为量子比特的活跃度图；图 6-13(d)和图 6-13(e)分别为由量子比特活跃度图转换而成的活跃度矩阵和活跃度上三角矩阵；图 6-13(f)为由活跃度上三角矩阵转化而成的活跃度向量，可以看出量子比特 $q_0$, $q_1$, $q_2$, $\cdots$, $q_8$ 分别对应的活跃度为 5、1、2、2、2、2、2、0、0；根据活跃度向量中的活跃度排序出来的优先级队列如图 6-13(g)所示为 $q_0, q_2, q_3, q_4, q_5, q_6, q_1, q_7, q_8$。

　　3) 交互图

　　根据定义 6-2，可得图 6-13(a)所示的量子线路生成的交互图，如图 6-14 所示，这里在图的边上增加了权值，表示两个量子比特上双量子比特门的数量。

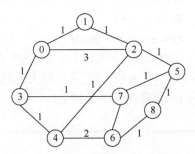

图 6-14　图 6-13(a)生成的交互图

　　4) 代价函数

　　为了在二维网格中对量子比特进行布局，引入代价函数[182]的概念，定义如下：

$$f = \begin{cases} f_1, & \mathrm{act}(v) = 0 \\ f_1 + f_2, & \mathrm{act}(v) = 0 \end{cases} \tag{6-13}$$

式中，$f_1 = \sum \left( (\mathrm{dist}(d, \mathrm{loc}(va) - 1) \times \mathrm{ew} \right)$；$f_2 = \min\{0, \deg(v) - \mathrm{frd}(d)\} \times \mathrm{act}(v) / \deg(v)$。

　　代价函数 $f$ 中的 act($v$) 代表未放入网格中的量子比特 $v$ 的活跃度，当一个量子比特放入二维网格时，该量子比特与未放入量子比特之间的交互被清除，act($v$) 随之进行刷新，当 act($v$)=0 时，表明已经没有与量子比特 $v$ 相关的未放入的量子比特；dist 代表两个量子比特之间的曼哈顿距离；loc 代表量子比特在二维网格结构中的位置坐标；ew 代表交互图中两个量子比特之间的边上的权值；deg($v$) 代表未放入的量子比特中与量子比特 $v$ 有关的量子比特个数；frd($d$) 代表在二维网格中到网格 $d$ 的曼哈顿距离等于 1 且未放置量子比特的网格数量。

　　代价函数主要包括两部分：$f_1$ 和 $f_2$。其中，$f_1$ 代表的是当前待放置量子比特 $v$ 与已经放置的量子比特 va 之间的关系代价，如果 $v$ 没有被排布到与其交互的 va 近邻位置处，为了实现二维量子线路的近邻化，就需要插入交换门，即增加量子比特之间的通信开销，线路的量子代价也会相应地增加。由于与 $v$ 交互的已放置量子比特 va 可能有多个，这里需要对所有 va 计算关系代价并求和。函数 dist 给出的是当前考虑放入量子比特位置 $d$ 与已经放置量子比特 va 之间的距离。

　　$f_2$ 代表当前待放置量子比特 $v$ 与未放置的量子比特之间的平均交互代价，如果 act($v$)=0，则已经没有与待放入量子比特相关的未放入量子比特，即 $f_2$=0，不需要考虑；如果 act($v$)≠0，且 frd($d$) 小于 deg($v$)，为了实现二维量子线路的近邻化，就需要添加新的交换门，从而增加了代价(量子代价)。

### 6.5.2　量子比特布局

　　在量子比特的二维布局中，当一个量子比特放置完毕，确定下一个要放置的量子比特 $q$ 的位置时，根据代价函数 $f_1$，需要综合考虑量子比特 $q$ 与之有关的已放置量子比特之间的物理代价(曼哈顿距离)，以及两个量子比特之间双量子比特门的数量。

　　在确定待放置量子比特 $q$ 的位置时，越靠近与其有交互关系的已放置量子比特，代价 $f_1$ 就越小，当 $q$ 和与之有交互关系的已放置量子比特均近邻时，代价 $f_1$ 为 0。称这种在将量子比特放置到网格过程中尽可能靠近已放置量子比特网格的方法为量子比特放置时的近邻优化原则。根据这种近邻优化原则，可以对量子比特放置时网格选取的遍历范围进行优化。

　　在图 6-15 的实例中，$V_k$($k$=1, 2, 3) 代表已经放置的量子比特，$A_i$($i$=1,2,…,7) 表示与 $V_k$ 相邻的网格，$B_j$($j$ =1,2,…,15) 表示与 $V_k$ 不相邻的网格。设各个量子比特之间双量子比特门的数量已经确定，则只要考虑待放置量子比特与已放置量子比特之间的曼哈顿距离即可。

　　任意网格 $A_i$ 与已放置网格 $V_k$ 之间的距离表示为

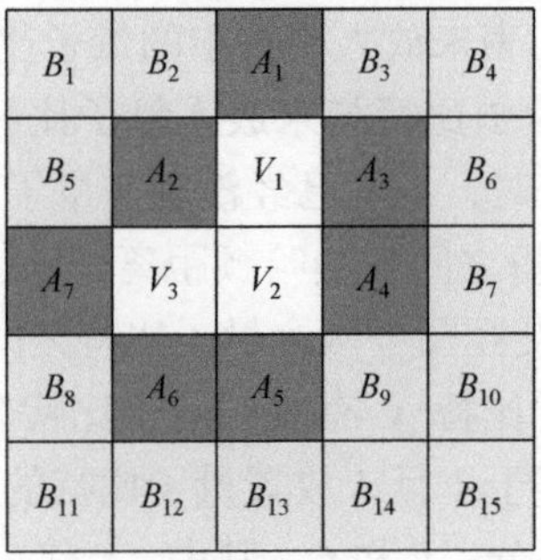

图 6-15　遍历范围优化实例

$$\mathrm{Dva}[i] = \sum_{k=1}^{3} |A_i - V_k|, \quad i = 1, 2, \cdots, 7 \tag{6-14}$$

任意网格 $B_j$ 与已放置网格 $V_k$ 之间的距离表示为

$$\mathrm{Dvb}[j] = \sum_{k=1}^{3} |B_j - V_k|, \quad j = 1, 2, \cdots, 15 \tag{6-15}$$

经计算，对于任意的 Dva[i] 和 Dvb[j]，均满足 Dva[i] < Dvb[j]。因此，计算代价时，只需要考虑 $A_i$ 区域中的网格即可，区域 $B_j$ 中的网格不再考虑。

根据代价函数并结合优化后的遍历范围给出量子比特的布局算法。算法 6.6 为量子比特布局算法，其输入为一个量子线路 Ql 和一个优先级队列 qu(qu 的寻找方法在本节前面已经给出)，输出为 Ql 中的量子比特在二维网格上的排布信息。算法的 1~6 行生成交互图 Gi 并设置将逻辑线路映射到二维时网格 Gd 的大小，同时初始化表格 deg、act、frd、nbr。其中，deg($v$)记录的是交互图中与顶点 $v$ 有关的边数；act($v$)记录的是与顶点 $v$ 有关的边上的权重之和；frd 记录的是与某一网格近邻且未分配量子比特的网格的个数；nbr 是指针数组，记录的是与放置在网格上的量子比特 $v$ 相关的顶点的信息。二维网格 Gd 的大小依赖于量子比特的个数 $q$，即二维网格高度 $H = \sqrt{q}$，宽度 $W = \lceil q/w \rceil$。

---

**算法 6.6：量子比特布局**

输入：量子线路 Ql 及其量子比特优先级队列 qu

输出：Ql 中量子比特在二维网格上的排布

1. **Begin**
2. 　**while** there are qubits not placed **do**
3. 　　交互图 Gi = $(V, E)$，$V$ 是交互图的顶点集，$E$ 是交互图的边集
4. 　　Initialize 表格 deg($v$)
5. 　　Initialize 表格 act($v$)
6. 　　设置将逻辑线路映射到二维时网格 Gd 的大小($W \times H$)

6.　　　Initialize 表格 frd( $d$ )

7.　　　Initialize 记录近邻信息表格 nbr[ $v$ ]

8.　　　选择 qu 中的第一个量子比特 $v_0$，获取 $v_0$ 在交互图 Gi 中的信息

9.　　　将 $v_0$ 放置在 Gd 中，并更新表格 frd 和 nbr

10.　　**if** qu is not empty

11.　　　　$v$ <-qu.pop()

12.　　　　**if** 　$v$ 未被放置在 Gd 上

13.　　　　　　确定 Gd 上需要遍历，进而择优放置 $v$ 的区域的范围

14.　　　　　　放置 $v$ 到 dv，dv < -min $f(v,d)$

15.　　　　　　Update　frd( $d$ ), nbr, deg( $v$ ), act( $v$ )

16.　　**Until**　all qubits are placed

17.**End**

算法 6.6 按照优先级队列对量子比特进行遍历，直到所有量子比特全部被放置到二维网格中，其中第 8~9 行对优先级队列中的第一个量子比特进行放置，因为该量子比特的活跃度最高，因此规定其放置位置为网格的几何中心，并更新 frd 和 nbr；算法第 10~12 行依次从 qu 中取出量子比特 $v$，并判断 $v$ 是否已经被放置；第 13 行对将要放置量子比特的区域进行初步判断，根据量子比特放置时的近邻优化原则，将不考虑距已放置量子比特所在网络较远的网格，以减少不必要的遍历，进而降低算法的复杂度；第 14~15 行中，如果量子比特 $v$ 没有被放置在 Gd 中，就需要对可能的放置区域进行遍历，最终将量子比特放置到 dv 处，使在该处的代价函数 $f$ 取最小值，在当前量子比特放置完成后，更新相关表格中的数据 frd( $d$ )、nbr、deg( $v$ ) 和 act( $v$ )；第 16 行重复算法的第 10~15 行，直到所有的量子比特均已被放置到网格 Gd 中。

### 6.5.3　举例

图 6-14 中给出了由图 6-13(a)中的逻辑量子线路生成的交互图，其中包含 9 个量子比特{ $v_0, v_1, v_2, v_3, v_4, v_5, v_6, v_7, v_8$ }和 16 个双量子比特门(所有边上的权重之和)。

图 6-16(a)中对 deg、act、frd、nbr 进行了初始化，通过量子比特放置顺序寻找确定量子比特放置的优先级队列为 qu={2,0,1,3,4,5,6,7,8}。图 6-16(b)中，qu 中的第一个量子比特 $v_2$ 首先被选择，由于其拥有{ $v_0, v_1, v_4, v_5$ }四个具有交互关系的量子比特，在将其放置到网格中后，对应的 deg( $v$ ) 和 act( $v$ ) 被更新，例如，图 6-16(b)中，$v_0$ 对应的 deg(0) 和 act(0) 分别由原本的 3、5 更新为 2、2；将 frd 中到 $v_2$ 放置位置的曼哈顿距离为 1，且未放置量子比特的网格对应的 frd 值减一；$v_0$ 对应的 nbr(0)(va,ew) 更新为(2，3)。同理，与 $v_2$ 相关的其他量子比特{ $v_1, v_4, v_5$ }也进行相应更新。

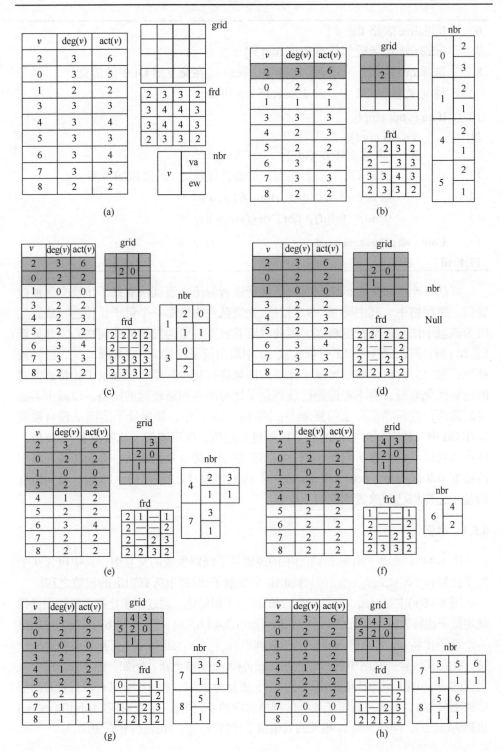

(a)　　　　　　　　　　　(b)

(c)　　　　　　　　　　　(d)

(e)　　　　　　　　　　　(f)

(g)　　　　　　　　　　　(h)

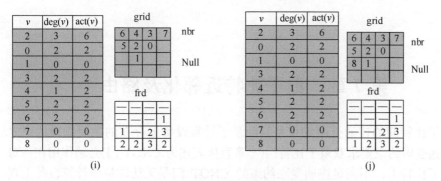

图 6-16　量子比特布局实例

## 6.6　本　章　小　结

　　本章给出了量子比特分配问题的形式化描述，并据此给出了一种求解最优初始映射解的量子比特分配精确算法。该方法结合多种优化技术对 $O(n!)$ 规模的状态空间进行裁剪，从而大幅降低获得最优解的时间开销。在实际量子物理计算设备上的实验结果表明，该方法可在限定时间内为所有测试量子线路同时找到多个 SWAP 门数相等的映射最优解。此外，为了进一步应对大规模量子比特分配问题，本章提出了一种基于时序交互图的启发式量子比特分配方法，提出了一种将一维量子电路映射到二维网格结构的方法，通过优化量子位的放置顺序，使量子算法运行效率得到提升，同时不增加电路的量子代价。本章给出了动态信道路由算法，通过滑动窗口评估和最短路径搜索，减少了交换门的使用，显著提高了量子位的局部依赖性。

# 第7章 量子比特近邻化及路由

量子比特间的连通受限约束是目前量子计算设备上存在的主要物理约束之一。连通受限约束要求双量子比特门(本章直接表述为 CNOT 门)必须作用在一对相邻量子比特上，不满足连通受限约束的 CNOT 门是无法在量子计算设备上直接运行的。在将量子线路中的逻辑比特分配至设备中的物理量子比特之后，若线路中仍存在 CNOT 门不满足连通受限约束，还需要通过插入若干辅助量子门(一般是指 SWAP 门)将相关逻辑量子比特移动至近邻物理量子比特上，该过程也称为量子比特近邻化；在量子比特近邻化的基础上寻找最佳交互路径的过程称为量子比特路由。量子比特近邻化和路由过程中插入的辅助量子门会大幅增加量子线路的出错概率。对量子比特路由相关优化问题及其复杂性进行深入研究有助于揭示问题复杂性的根源，并为实现量子线路映射最优化方法提供重要的理论依据。

## 7.1 问题描述与分析

为了揭示量子比特路由问题复杂度和量子比特数目以及量子门数量等参数的内在关系，找出影响时间复杂度的关键因素，本节将对量子比特路由优化问题的时间复杂度上界进行分析。

### 7.1.1 问题描述

**定义 7-1** 若量子线路 $\Psi$ 是从量子线路 $\Phi$ 中移除若干量子门以及这些量子门依赖的全部量子门后得到的线路，则称 $\Psi$ 是 $\Phi$ 的子线路。

**例 7-1** 给定如图 7-1(a)所示的量子线路，其量子门依赖关系图如图 7-1(b)所示，根据定义 7-1，图 7-2 给出了该量子线路的两个不同子线路及其对应量子门依赖关系图。

**定义 7-2** 给定量子线路 $\Phi$ 的两个子线路 $\Psi_1$ 和 $\Psi_2$，若 $\Psi_1$ 是 $\Psi_2$ 的子线路，则称 $\Psi_1$ 小于 $\Psi_2$，并用 $\Psi_1<\Psi_2$ 表示；反之，若 $\Psi_2$ 是 $\Psi_1$ 的子线路，则 $\Psi_2$ 小于 $\Psi_1$，并用 $\Psi_2<\Psi_1$ 表示；否则，称 $\Psi_1$ 和 $\Psi_2$ 不可比较。

**例 7-2** 根据定义 7-2，图 7-2 中的两个子线路存在以下关系：子线路 2<子线路 1。

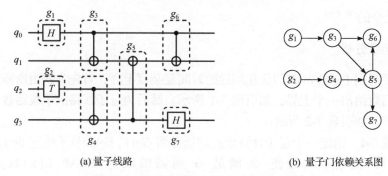

(a) 量子线路　　　　　　　　　　(b) 量子门依赖关系图

图 7-1　量子线路及其量子门依赖关系图

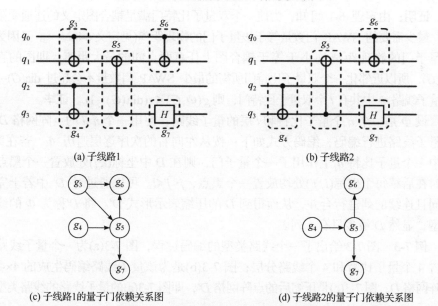

(a) 子线路1　　　　　　　　　　(b) 子线路2

(c) 子线路1的量子门依赖关系图　　　　(d) 子线路2的量子门依赖关系图

图 7-2　子线路及其量子门依赖关系图

**定义 7-3**　设 $S$ 是由量子线路 $\Phi$ 的若干子线路构成的集合，若对于任意子线路 $\Psi_1 \in S$，在 $S$ 中不存在任何其他子线路 $\Psi_2$ 使 $\Psi_2 < \Psi_1$，则称子线路 $\Psi_1$ 是 $S$ 中的一个极小子线路。若 $S$ 中的所有子线路均是极小的，则称 $S$ 是极小集。

显然，一个极小集中的任意两个子线路均是不可比较的。因此，图 7-2 中的两个子线路不构成极小集。对于非极小集，可以通过删除其中非极小的子线路对其极小化。

若在进行量子比特路由时仅允许使用 SWAP 门，量子比特路由的优化问题可以描述如下：给定量子计算设备的耦合图 $G$、量子线路 $\Phi$、初始映射 $\pi$ 以及正整数 $k$，求能否通过最多插入 $k$ 个 SWAP 门使 $\Phi$ 满足 $G$ 定义的连通受限约束。

上述量子比特路由问题以插入 SWAP 门的数量为优化目标，该问题已被证明是 NP 完全的[90,106]。

### 7.1.2　问题分析

为了得到上述 SWAP 门优化问题的时间复杂度上界，首先为路由所需的最少 SWAP 门数给出一个上界，如引理 7-1 所示；然后为量子线路的子线路数目给出一个上界，如引理 7-2 所示。

**引理 7-1**　给定一个量子计算设备的耦合图 $G=(V, E_C)$ 和量子线路 $\Phi=(Q, \Gamma)$，且 $|Q| \leqslant |V|$，设 $g(\Phi,G)$ 为使 $\Phi$ 满足 $G$ 所需的最少 SWAP 门的数量，则 $g(\Phi,G) \leqslant t(\mathrm{dia}(G)-1)$，其中，$t$ 为 $\Phi$ 中的双量子比特门数，而 $\mathrm{dia}(G)$ 表示 $G$ 的直径。

**证明：** 由定理 6-1 可知，为使一个双量子比特门满足耦合图定义的连通受限约束，最少需要的 SWAP 门数量等于该量子门的物理距离(见定义 6-8)减一。又因为任意量子门的物理距离均小于等于耦合图上任意两点间的最大距离，即图的直径 $\mathrm{dia}(G)$，所以近邻化一个双量子比特门所需的最少 SWAP 门数量不会超过 $\mathrm{dia}(G)-1$。而量子线路 $\Phi$ 中共有 $t$ 个双量子比特门，则 $g(\Phi,G) \leqslant t(\mathrm{dia}(G)-1)$ 。证毕。

设 $\Phi$ 是一个 $n$ 个量子比特和 $l$ 层的量子线路，使用一个 $n \times l$ 的点阵网格 $D$ 对该量子线路进行编码，编码方式如下：按从左向右的次序逐层遍历 $\Phi$，若在第 $j$ 层中一个量子比特 $q_i$ 上作用了一个量子门，则在 $D$ 中坐标 $(i,j)$ 处放置一个黑点，同时在后续每个坐标 $(i, j')$ 处均放置一个黑点，$j<j' \leqslant l$。可以通过对 $D$ 中若干完全相同且连续的列进行合并，从而得到 $D$ 的压缩表示形式 $D'$。将 $D'$ 称为 $\Phi$ 的线路类型，显然 $D'$ 最多只有 $n$ 列。

**例 7-3**　图 7-3 给出了一个线路类型的编码过程，图 7-3(a)为一个量子线路，包含 4 个量子比特和 4 个线路分层；图 7-3(b)是为该量子线路编码生成的 4×4 的点阵网格 $D$；图 7-3(c)是压缩后的点阵网格 $D'$，即图 7-3(a)的量子线路的线路类型。

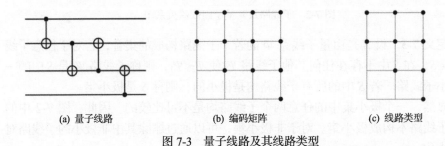

(a) 量子线路　　　　　　(b) 编码矩阵　　　　　　(c) 线路类型

图 7-3　量子线路及其线路类型

**引理 7-2**　给定一个量子线路 $\Phi$，若 $\Phi$ 中包含 $n$ 个量子比特，且线路深度为 $l$，则该量子线路最多存在 $n!(2l)^n$ 条子线路。

**证明：** 量子线路 $\Phi$ 的每条子线路 $\Phi'$ 均可编码成一个 $n \times l$ 的点阵网格，且每条子线路的线路类型均唯一对应一个 $n \times m(m \leqslant n)$ 的点阵网格，其中，$n$ 为量子比

特数，$l$ 为线路深度，$m$ 是线路类型对应的点阵网格列数。由于 $m \leqslant \min\{n, l\}$，则通过复制列的形式最多存在 $C_l^m$ 种可能将一个 $n \times m$ 的网格扩展成 $n \times l$ 的网格。由于 $C_l^m \leqslant l^m \leqslant l^n$，所以最多存在 $l^n$ 条 $\Phi$ 的子线路具有相同的线路类型。设 $T_n$ 是包含 $n$ 个量子比特线路的全部线路类型的集合，由于在 $T_n$ 中 $n \times n$ 的网格最多有 $n!$ 个，而 $n \times m (1 \leqslant m < n)$ 的网格可通过删除 $n \times n$ 的网格中的部分列得到，所以 $|T_n| \leqslant n! \cdot 2^n$。由于每种线路类型最多存在 $l^n$ 条 $\Phi$ 的子线路，所以 $\Phi$ 的子线路数量不超过 $n! \cdot 2^n \cdot l^n = n!(2l)^n$。**证毕**。

**推论 7-1**  对于量子线路 $\Phi$ 的任意极小子线路集 $S$，总有 $|S| \leqslant n!(2l)^n$。

通过引理 7-1 和推论 7-1 可得到定理 7-1。

**定理 7-1**  给定量子计算设备的耦合图 $G=(V, E_C)$ 和量子线路 $\Phi=(Q, \Gamma)$，$|V|=b$，$|Q|=n$，$|\Gamma|=t$，设 $g(\Phi,G)$ 为使 $\Phi$ 满足 $G$ 所需的最少 SWAP 门的数量，则 $g(\Phi,G)$ 是 $O(b^{3n+3}tn + (n!)^2 4^n t^{2n+2} b^{2n+3})$ 时间可计算的。

**证明：**设 $S$ 为由 $Q \rightarrow V$ 的全部量子比特映射组成的集合，由量子比特映射的定义可得

$$|S|=P_b^n = b!/(b-n)!$$

设 $g(\Phi,G,\pi)$ 是在初始映射 $\pi$ 下使 $\Phi$ 满足 $G$ 所需的最少 SWAP 门的数量，则 $g(\Phi,G)$ 满足以下公式：

$$g(\Phi,G) = \min_{\pi \in S} g(\Phi,G,\pi) \tag{7-1}$$

为了得到 $g(\Phi,G)$，需要为所有可能的初始映射 $\pi$ 计算 $g(\Phi,G,\pi)$。由于量子线路映射是一个多步决策的过程，其中每一步决策选择一个 SWAP 门进行插入，因此可通过构建以 $\pi$ 为初始映射的量子线路映射决策树求解 $g(\Phi,G,\pi)$。

设决策树中每个节点的状态通过 $(\pi_x, \Phi_x)$ 描述，其中，$\pi_x$ 为当前量子比特映射，而 $\Phi_x$ 为当前尚未完成映射的子线路；另设 $\Pi$ 为由决策树当前层所有节点状态构成的集合，并将该集合中量子比特映射相同的节点进行合并，即若 $\Pi$ 中存在 $(\pi, \Phi_1)$，$(\pi, \Phi_2)$，…，$(\pi, \Phi_d)$ 等节点，则将它们合并为一个节点 $(\pi, \Phi_1, \cdots, \Phi_d)$。因为 $Q \rightarrow V$ 的量子比特映射最多存在 $b!/(b-n)!$ 种可能，所以 $|\Pi| \leqslant b!/(b-n)!$。另外，由推论 7-1 可知，节点 $(\pi, \Phi_1, \cdots, \Phi_d)$ 最多包含 $n!(2l)^n$ 条子线路，其中 $l$ 是线路 $\Phi$ 的深度，所以 $d \leqslant n!(2l)^n$。

由于映射从根节点开始，所以初始时 $\Pi=\{(\pi_0, \Phi')\}$，其中 $\Phi'$ 为在 $\pi_0$ 下移除量子线路 $\Phi$ 中所有可执行门后的剩余子线路。由于 $\Phi$ 中共存在 $t$ 个量子门，因而在 $\Phi$ 中检测可执行门并从中删除最多耗时 $O(t)$。

通过插入 SWAP 门对 $\Pi$ 中的每个节点进行扩展，可以得到下一层的节点，这些节点构成集合 $\Pi'$。设 node$=(\pi, \Phi_1, \cdots, \Phi_d)$ 为当前 $\Pi$ 中的任一节点，由于耦合

图 $G$ 中共有$|E_C|$个不同的 SWAP 门，则共存在$|E_C|$个对 node 节点不同的扩展方式，其中每个SWAP门对应一种扩展方式。设 $y$ 为当前插入的SWAP门，并设使用 $y$ 对当前节点 node 进行更新后得到的新节点为 node′，由于 $d \leqslant n!(2l)^n$，且检测 node 中任意子线路的可执行门最多耗时 $O(t)$，所以由 node 得到 node′最多耗时 $O(n!\cdot(2l)^n\cdot t)$。由定义 7-3 可知，在同一个节点内非极小线路不可能带来比极小线路更优的解，因此扩展后的节点可仅保留极小线路而不影响最终解的最优性。由定义 7-3 还可知，为了获得极小集需要对集合中任意两个子线路进行比较，由于 node′最多包含 $n!(2l)^n$ 条子线路，且每条子线路的门数不会超过 $t$，所以对节点 node′做极小化处理需耗时 $O((n!)^2\cdot(2l)^{2n}\cdot t)$。由于 node′可能与 $\Pi'$ 中的其他节点有着相同的量子比特映射，因此可能需要进行节点的合并。由于$|\Pi'|\leqslant b!/(b-n)!$，所以在 $\Pi'$ 中搜索与 node′具有相同量子比特映射的节点最多耗时 $O(b!/(b-n)!)$。在存在量子比特映射相同节点的情况下，对两个节点合并和最小化最多耗时 $O((n!)^2\cdot(2l)^{2n}\cdot t)$。因此，从当前层节点集合 $\Pi$ 扩展到下一层节点 $\Pi'$ 最多需耗时为

$$T_1 = \frac{b!}{(b-n)!}\cdot|E_C|\cdot O\left(\frac{b!}{(b-n)!} + (n!)^2\cdot(2l)^{2n}\cdot t\right) \tag{7-2}$$

按照上述方式不断扩展 $\Pi$，直到当前 $\Pi$ 中存在一个节点$(\pi, \Phi_1, \cdots, \Phi_d)$，在该节点中某个子线路 $\Phi_i(1\leqslant i\leqslant d)$ 为空，此时从根节点到该节点的路径长度等于 $g(\Phi,G,\pi)$。由引理 7-1 可知，$t(\mathrm{dia}(G)-1)$是使 $\Phi$ 满足 $G$ 所需最少 SWAP 门的数量的一个上界，由于从 $\Pi$ 扩展到 $\Pi'$仅需一个 SWAP 门，因而对 $\Pi$ 最多扩展 $t(\mathrm{dia}(G)-1)$次就必然可以得到 $g(\Phi,G,\pi)$。加上初始化 $\Pi$ 所用时间 $O(t)$，对于一个给定的初始映射，计算 $g(\Phi,G,\pi)$最多需耗时为

$$
\begin{aligned}
T_2 &= O(t)+t\cdot(\mathrm{dia}(G)-1)\cdot T_1 \\
&= O(t) + t\cdot(\mathrm{dia}(G)-1)\cdot\frac{b!}{(b-n)!}\cdot|E_C|\cdot O\left(\frac{b!}{(b-n)!} + (n!)^2\cdot(2l)^{2n}\cdot t\right)
\end{aligned}
\tag{7-3}
$$

由于共存在 $b!/(b-n)!$个不同的初始映射，根据式(7-1)，计算 $g(\Phi,G)$最多需耗时为

$$
\begin{aligned}
T_3 = \frac{b!}{(b-n)!}\cdot T_2 = \frac{b!}{(b-n)!}&\left(O(t)+t\cdot(\mathrm{dia}(G)-1)\cdot\frac{b!}{(b-n)!}\cdot|E_C|\right. \\
&\left.\cdot O\left(\frac{b!}{(b-n)!} + (n!)^2\cdot(2l)^{2n}\cdot t\right)\right)
\end{aligned}
\tag{7-4}
$$

由于 $l\leqslant t$，$b!/(b-n)!\leqslant b^n$，$\mathrm{dia}(G)-1\leqslant b$，且 $|E_C|^2\leqslant b^2$，则 $g(\Phi,G)$ 可在 $O(b^{3n+3}tn+(n!)^2 4^n t^{2n+2} b^{2n+3})$ 时间内计算。证毕。

根据定理 7-1 的证明过程可以给出求解 $g(\Phi, G)$的一个精确算法，如算法 7.1 所示。

**算法 7.1**：计算 $g(\Phi,G)$的精确算法(穷举所有初始映射，并以 DFS 的方式遍历决策树)

**输入**：量子线路 $\Phi=(Q, \Gamma)$和耦合图 $G=(V, E_C)$

**输出**：$g(\Phi,G)$

1.    **foreach** possible initial mapping $\pi_0$ **do**
    //计算每个初始映射下所需的最少 SWAP 门数

2.      $\Phi' = \text{reduce}(\Phi, \pi_0)$   //从 $\Phi$ 中移除在 $\pi_0$ 下所有的可执行门

3.      $\Pi = \{(\pi_0, \Phi')\}$;   //$\Pi$ 存储即将要扩展的节点，初始时仅包括根节点$(\pi_0, \Phi')$

4.      $\Pi' = \varnothing$, $N_{\pi_0} = 0$;
    //$\Pi'$临时存储扩展得到的新节点，$N_{\pi}$ 记录在 $\pi_0$ 下已插入的门数

5.      if $\Phi' = \varnothing$ **then** find = TRUE; **else** find = FALSE;
    //判断 $\pi_0$ 下的映射过程是否结束

6.    **while** find = FALSE **do**     //循环至扩展节点中的量子线路为空

7.      **foreach** $(\pi, \Phi_1, \cdots, \Phi_d) \in \Pi$ **do**     //遍历 $\Pi$ 中的每个节点

8.        **foreach** edge $y \in E_C$ **do**     //基于每个可能的 SWAP 门扩展节点

9.          $\pi' = \pi \oplus y$     //使用 $y$ 对应的 SWAP 门更新节点的映射关系

10.         $(\Phi_1, \cdots, \Phi_d) = \text{reduce}((\Phi_1, \cdots, \Phi_d), \pi')$;
    //删除 $\pi'$ 下当前节点各线路的可执行门

11.         $(\Theta_1, \cdots, \Theta_b) = \text{minimize}((\Phi_1, \cdots, \Phi_d))$;   //极小化线路集合$(\Phi_1, \cdots, \Phi_d)$

12.         **if** $\exists \Theta_i = \varnothing$ **then** find = TRUE;
    //若当前扩展节点的某线路为空，则结束遍历

13.         **if** $\exists(\pi', \Psi_1, \cdots, \Psi_e) \in \Pi'$ **then**     //检查 $\Pi'$是否已存在映射为 $\pi'$的节点

14.           $(\Omega_1, \cdots, \Omega_f) = \text{minimize}(\Psi_1, \cdots, \Psi_e, \Theta_1, \cdots, \Theta_b)$;
    //合并和极小化 $\pi'$对应的节点

15.           $(\pi', \Psi_1, \cdots, \Psi_e) = (\pi', \Omega_1, \cdots, \Omega_f)$;
    //将 $\Pi'$中映射为 $\pi'$的节点更新为合并后节点

16.         **else**     //$\Pi'$中不存在映射为 $\pi'$的节点

17.           $\Pi' = \Pi' \bigcup (\pi', \Theta_1, \cdots, \Theta_b)$;   //将扩展的新节点直接加入 $\Pi'$

18.        **end**

19.      **end**

20.      $\Pi = \Pi'$, $\Pi' = \varnothing$, $N_{\pi_0} = N_{\pi_0} + 1$;   //为下次扩展做准备，SWAP 门数加 1

21.    **end**

22.    **end**

23.    $g(\Phi,G) = \min\{N_{\pi_0} | \pi_0 \text{ is an initial mapping}\}$;

**推论 7-2**　若量子线路 $\Phi$ 中的逻辑量子比特数是一个固定常数，则 $g(\Phi,G)$ 是多项式时间可计算的。

**证明：**由定理 7-1 可知，$g(\Phi,G)$ 可在 $O(b^{3n+3}tn+(n!)^2 4^n t^{2n+2} b^{2n+3})$ 时间内计算，将 $O(b^{3n+3}tn+(n!)^2 4^n t^{2n+2} b^{2n+3})$ 中的逻辑量子比特数 $n$ 替换为一个常数 $c$，则可得到 $O(t^{2c+2} b^{3c+3})$，即 $g(\Phi,G)$ 可在多项式时间内计算。**证毕。**

**推论 7-3**　若在量子计算设备的耦合图 $G$ 中的物理量子比特数是一个固定常数，则 $g(\Phi,G)$ 是多项式时间可计算的。

**证明：**由定理 7-1 可知，$g(\Phi,G)$ 可在 $O(b^{3n+3}tn+(n!)^2 4^n t^{2n+2} b^{2n+3})$ 时间内计算，若 $G$ 中的物理量子比特数 $b$ 为一个常数 $c$，则逻辑量子比特数 $n \leqslant c$，将 $b=c$ 和 $n=c$ 代入 $O(b^{3n+3}tn+(n!)^2 4^n t^{2n+2} b^{2n+3})$，可得 $O(t^{2c+2})$，即 $g(\Phi,G)$ 可在多项式时间内计算。**证毕。**

由定理 7-1 以及相应推论可知，量子比特数目在量子线路映射优化问题的时间复杂度中占主导地位。只有在量子比特数目取较小值的情况下，量子线路映射的精确方法才有可能在有效时间内找出最优解。

## 7.2　量子比特路由方法

### 7.2.1　量子比特路由的 CNOT 门优化问题

插入 SWAP 门是使 CNOT 门满足连通约束的最常用方法，另外也可以通过 CNOT 门桥接方式实现连通约束[133]，图 7-4 给出了一个物理距离等于 2 的 CNOT 门的桥接实现方式。与 SWAP 门不同，CNOT 门的桥接并不改变逻辑量子比特和物理量子比特之间的映射关系，在特定情况下可能更有助于降低映射所需的门数。

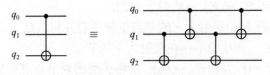

图 7-4　CNOT 门的桥接实现方式

通过在基于 SWAP 门的变换规则之外增加基于桥接 CNOT 门的变换规则，对经典量子比特路由问题进行了重构。由于 SWAP 门和桥接 CNOT 门均可被分解成由底层架构直接支持的 CNOT 门组成的序列，因而使用 CNOT 门数量作为量子线路映射的优化目标。对重构后的量子线路映射问题进行如下表述：给定量子计算设备的耦合图 $G$、量子线路 $\Phi$、初始映射 $\pi$ 以及正整数 $k$，若在进行量子比特近邻化时可任选基于 SWAP 门的变换规则或基于桥接 CNOT 门的变换规则，求能否以最多插入 $k$ 个 CNOT 门的代价使 $\Phi$ 满足 $G$ 定义的连通受限约束。

**定理 7-2**　量子比特路由的 CNOT 门优化问题是 NP 完全的。

**证明：**设量子线路 $\Phi$ 共包含 $t$ 个 CNOT 门，则在映射线路时可能有 $i(0{\leq}i{\leq}t)$ 个 CNOT 门采用桥接实现方式。设 $\Phi'$ 表示从 $\Phi$ 中删除这 $i$ 个桥接 CNOT 门所得的新线路，由于 CNOT 门的桥接实现并不改变量子比特映射，因而这些门的删除对线路中其他 CNOT 门映射所需的 SWAP 门数量无任何影响。如图 7-4 所示，由于每个桥接 CNOT 门的实现需要消耗三个 CNOT 门，所以参数为 $k$ 的 CNOT 门优化问题便可以等价地转换为参数为$(k{-}3i)/3$的经典 SWAP 门优化问题(见 7.1.1 节)。因为量子线路映射的经典 SWAP 门优化问题是 NP 完全的[91]，所以 CNOT 门最优化问题同样是 NP 完全的。**证毕。**

由上述定理可知，桥接 CNOT 门变换规则的加入为量子线路映射提供了更多灵活性，但是并未降低问题本身的难度，相反，由于在调度 CNOT 门时需要同时考虑两种变换规则，映射算法将变得更复杂。

### 7.2.2　量子比特路由策略

在逻辑量子比特和物理量子比特间的初始映射生成后，便可对量子线路中的每个不满足连通受限约束的量子门进行量子比特路由。本节将构建一种基于动态前瞻的启发式代价函数，并基于该代价函数给出一种量子比特路由算法。

#### 1. SWAP 门的作用效应

为了使一个 CNOT 门满足量子计算架构的连通受限约束，通常存在多种候选变换方式，如插入不同的 SWAP 门或桥接 CNOT 门，最终选择哪种方式不仅会影响当前 CNOT 门的映射开销，还会对线路中后续 CNOT 门的映射开销产生连锁影响。基于前瞻窗口[91, 94, 104, 105]的启发式代价函数对候选 SWAP 门进行评价和选择是被许多学者采用的方法，此类代价函数采用大小恒定的前瞻窗口，并计算窗口内所有 CNOT 门的物理距离之和。虽然实验结果表明这些代价函数可以减少映射所需的 SWAP 门数量，但是它们仍存在以下不足：首先，在某些情况下窗口内的多数 CNOT 门均与被评价的 SWAP 门不相关，用这些不相关 CNOT 门的物理距离评价 SWAP 门的作用效果是不合理的；其次，由于前瞻窗口中的非活跃门数量通常多于活跃门数量，因而可能会选择出一些有利于非活跃门量子比特路由而不利于活跃门量子比特路由的 SWAP 门，进而可能影响算法的收敛速度。为了更为准确地评价待插入的辅助量子门，本节提出了一种基于动态前瞻的启发式代价函数。

**定义 7-4**　已知逻辑量子线路上双量子比特门 CNOT$(q_c,q_t)$的两个量子比特 $q_c$

和 $q_t$，给定量子计算设备耦合图 $G=(V,E_C)$ 和其上的两个物理量子比特 $v_i$ 与 $v_j$，对于量子线路映射 $\pi$，使用 SWAP$(v_i,v_j)$对 $\pi$ 进行更新后，将由更新 $\pi$ 所引起的 CNOT$(q_c,q_t)$物理距离变化量称为 SWAP$(v_i,v_j)$ 在 CNOT$(q_c,q_t)$ 上的作用效应值。

设 SWAP$(v_i,v_j)$将量子线路映射由 $\pi$ 更新为 $\sigma$，则 SWAP$(v_i,v_j)$在 CNOT$(q_c,q_t)$上的作用效应值为

$$\mathrm{eff}\big(\mathrm{CNOT}(q_c,q_t)\big)=\mathrm{DIST}\big[\pi(c)\big]\big[\pi(t)\big]-\mathrm{DIST}\big[\sigma(c)\big]\big[\sigma(t)\big] \tag{7-5}$$

式中，DIST[][]为耦合图的距离矩阵。由于在连通受限约束下 SWAP 门只能作用在相邻量子比特上，因而式(7-5)的取值存在三种可能，分别为–1、0 和 1。

由于 SWAP 门会改变当前量子比特分配，因而其作用效应会沿着相关量子比特在线路中向后传播。为了确定 SWAP 门非负作用效应向后传播的精确范围，下面基于一种动态前瞻技术构造代价函数。对于特定 SWAP 门，其前瞻窗口的构造方式如下：从左到右依次检查每一层子线路，若在当前层中仅存在 SWAP 门作用效应值为 1 或 0 的 CNOT 门，则将该层加入前瞻窗口，并继续检查下一层线路；若当前层中存在作用效应值为–1 的 CNOT 门，则认为该 SWAP 门的非负效应向后精确传播的过程被打断，从而退出前瞻窗口的构造过程。在动态窗口技术下，每个 SWAP 门均可能具有不同大小的前瞻窗口，且窗口涵盖了其非负作用效应的向后精确传播范围。

**例 7-4**　如图 7-5 所示的量子线路 $\Phi$ 和耦合图 $G$，设当前量子比特映射为 $\pi=\{0,1,4,2,3\}$，SWAP$(v_0,v_1)$对 CNOT 门的作用效应将沿着 $v_0$ 和 $v_1$ 向后传播，该门在 $L_0$ 中 $g_0$ 门上的作用效应为 1，在 $L_1$ 中 $g_1$ 门上的作用效应也为 1，因此将 $L_0$ 和 $L_1$ 加入该 SWAP 门的前瞻窗口；然而该门在 $L_2$ 中 $g_3$ 门上的作用效应为–1，这打断了其非负效应的向后精确传播，因此该 SWAP 门的前瞻窗口包括线路的$\{L_0,L_1\}$层。

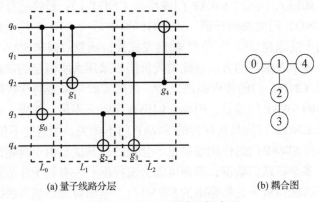

(a) 量子线路分层　　　　　　　　　　　(b) 耦合图

图 7-5　示例量子线路和耦合图

基于上述前瞻窗口，可给出用于评价 SWAP$(v_i,v_j)$作用效果的启发式代价函数：

$$h\big(\text{SWAP}(v_i,v_j),\pi\big) = \sum_{g \in W} \text{eff}(g) + n_{\text{exe}} \tag{7-6}$$

式中，$W$ 表示该 SWAP 门的前瞻窗口；$\text{eff}(g)$ 表示该 SWAP 门在 CNOT 门 $g$ 上的作用效应值；$n_{\text{exe}}$ 表示在插入该 SWAP 门后新增的可执行门总数。式(7-6)等号右边的第一部分计算了该 SWAP 门在前瞻窗口内所有 CNOT 门上的累加效应和，即在插入该 SWAP 门后窗口内所有 CNOT 门物理距离的总体降幅。由于在不与该 SWAP 门共享任何量子比特的 CNOT 门上的作用效应值均为 0，式(7-6)屏蔽了前瞻窗口中所有和该 SWAP 门无关的 CNOT 门，从而更有利于对 SWAP 门的作用效应进行精准评价。

另外，前瞻窗口涵盖了该 SWAP 门非负作用效应的精确传播范围，根据式 (7-6)选择的 SWAP 门通常有利于线路中时序靠前的 CNOT 门执行。除 SWAP 门的累加作用效应以外，式(7-6)还考虑了在插入该 SWAP 门后新增的可执行门数量，因此其取值越大表明该 SWAP 门越有利于局部范围内量子门的快速量子比特路由。虽然在最理想情况下，所有量子线路层均可加入前瞻窗口，但为了保证算法的运行效率，在实验时设定前瞻窗口中最多包含 10 层子线路。给定量子线路 $\Phi=(Q,\Gamma)$，由于每一层中最多存在$|Q|/2$ 个CNOT门，所以计算式(7-6)需耗时 $O(5|Q|)$。

式(7-6)也可用于评价桥接 CNOT 门的作用效应，由于桥接 CNOT 门不改变量子比特映射，其对线路中后续 CNOT 门的物理距离无任何影响，因此对于一个桥接 CNOT 门而言，其前瞻窗口中仅包含该门自身。另外，这里仅考虑了物理距离为 2 的 CNOT 门的桥接实现，因此将式(7-6)等号右边的第一部分设为 1，而 $n_{\text{exe}}$ 统计的是该桥接 CNOT 门被量子比特路由后新增的可执行门数量。

**例7-5**　给定和例 7-4 相同的量子线路 $\Phi$、耦合图 $G$，设量子比特映射为$\pi=\{0,1,4,2,3\}$，分别为 $\text{SWAP}(v_0,v_1)$ 和 $\text{CNOT}(q_0,q_3)$的桥接实现计算如式(7-6)所示的代价函数值。$\text{SWAP}(v_0,v_1)$的前瞻窗口包括$\{L_0,L_1\}$，该门在前瞻窗口上的作用效应和为 2，当插入该门后共有 4 个门($g_0$、$g_1$、$g_2$ 和 $g_4$)成为可执行门，因此 $\text{SWAP}(v_0,v_1)$的代价函数值为 6(=2+4)。类似地，$\text{CNOT}(q_0,q_3)$桥接实现的代价函数值为 3(=1+2)。

## 2. 动态前瞻的量子比特路由策略

在对量子线路中的量子门做近邻化变换时，需要严格按照量子门依赖关系图定义的顺序对量子门进行变换和量子比特路由。一种常用做法是将量子线路分成若干层，然后从左向右逐层对量子门进行量子比特路由。文献[91]采用了一种静态分层技术，即线路的分层结构不随量子门的量子比特路由而发生改变。当一个可执行门被量子比特路由后，其后线路层的量子门有可能成为新的可执行门，但是在静态分层结构下，只要当前子线路层中尚存在未量子比特路由的量子门，则不能考虑后续子线路层，这就导致后续层中的可执行门可能被新插入的 SWAP 门重新转换为不可执行门。为了避免该问题，这里以量子线路的量子门依赖关系图为线路模型，采用了动态分层技术，即在每次成功路由一个量子门之后，便将该量子门从依赖关系图中删除，然后重新对线路划分层次。在动态分层策略下，量子比特路由后新出现的可执行门总会被划分到线路的第一层，从而可直接路由，而无须插入任何 SWAP 门。

**例 7-6** 如图 7-5 所示的量子线路 $\Phi$，其对应的量子门依赖关系图如图 7-6(a) 所示。在量子门路由之前线路被划分为三层，其中，$L_0=\{g_0\}$，$L_1=\{g_1, g_2\}$，$L_2=\{g_3, g_4\}$。在静态分层思想下，分层结构不随量子门路由改变。但是，在动态分层思想下，分层架构会随着量子比特的路由而动态变换。例如，若在特定配置下 $g_0$ 和 $g_2$ 被成功路由，则此时的线路分层为 $L_0=\{g_1, g_3\}$，$L_1=\{g_4\}$，如图 7-6(b) 所示。

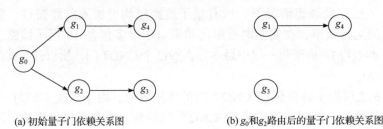

(a) 初始量子门依赖关系图　　　　　　(b) $g_0$和$g_2$路由后的量子门依赖关系图

图 7-6 动态分层下的量子门依赖关系图

基于上述动态分层技术提出量子门近邻化路由方法，如算法 7.2 所示。其主要步骤如下。

---

**算法 7.2：基于动态分层的量子比特路由算法**

---

**输入**：量子线路 $\Phi=(Q, \Gamma)$，耦合图 $G=(V, E_C)$，初始映射 $\pi_0$

**输出**：满足连通受限约束的等价线路 $\Psi=(V, \Gamma')$

1. $\pi=\pi_0$; //设定初始映射
2. **while** $\Phi$ is not empty **do** //循环至量子线路 $\Phi$ 为空
3. AG = get_active_gates(); //读取 $\Phi$ 中的所有活跃门，即第一层子线路
4. EG = get_executable(); //从活跃门集合中搜索可执行门
5. **if** EG is not empty **then**
6. $\Phi$.remove(EG); //将所有可执行门从 $\Phi$ 中删除
7. $\Psi$.append(EG, $\pi$); //将删除的可执行门加入结果线路 $\Psi$
8. continue; //跳出本次循环

```
9.      end
10.     candi_gates = get_candi(AG, π, G);    //获取所有候选量子门
11.     best_gate = NULL, max_cost = −∞;     //初始化最优候选量子门
12.     foreach gate in candi_gates do
13.         cost = h(gate, π);    //为每个候选量子门计算如式(7-6)所示的代价函数
14.         if cost > max_cost then
15.             best_gate = gate, max_cost = cost;    //根据代价函数值更新最优候选门
16.         end
17.     end
18.     if max_cost == 0 then
19.         cnot = get_cnot_of_mindist(AG, G, π);
                //获得 AG 中物理距离最小的 CNOT 门
20.         best_gate = reduce_dist(cnot, G, π);
                //获取一个使 cnot 物理距离减 1 的 SWAP 门
21.     end
22.     if best_gate.type == SWAP then    // best_gate 是 SWAP 门
23.         Ψ.append(best_gate);
                //将 SWAP 门分解成三个 CNOT 门后再加入结果线路 Ψ
24.         π = π ⊕ best_gate;    //使用该 SWAP 门更新当前映射
25.     else    //best_gate 是桥接 CNOT 门
26.         Φ.remove(best_gate);      //从输入线路 Φ 中删除该 CNOT 门
27.         Ψ.append(best_gate);     //将该 CNOT 门的桥接实现加入结果线路 Ψ
28.     end
29. end
```

在上述算法中，第 1 步根据输入线路的量子门依赖关系图读取第一层子线路从而构成活跃门集合，如算法第 3 行所示；第 2 步检查活跃门集合中是否存在可执行门；若存在，则将所有可执行门从输入线路中删除，并将其加入结果线路，如算法第 4~9 行所示(注：在向结果线路加入一个可执行门之前，首先要根据当前量子比特映射将该可执行门的逻辑量子比特替换为相应的物理量子比特)；第 3 步构造用于对活跃门进行变换的候选量子门集合，如算法第 10 行所示，集合中包括两种类型的操作，分别是 SWAP 门和桥接 CNOT 门，其中，所有在当前映射下与活跃门共享相同量子比特的 SWAP 门均可作为候选操作，而只有物理距离等于 2 的 CNOT 活跃门可加入候选操作集合；第 4 步使用式(7-6)作为代价函数评价每个候选操作，并找出代价函数值最高的操作，如算法第 12~17 行所示；第

5 步根据找到的最佳候选操作及其代价函数值对量子线路进行变换，如算法第 18～28 行所示，若最佳候选操作的代价函数值为 0，则说明该门是一个 SWAP 门，且该门可能在所有活跃门上均具有负作用效应，在这种情况下，算法将找出活跃门中物理距离最小的 CNOT 门，并以在该 CNOT 门上作用效应为 1 的任意 SWAP 门作为新的候选操作取代原先的候选 SWAP 门；若最佳候选操作的代价函数值大于 0，则根据候选操作的类型对量子线路和量子比特映射进行更新。算法 7.2 将重复以上步骤，直至输入线路为空，此时得到的结果线路为满足连通受限约束的等价线路。

　　**例 7-7**　给定如例 7-6 所示的量子线路 $\Phi$ 和量子计算设备耦合图 $G$。设当前量子比特映射为 $\pi=\{0,1,4,2,3\}$，在算法 7.2 的第一次循环中，$g_0$ 是唯一的活跃门，且该门不满足连通受限约束，构建的候选操作集合为 $\{SWAP(v_0,v_1), SWAP(v_1,v_2), SWAP(v_2,v_3), CNOT(v_0,v_2)\}$。此时候选操作对应的代价函数值分别为 6(=2+4)、2(=1+1)、0 和 3=(1+2)，因此算法选择向结果线路中插入 $SWAP(v_0,v_1)$ 并更新量子比特映射，在更新后的映射关系下共有 4 个量子门($g_0$、$g_1$、$g_2$ 和 $g_4$)转换为可执行门，将它们从输入线路中删除并同时添加到结果线路中。按照这种方式循环至输入线路为空，算法 7.2 最终输出的结果线路如图 7-7 所示。

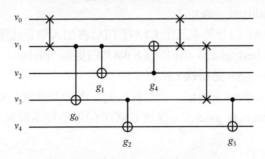

图 7-7　算法 7.2 输出的结果线路

　　在最坏情况下，算法 7.2 每次循环找到的最佳候选操作的代价函数值总为 0，此时总是插入一个 SWAP 门使某个活跃门(即物理距离最小的 CNOT 门)的物理距离减 1。给定量子线路 $\Phi=(Q, \Gamma)$ 和耦合图 $G=(V, E_C)$，设耦合图 $G$ 的直径为 $dia(G)$，量子线路 $\Phi=(Q, \Gamma)$ 的总门数为 $|\Gamma|$，则在最坏情况下需插入 $O(dia(G)\cdot|\Gamma|)$ 个 SWAP 门。在算法 7.2 的每次循环中仅能插入一个 SWAP 门，因此算法 7.2 最多循环 $O(dia(G)\cdot|\Gamma|)$ 次。在每次循环中最多为 $O(|Q|/2+|E_C|)$ 个候选操作计算代价函数。根据上述分析，算法 7.2 在最坏情况下的时间复杂度为 $O(5|Q|\cdot(|Q|/2+|E_C|)\cdot dia(G)\cdot|\Gamma|)$。由于 $|Q|\leqslant|V|$，$dia(G)<|V|$，$|E_C|\leqslant|V|(|V|-1)/2$，算法 7.2 的时间复杂度上界可近似表示为 $O(|\Gamma|\cdot|V|^4)$。

# 7.3　迭代寻优近邻化与路由策略

为了进一步减少量子线路映射所需的 CNOT 门数量，本节提出一种量子线路映射的迭代优化策略，该策略可通过对初始映射空间的迭代局部搜索持续获得 CNOT 门数量更低的结果线路。

## 7.3.1　基本思想

量子线路映射可以通过量子比特分配和量子门近邻化及路由两个基本步骤实现，其中量子比特分配用于生成一个初始映射，而量子门近邻化及路由则在初始映射下对量子线路中的量子门进行近邻化变换，最终得到符合连通受限约束的线路。初始映射对结果线路中包含的 CNOT 门数量有着重要影响，为了找到有助于最小化路由所需 CNOT 门数量的初始映射，现有研究通常先构建一种用于估计 CNOT 门数量的代价函数，然后通过贪心算法[134]、反向遍历[104]、模拟退火[99, 105]、子图同构[91]以及遗传算法[94]等获取代价最小的初始映射。然而，由于所用代价函数仅是对实际映射所需 CNOT 门数量的极粗略估计，因此生成的初始映射在多数情况下并不是实际最优的。由于初始映射和实际所需 CNOT 门数量的关系很难通过一个数学表达式来精确刻画，因此启发式量子线路映射方法一般通过遍历每一个可能的初始映射，得到最优路由线路。若一个量子计算架构具有 $n$ 个量子比特，则其上的量子线路映射最多可能存在 $n!$ 个可选初始映射，这使通过穷举法遍历每个初始映射在时间开销上变得不可行。

为了在 $O(n!)$ 规模的初始映射空间中搜索实际映射代价(即映射所得结果线路中的辅助量子门数量)最小的初始映射，构建基于迭代寻优的量子门优化策略，其基本思想是将量子线路映射中的量子门近邻化与路由算法视为一个离散函数，该函数的定义域为所有初始映射，而值域为所有可能的结果近邻化线路。为了找到该离散函数的最优解(即映射代价最小的初始映射)，从给定的初始映射开始对其邻域空间进行局部搜索，当在邻域空间内探索的初始映射次数超过指定阈值时，为了防止陷入该邻域的局部最优，终止该次局部搜索并从一个新的初始映射开始下一次的局部搜索；重复上述局部搜索过程，直到发现连续多次局部搜索后仍无法找到门数更少的映射线路。

## 7.3.2　局部搜索算法

上述优化策略所用的局部搜索算法是整体迭代优化策略的核心，不仅决定了近邻化量子门数量的优化效果，还对优化所花的时间开销有着重要影响。在对初始映射的局部搜索过程中，为了准确评价每个被考察的初始映射，以在该初始映射下实际所需的 CNOT 门数量作为评价初始映射质量的标准。因此，为了得到实际所需的 CNOT 门数量，需要为每一个被考察到的初始映射生成映射后的结果线路，即在该初始映射下调用量子门近邻化与路由算法(算法 7.2)。量子门近邻化与路由算法需要遍历整个量子线路，因此相对耗时较长。为了避免大量时间浪费在质量较差的初始映射上，在考察初始映射时应该尽量避免低质量的初始映射。为此，将量子门近邻化与路由过程(算法 7.2)插入的 SWAP 门作为初始映射的生成算子，同时将 SWAP 门数量作为评价初始映射质量的指标，即通过双向映射技术插入的 SWAP 门对初始映射进行更新，并以映射所得的结果线路门数量为指标评价各初始映射。具体而言，给定一个初始映射，首先按正向(从左向右)顺序近邻化量子线路中的双量子比特门(以后简述为量子门近邻化)，当正向近邻化结束后，该初始映射由于 SWAP 门的插入被更新，新的初始映射通常更有利于最右边子线路中的量子门近邻化；因此，在该新初始映射下，按反向顺序路由量子线路，路由结束后同样会得到一个有利于左边子线路路由的新初始映射；通过多次重复这种正反向映射过程，局部搜索将可探索多个高质量的初始映射邻域，并生成相应的结果线路。

对大规模线路(超万个量子门)进行这种反复的双向映射较为耗时。为了克服这个不足，这里提出一种尽量避免映射整体线路的线路划分机制。该机制为线路总门数和划分比例分别设置阈值 $P_0$ 和 $P_1$。对于门数超过 $P_0$ 的量子线路，在映射前将其分成左、中、右三部分子线路，其中左边和右边子线路分别包含原始线路中 $P_1$% 的量子门，中间子线路包括其余量子门。在每次映射时，先对左边子线路进行量子门近邻化，并将所得结果线路的 CNOT 门数量和目前为止量子门近邻化左边子线路所得最优线路的门数量进行比较。若两者相近，则继续对剩余子线路进行量子门近邻化；否则，跳过中间子线路，仅量子门近邻化右边子线路。在该机制下，左边子线路的量子门近邻化结果用于排除一些大概率无法带来更优解的量子门近邻化过程，而右边子线路用于为下一次的反向遍历准备高质量的初始映射。基于上述双向映射和线路划分技术，提出初始映射邻域的局部搜索算法，如算法 7.3 所示。

---

**算法 7.3**：基于双向映射的局部搜索算法

**输入**：量子线路 $\Phi=(Q, \Gamma)$，耦合图 $G=(V, E_C)$，初始映射 $\pi_0$

**输出**：局部搜索得到的最优结果线路 $\Psi$ 及其对应的初始映射 $\pi$

1.    $i = 0$;    //初始化循环计数器

2.    **while** $i \leqslant L_{max}$ **do**  //共循环 $L_{max}$ 次

3.    (lpart, mpart, rpart) = partition($\Phi, P_0, P_1$);
    //将量子线路 $\Phi$ 划分为左、中、右三个子线路

4.    ($\Psi_{lpart}, \pi_1$) = circuit_mapper(lpart, $G, \pi_0$);  //为左边子线路调用算法 7.2

```
5.      if Ψlpart.gate_count < 1.1 · Ψlbest.gate_count then
6.          is_accepted = TRUE;   //更新最优线路
7.          (Ψmr, π2) = circuit_mapper(mpart + rpart, G, π1);
            //为剩余子线路调用算法 7.2
8.          Ψtmp = Ψlpart + Ψmr;   //组合两部分子线路得到结果线路
9.      else
10.         (Ψrpart, π2) = circuit_mapper(rpart, G, π1);   //为右边子线路调用算法 7.2
11.     end
12.     if is_accepted and Ψtmp.gate_count < Ψ.gate_count   then
13.         Ψ = Ψtmp;   //更新最优结果线路
14.         Ψlbest = Ψlpart;   //更新最优结果线路的左边子线路
15.         π = π0;   //更新最优结果线路对应的初始映射
16.     end
17.     π0 = π2;   //更新用于下一次映射的初始映射
18.     Φ = reverse(Φ);   //将 Φ 中的量子门逆序排列
19.     i = i + 1;   //循环计数器加 1
20. end
```

算法由 $L_{max}$ 迭代组成，在每次迭代中，首先将门数量超过指定阈值 $P_0$ 的量子线路划分为左、中、右三部分子线路，其中左边和右边子线路分别包含原线路中 $P_1$% 的量子门，其余量子门位于中间子线路，如第 3 行所示；在初始映射 $\pi_0$ 下对左边子线路调用量子门近邻化与路由算法(即算法 7.2)，并返回结果线路 $\Psi_{lpart}$ 和新初始映射 $\pi_1$，如第 4 行所示；将 $\Psi_{lpart}$ 的门数量和左边子线路至今所得最优结果线路 $\Psi_{lbest}$ 的门数量做比较，并根据比较结果决定是否对中间子线路进行路由，如第 5～11 行所示，在比较门数量时，算法使用 $\Psi_{lpart}$.gate_count < 1.1 · $\Psi_{lbest}$.gate_count，而非 $\Psi_{lpart}$.gate_count < $\Psi_{lbest}$.gate_count，主要用于防止子线路路由过程中的过度排除；根据本次迭代所得的完整结果线路 $\Psi_{tmp}$ 中的门数量决定是否更新最优结果线路 $\Psi$ 及其对应的初始映射；在每次迭代的最后，以本次所得的新初始映射 $\pi_2$ 设置在下一次循环开始的初始映射 $\pi_0$，如第 17 行代码所示，并反转量子线路 $\Phi$ 的量子门序列，从而为下次的反向映射做准备。

### 7.3.3　CNOT 门数优化算法

基于上述迭代寻优的基本思想和局部搜索算法，本节给出量子线路映射的 CNOT 门数优化算法，如算法 7.4 所示。该算法由 $I_{max}$ 次迭代组成，每次迭代由以下三个主要步骤组成：①在每次迭代中通过算法 7.3 对当前初始映射 $\pi_0$ 得到的线路集合进行局部搜索，并返回找到的最佳结果线路 $\Psi_1$ 及其对应的初始映射 $\pi_1$(见算法第 4 行)，第一次迭代所用的初始映射 $\pi_0$ 可通过和算法 6.4 类似的量子比特分配算法生成，也可随机选取；②比较 $\Psi_1$ 和目前为止最优线路 $\Psi_{best}$ 的 CNOT 门数量，并根据比较结果更新 $\Psi_{best}$ 及其对应的初始映射 $\pi_{best}$(见算法第 5~11 行)；③通过对 $\pi_{best}$ 的随机扰动得到下一次局部搜索的起始位置 $\pi_0$(见算法第 13 行)，该随机扰动有助于帮助算法跳出当前的局部最优解。

为了提高时间效率，除总循环次数外，算法 7.4 还提供了一种提前退出的机制，即在运行过程中统计 $\Psi_{best}$ 未被更新的连续迭代次数，当超过预先设定的阈值 $C_{max}$ 时，则认为算法很难再找到更好的结果线路，提前结束循环。

量子线路映射优化算法(算法 7.4)共调用了 $I_{max} L_{max}$ 次量子比特近邻化与路由算法(算法 7.2)，其中 $I_{max}$ 是算法 7.4 的总循环次数，$L_{max}$ 是算法 7.3 的总循环次数。根据算法 7.2 的分析，该算法的最坏时间复杂度为 $O(|\Gamma|\cdot|V|^4)$，其中，$|\Gamma|$ 为线路中的门数量，$|V|$ 为设备上的物理量子比特数目。因此，算法 7.4 的时间复杂度为 $O(I_{max}\cdot L_{max}\cdot|\Gamma|\cdot|V|^4)$。

---

**算法 7.4**：基于迭代局部搜索的量子线路映射优化算法

**输入**：量子线路 $\Phi=(Q,\Gamma)$，设备耦合图 $G=(V,E_C)$

**输出**：满足连通受限约束的最佳结果线路 $\Psi_{best}=(V,\Gamma')$

1.　　$i = 0$, count = 0;
　　　　//初始化计数器，其中 count 用于统计 $\Psi_{best}$ 未更新的连续迭代次数

2.　　$\pi_0 =$ init_mapping();　　//调用算法 6.4，设定第一个初始映射

3.　　**while** $i \leqslant I_{max}$ **do**　//最多循环 $I_{max}$ 次

4.　　　　$(\Psi_1, \pi_1) =$ local_search_mapper$(\Phi, G, \pi_0)$;
　　　　　//基于正反向映射的局部搜索,见算法 7.3

5.　　　　**if** $\Psi_1$.gate_count $< \Psi_{best}$.gate_count **then**　//若当前线路的门数少于最优线路

6.　　　　　　$\Psi_{best} = \Psi_1$;　//更新最优线路

7.　　　　　　$\pi_{best} = \pi_1$;　//更新得到最优线路的初始映射

8.　　　　　　count = 0;　//$\Psi_{best}$ 得到更新，计数器清零

9.　　　　**else**

10.　　　　　count = count + 1;　//计数器加 1

11.　　　　**end**

12.　　　　**if** count $\geqslant C_{max}$ **then** break;　//若 $\Psi_{best}$ 连续 $C_{max}$ 次未更新，则退出循环

13.　　　　$\pi_0 =$ perturbation$(\pi_{best})$;　//对 $\pi_{best}$ 进行随机扰动

14.　　　　$i = i + 1$;　//循环计数器加 1

15.　**end**

本节为量子线路映射的 CNOT 门数量优化提供了一个迭代优化方法，允许映射方法以一定的时间代价换取线路质量的持续提升，其有助于提高 NISQ 设备上的量子线路执行成功率。

### 7.3.4 实验结果与分析

量子线路映射的 CNOT 门数量优化算法(算法 7.4)综合运用量子比特分配、量子门近邻化与路由以及迭代寻优策略。为了便于描述，将该算法简称为 ILS_DL(iterated local search with dynamic lookahead technique)算法。本节将通过在多个基准线路上的实验对 ILS_DL 算法的稳定性、有效性、可靠扩展性以及时间效率进行验证和分析。

1) 比较算法的选择

选择 SA_D2(simulated annealing with 2-depth lookahead) 算 法[104] 和 SI_D3(subgraph isomorphism with 3-depth lookahead)算法[105]作为比较对象，这两个算法相较同类其他算法均显著减少了映射所需的 CNOT 门数量。SA_D2 算法使用模拟退火生成量子比特的初始映射，并通过一种深度为 2 的前瞻式搜索策略确定量子线路近邻化所需的辅助量子门，和 ILS_DL 算法一样，SA_D2 算法在近邻化 CNOT 门中同时使用了 SWAP 门和桥接 CNOT 门两种方式。SI_D3 算法基于子图同构的思想生成初始映射，并通过一种深度为 3 的前瞻式搜索策略确定待插入的辅助量子门。SA_D2 算法和 SI_D3 算法在启发式搜索所用的代价函数中均采用了经典的静态前瞻技术，即窗口尺寸固定不变。

2) 目标量子计算架构

本节共选择了两个 IBMQ 量子计算架构作为线路映射的目标平台，一个是 IBMQ_tokyo，如图 6-12(a)所示，该架构具有 20 个量子比特，且量子比特之间的连通性较好；另一个是 IBMQ_guadalupe，如图 6-12(b)所示，该架构采用了最新一代的 heavy-hex 量子体系结构，具有 16 个量子比特，且量子比特之间的连通性相对较差。

3) 基准量子线路

本节选用了 SA_D2 算法和 SI_D3 算法库[91, 94, 104]，该基准库包括多个由 Clifford+$T$ 门组成的量子线路，这些线路包含的量子比特数目从 5 个到 20 个不等，包括的量子门数量从几十到数万不等，且 CNOT 门是在这些量子线路中存在的唯一双量子比特门。

4) 评价指标

实验评标指标包括 CNOT 门数、运行时间以及变异系数(coefficient of variation, CV)。CV 用于评价 ILS 在 CNOT 门数量优化效果上的稳定性，如式 (7-7)所示，其中，$\mu$表示均值，而$\sigma$表示标准差，其取值越小则表明优化效果越稳定：

$$cv = \frac{\sigma}{\mu} \tag{7-7}$$

5) 优化稳定性

上面所提的 ILS_DL 算法在探索初始映射邻域时引入了随机扰动，因此其本质上属于随机优化算法的范畴。SA_D2 算法在生成初始映射时使用了模拟退火算法，所以该算法每次输出的结果也同样具备随机性。该类具备一定随机性的算法若要具备较好的实用性，必须在每次运行时总能相对稳定地取得较好的优化效果。为了比较 ILS_DL 算法和 SA_D2 算法的优化稳定性，以 IBMQ_tokyo 为目标架构，将这两个算法在每个基准线路上分别运行 10 次，记录实验结果并通过 CV 对两者的稳定性进行评价。

相关实验结果如表 7-1 所示，其中，第 1~3 列分别给出了基准线路的名称、量子比特数目以及量子门数量；第 4~7 列给出了 SA_D2 算法在各基准线路上的实验结果，从左到右分别为：10 次运行中插入的最少 CNOT 门数、最多 CNOT 门数、平均 CNOT 门数以及 CV；第 8~11 列给出了 ILS_DL 的实验结果，同样包括插入的最少 CNOT 门数、最多 CNOT 门数、平均 CNOT 门数以及 CV；第 12~13 列分别给出了 ILS_DL 算法较 SA_D2 算法在平均优化效果和稳定性上提升的幅度。从表 7-1 可见，ILS_DL 算法在优化稳定性上明显优于 SA_D2 算法，在所有基准线路上其 CV 取值均低于 0.1，而 SA_D2 算法除了在几个门数较少的线路上呈现出了和 ILS_DL 算法一样的 CV 值，在其他线路上的 CV 值均高于 ILS_DL 算法。较小的 CV 值表明 ILS_DL 算法每次运行所得的结果线路在 CNOT 门数量上具有较小的离散程度，其优化效果相对稳定。

**表 7-1　SA_D2 算法和 ILS_DL 算法的优化稳定性比较**

| 基准线路 | | | SA_D2 | | | | ILS_DL | | | | 优化幅度/% | |
|---|---|---|---|---|---|---|---|---|---|---|---|---|
| 名称 | 量子比特数目 | 量子门数量 | $min_0$ | $max_0$ | $avg_0$ | $cv_0$ | $min_1$ | $max_1$ | $avg_1$ | $cv_1$ | $i\_avg$ | $i\_cv$ |
| 4mod5-v1_22 | 5 | 21 | 0 | 0 | 0 | 0.000 | 0 | 0 | 0 | 0.000 | 0 | 0 |
| mod5mils_65 | 5 | 35 | 0 | 0 | 0 | 0.000 | 0 | 0 | 0 | 0.000 | 0 | 0 |
| alu-v0_27 | 5 | 36 | 6 | 12 | 8.7 | 0.196 | 3 | 3 | 3 | 0.000 | 65.52 | 100.00 |
| decod24-v2_43 | 4 | 52 | 0 | 0 | 0 | 0.000 | 0 | 0 | 0 | 0.000 | 0 | 0 |
| 4gt13_92 | 5 | 66 | 0 | 0 | 0 | 0.000 | 0 | 0 | 0 | 0.000 | 0 | 0 |
| ising_model_10 | 10 | 480 | 0 | 0 | 0 | 0.000 | 0 | 0 | 0 | 0.000 | 0 | 0 |
| ising_model_13 | 13 | 633 | 0 | 0 | 0 | 0.000 | 0 | 0 | 0 | 0.000 | 0 | 0 |
| ising_model_16 | 16 | 786 | 0 | 0 | 0 | 0.000 | 0 | 0 | 0 | 0.000 | 0 | 0 |
| qft_10 | 10 | 200 | 33 | 54 | 39.6 | 0.163 | 27 | 30 | 28.8 | 0.054 | 27.27 | 66.87 |
| qft_16 | 16 | 512 | 159 | 189 | 170.1 | 0.055 | 120 | 138 | 129 | 0.038 | 24.16 | 30.91 |
| rd84_142 | 15 | 343 | 84 | 123 | 98.1 | 0.128 | 60 | 69 | 65.4 | 0.042 | 33.33 | 67.19 |
| adr4_197 | 13 | 3439 | 597 | 750 | 700.5 | 0.084 | 516 | 600 | 573.3 | 0.044 | 18.16 | 47.62 |
| radd_250 | 13 | 3213 | 636 | 822 | 732.6 | 0.075 | 579 | 633 | 599.7 | 0.032 | 18.14 | 57.33 |
| z4_268 | 11 | 3073 | 522 | 744 | 609.3 | 0.124 | 456 | 531 | 495.9 | 0.059 | 18.61 | 52.42 |

续表

| 基准线路 | | | SA_D2 | | | | ILS_DL | | | | 优化幅度/% | |
|---|---|---|---|---|---|---|---|---|---|---|---|---|
| 名称 | 量子比特数目 | 量子门数量 | $min_0$ | $max_0$ | $avg_0$ | $cv_0$ | $min_1$ | $max_1$ | $avg_1$ | $cv_1$ | i_avg | i_cv |
| sym6_145 | 7 | 3888 | 510 | 744 | 617.7 | 0.140 | 495 | 495 | 495 | 0.000 | 19.86 | 100.00 |
| misex1_241 | 15 | 4813 | 681 | 1026 | 818.1 | 0.131 | 492 | 591 | 535.8 | 0.060 | 34.51 | 54.20 |
| rd73_252 | 10 | 5321 | 963 | 1362 | 1153.2 | 0.098 | 876 | 984 | 956.7 | 0.045 | 17.04 | 54.08 |
| cycle10_2_110 | 12 | 6050 | 1023 | 1431 | 1185.9 | 0.104 | 948 | 1044 | 1001.4 | 0.037 | 15.56 | 64.42 |
| square_root_7 | 15 | 7630 | 1110 | 1671 | 1435.8 | 0.117 | 819 | 1110 | 937.5 | 0.098 | 34.71 | 16.24 |
| sqn_258 | 10 | 10223 | 1743 | 2088 | 1945.5 | 0.055 | 1599 | 1809 | 1700.7 | 0.046 | 12.58 | 16.36 |
| rd84_253 | 12 | 13658 | 2727 | 3261 | 3013.2 | 0.064 | 2484 | 2811 | 2634.9 | 0.040 | 12.55 | 37.5 |
| co14_215 | 15 | 17936 | 3834 | 5082 | 4436.4 | 0.085 | 2775 | 3438 | 3116.4 | 0.080 | 29.75 | 5.88 |
| sym9_193 | 11 | 34881 | 5832 | 7596 | 6617.1 | 0.108 | 5562 | 6384 | 6120 | 0.041 | 7.51 | 62.04 |

　　另外，除了稳定性优于 SA_D2 算法以外，ILS_DL 算法在平均优化效果上也同样优于 SA_D2 算法，除少数几个所需 CNOT 门数量为 0 的小规模基准线路外，在其他基准线路上 ILS_DL 算法所需的平均 CNOT 门数量较 SA_D2 算法最多减少了 65.52%，最少减少了 7.51%，平均减少了 16.92%。

　　上述实验结果表明 ILS_DL 算法能相对稳定地取得较好的优化效果。ILS_DL 算法较好的稳定性主要源于其在每次局部搜索时总能找到质量较好的初始映射，初始映射的质量稳定性带来了整体算法的稳定性。为了验证在局部搜索过程中被探索的初始映射质量，图 7-8 给出了在映射基准线路 rd73_252 过程中一次局部搜索产生的全部初始映射，每个子图均展示了逻辑量子比特在耦合图上的分布情况，其中，灰色节点表示被逻辑量子比特占用的物理量子比特，而白色节点表示空闲物理量子比特，每个子图下的数组给出了该子图代表的初始映射。在图 7-8(a) 中，逻辑量子比特分散在耦合图的各个位置，这是由于每次局部搜索开始的初始映射均由对当前最佳初始映射的随机扰动得到，该扰动有助于帮助算法跳出局部最优。通过重复的双向线路映射技术，在随后生成的每个初始映射中，所有逻辑量子比特均聚集在耦合图的某个局部，且每个初始映射都有利于在下次映射过程中时序靠前的量子门的近邻化。从图 7-8 还可发现，在局部搜索的若干次迭代后，逻辑量子比特较易被困在耦合图的某个角落，虽然此时初始映射还在继续变换，但是继续迭代下去而得到更优解的概率已然变低，因此在局部搜索的迭代次数达到预设上限后，算法会重新启动下一次的局部搜索过程。

(a) {15,7,3,13,5,0,18,1,14,6}　(b) {1,2,6,13,12,0,8,11,14,7}　(c) {12,17,6,13,11,2,7,5,8,1}

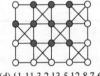  

(d) {1,11,3,2,13,5,12,8,7,6}　　(e){2,1,7,5,11,13,3,6,8,12}　　(f) {2,1,3,5,8,13,12,7,11,6}

图 7-8　一次局部搜索的初始映射邻域

6) 优化质量

为了验证 ILS_DL 算法在面向不同量子计算架构时的优化效果，分别在 IBMQ_tokyo 和 IBMQ_guadalupe 两种架构上进行了实验，并与 SA_D2 算法以及 SI_D3 算法进行了比较。表 7-2 给出了三种算法在 IBMQ_tokyo 上的实验结果，其中，第 1~3 列分别给出了基准线路的名称、量子比特数目以及量子门数量；第4~5 列分别给出了 SA_D2 算法在各基准线路上的辅助 CNOT 门数量以及运行时间；第6~7 列给出了 SI_D3 算法的辅助 CNOT 门数量和运行时间；第 8~9 列给出了 ILS_DL 算法的相关数据；第 10~11 列分别给出了 ILS_DL 算法相较 SA_D2 算法和 SI_D3 算法在 CNOT 门数上的优化幅度。

表 7-2　SA_D2 算法、SI_D3 算法和 ILS_DL 算法在 IBMQ_tokyo 上的实验结果

| 基准线路 | | | SA_D2 | | SI_D3 | | ILS_DL | | 优化幅度/% | |
|---|---|---|---|---|---|---|---|---|---|---|
| 名称 | 量子比特数目 | 量子门数量 | $g_0$ | $t_0$/s | $g_1$ | $t_2$/s | $g_2$ | $t_2$/s | $impr_0$ | $impr_1$ |
| 4mod5-v1_22 | 5 | 21 | 0 | 6.84 | 0 | 0.00 | 0 | 0.01 | 0.00 | 0.00 |
| mod5mils_65 | 5 | 35 | 0 | 6.94 | 0 | 0.00 | 0 | 0.05 | 0.00 | 0.00 |
| alu-v0_27 | 5 | 36 | 6 | 6.89 | 9 | 0.03 | 3 | 0.81 | 50.00 | 66.67 |
| decod24-v2_43 | 4 | 52 | 0 | 6.87 | 0 | 0.00 | 0 | 0.03 | 0.00 | 0.00 |
| 4gt13_92 | 5 | 66 | 0 | 7.48 | 0 | 0.01 | 0 | 0.03 | 0.00 | 0.00 |
| ising_model_10 | 10 | 480 | 0 | 6.90 | 0 | 0.01 | 0 | 0.01 | 0.00 | 0.00 |
| ising_model_13 | 13 | 633 | 0 | 6.82 | 0 | 0.01 | 0 | 0.05 | 0.00 | 0.00 |
| ising_model_16 | 16 | 786 | 0 | 6.89 | 0 | 0.03 | 0 | 0.09 | 0.00 | 0.00 |
| qft_10 | 10 | 200 | 33 | 7.32 | 45 | 1.10 | 27 | 8.11 | 18.18 | 40.00 |
| qft_16 | 16 | 512 | 159 | 11.03 | 189 | 21.25 | 120 | 44.10 | 24.53 | 36.51 |
| rd84_142 | 15 | 343 | 84 | 7.86 | 84 | 13.29 | 60 | 17.78 | 28.57 | 28.57 |
| adr4_197 | 13 | 3439 | 597 | 11.15 | 681 | 20.87 | 516 | 106.59 | 13.57 | 24.23 |
| radd_250 | 13 | 3213 | 636 | 10.85 | 633 | 32.19 | 579 | 99.79 | 8.96 | 8.53 |
| z4_268 | 11 | 3073 | 522 | 9.94 | 525 | 17.37 | 456 | 97.78 | 12.64 | 13.14 |
| sym6_145 | 7 | 3888 | 510 | 8.84 | 540 | 4.37 | 495 | 85.22 | 2.94 | 8.33 |
| misex1_241 | 15 | 4813 | 681 | 9.77 | 621 | 28.7 | 492 | 110.39 | 27.75 | 20.77 |
| rd73_252 | 10 | 5321 | 963 | 12.31 | 1062 | 19.76 | 876 | 140.10 | 9.03 | 17.51 |

续表

| 基准线路 | | | SA_D2 | | SI_D3 | | ILS_DL | | 优化幅度/% | |
| --- | --- | --- | --- | --- | --- | --- | --- | --- | --- | --- |
| 名称 | 量子比特数目 | 量子门数量 | $g_0$ | $t_0$/s | $g_1$ | $t_2$/s | $g_2$ | $t_2$/s | $impr_0$ | $impr_1$ |
| cycle10_2_110 | 12 | 6050 | 1023 | 12.77 | 1125 | 15.34 | 948 | 216.22 | 7.33 | 15.73 |
| square_root_7 | 15 | 7630 | 1110 | 18.15 | 1263 | 612.75 | 819 | 62.74 | 26.22 | 35.15 |
| sqn_258 | 10 | 10223 | 1743 | 16.02 | 1467 | 32.33 | 1599 | 71.15 | 8.26 | −9.00 |
| rd84_253 | 12 | 13658 | 2727 | 22.59 | 2952 | 77.56 | 2484 | 83.79 | 8.91 | 15.85 |
| co14_215 | 15 | 17936 | 3834 | 40.54 | 3975 | 162.37 | 2775 | 177.30 | 27.62 | 30.19 |
| sym9_193 | 11 | 34881 | 5832 | 38.39 | 5481 | 120.82 | 5562 | 292.11 | 4.63 | −1.48 |

由 IBMQ_tokyo 架构上的实验结果可知,在三种比较算法中,ILS_DL 算法具有更好的 CNOT 门优化效果,其中,和 SA_D2 算法相比,ILS_DL 算法在所有基准线路上所需的 CNOT 门数量平均减少了 12.14%,最多减少了 50%;和 SI_D3 算法相比,ILS_DL 算法所需的 CNOT 门数量平均减少了 15.25%,最多减少了 66.67%。

三种算法在 IBMQ_guadalupe 架构上的实验结果如表 7-3 所示,表中各列含义和表 7-2 相同。由于该架构的拓扑连通性弱于 IBMQ_tokyo 架构,因此量子线路映射至该架构通常需要插入更多的辅助量子门。实验结果表明,在该连通性较弱的架构上,ILS_DL 算法表现出了比在 IBMQ_tokyo 架构上更强的 CNOT 门优化效果,几乎在所有基准线路上均有效降低了插入的辅助 CNOT 门数量。和 SA_D2 算法相比,ILS_DL 算法在所有基准线路上所需的 CNOT 门数量平均减少了 29.14%,最多减少了 42.86%;和 SI_D3 算法相比,ILS_DL 算法所需的 CNOT 门数量平均减少了 40.32%,最多减少了 66.67%。

表 7-3　SA_D2 算法、SI_D3 算法和 ILS_DL 算法在 IBMQ_guadalupe 上的实验结果

| 基准线路 | | | SA_D2 | | SI_D3 | | ILS_DL | | 优化幅度/% | |
| --- | --- | --- | --- | --- | --- | --- | --- | --- | --- | --- |
| 名称 | 量子比特数目 | 量子门数量 | $g_0$ | $t_0$/s | $g_1$ | $t_2$/s | $g_2$ | $t_2$/s | SA_D2 | SI_D3 |
| 4mod5-v1_22 | 5 | 21 | 9 | 4.67 | 18 | 0.01 | 6 | 0.65 | 33.33 | 66.67 |
| mod5mils_65 | 5 | 35 | 21 | 4.69 | 9 | 0.00 | 12 | 0.97 | 42.86 | −33.33 |
| alu-v0_27 | 5 | 36 | 27 | 4.68 | 24 | 0.01 | 18 | 1.10 | 33.33 | 25.00 |
| decod24-v2_43 | 4 | 52 | 27 | 4.69 | 27 | 0.01 | 18 | 1.01 | 33.33 | 33.33 |
| 4gt13_92 | 5 | 66 | 39 | 5.44 | 48 | 0.01 | 24 | 1.86 | 38.46 | 50.00 |
| ising_model_10 | 10 | 480 | 0 | 4.67 | 0 | 0.00 | 0 | 0.00 | 0.00 | 0.00 |
| ising_model_13 | 13 | 633 | 0 | 4.67 | 0 | 0.01 | 0 | 0.01 | 0.00 | 0.00 |

续表

| 基准线路 | | | SA_D2 | | SI_D3 | | ILS_DL | | 优化幅度/% | |
|---|---|---|---|---|---|---|---|---|---|---|
| 名称 | 量子比特数目 | 量子门数量 | $g_0$ | $t_0$/s | $g_1$ | $t_2$/s | $g_2$ | $t_2$/s | SA_D2 | SI_D3 |
| ising_model_16 | 16 | 786 | 45 | 4.82 | 60 | 0.88 | 36 | 12.28 | 20.00 | 40.00 |
| qft_10 | 10 | 200 | 111 | 4.99 | 177 | 0.15 | 90 | 10.77 | 18.92 | 49.15 |
| qft_16 | 16 | 512 | 420 | 6.74 | 654 | 3.13 | 282 | 46.95 | 32.86 | 56.88 |
| rd84_142 | 15 | 343 | 270 | 5.21 | 300 | 0.48 | 171 | 18.92 | 36.67 | 43.00 |
| adr4_197 | 13 | 3439 | 3063 | 9.03 | 4281 | 26.65 | 2142 | 147.20 | 30.07 | 49.97 |
| radd_250 | 13 | 3213 | 2853 | 7.85 | 4347 | 23.43 | 1935 | 135.29 | 32.18 | 55.49 |
| z4_268 | 11 | 3073 | 2658 | 7.23 | 3999 | 20.65 | 1794 | 137.05 | 32.51 | 55.14 |
| sym6_145 | 7 | 3888 | 2892 | 6.74 | 3498 | 1.66 | 1920 | 99.31 | 33.61 | 45.11 |
| misex1_241 | 15 | 4813 | 3897 | 7.89 | 5916 | 38.80 | 2520 | 192.43 | 35.33 | 57.40 |
| rd73_252 | 10 | 5321 | 4539 | 8.71 | 7374 | 9.16 | 3378 | 196.84 | 25.58 | 54.19 |
| cycle10_2_110 | 12 | 6050 | 5364 | 10.21 | 7674 | 13.93 | 3387 | 243.90 | 36.86 | 55.86 |
| square_root_7 | 15 | 7630 | 7125 | 14.74 | 11709 | 182.99 | 4431 | 179.13 | 37.81 | 62.16 |
| sqn_258 | 10 | 10223 | 8595 | 12.48 | 14811 | 26.00 | 6294 | 150.82 | 26.77 | 57.50 |
| rd84_253 | 12 | 13658 | 12915 | 20.22 | 18315 | 68.87 | 9294 | 314.22 | 28.04 | 49.25 |
| co14_215 | 15 | 17936 | 15684 | 29.56 | 24963 | 84.99 | 9390 | 378.65 | 40.13 | 62.38 |
| sym9_193 | 11 | 34881 | 33822 | 40.60 | 48219 | 179.19 | 22395 | 986.15 | 33.79 | 53.56 |

上述实验结果表明，ILS_DL 算法在面向不同物理架构时均可表现出较好的 CNOT 门优化效果，且在连通性较弱的 NISQ 架构上其优化效果更明显。SA_D2 算法和 SI_D3 算法在进行量子门近邻化与路由时使用了相似的深度搜索策略，即提前考虑多步连续决策的可能组合，并根据对多步决策所得结果的回溯得到当前步的最优选择，而 ILS_DL 算法在近邻化量子门时并未采用类似的深度搜索策略进行决策辅助，而是仅根据当前代价函数值直接选择候选量子门。但即便在量子门近邻化时使用较弱的搜索策略，ILS_DL 算法最终取得的优化效果仍优于 SA_D2 算法和 SI_D3 算法，主要原因如下：其一，代价函数采用的动态前瞻技术能较好地协助辅助量子门的选择，使其在未采用深度搜索的情况下，也能以较少的辅助量子门代价实现线路近邻化与路由；其二，迭代寻优策略可通过对初始映射邻域的高效枚举不断找到所需 CNOT 门数量更少的结果线路，而 SA_D2 算法和 SI_D3 算法不具备这样的持续优化能力，虽然这两种算法在量子门近邻化与路由时采用了深度搜索技术，但其插入的 CNOT 门数量严重受限于唯一给定的初始映射。

7) 时间性能

SA_D2 算法、SI_D3 算法和 ILS_DL 算法均属于多项式时间复杂度算法，但 ILS_DLT 算法的实际运行时间长于 SA_D2 算法和 SI_D3 算法。这是由于 ILS_DL

算法需要对量子线路进行重复的正反向量子门近邻化，在 $I_{max}$=1000 和 $L_{max}$=6 的实验配置下，ILS_DL 算法最多可能对量子线路进行 6000 次量子门近邻化，而 SA_D2 算法和 SI_D3 算法仅需对量子线路进行 1 次量子门近邻化。从表 7-2 和表 7-3 可见，虽然 ILS_DL 算法要对量子线路进行多次量子门近邻化，但是其运行时间依然在可接受范围之内，即使对于门数超过 1 万的线路，也可在数分钟内获得实验结果，这主要得益于 ILS_DL 算法在量子门近邻化量子线路时采用的线路划分技术，该技术能帮助算法跳过部分几乎无法带来更好结果的量子门近邻化过程；另外，还得益于基于动态窗口的代价函数，可以有效避免使量子线路量子门近邻化陷入停滞状态的辅助量子门。相反，SA_D2 算法和 SI_D3 算法由于采用了基于静态窗口的代价函数，这两种方法均可能选择一些有利于非活跃门量子门近邻化而不利于活跃门量子门近邻化的辅助量子门，从而使算法陷于停滞状态，为了克服这个问题，SA_D2 算法和 SI_D3 算法均实现了相应的回退机制。

## 7.4　基于活跃度量子比特近邻化与路由

### 7.4.1　近邻化代价

在将逻辑量子线路中的量子比特映射到二维量子体系结构时，量子比特放置的位置与量子线路的量子比特近邻化代价有着密切的关系，量子比特的活跃度信息和量子比特在二维结构中的布局直接决定了量子线路的量子比特近邻化代价。为了尽可能在此过程中降低该交互代价，在对量子比特进行放置时，需要优先考虑活跃度较高的量子比特，使双量子比特门的控制比特和目标比特能够尽可能地靠近(以曼哈顿距离为衡量标准)。因此，结合活跃度因素综合考虑整个线路，将活跃度最高的量子比特优先放置在二维量子体系结构中，能够有效地降低量子线路的近邻化交互代价。由文献[233]可知，如果逻辑量子线路中的量子比特数量为 $q$，则放置的二维结构的高度为 $H=\lceil\sqrt{q}\rceil$，宽度为 $W=\lceil q/H\rceil$。进而，将量子比特集合中活跃度最高的量子比特放置在坐标为 $(x,y)=(\lceil H/2\rceil,\lceil W/2\rceil)$ 的位置。

**定理 7-3** 设双量子比特门为 $G(q_i,q_j)$，$i$ 和 $j$ 为量子比特的编号，$i$ 和 $j$ 为量子比特门的线数，则：

(1) 在逻辑量子线路中，量子比特门的最近邻增加的 SWAP 门的数目取决于量子比特门所在的量子比特线的位置 $i$ 和 $j$，而增加的 SWAP 门的数目是

$$s_1=|i-j|-1 \tag{7-8}$$

(2) 在二维量子体系结构中，量子门最近邻需要增加的 SWAP 门的数目取决于量子比特门在逻辑量子线路中的量子比特线的位置和二维结构的宽度，所增加的交换门的数目为

$$s_2 = \left| n - m + w \left( \left\lfloor \frac{m}{w} \right\rfloor - \left\lfloor \frac{n}{w} \right\rfloor \right) \right| + \left\lfloor \frac{m}{w} \right\rfloor - \left\lfloor \frac{n}{w} \right\rfloor - 1 \tag{7-9}$$

**证明：** 设 alt 为 $q_i$ 与 $q_j$ 的垂直距离，hol 为 $q_i$ 与 $q_j$ 的水平距离。为了描述逻辑量子线路和二维量子体系结构中最近邻量子比特所需的 SWAP 门数目，这里只考虑了量子比特的顺序放置。也就是说，在逻辑量子线路中，量子比特按照下标从小到大的顺序从左到右和从上到下排列在二维结构中。

(1) 对于逻辑量子线路，双量子比特门的控制比特和目标比特之间的距离为 $d = |i - j|$。显然，量子比特门的最近邻可以通过添加 $d-1$ 个 SWAP 门来实现，即添加的 SWAP 门数目是 $s_1 = |i - j| - 1$。

(2) 对于二维量子体系结构，量子比特门中两个量子比特的水平距离和垂直距离(曼哈顿距离，下同)分别是要添加的 SWAP 门数目。设 $w$ 为二维结构的宽度，考虑到量子门的控制比特与目标比特的顺序无关，设 $m = \max\{i, j\}$，$n = \min\{i, j\}$，则二维结构中 $q_i$ 到 $q_j$ 的垂直距离为

$$\text{alt} = \left\lfloor \frac{m}{w} \right\rfloor - \left\lfloor \frac{n}{w} \right\rfloor \tag{7-10}$$

$q_m$ 纵向映射到 $q_n$ 所在行的位置(从左往右数)为

$$t = m - w \times \left( \text{alt} + \left\lfloor \frac{n}{w} \right\rfloor \right) = m - w \times \left\lfloor \frac{m}{w} \right\rfloor \tag{7-11}$$

$q_m$ 纵向映射到 $q_n$ 所在行的编号为

$$k = w \left( \text{alt} + \left\lfloor \frac{n}{w} \right\rfloor \right) + t = m + w \left( \left\lfloor \frac{n}{w} \right\rfloor - \left\lfloor \frac{m}{w} \right\rfloor \right) = m - w \times \text{alt} \tag{7-12}$$

由此得出横向距离为

$$\text{hor} = |n - k| \tag{7-13}$$

最终得出在二维量子体系结构中所需 SWAP 门的数量为

$$s_2 = \text{alt} + \text{hor} - 1 = \left| n - m + w \left( \left\lfloor \frac{m}{w} \right\rfloor - \left\lfloor \frac{n}{w} \right\rfloor \right) \right| + \left\lfloor \frac{m}{w} \right\rfloor - \left\lfloor \frac{n}{w} \right\rfloor - 1 \tag{7-14}$$

至此得到定理 7-3 中的 $s_1$ 和 $s_2$。**证毕。**

### 7.4.2　双量子比特门序列的选择

为了在二维结构中寻找近邻化的量子比特近邻化路径，首先需要选定衡量交互路径优劣的双量子比特门序列的大小，以便从局部出发，使用前瞻式的算法，寻找最小的 SWAP 门的插入数量，即最优的量子线路的近邻化代价。在对量子线路进行近邻化之前确定双量子比特门序列的大小，可以有效降低寻找最优量子比特近邻化路径算法的复杂度。

下面给出一种简单的启发式算法，即双量子比特门序列大小选择算法(Select_rw)，如算法 7.5 所示。Select_rw 的主要目的是尝试着确定双量子比特门序列的大小 rw(rw=1, 2, ⋯, 10)。

---

**算法 7.5**：双量子比特门序列大小选择

---

**输入**：双量子比特门序列大小 rw 的初始值
**输出**：最优的 rw 以及最小的代价 Sp[rw]

1. **Begin**
2. 　rw=1;　//初始化双量子比特门序列大小
3. 　count=0;
4. 　init_$t_1$[2],$t_2$[2];　//初始化记录器数组
5. 　$t_1$[1]←Sp[rw], $t_2$[1]←rw;　　//i++且 i 不大于 10
6. 　　　**for** each result=sgn(Sp[$i$]–Sp[rw])　//sgn 是符号函数，rw=$i$
7. 　　　　　**if** result changes –1 (or 0) to 1
8. 　　　　　　　count++, $t_1$[count]←Sp[rw], $t_2$[count]←rw
9. 　　　　　**if** count equals 2 , **break**
10. 　　　　**if** count equals 1 or 0
11. 　　　　　　　$t_1$[2]←Sp[rw], $t_2$[2]←rw
12. 　Select index $k$ of minimum
13. 　$k$←Select{$t_2$[1], $t_2$[2]}←min{$t_1$[1], $t_1$[2]}
14. 　rw←Sp[rw], rw←$k$
15. **End**

---

算法 7.5 中，当双量子比特门序列大小为 rw 时，所需添加的 SWAP 门的数量为 Sp[rw]。算法 7.5 试图寻找 Sp[rw]的最小值，即寻找量子比特交互代价最小时双量子比特门序列 rw 的值。

该算法的输入是双量子比特门序列大小 rw 的一个初始值，这个初始值设置为 1(第 2 行)，还设置了一个计数器 $i$，用来记录可能需要的双量子比特门序列大小，其中 $i$<10。第 3～4 行，初始化计数器。第 5～11 行为进行双量子比特门序列大小选择过程中的判断，其中第 5 行初始化计数器数组 $t_1$、$t_2$，$t_1$ 存储双量子比特门序列大小为 1 时需要添加的 SWAP 门数量，$t_2$ 存储双量子比特门序列大小为 1。第 6 行中 sgn 是符号函数，用于判断 Sp[$i$]–Sp[rw]的符号，若 Sp[$i$]–Sp[rw]符号为正，则 result=1；若 Sp[$i$]–Sp[rw]符号为负，则 result=–1；若 Sp[$i$]等于 Sp[rw]，result=0。第 7～8 行，每当 result 的值从–1 变成 1 时，计数器 count++，并把此时的 rw 赋值给 $t_2$[count]，Sp[rw]赋值给 $t_1$[count]。第 9 行判断 count 是否

等于 2，即是否存在两个低谷值，若等于 2，则循环结束。第 10~11 行，如果计数器 count 的值为 1 或 0，则默认第 10 组数据为结束点，并将相关信息赋给 $t_1[2]$、$t_2[2]$。第 12~14 行选择数组 $t_1$ 中最小的 SWAP 门数量，即 Sp[rw]，并找到对应的 $t_2$ 中双量子比特门序列大小 rw。

　　算法 7.5 仅适用于二维量子线路近邻化过程中建立交互路径算法寻找双量子比特门序列门数不超过 10 的情况，用于找出最优的双量子比特门序列大小。算法 7.5 在对衡量交互路径优劣的双量子比特门序列的大小进行选择的过程中，只需找出两处代价(添加的 SWAP 门数量)处于谷底点(即极小值点)时的值，比较两个代价值，代价值中的较小者即认为是最优的双量子比特门序列大小所对应的添加 SWAP 门的数量。如图 7-9 中 ham7 的两个代价的"谷底值"分别为 25 和 30，其中双量子比特门序列大小为 4 时代价的"谷底值"相对较小，所以双量子比特门序列的大小为 4。同理，图 7-10 中 hwb4 中双量子比特门序列的门数大小为 5。

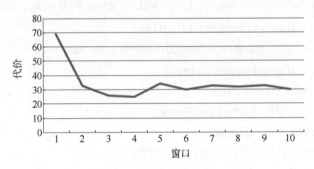

图 7-9　ham7 双量子比特门序列结果图

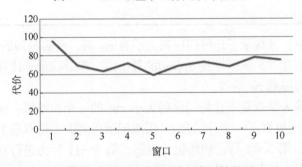

图 7-10　hwb4 双量子比特门序列结果图

### 7.4.3　量子比特近邻化

　　量子线路近邻化算法的输入是由逻辑量子线路初始映射后，用 $W \times H$ 网格表达的非近邻的量子线路，输出是一个近邻化的二维结构表示的量子线路。算法

7.6 中代价计算的依据是双量子比特门序列 rw 中所有双量子比特门(ctl，tar)的每个控制比特和目标比特在网格上曼哈顿距离的总和，如算法 7.6 所示。

---

**算法 7.6：量子线路近邻化**

---

**输入**：排布在 $W×H$ 网格上的量子线路

**输出**：近邻化的二维结构线路

1. **Begin**
2. 　　Select_rw();　//调用双量子比特门序列大小选择算法
3. 　　Init_ga()；//初始化堆栈 ga，用于跟踪交换链
4. 　**for** each non-adjacent two-qubit gate **do**
5. 　　　　Optimization window rw slides a gate (ctl $b$, tar $b$);
　　　　　//双量子比特门序列 rw 滑动一个门
6. 　　　　va←all_(ctl $b$, tar $b$);　//找出 ctl 和 tar 之间所有可能的相遇点，存入 va
7. 　**for** each va[$i$] **do**
8. 　　**for** all paths **do**　//从 ctl 到 va[$i$]
9. 　　　　pcv[$i$] ←min_paths;　//具有最小代价的 paths
10. 　　**for** all paths **do** 从 tar 到 va[$i$]
11. 　　　　ptv[$i$] ← min_paths;　//具有最小代价的 paths
12. 　　pctv[$i$] ←pcv[$i$]+ptv[$i$];
13. 　**for** all_pctv[$i$] **do** sele_min_pct;
　　　　//比较所有的 pctv，找到最小的 pctv[$k$]→最佳汇聚点 va[$k$]
14. 　　Set list_dt;　//设置一个依赖表 dt，用于记录当前和之前的交换门
15. 　**if** curr_gate_qubit= pre_gate_qubit then Redundant exchange, cancelled;
16. 　　pre_gate_qubit← curr_gate_qubit
17. 　**else**
18. 　　　Push stack_ga
19. 　**while** (!stack_ga)**do**
20. 　　Insert swap gate ga.back()
21. 　　ga.pop_back()
22. **End**

---

　　算法 7.6 给出了二维量子线路近邻化(即寻找非近邻量子比特近邻化的交互路径)的伪代码。在第 2 行中，双量子比特门序列大小选择算法被使用。在第 3 行中，堆栈 ga 被初始化，用来跟踪交换门链的插入过程，它被用于在计算结束时

将量子比特恢复到它们的初始状态。第 4～13 行为线路的每个非近邻的双量子比特门构造一个交互路径。在第 5 行中，双量子比特门序列 rw 滑动一个门。第 6 行生成数组 va，它由该门的控制比特(ctl)和目标比特(tar)所有可能的交汇点组成，交汇点是控制比特和目标比特相遇以进行相邻交互的网格位置。第 7～13 行，pcv(ptv)代表从 ctl(tar)到 va[i]的所有路径的集合。在每个迭代 va[i]中，找到 pctv 中的最佳路径 pctv[k]，pctv[k]是连接 pcv[k]和 ptv[k]的路径，该路径具有最小的交互代价，同时也确定了最佳交汇点 va[k]，基于 pctv[k]插入 SWAP 门，使该量子门的 ctl 和 tar 处于近邻状态。第 14～21 行追踪了交换门链插入的历史，首先建立依赖表 dt，用于跟踪当前 SWAP 门和之前 SWAP 门的依赖性，如果这两个 SWAP 门连续作用于相同的两个量子比特，那么操作是冗余的，可以取消。

### 7.4.4　复杂度分析

将一个量子线路(含有 $q$ 个量子比特和 $r$ 个双量子比特门)映射到 $n \times n$ 的网格，其中 $n=\sqrt{q}$。当两个量子比特处于网格的对角时，两个量子比特在网格中的排布取到最大距离，为 $2n-n$(最坏情况)。一般不存在只含有排布时取得最大距离的量子比特对(一个量子门的控制比特及目标比特称为一个量子比特对)的线路，因此，需要综合考虑整个线路，得到量子比特对排布后的平均距离，即距离越远，两个量子比特之间的相遇点就越多，求最优路径时需要进行的计算量就越大。考虑所有可能的量子比特对排布情况，其距离取决于双量子比特门在二维网格中的曼哈顿距离 $d$，得到不同情况下量子比特对的个数情况。

$$\mathrm{Pc}=\begin{cases}2n(n-d), & \text{量子比特对处于同一行或同一列}\\ c_1=2\sum_{i=1}^{d-1}(n-d-i)(n-i), & 2\leqslant d<n\\ c_2=2\sum_{i=0}^{2n-d}i(2n-d-i), & n\leqslant d\leqslant 2n-2\end{cases} \tag{7-15}$$

式中，第一种情况为量子比特对处于网格的同一行或同一列；在第二种情况中，量子比特对的量子比特 距离大于或等于 2，且小于 $n$；第三种情况为量子比特距离大于或等于 $n$，但小于等于 $2n-2$。由式(7-15)可知，量子比特对的平均距离为

$$\frac{\sum_{d=1}^{n-1}(dc_0)+\sum_{d=2}^{n-1}(dc_1)+\sum_{d=n}^{2n-2}(dc_2)}{\sum_{d=1}^{n-1}c_0+\sum_{d=2}^{n-1}c_1+\sum_{d=n}^{2n-2}c_2}=\frac{2n}{3} \tag{7-16}$$

量子比特对的排布位置给定了一个矩形的交互路径选择区域。交汇点的数量随交互路径区域形状的变化而变化。例如，若曼哈顿距离为 $d$ 的量子比特对在网格的同一行或同一列中，则只有 $d$ 个交汇点。另外，当选择区域的形状为正方形

时, 最大交点数为 $m^2$ (最坏情况), 其中 $m = \lceil d/2 \rceil + 1$。

### 7.4.5　实验结果及分析

为了进一步验证优化策略的有效性, 可以利用线路中的一些 Benchmark 例题集来做实验。实验采用 Intel®64 比特处理器和 8GB 内存作为运行环境, 使用 C++编程语言。量子线路综合的侧重点是降低 SWAP 门数量, 因此主要通过比较线路的 SWAP 门数量来判断优化策略是否有效。

在现有的基于启发式的量子比特映射问题解决方案中, SABRE 算法[94]在门数优化方面表现出较好的性能。因此, 本节选择 SABRE 作为评估算法门数量的标准。

在表 7-4 中, small、sim、qft、large 分别表示对应 Benchmark 的线路类型, 其中 small 表示小规模的量子算法, sim 表示模拟量子, qft 表示该类 Benchmark 算法属于量子傅里叶变换, large 表示大型量子算法。name 表示 Benchmark 线路名称; $n$ 表示原始线路中的逻辑量子比特数目; Gori 表示线路最初的门数量; B_gadd 表示参考文献[91]中额外增加的门数量; S_gop 表示参考文献[94]中反向遍历后额外增加的门数量; Our 表示本章工作中附加的门数; out 表示内存不足; N 表示非可比线路; opti-rates 则表示优化率。

表 7-4　与文献[91]、文献[94]实验结果对比

| 类型 | 原始线路 | | | B_gadd | S_gop | Our | opti-rates/% | |
|---|---|---|---|---|---|---|---|---|
| | name | $n$ | Gori | | | | BKA | SABRE |
| small | 4mod5-v1_22 | 5 | 21 | 15 | 0 | 4 | 73.33 | N |
| small | alu-v0_27 | 5 | 36 | 33 | 0 | 8 | 75.76 | N |
| small | decod24-v2_43 | 4 | 52 | 52 | 0 | 10 | 80.77 | N |
| small | 4gt13_92 | 5 | 66 | 42 | 0 | 13 | 69.05 | N |
| sim | ising_model_16 | 16 | 786 | out | 0 | 43 | N | N |
| qft | qft_10 | 10 | 200 | 66 | 54 | 29 | 56.06 | 46.30 |
| qft | qft_13 | 13 | 403 | 177 | 93 | 48 | 72.88 | 48.39 |
| qft | qft_16 | 16 | 512 | 267 | 186 | 101 | 62.17 | 45.70 |
| qft | qft_20 | 20 | 970 | out | 372 | 107 | N | 71.24 |
| large | rd84_142 | 15 | 343 | 138 | 105 | 94 | 31.88 | 10.48 |
| large | adr4_197 | 13 | 3439 | 1722 | 1614 | 69 | 95.99 | 95.72 |
| large | radd_250 | 13 | 3213 | 1434 | 1275 | 67 | 95.35 | 94.75 |
| large | z4_268 | 11 | 3073 | 1383 | 1365 | 9 | 99.35 | 99.34 |
| large | sym6_145 | 14 | 3888 | 1806 | 1650 | 15 | 99.17 | 99.09 |
| large | misex1_241 | 15 | 4813 | 2097 | 1521 | 65 | 96.90 | 95.73 |
| large | rd73_252 | 10 | 5321 | 2160 | 2133 | 29 | 98.66 | 98.64 |
| large | cycle10_2_110 | 12 | 6050 | 2802 | 2622 | 38 | 98.64 | 98.55 |
| large | square_root_7 | 15 | 7630 | 3132 | 2598 | 56 | 98.21 | 97.84 |
| large | sqn_258 | 10 | 10223 | 4737 | 4344 | 25 | 99.47 | 99.42 |

续表

| 类型 | 原始线路 | | | B_gadd | S_gop | Our | opti-rates/% | |
| --- | --- | --- | --- | --- | --- | --- | --- | --- |
| | name | n | Gori | | | | BKA | SABRE |
| large | rd84_253 | 12 | 13658 | 6483 | 6147 | 11 | 99.83 | 99.82 |
| large | co14_215 | 15 | 17936 | 9183 | 8982 | 35 | 99.62 | 99.61 |
| large | 9symml_195 | 11 | 34881 | 17496 | 17268 | 15 | 99.91 | 99.91 |
| 平均 | | | | | | | 85.15 | 82.38 |

对于一些 Benchmark 线路，采用本章的方法放置量子比特，线路中的每个双量子比特门可以达到相邻的状态，因此不必再使用交换门来建立近邻化交互路径。实验结果表明，与文献[94]中的 SABRE 算法相比，本章提出的方法映射的门数量明显减少，平均优化率为 82.38%。与文献[91]中的算法相比，平均优化率为 85.15%。

由于文献[94]采用逐步优化的方法，即在优化的同时放置量子比特，因此可以对表 7-4 中的前五个小规模线路进行优化，得到最优解。然而，本章的方法是：首先遍历线路，根据线路中量子比特的活跃度进行总体布局，然后放置量子比特，之后进行二维量子线路近邻化操作。对于大规模线路，该方法具有较大的优势，但对于小型线路的优化效果不如文献[94]中的方法。

如图 7-11 的 large 类 Benchmark 实验结果对比图所示，Gori 表示线路最初的门数；B_gadd 为文献[91]中的 BKA 方法 large 类 Benchmark 量子线路所得结果，S_gop 为文献[94]中的 SABRE 方法 large 类 Benchmark 量子线路所得结果，Our 为作者所提算法针对 large 类 Benchmark 的实验结果。从图 7-11 中可以看出作者提出的算法可显著降低量子线路映射所需的 SWAP 门数。

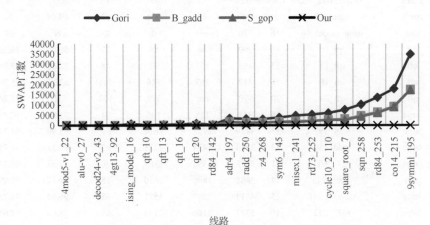

图 7-11　large 类 Benchmark 实验结果对比图

# 7.5　本　章　小　结

　　本章面向连通受限的量子计算架构,给出了量子线路映射 SWAP 门最优化问题的形式化描述,并对其时间复杂度上限进行了分析。以降低量子线路映射所需的 CNOT 门数量为目标,从量子比特路由方法、迭代搜索优化策略以及基于量子比特活跃度的优化策略三个方面分别给出了优化策略。在量子比特路由上,构建了一种基于动态前瞻的启发式代价函数,并提出了一种基于动态分层的量子比特路由策略,该策略可快速生成 CNOT 门数量较少的路由方案。在整体优化方面,提出了一种量子线路映射的迭代寻优策略,该策略通过双向映射技术对初始映射空间做高效枚举,可帮助量子门路由算法接近其所能达到的优化极限,即找到其可生成的最佳线路所对应的初始映射。综合上述内容,本章提出了一种量子线路映射的 CNOT 门优化方法,实验结果表明该方法具有较好的有效性、稳定性以及可扩展性,能以较小的时间代价获得较好的 CNOT 门优化效果。

　　本章还提出了一种动态执行的量子比特近邻化与路由算法,它通过创建一个滑动窗口来考虑线路的本地依赖关系,并动态地搜索通信量子比特交互路径进行路由。对于有些 Benchmark 线路,采用本章提出的方法放置量子比特后,可以使线路中的每个双量子比特门都有一个最近的邻居,这样就不需要使用交换门来建立交互路径,可以大大提高路由优化率。

# 第 8 章　噪声约束的量子线路映射及优化

在物理受限的量子计算架构上，除量子比特的连通性约束外，由于量子比特受噪声影响，量子门执行的保真度严重受限。特别是在以超导量子计算技术为代表的带噪声量子计算架构上，不同量子比特以及作用其上的量子门受噪声影响的程度存在较大差异，即便是相同量子门在作用不同量子比特时也通常会表现出明显不同的错误倾向。量子操作的高错误率以及在不同量子比特上的错误率差异对量子线路在设备上的执行成功率有着重要影响。

抑制噪声是成功使用带噪声量子计算设备的关键，除在硬件层面提供更好的芯片、测控系统以及稀释制冷机等之外，在软件层面上的相关工作同样重要，如设计适合带噪声设备的量子算法[234,235]以及提出用于抑制测量错误、门操作错误以及串扰噪声等的策略[236-238]，量子线路映射作为带噪声设备上软件技术堆栈中的一个重要组件，对于抑制噪声也可发挥重要作用。

## 8.1　噪声约束分析

为了分析噪声对量子比特和量子门的影响，下面介绍超导量子计算架构上的量子比特和量子门的相关品质参数。

1) 量子比特在噪声下的品质差异

为了分析量子比特在噪声影响下的品质，从 IBMQ 网站收集了 5 量子比特设备 IBMQ_belem 的相干时间相关数据，其中，2021 年 10 月各量子比特每天的 $T_1$ 相干时间如图 8-1 所示。

从图 8-1 可知，由于受噪声影响，量子比特的相干时间极短，大约在 100μs 的级别。另外，量子比特的品质还表现出了较大的时空波动性，在同一个校准周期内(即在同一天内)，IBMQ_belem 上 5 个量子比特的 $T_1$ 相干时间存在着较大差异，以 10 月 22 日的数据为例，$Q_1$ 的 $T_1$ 相干时间是 $Q_4$ 的将近 2.5 倍；而随着每一次重新校准，同一个量子比特的 $T_1$ 相干时间也会出现明显的波动，以 $Q_4$ 为例，其在 10 月内 $T_1$ 相干时间的最好值是最差值的将近 3 倍。量子比特的 $T_2$ 相干时间在噪声影响下的品质特性和 $T_1$ 相干时间类似。

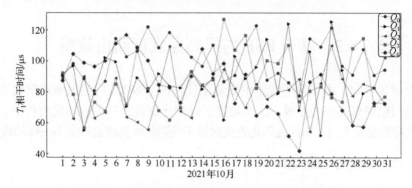

图 8-1　IBMQ_belem 的量子比特的 $T_1$ 相干时间

2) 量子门在噪声下的品质差异

为了分析量子门在噪声影响下的品质，从 IBMQ 网站收集了 5 量子比特设备 IBMQ_belem 的量子门错误率相关数据。由于双量子比特的 CNOT 门错误率通常要比单量子比特门错误率高一个量级，且量子线路映射主要关注双量子比特门，因此仅给出 2021 年 10 月各 CNOT 门每天的平均错误率，如图 8-2 所示。在噪声影响下各 CNOT 门表现出较高的平均错误率，在 1%～10%。在同一个校准周期内，作用在不同量子比特上的 CNOT 门表现出了明显的错误率差异，以 10 月 5 日的数据为例，CNOT$(Q_0, Q_1)$的错误率是 CNOT$(Q_3, Q_4)$错误率的将近 7 倍，另外，随着重新校准，在相同量子比特上的 CNOT 门也会表现出明显的错误率差异，以 CNOT$(Q_0, Q_1)$为例，其最高错误率是最低错误率的约 6 倍。

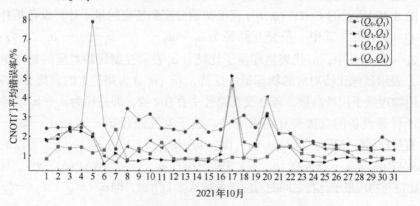

图 8-2　IBMQ_belem 的 CNOT 门平均错误率

量子比特及量子操作在各品质参数上的时空差异性是当前带噪声量子计算设备的显著特征。在执行量子线路时，由 CNOT 门所引入的错误是 NISQ 设备上的主要错误源之一，为了提升量子计算成功率，有必要在量子线路映射过程中重点考虑 CNOT 门的错误率差异，优先使用错误率较低的 CNOT 门。

# 8.2　基于 ESP 的提高保真度路由策略

由前述可知，由于量子线路中双量子比特的 CNOT 门错误率通常要比单量子比特门错误率高一个量级。在满足量子线路连通性约束的近邻化过程中，由于量子比特的品质不同，不同近邻化方式对量子线路的保真度会产生不一样的效果。

## 8.2.1　CNOT 门的 ESP 估算

逻辑量子线路需要满足量子计算设备中的量子比特近邻化交互约束才能够执行，为此，可以根据逻辑量子线路中的双量子比特门(没有特别说明，本书主要指 CNOT 门)映射到特定量子计算设备的拓扑结构中的交互路径进行变换。

已知逻辑量子线路 $\mathrm{LC}=(Q,G)$，其中，$Q$ 为量子比特集合，$G$ 为量子门集合，且 $|Q| \leqslant |V|$，$V$ 为特定量子计算设备的量子比特集合。删除其中所有单量子比特门后，得到只包含双量子比特门的线路 $\mathrm{PC}=(Q,G^p)$，该线路满足以下条件：

(1) 恢复原来的单量子比特门及其所在位置，其功能等同于原逻辑量子线路。

(2) PC 中的 $\mathrm{CNOT}(C,T)$ 满足 $(C,T) \in E$。

为了使逻辑线路中双量子比特门的两个量子比特满足量子计算设备拓扑结构中量子比特的近邻化约束，需要建立近邻化路径，该路径不包含重复的量子比特，设近邻化交互路径为 $w$。

图 8-3(a)所示的 $\mathrm{CNOT}(q_1,q_t)$ 直接初始分配到特定的量子计算设备拓扑结构上，$Q_i = \pi_0(q_i)$，其中一条交互路径为 $a_1 - a_2 - \cdots - a_i - \cdots - a_t$，$1 \leqslant i < t$，$t = 1,2,\cdots,N$，其中，$a$ 代表物理量子比特，$a_1$ 表示控制比特对应的物理量子比特，$a_t$ 表示目标比特对应的物理量子比特，$(a_i, a_{i+1})$ 为路径上的直接交互对，$N$ 为可用物理量子比特总数。若在交互路径中存在 $t=2$，即路径为 $a_1 - a_2$，该门满足量子计算设备的直接交互约束条件。基于交互路径 $a_1 - a_2 - \cdots - a_i - \cdots - a_t$，直接(近邻)交互对有 $(a_1,a_2),\cdots,(a_{i-1},a_i),(a_{i+1},a_{i+2}),\cdots,(a_{t-1},a_t)$，可以通过插入 $\mathrm{SWAP}(a_1,a_2),\cdots,\mathrm{SWAP}(a_{i-1},a_i),\mathrm{SWAP}(a_{i+1},a_{i+2}),\cdots,\mathrm{SWAP}(a_{t-1},a_t)$，使逻辑量子比特与物理量子比特之间的对应关系如式(8-1)所示，即 $a_1 = \pi(q_2)$，$a_2 = \pi(q_3)$，$a_i = \pi(q_1)$，$a_{i+1} = \pi(q_t)$，$\cdots$，$a_{t-1} = \pi(q_{t-2})$，$a_t = \pi(q_{t-1})$。

$$a_h = \begin{cases} \pi(q_{h+1}), & 1 \leqslant h < i \\ \pi(q_{h-1}), & i+1 < h \leqslant t \\ \pi(q_1), & h = i \\ \pi(q_t), & h = i+1 \end{cases} \tag{8-1}$$

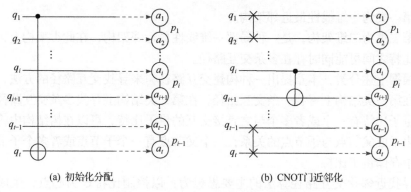

(a) 初始化分配　　　　　　　　　(b) CNOT门近邻化

图 8-3　CNOT 门近邻化方式示意图

因此，沿着交互路径 $a_1 — a_2 — \cdots — a_i — \cdots — a_t$，依次插入 SWAP($a_1$, $a_2$),$\cdots$,SWAP($a_{i-1}$,$a_i$), SWAP($a_{i+1}$,$a_{i+2}$),SWAP($a_{t-1}$,$a_t$)，量子门 CNOT($a_1$,$a_t$) 可变换为作用在直接交互对上的 CNOT($a_i$,$a_{i+1}$)。在该路径上直接交互对共有 $t-1$ 个，因此一共有 $t$–1 种近邻化方式。CNOT 门的所有近邻化方式数量为其每一条交互路径的近邻化方式之和。

图 8-3(b)为 CNOT($q_1$, $q_t$)的近邻化方式，图中权值 $p_i$ 代表交互路径中直接交互对 ($a_i$, $a_{i+1}$)的执行成功概率。因为线路中的一个 SWAP 门可用三个 CNOT 门替换，所以用 $p_{i-1}^3$ 表示插入 SWAP 门的执行成功概率，即 CNOT 门的执行成功概率的三次方。

如式(8-2)所示，该公式给出了量子门 CNOT($q_1$,$q_t$)近邻化变换为 SWAP($a_1$, $a_2$),$\cdots$, SWAP($a_{i-1}$, $a_i$), SWAP($a_{i+1}$, $a_{i+2}$),$\cdots$,SWAP($a_{i-1}$, $a_t$), CNOT($a_i$, $a_{i+1}$) 后，在量子计算设备上执行的估计成功率(estimated success rate，ESP)。ESP 越大表示该 CNOT 门执行的保真度越高，因此要尽可能选择使 ESP 值最大的近邻化方式。

$$\mathrm{ESP}\left(g^i\right) = \prod_{i=1}^{i-1} p_h^3 \cdot p_i \cdot \prod_{i+1}^{n-1} p_h^3 \tag{8-2}$$

设单个 CNOT 门$(C, T)$的近邻化交互路径为 $a_1 — a_2 — \cdots — a_n$、$\pi(C) = a_3$、$\pi(T) = a_4$ 时，$\mathrm{ESP}(g^3) = p_1^3 p_2^3 p_3 \cdots p_{n-1}^3$，若 $\mathrm{ESP}(g^3)$ 为 $\mathrm{ESP}(g^i)$ 中的最大值，则近邻化交换门的插入方式为 SWAP($a_1$,$a_2$)，SWAP($a_2$,$a_3$)，SWAP($a_4$,$a_5$)，$\cdots$，SWAP($a_{n-1}$,$a_n$)。

在量子计算设备上，基于两个物理量子比特之间的交互路径来选择 CNOT 门的近邻化方式，满足直接交互约束条件。可以将量子计算设备按照交互路径条数分成两类：

第一类为一维线性最近邻架构。

第二类为二维架构，是一种局部一维线性最近邻架构，在此类架构上，两个量子比特之间可能同时存在多条交互路径。

根据上述分类，本章提出一种构建交互路径树来寻找交互路径的方法，该方法能在第一类结构上寻找一条交互路径，在第二类结构上寻找多条交互路径。每一个量子比特有一个或者多个与之直接交互的量子比特，可以在树结构中将这种情况表示成父节点与子节点的关系，一个父节点有一个子节点或者多个子节点，节点中存储量子比特。

寻找近邻化交互路径算法的主要思想为：以控制比特 $C$ 为起点，生成交互路径树的根节点 $C'$，并放入节点集合 $Q$ 中；从节点集合 $Q$ 中取出先放入的节点作为当前节点 $N'$，如果当前节点中的量子比特不是目标比特 $T$，则向周围方向寻找能够直接进行交互的量子比特集合 DBList，且集合 DBList 中的量子比特不出现在祖先节点中，以集合 DBList 中的量子比特生成新节点，其父节点为当前节点，逐个放入节点集合 $Q$ 中，若从节点集合 $Q$ 中取的当前节点 $N'$ 中的量子比特是目标比特 $T$，则不再从此节点 $N'$ 向周围寻找量子比特；重复操作以上步骤，直到量子比特集合 $Q$ 为空；从根节点 $C'$ 出发遍历整个树，将树中出现目标比特 $T$ 的节点放入目标比特节点的集合 Tlist 中；遍历目标比特节点集合 Tlist 中的每个节点，从每个节点向上遍历直到根节点 $C'$ 结束，将遍历的路径取反放入交互路径集合 paths 中，见算法 8.1。

**算法 8.1：寻找量子比特近邻化交互路径算法**

**输入**：控制比特 $C$，目标比特 $T$
**输出**：两个量子比特的交互路径集合 paths

1.　　$C' \leftarrow$ node($C$);　/\*生成交互路径树根节点\*/
2.　　EnQueue($Q, C'$);　　/\* 将根节点放入队列\*/
3.　　**while** $Q \neq$ NULL　**do** /\* 循环条件\*/
4.　　　　$N' \leftarrow$ EnQueue($Q$)
5.　　　　**if** $N'$.value $= T$　**then**　/\*节点中的量子比特\*/
6.　　　　　　continue
7.　　　　DBList $\leftarrow$ findDBList($N$)　/\*得到可以与 $N'$ 中的量子比特直接交互的量子比特集合 DBList \*/
8.　　　　**for** DBList **do**
9.　　　　　　**if** DBList$[i] \notin$ QNList **then** /\*不在 $N'$ to $C'$ 的路径上\*/
10.　　　　　　　DBList$[i]' \leftarrow$ node( DBList$[i]$ )

| 11. | $N' \leftarrow \text{DBList}[i]'.\text{prior}$ /*设置前驱*/ |
|---|---|
| 12. | $\text{DBList}[i]' \leftarrow N'.\text{next}$  /*设置后继*/ |
| 13. | $\text{EnQueue}(Q, \text{node}(\text{DBList}[i]));$ |
| 14. | **end** |
| 15. | **end** |
| 14. | $\text{Tlist} \leftarrow \text{Traversaldown}(C', T)$  /*从根节点遍历交互路径树*/ |
| 15. | **for** Tlist **do** |
| 16. | $\text{paths} \leftarrow \text{Traversalup}(C', \text{Tlist}[i])$ |

如图 8-4 所示，当 $\text{CNOT}(q_0, q_4)$ 初始映射到图 8-4 右边的量子计算设备拓扑结构上时，逻辑量子比特与物理量子比特之间的关系为 $Q_0 = \pi_0(q_0)$、$Q_1 = \pi_0(q_1)$、$Q_2 = \pi_0(q_2)$、$Q_3 = \pi_0(q_3)$、$Q_4 = \pi_0(q_4)$，逻辑量子比特 $q_0 \sim q_4$ 分别对应物理量子比特 $Q_0 \sim Q_4$，图 8-4 表示了交互路径的具体案例。

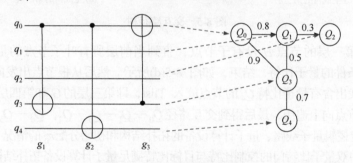

图 8-4 交互路径的具体案例

在图 8-5(a)中，根据量子比特 $Q_0$ 生成近邻化交互路径树的根节点 $A$，称根节点所在层为第一层。

在图 8-5(b)中，与量子比特 $Q_0$ 直接交互的量子比特有量子比特 $Q_1$ 和 $Q_3$，以量子比特 $Q_1$ 和 $Q_3$ 为基础，生成节点 $B$ 和 $C$，它们的父节点为节点 $A$。

在图 8-5(c)中，与第二层节点 $B$ 的量子比特 $Q_1$ 直接交互的量子比特有 $Q_3$、$Q_2$ 和 $Q_0$，量子比特 $Q_0$ 出现在祖先节点中，所以分别以量子比特 $Q_2$ 和 $Q_3$ 为基础生成节点 $D$ 和 $E$，它们的父节点为 $B$，对于第二层节点 $C$，与量子比特 $Q_3$ 直接进行交互的量子比特有 $Q_1$、$Q_4$ 和 $Q_0$，但 $Q_0$ 出现在祖先节点的量子比特中，所以分别以量子比特 $Q_1$ 和 $Q_4$ 为基础生成节点 $F$ 和 $G$，它们的父节点为 $C$。

然后以此类推生成第三层节点，当遍历到节点 $H$ 的时候，因为 $Q_4$ 是目标比

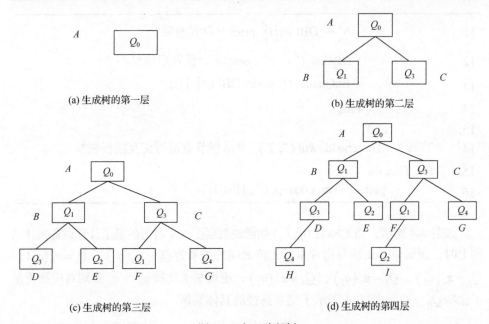

(a) 生成树的第一层　　　　　　　　　　　　　　(b) 生成树的第二层

(c) 生成树的第三层　　　　　　　　　　　　　　(d) 生成树的第四层

图 8-5　交互路径树

特，所以第三层的节点 $H$ 没有子节点，直到当前层所有叶子节点的量子比特找不到满足条件的量子比特，结束，如图 8-5(d)所示。然后从根节点出发向下逐个遍历节点，找出含有量子比特 $Q_4$ 的节点放入 Tlist，即第三层的 $G$ 和第四层的 $H$，从Tlist 中的节点向上遍历，最后得到交互路径 $Q_0—Q_1—Q_3—Q_4$，$Q_0—Q_3—Q_4$。

　　在给定逻辑量子线路、量子计算设备的拓扑结构和初始分配 $\pi_0$ 的情况下，为了使逻辑线路中双量子比特门的控制比特与目标比特满足量子计算设备拓扑结构中量子比特的直接交互约束条件，经历以下过程：$\pi_0 \to g_0 \to \pi_1 \to g_1 \to \cdots \to \pi_k \to g_k \to \pi_{k+1} \to g_{k+1} \to \cdots$，其中，$\pi_{k+1}$ 既是门 $g_k$ 在满足直接交互约束条件后的逻辑量子比特到物理量子比特的对应关系，又是门 $g_{k+1}$ 的逻辑量子比特到物理量子比特的对应关系。若门 $g_{k+1}$=CNOT($C$，$T$)，根据逻辑量子比特与物理量子比特之间的对应关系 $\pi_k$，满足 $(\pi_k(C), \pi_k(T)) \notin E$，则根据该门的交互路径，在逻辑线路中门 $g_{k+1}$ 前插入 SWAP 门，生成新的逻辑量子比特与物理量子比特之间的对应关系 $\pi_{k+1}$，变换门 $g_k$，使该门 $(\pi_{k+1}(C), \pi_{k+1}(T)) \in E$；门 $g_{k+2}$ 根据对应关系 $\pi_{k+1}$，若满足量子计算设备直接交互约束条件，则 $\pi_{k+2} = \pi_{k+1}$，若不满足，则继续变换门 $g_{k+2}$，生成新的逻辑量子比特与物理量子比特之间的对应关系 $\pi_{k+2}$，直到最后一个 CNOT 门扫描完毕，生成满足直接交互约束条件的量子线路，称此过程为逻辑量子线路近邻化。

　　图 8-6 中逻辑量子线路近邻化过程为 $\pi_1 \to g_1 \to \pi_2 \to g_2 \to \pi_3 \to g_3$，门 $g_1$ 满

足量子计算设备的交互约束，所以 $\pi_1 = \pi_2$。根据图 8-4 中门 $g_2$ 的交互路径，得出直接近邻交互对。在量子比特 $Q_0$ 和 $Q_4$ 之间有两条交互路径，如表 8-1 所示，表 8-1 中的序号与图 8-6 中的情况一一对应，其中一条交互路径 $Q_0 — Q_1 — Q_3 — Q_4$ 的直接近邻交互对有 $(Q_0, Q_1)$，$(Q_1, Q_3)$，$(Q_3, Q_4)$，有三种近邻化方式；另一条交互路径 $Q_0 — Q_3 — Q_4$ 的直接交互对有 $(Q_0, Q_3)$，$(Q_3, Q_4)$，有两种近邻化方式，共计五种近邻化方式，如图 8-6 所示。

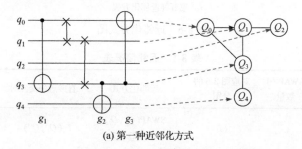

(a) 第一种近邻化方式

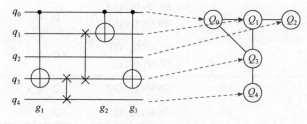

(b) 第二种近邻化方式

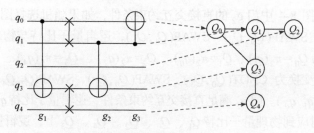

(c) 第三种近邻化方式

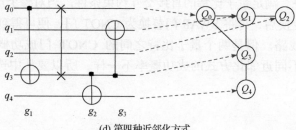

(d) 第四种近邻化方式

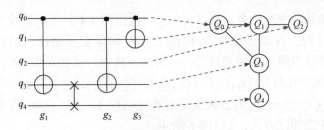

(e) 第五种近邻化方式

图 8-6　近邻化方式图

表 8-1　近邻情况表

| 路径 | SWAP 门数量 | 对应图 8-6 的分图 | 近邻化方式 | 直接近邻交互对 | 成功概率 |
|---|---|---|---|---|---|
| $Q_0-Q_1-Q_3$ $-Q_4$ | 2 | (a) | SWAP($Q_0,Q_1$) SWAP($Q_1,Q_3$) | ($Q_3,Q_4$) | $0.8^3 \times 0.5^3 \times 0.7$ |
| | | (b) | SWAP($Q_4,Q_3$) SWAP($Q_1,Q_3$) | ($Q_0,Q_1$) | $0.7^3 \times 0.5^3 \times 0.8$ |
| | | (c) | SWAP($Q_0,Q_1$) SWAP($Q_4,Q_3$) | ($Q_1,Q_3$) | $0.8^3 \times 0.7^3 \times 0.5$ |
| $Q_0-Q_3-Q_4$ | 1 | (d) | SWAP($Q_0,Q_3$) | ($Q_3,Q_4$) | $0.9^3 \times 0.7$ |
| | | (e) | SWAP($Q_4,Q_3$) | ($Q_0,Q_3$) | $0.7^3 \times 0.9$ |

　　为了满足图 8-4 中门 $g_2$ 的直接交互约束条件，如果随机选择图 8-6(a)的近邻化方式，插入 SWAP($Q_0,Q_1$)、SWAP($Q_1,Q_3$)，逻辑量子比特与物理量子比特之间的关系 $\pi_2$ 为 $Q_0=\pi_2(q_1)$、$Q_1=\pi_2(q_0)$、$Q_2=\pi_2(q_2)$、$Q_3=\pi_2(q_4)$、$Q_4=\pi_2(q_3)$，逻辑量子线路变换为 CNOT($Q_0,Q_3$)、SWAP($Q_0,Q_1$)、SWAP($Q_3,Q_4$)、CNOT($Q_1$, $Q_3$)、CNOT ($q_1,q_0$)。门 $g_2$ 满足直接交互约束条件，逻辑量子比特 $q_0$、$q_1$、$q_2$、$q_3$、$q_4$ 分别对应到物理量子比特 $Q_1$、$Q_0$、$Q_2$、$Q_4$、$Q_3$ 上，逻辑量子门 $g_3$ 变换为 CNOT($q_1,q_0$)，根据逻辑量子比特到物理量子比特的对应关系 $\pi_2$，门 $g_3$($\pi_2$($q_0$), $\pi_2(q_4)$)∈$E$，满足量子比特的直接交互约束条件。当对整个量子线路的量子门进行近邻化变换后，再将 SWAP 门替换为 CNOT 门，便可得到如图 8-7 所示的可执行量子线路。但是两个量子比特之间的 CNOT 门成功概率不一样，导致不同路径上不同近邻化方式的成功概率不一样，所以要从中选择成功概率最大的近邻化方式。

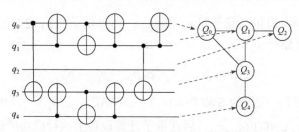

图 8-7　满足直接交互约束条件的量子线路图

## 8.2.2　ESP 估算

从整体量子线路角度看，当前量子门的量子比特近邻化会影响后续每个门的近邻化方式，从而导致后续门近邻的 ESP 不一样。但式(8-2)只考虑了当前门近邻后的 ESP，并未考虑后续门，选择使当前 CNOT 门 ESP 值最大的近邻化方式，不一定有利于提高后续 CNOT 门的 ESP，从而导致整体量子线路的保真度不是太高。

**定义 8-1**　为了提高整体量子线路的保真度，将若干连续数量的 CNOT 门组合在一起，并按照门序增加或删除 CNOT 门，称其为一个滑动窗口。

窗口内包含多个 CNOT 门，如图 8-8(a)所示，$g_1$、$g_2$、$g_3$ 构成滑动窗口；如图 8-8(b)所示，该滑动窗口从左向右移动，删除了门 $g_1$、加入了门 $g_4$，直到滑动窗口内的门变为零个为止。

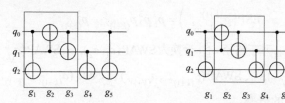

(a) 由 $g_1$、$g_2$、$g_3$ 构成的滑动窗口示意图　　(b) 由 $g_2$、$g_3$、$g_4$ 构成的滑动窗口示意图

图 8-8　滑动窗口示意图

滑动窗口内的所有门存在多种可能的近邻化方式，为了判断哪个近邻化方式更有利于提高线路总体保真度，提出了式(8-3)，并根据式(8-3)的值选择较优的近邻化方式。在式(8-3)中，$W$ 代表滑动窗口，ESP() 代表单个 CNOT 门的计算成功率。因此，选择使式(8-3)中 $H_{\text{basic}}$ 最大的近邻化方式将有利于提高窗口内所有门的计算成功率。

$$H_{\text{basic}} = \prod_{g \in W} \text{ESP}(g^i) \tag{8-3}$$

在对滑动窗口内的 CNOT 门进行近邻化时，多个 CONT 门是按照时序依次进行处理的，且前面 CNOT 门的近邻化方式不同，会对后续 CNOT 门的近邻化造成影响。

如果多滑动窗口包括量子门 $g_k$ 和 $g_{k+1}$，则对量子门 $g_k$ 进行近邻化变换时，仅存在一条交互路径 $w_k = a_1 — a_2 — \cdots — a_{k^i}$。

$$\mathrm{ESP}\left(g_{k,\ w_k}^{k^i}\right) = p_1^3 p_2^3 p_{k^i}^3 \cdots p_{k^j}^3 \cdots p_{k^{t-1}}^3 \tag{8-4}$$

式(8-4)代表门 $g_k$ 变换为 $\mathrm{SWAP}(a_1,a_2),\cdots,\mathrm{SWAP}(a_{k^{i-1}},a_{k^i}),\cdots,\mathrm{SWAP}(a_{k^{i+1}},a_{k^{i+2}})$，$\mathrm{SWAP}(a_{k^{t-1}},a_{k^t})$，$\mathrm{CNOT}(a_{k^i},a_{k^{i+1}})$ 后在量子计算设备上执行成功的概率。

$$\mathrm{ESP}\left(g_{k,\ w_k}^{k^j}\right) = p_1^3 p_2^3 p_{k^i}^3 \cdots p_{k^j}^3 \cdots p_{k^{t-1}}^3 \tag{8-5}$$

式(8-5)代表门 $g_k$ 变换为 $\mathrm{SWAP}(a_1,a_2),\cdots,\mathrm{SWAP}(a_{k^{i-1}},a_{k^i}),\cdots,\mathrm{SWAP}(a_{k^{i+1}},a_{k^{i+2}}),\cdots,$ $\mathrm{SWAP}(a_{k^{t-1}},a_{k^t})$，$\mathrm{CNOT}(a_{k^j},a_{k^{j+1}})$ 后在量子计算设备上执行成功的概率。

在门 $g_k$ 的近邻化方式影响下，门 $g_{k+1}$ 若有两条近邻化交互路径，分别为 $w_{k+1}^1 = a_1 — a_2 — \cdots — a_{(k+1)^t}$、$w_{k+1}^2 = a_1 — a_2 — \cdots — a_{(k+1)^r}$。

$$\mathrm{ESP}\left(g_{k+1,\ w_{k+1}^1}^{(k+1)^i}\right) = p_1^3 p_2^3 p_{(k+1)^i}^3 \cdots p_{(k+1)^{t-1}}^3 \tag{8-6}$$

式(8-6)代表门 $g_{k+1}$ 基于路径 $w_{k+1}^1$ 变换为 $\mathrm{SWAP}(a_1,a_2),\cdots,\mathrm{SWAP}(a_{(k+1)^{i-1}},a_{(k+1)^i})$ $\mathrm{SWAP}(a_{(k+1)^{i+1}},a_{(k+1)^{i+2}}),\cdots,\mathrm{SWAP}(a_{(k+1)^{t-1}},a_{(k+1)^t})$，$\mathrm{CNOT}(a_{(k+1)^i},a_{(k+1)^{i+1}})$ 后在量子计算设备上执行成功的概率。

$$\mathrm{ESP}\left(g_{k+1,\ w_{k+1}^2}^{(k+1)^j}\right) = p_1^3 p_2^3 p_{(k+1)^j}^3 \cdots p_{(k+1)^{r-1}}^3 \tag{8-7}$$

式(8-7)代表门 $g_{k+1}$ 基于路径 $w_{k+1}^2$ 变换为 $\mathrm{SWAP}(a_1,a_2),\cdots,\mathrm{SWAP}(a_{(k+1)^{j-1}},a_{(k+1)^j}),\cdots,$ $\mathrm{SWAP}(a_{(k+1)^{j+1}},a_{(k+1)^{j+2}}),\cdots,\mathrm{SWAP}(a_{(k+1)^{r-1}},a_{(k+1)^r})$，$\mathrm{CNOT}(a_{(k+1)^j},a_{(k+1)^{j+1}})$ 后在量子计算设备上执行成功的概率。

$$\mathrm{ESP}\left(g_{k,w_k}^{k^i}\right)\mathrm{ESP}\left(g_{k+1,w_{k+1}^1}^{(k+1)^i}\right) = \max \begin{cases} \mathrm{ESP}\left(g_{k,w_k}^{k^i}\right)\mathrm{ESP}\left(g_{k+1,w_{k+1}^1}^{(k+1)^i}\right), \\ \mathrm{ESP}\left(g_{k,w_k}^{k^i}\right)\mathrm{ESP}\left(g_{k+1,w_{k+1}^2}^{(k+1)^j}\right), \\ \mathrm{ESP}\left(g_{k,w_k}^{k^j}\right)\mathrm{ESP}\left(g_{k+1,w_{k+1}^1}^{(k+1)^i}\right), \\ \mathrm{ESP}\left(g_{k,w_k}^{k^j}\right)\mathrm{ESP}\left(g_{k+1,w_{k+1}^2}^{(k+1)^j}\right) \end{cases} \tag{8-8}$$

式(8-8)代表获取门 $g_k$、$g_{k+1}$ 近邻化方式组合 ESP 值中最大的，意味着门 $g_k$ 的近邻化方式为 $\mathrm{SWAP}(a_1,a_2),\cdots,\mathrm{SWAP}(a_{(k+1)^{i-1}},a_{(k+1)^i}),\mathrm{SWAP}(a_{(k+1)^{i+1}},a_{(k+1)^{i+2}}),\cdots,$ $\mathrm{SWAP}(a_{(k+1)^{t-1}},a_{(k+1)^t})$。将这种连锁反应表达在树形结构上，将该树称为近邻代价树，下面通过一个例子解释式(8-8)的计算过程。

图 8-9 代表滑动窗口为 3 时生成的树形结构，根节点代表初始状态，根节点

以下每一层中的节点代表滑动窗口中某个 CNOT 门的一种近邻化方式。例如，层 1 中的节点 $A$ 和 $B$ 分别代表门 $g_1$ 的两种近邻化方式；在 $g_1$ 的特定近邻化方式下，$g_2$ 同样存在多种可能的近邻化方式，这些近邻化方式对应层 2 中的节点；类似地，层 3 中的节点表示 $g_3$ 的多种近邻化方式。从根节点到每一个叶子节点的所有可能路径分别表示滑动窗口内所有门的一种近邻化方式。先计算 $g_1$ 的 ESP，再计算 $g_2$ 的 ESP，最后计算 $g_3$ 的 ESP。显然，$g_1$ 的多种可能近邻实现方式，对应层 1 中的若干节点，使 ESP 最大路径上的节点代表的近邻化方式更有利于提高滑动窗口包含的子线路的整体保真度。

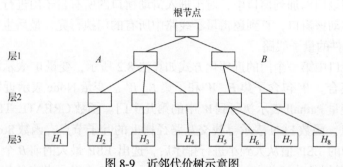

图 8-9　近邻代价树示意图

### 8.2.3　量子比特路由

为了提高量子线路执行的保真度，基于式(8-8)，本节提出了一种量子线路变换算法，其主要思想为：滑动窗口从逻辑量子线路的左边开始扫描，每次扫描固定数量的量子门，对进入滑动窗口的所有量子门进行以下步骤操作。

(1) 取出滑动窗口的第一个 CNOT 门，基于交互路径构建算法找到该 CNOT 门对应的所有交互路径，进而得到所有可能的近邻实现方式，每个实现方式对应近邻代价树层 1 中的一个节点，计算层 1 中的所有节点的 ESP。

(2) 取出滑动窗口的第二个 CNOT，对层 1 中的所有节点进行扩展，从而得到层 2 中的各节点，层 2 的各节点对应滑动窗口中第二个 CNOT 门的所有可能近邻化方式，计算层 2 中的所有节点的 ESP。

(3) 类似步骤(2)，一直取到滑动窗口中第 $K$ 个门。

(4) 对层 $k$ 中的所有节点计算 ESP，并对其按照 ESP 进行排序，选择层 $k$ 中 ESP 最大的前 $B$ 个节点，将滑动窗口中第 1 到第 $K$ 个门保存在集合 $F\_W$ 中。

(5) 取出滑动窗口的第 $k+1$ 个 CNOT 门，对层 $k$ 中 $B$ 个节点进行扩展，从而得到层 $k+1$ 中的各节点，层 $k+1$ 的各节点对应滑动窗口中第 $k+1$ 个 CNOT 门的所有可能近邻化变换方式。

(6) 类似步骤(2)，一直取到滑动窗口中第 $2K$ 个门。

(7) 类似步骤(4)，选择层 $2k$ 中 ESP 最大的前 $B$ 个节点，将滑动窗口中第 $K$ 到第 $2K$ 个门保存在集合 $E\_W$ 中。

(8) 取出滑动窗口的第 $2k+1$ 个 CNOT 门，对层 $2k$ 中 $B$ 个节点进行扩展，从而得到层 $2k+1$ 中的各节点，重复进行步骤(5)～(7)，直到窗口中所有的 CNOT 门都实现近邻。

(9) 最终在窗口第一个门的多种可能实现方式中，选择能带来窗口内子线路整体 ESP 最大的近邻化方式。

从左向右移动窗口，将原来窗口中第一个门删除，若原窗口外最右边存在一个门，则将该门添加到窗口中，对于进入滑动窗口的所有量子门进行上述步骤操作。继续移动该窗口，直到逻辑量子线路中所有的门执行完，最后生成满足直接交互约束条件的量子线路。

滑动窗口中第一个门的近邻化方式如算法 8.2 所示，变量 $W$ 表示滑动窗口中所有门的集合，$W$ 包含子集 $F\_W$ 和子集 $E\_W$。变量 Node 表示近邻代价树上的节点，变量 Pathall 表示执行到 $W$ 中的第几个门。函数 CREATE_TREE 表示构建叶子节点。函数 FLN 表示寻找交互路径树上的叶子节点，函数 Sort 表示根据叶子节点中的 ESP 值从大到小进行排序后，选出 ESP 最大的前 $B$ 个节点。变量 LNodes 表示树的叶子节点，变量 SNodes 表示对应 $B$ 个叶子节点的集合。第 1 行表示初始化根节点，根节点中 ESP 的值设置为 1；第 3 行表示将最新层的叶子节点放入集合 LNodes 中；第 4 行表示使用冒泡排序根据 ESP 的值从大到小重新排列集合 LNodes 中的节点，选出若干较优叶子节点 SNodes；第 8 行表示以最新层节点 SNodes 中 ESP 最大的前 $B$ 个叶子节点为扩展，继续生成近邻代价树的节点。第 16 行表示 $W$ 里面的门执行结束，从近邻代价树中最新层的叶子节点中选择 ESP 最大的节点，向上寻找到第一层的节点，得到滑动窗口第一个门的近邻化方式。以下通过一个例子说明算法 8.2 的过程。

---

**算法 8.2**：量子比特近邻化

---

**输入**：滑动窗口 $W$，任意两个量子比特之间的路径集合 Pathall

**输出**：滑动窗口中第一个门的近邻化方式 NNCNOT

1.　初始化根节点 RNode
2.　CREATE_TREE($F\_W$, Node, Pathall)
3.　LNodes ← FLN(RNode)；/* 寻找叶子节点*/
4.　SNodes ← Sort(LNodes, $B$)；/*排序叶子节点*/
5.　depthcount ← $C$.size / $W$.size；
6.　**for** $i \leftarrow 1$ to depthcount **do**
7.　　　　LNodes ← $\varnothing$；/*清空叶子节点*/

```
8.         for j ← 1 to SNodes.size do
9.             Node ← SNodes[j];
10.            E_W ← Node.leftqc;   /*取出叶子节点的未执行门*/
11.            CREATE_TREE(E_W, Node, Pathall);
12.            LNodes ← FLN(Node);
13.            SNodes ← Sort(LNodes, B);   /*排序叶子节点*/
14.         end
15. end
16. NNCNOT ← UpIter(SNodes);   /*获得滑动窗口中第一个门的近邻化方式 */
```

图 8-10(a)为一个含有 $g_1$、$g_2$、$g_3$、$g_4$、$g_5$、$g_6$ 六个门的量子线路，图 8-10(b) 表示 $W$ 的大小变为 5，$F\_W$ 为 $g_1$、$g_2$、$g_3$，$E\_W$ 为 $g_4$、$g_5$。图 8-10(c)代表滑动窗口为图 8-10(b)所示时生成的树形结构，根节点代表初始状态。图 8-10(c)中，设 $B$

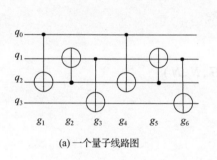

(a) 一个量子线路图

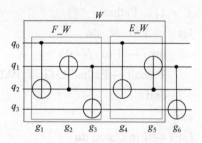

(b) 由门 $g_1$、$g_2$、$g_3$、$g_4$、$g_5$ 构成的滑动窗口示意图

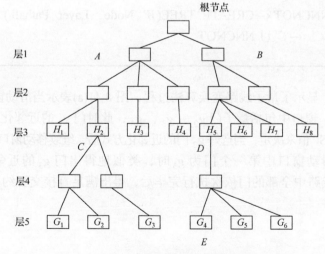

(c) 门近邻化方式对应树状结构示意图

图 8-10 滑动窗口中第一个门近邻化方式的选择示意图

为 2，当 $H_2 > H_5 > H_1 > H_4 > H_6 > H_7 > H_8 > H_3$ 时，选择节点 $C$ 和 $D$。在该两节点的基础上，$g_4$ 同样存在多种可能近邻化方式，这些近邻化方式对应层 4 中的节点；类似地，层 5 中的节点表示 $g_5$ 多种近邻化方式。若 $G_4 > G_1 > G_2 > G_3 > G_5 > G_6$，则从 $E$ 节点向上查找得出节点 $B$，即滑动窗口中第一个门的近邻化方式。

量子线路变换如算法 8.3 所示，第 2~4 行代表获得两个量子比特之间的交互路径，第 8 行表示在窗口大小固定的情况下，根据逻辑量子线路中门的顺序，从左向右移动窗口，第 9 行代表获得滑动窗口中第一个门的近邻化方式，第 10 行代表获得满足直接交互约束条件的量子线路 $C'$。以下通过一个例子来描述算法 8.3 过程，如图 8-11 所示。

---

**算法 8.3：量子线路变换**

**输入**：量子线路 $C$，滑动窗口 $W$，量子计算设备拓扑结构图 $G(V,E)$

**输出**：满足直接交互约束条件的量子线路 $C'$

1.　　$C' = \{\}$，Pathall $= \{\}$
2.　　**for** $i \leftarrow 1$ to $N$ **do**
3.　　　　**for** $i \leftarrow 1$ to $N$ **do**
4.　　　　　Pathall $\leftarrow$ Pathall $\cup$ GET_PATH$(G, N, N)$
5.　　　　**end**
6.　　**end**
7.　　**for** $i \leftarrow 1$ to $C$.size **do**
8.　　　　$W \leftarrow C[i:i+W$.size$]$
9.　　　　NNCNOT $\leftarrow$ CREATE_TREE$(W, $Node$, $Layer$, $Pathall$)$
10.　　　　$C' \leftarrow C' \cup$ NNCNOT
11. **end**

---

图 8-11 显示了量子线路变换算法过程，图 8-11(a)表示当滑动窗口中 $W$ 的尺寸为 3 时，窗口中包括量子门 $g_2$、$g_3$、$g_4$，此时门 $g_2$ 的近邻化方式根据滑动窗口 $W$ 的 ESP 值来决定，当选好 $g_2$ 门的近邻化方式后，继续移动窗口；如图 8-11(b)所示，当滑动窗口中第一个门为 $g_3$ 时，类似地得出门 $g_3$ 的近邻化方式。当逻辑量子线路中全部的门依次执行完毕后，得出满足直接交互约束条件的量子线路。

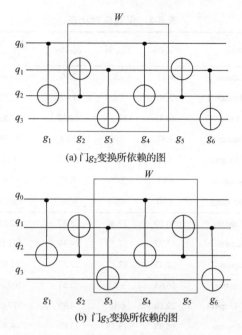

(a) 门 $g_2$ 变换所依赖的图

(b) 门 $g_3$ 变换所依赖的图

图 8-11　算法 8.3 具体案例示意图

### 8.2.4　实验结果

本节使用基准测试用例(Benchmark)与 Qiskit 工具包中的 SabreSwap 和 BasicSwap 算法进行对比,所有实验均在 IBMQ 上的同一个校准周期内运行。

评价方法:在五位量子计算设备 ibmq_quito、ibmq_santiago 上执行 5 组,在每组中将变换后的量子线路执行 1000 次。

评价指标:变换后的量子线路在 IBMQ 平台上的执行成功率,执行成功率是指变换后线路的正确结果次数在 1000 次中所占的百分比。

算法参数配置:本节所提策略 $F\_W$ 为 10,$B$ 为 7,$W$ 为 15,SabreSwap 和 BasicSwap 算法均采用默认参数。

表 8-2 中,$S_{ave}$、$S_{ave}^1$ 和 $S_{ave}^2$ 分别表示本节所提策略、SabreSwap 和 BasicSwap 算法执行 5 组后的平均执行成功率,avg 行表达了本节所提的策略与 SabreSwap 和 BasicSwap 算法相比,在量子线路保真度方面分别平均提高 65.68% 和 71.48%。噪声导致 CNOT 门操作产生的错误是保真度下降的重要原因之一,本节所提策略在考虑噪声以及后续门的情况下移动量子比特,使用高保真操作提高了量子线路的保真度。表 8-2 中有几个案例的保真度低于 SabreSwap 和 BasicSwap 算法,其主要原因是本节所提策略主要针对 CNOT 门错误率,其他类型噪声因素,如单量子比特门、测量等也会对计算的保真度产生一定的影响。

**表 8-2　保真度对比表**

| 设备名称 | Benchmark | $S_{ave}$/% | $S_{ave}^1$/% | $S_{ave}^2$/% | $(S_{ave}-S_{ave}^1)/$ $S_{ave}^1$/% | $(S_{ave}-S_{ave}^2)/$ $S_{ave}^2$/% |
|---|---|---|---|---|---|---|
| ibmq_ santiago | alu-v0_27.qasm | 6.17 | 4.87 | 2.30 | 26.69 | 168.26 |
| | alu-v1_28.qasm | 5.50 | 3.03 | 1.67 | 81.52 | 229.34 |
| | 3_17_13.qasm | 20.47 | 12.97 | 19.27 | 57.83 | 6.23 |
| | 4gt13_92.qasm | 3.43 | 3.00 | 1.17 | 14.44 | 193.16 |
| | decod24-v2_43.qasm | 7.70 | 9.20 | 10.13 | −16.30 | −23.99 |
| | mod5d2_64.qasm | 4.83 | 3.90 | 4.47 | 23.85 | 8.05 |
| | mod5mils_65.qasm | 4.90 | 8.07 | 4.80 | −39.28 | 2.08 |
| ibmq_ qutio | alu-v0_27.qasm | 50.20 | 27.50 | 28.47 | 82.55 | 76.33 |
| | alu-v1_28.qasm | 45.77 | 17.53 | 24.40 | 161.10 | 87.58 |
| | 3_17_13.qasm | 32.43 | 22.87 | 25.57 | 41.80 | 26.83 |
| | 4gt13_92.qasm | 16.63 | 8.03 | 12.57 | 107.10 | 32.30 |
| | decod24-v2_43.qasm | 29.10 | 6.10 | 14.70 | 377.05 | 97.96 |
| | mod5d2_64.qasm | 16.97 | 18.15 | 13.03 | −6.50 | 30.24 |
| | mod5mils_65.qasm | 14.47 | 13.43 | 8.70 | 7.74 | 66.32 |
| avg | | | | | 65.68 | 71.48 |

# 8.3　基于变换与调度的保真度优化

## 8.3.1　串扰与噪声

串扰是量子计算设备噪声的主要来源之一。串扰是指相邻量子比特之间的相互干扰会造成量子信息的丢失或错误，严重影响量子计算的精度和效率。串扰的产生主要有环境噪声、量子比特间的相互作用[239]和器件缺陷[189]等。表 8-3 显示的是 NISQ 计算设备中超导量子计算设备的参数信息，可以看出，单量子比特门的错误率明显低于双量子比特门的错误率。

**表 8-3　超导量子计算设备的参数信息**　　　　　　　（单位：%）

| 量子比特门 | 保真度 | | | | |
|---|---|---|---|---|---|
| | IBMQ5 | IBMQ7 | IBMQ16 | IBMQ27 | IBMQ65 |
| 单量子比特门 | 99.9 | 99.9 | 99.9 | 99.6 | 98.9 |
| 双量子比特门 | 97.6 | 96.8 | 98 | 97 | 96.4 |

　　量子计算中串扰的产生是一个复杂问题，为了减轻由硬件原因产生的串扰影响，除了从硬件设计、工艺制造、环境控制等方面采取措施，抵抗串扰的影响[240-243]，基于量子线路映射变换的方法也是解决串扰影响、提高执行结果保真度的方法之一。

　　为了探究双量子比特门之间的串扰效应，我们采用了随机基准测试，对量子门错误率进行评估。在随机基准测试中，不受其他量子门的影响测量出的单个量子门 $G_i$ 的错误率称为独立误码率 $E_i$，多个量子门 $G_i$ 与 $G_j$ 同时执行时测量出的量子门 $G_i$ 的错误率称为条件误码率 $E_{i|j}$。其符号与内容如表 8-4 所示。

**表 8-4　误码率的符号及内容**

| 符号 | 表示内容 |
| --- | --- |
| $E_i$ | 独立误码率 |
| $E_{i|j}$ | $G_i$ 的条件误码率 |
| $E_{j|i}$ | $G_j$ 的条件误码率 |

## 8.3.2　量子门交换规则

　　本节为了缓解量子线路执行时的串扰错误，提出一种量子门交换规则。这种交换规则可用于分离量子线路上具有高串扰的双量子比特门，从而在保持原有量子线路功能的情况下，通过双量子比特门和单量子比特门之间的位置交换，减缓量子线路中的串扰噪声。

### 1. 量子门集划分

　　为了便于表达下文的交换规则，以表 8-5 所示的门集为例，对一些有代表性的量子门进行分类。

**表 8-5　量子门集划分**

| 符号 | 门集 |
| --- | --- |
| $U_c$ | $\{\, Z\,、\,H\,、\,T\,、\,T^\dagger\,、\,S\,、\,S^\dagger\,、\,\mathrm{RZ}(\theta)\,\}$ |
| $U_t$ | $\{\, X\,,\,\mathrm{RX}(\theta)\,\}$ |
| $U_x$ | $\{\, Y\,,\,R_x^-(\theta)\,\}$ |
| $U_z$ | $\{\, Y\,,\,R_z^+(\theta)\,\}$ |

## 2. 量子线路分层

量子线路具有并行性的特点，可以在同一时间段执行多个占据不同量子比特的量子门。所有能在同一时间段执行的量子门属于同一层，记为 $l_i(\text{lc})$。

如图 8-12 所示，该量子线路拥有五个量子比特、七个单量子比特门和六个双量子比特门。

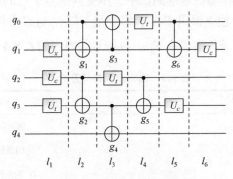

图 8-12  量子线路的分层

在逻辑量子线路图中，不同的执行层由虚线分隔，图 8-12 所示的量子线路总共可以分成六层：第一层 $l_1$ 包含三个可同时执行的单量子比特门，包括占用 $q_1$ 量子比特的 $U_x$ 量子门、占用 $q_2$ 量子比特的 $U_c$ 量子门和占用 $q_3$ 量子比特的 $U_t$ 量子门；第二层 $l_2$ 包含两个可同时执行的双量子比特门，包括占用 $q_0$ 和 $q_1$ 量子比特的 $g_1$ 量子门和占用 $q_2$ 和 $q_3$ 量子比特的 $g_2$ 量子门；…；第六层 $l_6$ 只包含一个单量子比特门，即占用 $q_1$ 量子比特的量子门 $U_c$。

## 3. 双层量子门交换规则

**规则 8-1**  若 $U_t$ 量子门集合中的单量子比特门与双量子比特门相邻，且与双量子比特门的目标比特(以符号"$\oplus$"表示)占用了同一量子比特，则 $U_t$ 量子门集合中的单量子比特门和双量子比特门可以进行位置交换，交换前后量子线路等价。其交换规则如图 8-13 所示。

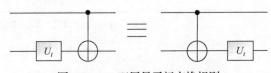

图 8-13  $U_t$ 双层量子门交换规则

**证明：** 由表 8-5 可知，$U_t$ 量子门集合包含两个量子门，分别是 $X$ 门与 RX 门，则 $X$ 门变换前后的酉矩阵结果分别为

$$(I_1 \otimes X) \times \mathrm{CX} = \begin{bmatrix} X \times I_1 & 0 \\ 0 & X \times X \end{bmatrix} = \begin{bmatrix} X & 0 \\ 0 & I_1 \end{bmatrix} \quad (8\text{-}9)$$

$$\mathrm{CX} \times (I_1 \otimes X) = \begin{bmatrix} I_1 \times X & 0 \\ 0 & X \times X \end{bmatrix} = \begin{bmatrix} X & 0 \\ 0 & I_1 \end{bmatrix} \quad (8\text{-}10)$$

式中，$I_1$ 为二阶单位矩阵；$\otimes$ 为张量积运算符(下同)；CX 表示 CNOT 门。式(8-9)和式(8-10)所示为 $X$ 门变换前后的线路酉矩阵。因为式(8-9)与式(8-10)相等，可得

$$(I_1 \otimes X) \times \mathrm{CX} = \mathrm{CX} \times (I_1 \otimes X)$$

同理，RX 门变换前后的酉矩阵结果为

$$\mathrm{CX} \times (I_1 \otimes \mathrm{RX}) = (I_1 \otimes \mathrm{RX}) \times \mathrm{CX} = \begin{bmatrix} \mathrm{RX} & 0 \\ 0 & \mathrm{RX} \times \mathrm{RX} \end{bmatrix} \quad (8\text{-}11)$$

由式(8-11)中所示的酉矩阵结果可得

$$\mathrm{CX} \times (I_1 \otimes \mathrm{RX}) = (I_1 \otimes \mathrm{RX}) \times \mathrm{CX}$$

由于 $X$ 门与 RX 门变换前后的线路酉矩阵相等，可知 $U_t$ 双层量子门交换规则成立。**证毕。**

**规则 8-2**　若 $U_c$ 量子门集合中的单量子比特门与双量子比特门相邻，且与双量子比特门的控制比特(以符号"$\bullet$"表示)占用了同一量子比特，则 $U_c$ 量子门集合中的单量子比特门和双量子比特门可以进行位置交换。交换规则如图 8-14 所示。

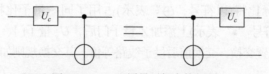

图 8-14　$U_c$ 双层量子门交换规则

**证明：**$U_c$ 量子门集合包含多个量子门，分别是 $Z$ 门、$H$ 门、$T$ 门、$T^\dagger$ 门、$S$ 门、$S^\dagger$ 门和 RZ 门。对于 $U_c$ 量子门集合中的 $Z$ 门，其变换前后的酉矩阵分别为

$$(Z \otimes I_1) \times \mathrm{CX} = \begin{bmatrix} I_1 & 0 \\ 0 & -I_1 \times X \end{bmatrix} = \begin{bmatrix} I_1 & 0 \\ 0 & -X \end{bmatrix} \quad (8\text{-}12)$$

$$\mathrm{CX} \times (I_1 \otimes Z) = \begin{bmatrix} I_1 & 0 \\ 0 & -X \times I_1 \end{bmatrix} = \begin{bmatrix} I_1 & 0 \\ 0 & -X \end{bmatrix} \quad (8\text{-}13)$$

由于式(8-12)与式(8-13)相等，可知 $Z$ 门变换前后的线路等价；同理，$U_c$ 量子门集合中其他量子门变换前后的线路等价。因此，$U_c$ 双层量子门交换规则成立。

证毕。

**规则 8-3**　若$U_z$量子门集合中的单量子比特门和双量子比特门相邻，且与双量子比特门的控制比特(以符号"●"表示)占用了同一量子比特，在双量子比特门的目标比特(以符号"⊕"表示)上添加$X$门后，$U_z$门、$X$量子门和双量子比特门可以进行位置交换，交换前后量子线路等价。其交换规则如图8-15所示。

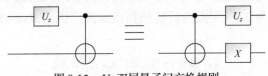

图8-15　$U_z$双层量子门交换规则

**证明**：$U_z$量子门集合包含两个量子门，分别是$Y$门与$R_z^+$门，$Y$门变换前后的线路酉矩阵为

$$(Y \otimes I_1) \times \mathrm{CX} = \mathrm{i} \begin{bmatrix} 0 & X \\ -I_1 & 0 \end{bmatrix} \tag{8-14}$$

$$\mathrm{CX} \times (Y \otimes X) = \mathrm{i} \begin{bmatrix} 0 & X \\ -X \times X & 0 \end{bmatrix} = \mathrm{i} \begin{bmatrix} 0 & X \\ -I_1 & 0 \end{bmatrix} \tag{8-15}$$

由于式(8-14)和式(8-15)相等，可得$Y$门变换前后的线路等价；同理可得$R_z^+$门变换前后的线路等价，所以$U_z$双层量子门交换规则成立。**证毕**。

**规则 8-4**　若$U_x$量子门集合中的单量子比特门和双量子比特门相邻，且与双量子比特门的目标比特(以符号"⊕"表示)占用了同一量子比特，在双量子比特门的控制比特(以符号"●"表示)上添加$Z$量子门后，$U_x$量子门、$Z$量子门和双量子比特门可以进行位置交换，交换前后量子线路等价。其交换规则如图8-16所示。

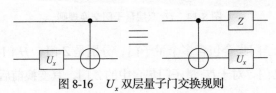

图8-16　$U_x$双层量子门交换规则

**证明**：$U_x$量子门集合包含两个量子门，分别是$Y$门与$R_x^-$门，$Y$门变换前后的线路酉矩阵为

$$(Y \otimes I_1) \times \mathrm{CX} = \begin{bmatrix} 0 & \mathrm{i} & 0 & 0 \\ -\mathrm{i} & 0 & 0 & 0 \\ 0 & 0 & 0 & \mathrm{i} \\ 0 & 0 & -\mathrm{i} & 0 \end{bmatrix} \times \begin{bmatrix} 1 & 0 & 0 & 0 \\ 0 & 1 & 0 & 0 \\ 0 & 0 & 0 & 1 \\ 0 & 0 & 1 & 0 \end{bmatrix} = \mathrm{i} \begin{bmatrix} 0 & 1 & 0 & 0 \\ -1 & 0 & 0 & 0 \\ 0 & 0 & 0 & 1 \\ 0 & 0 & 0 & 1 \end{bmatrix} \tag{8-16}$$

$$\mathrm{CX} \times (Z \otimes Y) = \begin{bmatrix} 1 & 0 & 0 & 0 \\ 0 & 1 & 0 & 0 \\ 0 & 0 & 0 & 1 \\ 0 & 0 & 1 & 0 \end{bmatrix} \times \begin{bmatrix} 0 & \mathrm{i} & 0 & 0 \\ -\mathrm{i} & 0 & 0 & 0 \\ 0 & 0 & 0 & -\mathrm{i} \\ 0 & 0 & \mathrm{i} & 0 \end{bmatrix} = \mathrm{i} \begin{bmatrix} 0 & 1 & 0 & 0 \\ -1 & 0 & 0 & 0 \\ 0 & 0 & 1 & 0 \\ 0 & 0 & 0 & 1 \end{bmatrix} \quad (8\text{-}17)$$

由于式(8-16)和式(8-17)相等，可得 $Y$ 门变换前后的线路等价，同理可得 $R_x^-$ 门变换前后的线路等价，所以 $U_x$ 双层量子门交换规则成立。**证毕**。

### 4. 双层量子门交换规则方法示例

图 8-17 所示为一条包含四个量子比特的量子线路，该线路还包含三个单量子比特门和两个双量子比特门。在图 8-17(a)中，处于虚线框内的双量子比特门 $g_1$ 和 $g_2$ 并行执行，会产生高串扰。根据 $U_x$ 双层量子门交换规则，对占用了 $q_0$ 与 $q_1$ 量子比特的 $U_x$ 单量子比特门与 $g_1$ 双量子比特门进行交换，交换后的结果如图 8-17(b)所示，能够在不改变量子线路功能的情况下，将 $g_1$ 和 $g_2$ 双量子比特门分离开来，减缓了由 $g_1$ 和 $g_2$ 双量子比特门并行执行产生的串扰。

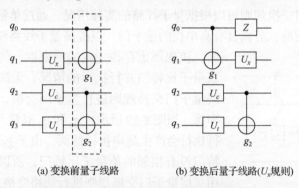

(a) 变换前量子线路　　　　　　(b) 变换后量子线路($U_x$规则)

图 8-17　基于 $U_x$ 规则的量子线路变换

实际量子线路由众多量子门组成，情况复杂。因此，对于同一条量子线路，可能存在多种适配的双层量子门交换规则。例如，图 8-17(a)显示的量子线路，除了可以使用 $U_x$ 双层量子门交换规则对量子线路进行变换，还可以通过 $U_c$ 与 $U_t$ 双层量子门交换规则对量子线路进行变换，如图 8-18 所示。

通过 $U_c$ 与 $U_t$ 双层量子门交换规则，将位于双量子比特门 $g_1$ 控制比特(以符号 "•" 表示)上的 $U_c$ 单量子比特门、位于双量子比特门 $g_1$ 目标比特(以符号 "⊕" 表示)上的 $U_t$ 单量子比特门与 $g_1$ 双量子比特门进行交换，在不改变量子线路功能的情况下，将并行执行的双量子比特门 $g_1$ 和 $g_2$ 分离开来，同样能够减缓串扰。

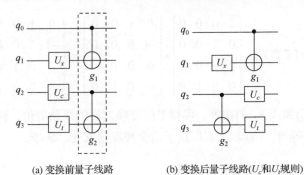

(a) 变换前量子线路　　　　(b) 变换后量子线路($U_c$和$U_t$规则)

图 8-18　基于 $U_c$ 和 $U_t$ 规则量子线路变换

　　所以，对于同一条量子线路，根据量子线路的实际情况，可能存在不止一种适用的量子门交换规则。具体选择哪种交换规则，需要根据具体的量子线路情况进行分析。

### 5. 多层量子门交换规则

　　双层量子门交换规则可以根据量子线路的实际情况，通过单量子比特门和双量子比特门的交换，分离具有高串扰的量子门，以提高量子线路整体保真度。然

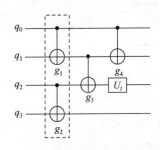

图 8-19　双层量子门交换规则无法缓解串扰的情况

而，该规则也存在一定的局限性。例如，对于多层双量子比特门并行执行的情况，无法匹配相应的双层量子门交换规则进行量子门交换，因而无法减缓串扰。如图 8-19 所示，$g_1$ 和 $g_2$ 双量子比特门由于并行执行会产生高串扰，然而，由于 $g_1$ 和 $g_2$ 双量子比特门没有相邻的单量子比特门，所以该线路无法利用双层量子门交换规则进行线路变换。

　　针对双层量子门交换规则无法解决的串扰情况，本节提出多层量子门交换规则，可以对多层双量子比特门并行的情况进行量子门交换，以缓解串扰。

　　**规则 8-5**　多层双量子比特门中，若量子门 $U_t$ 与最后一层双量子比特门的目标比特(以符号"$\oplus$"表示)占用了同一量子比特，则最后一层的双量子比特门可以与 $U_t$ 量子门进行位置交换，分离前层并行执行的双量子比特门，变换成一条低串扰的等价量子门序列，交换规则如图 8-20 所示。

　　**规则 8-6**　多层双量子比特门中，若量子门 $U_c$ 和最后一层双量子比特门的控制比特(以符号"•"表示)占用了同一量子比特，则最后一层的双量子比特门与量子门 $U_c$ 可进行位置交换，分离前层并行执行的双量子比特门，变换成一条低串扰的等价量子门序列，交换规则如图 8-21 所示。

**规则 8-7**　多层双量子比特门中，若量子门 $U_x$ 和最后一层双量子比特门的目

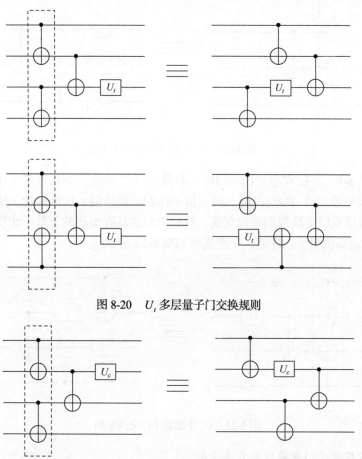

图 8-20　$U_t$ 多层量子门交换规则

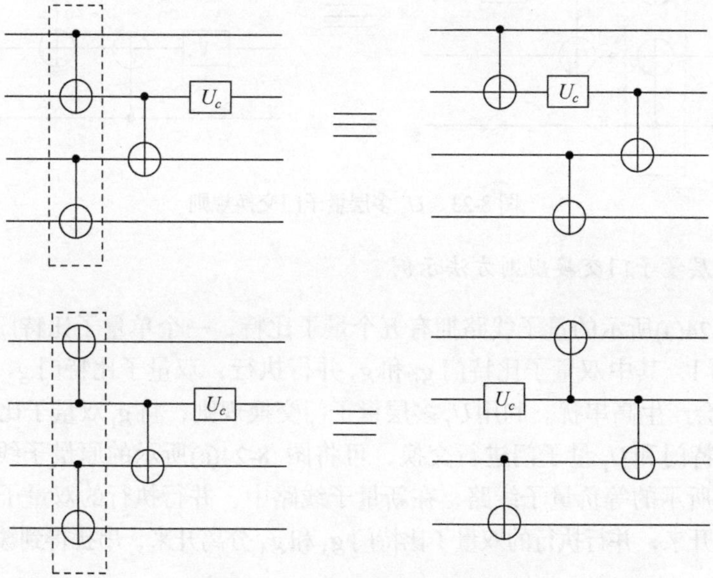

图 8-21　$U_c$ 多层量子门交换规则

标比特(以符号"⊕"表示)占用了同一量子比特，则最后一层的双量子比特门与 $U_x$ 量子门根据双层交换规则等价交换，分离前层并行执行的双量子比特门，变换成一条低串扰的等价量子门序列，交换规则如图 8-22 所示。

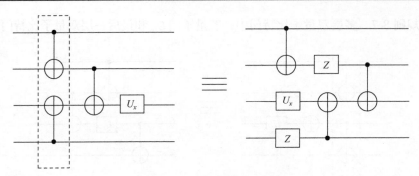

图 8-22    $U_x$ 多层量子门交换规则

**规则 8-8**    多层双量子比特门中，若量子门 $U_z$ 和最后一层双量子比特门的控制比特(以符号"•"表示)占用了同一量子比特，则最后一层的双量子比特门与量子门 $U_z$ 根据双层交换规则等价交换，并分离前层具有串扰的双量子比特门，得到缓解串扰的等价量子门序列，交换规则如图 8-23 所示。

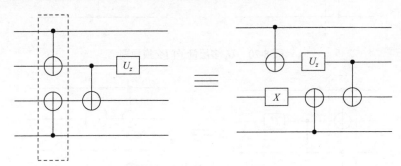

图 8-23    $U_z$ 多层量子门交换规则

### 6. 多层量子门交换规则方法示例

图 8-24(a)所示的量子线路拥有五个量子比特，一个单量子比特门和四个双量子比特门，其中双量子比特门 $g_1$ 和 $g_2$ 并行执行，双量子比特门 $g_3$ 和 $g_4$ 并行执行，均会产生高串扰。利用 $U_t$ 多层量子门交换规则，将 $g_1$ 双量子比特门、$g_3$ 双量子比特门和 $U_t$ 量子门进行交换，可将图 8-24(a)所示的原量子线路变换为图 8-24(b)所示的等价量子线路，在新量子线路中，并行执行的双量子比特门 $g_1$ 和 $g_2$ 分离开来，并行执行的双量子比特门 $g_3$ 和 $g_4$ 分离开来，串扰得到缓解。

### 7. 双向排序变换

#### 1) 双向排序变换模型

由于量子线路具有可逆性，可以从输出状态恢复到输入状态。利用量子门交换规则，对量子线路 $L$ 正向遍历优化后可以得到一条功能等价的量子线路 LN，逆转量子线路 LN 可以得到一条逆向量子线路 $L'$。根据量子线路的可逆性，逆向量子线路 $L'$ 与原量子线路 $L$ 等价。因此，可再次根据量子门交换规则对逆向量子线路 $L'$ 进行反向遍历优化，得到一条串扰更低的量子线路，过程如图 8-25 所示。

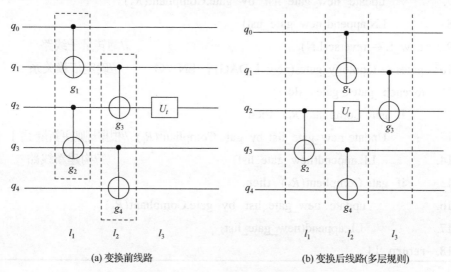

(a) 变换前线路　　　　　　　　　　　　　　(b) 变换后线路(多层规则)

图 8-24　基于多层规则的线路变换

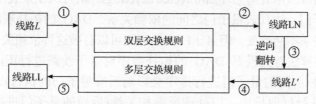

图 8-25　双向排序变换

2) 双向排序变换算法

利用量子门交换规则，可以对量子线路进行双向排序变换。双向排序变换过程如算法 8.4 所示。

---

**算法 8.4：**双向排序变换算法

**输入：**原始量子线路 $L$，$L$ 对应的 DAG，交换规则 $R_1$ 和 $R_2$

**输出：**具有低串扰的量子线路 LL

1.　gates ← topology_gates(L.DAG)；LN = $\varnothing$
2.　**foreach** gate ∈ gates **do**
3.　　**if** gate.Compliant($R_1$)　**then**
4.　　　update new_gate_list by gate.Compliant($R_1$)　//根据规则更新量子门

| 5. | 　　　　LN.append(new_gate_list)　　　　　　　　　//构建新线路 |
| 6. | 　　if gate.Compliant($R_2$) then |
| 7. | 　　　　update new_gate_list by gate.Compliant($R_2$) |
| 8. | 　　　　LN.append(new_gate_list) |
| 9. | 　new_L ← reverse(LN)　　　　　　　　　　　//翻转量子线路 |
| 10. | gates ← topology_gates(new_L.DAG)；LN = ∅　　//确定依赖关系 |
| 11. | **foreach** gate ∈ gates **do** |
| 12. | 　　if gate.Compliant($R_1$) then |
| 13. | 　　　　Update new_gate_list by gate.Compliant($R_1$) //根据规则更新量子门 |
| 14. | 　　　　LL.append(new_gate_list)　　　　　　　　　//构建新线路 |
| 15. | 　　if gate.Compliant($R_2$) then |
| 16. | 　　　　update new_gate_list by gate.Compliant($R_2$) |
| 17. | 　　　　LL.append(new_gate_list) |
| 18. | **return** LL |

　　量子线路可以用有向无环图(directed acyclic graph，DAG)来表示，DAG 中的节点代表量子门，边代表量子门之间的依赖关系，DAG 的拓扑顺序可以确保量子门的依赖关系不会改变，但量子门交换规则可以打破这种依赖关系。

　　双向排序算法首先根据 DAG 的拓扑顺序对量子线路进行正向排序，以捕获前向相关性(前面的量子门进行排序会影响后续量子门的执行)，然后根据反向拓扑顺序进行反向排序，以处理反向相关性(后面的量子门进行排序会影响前面量子门的执行)。通过迭代执行正向和反向排序，可以得到一个最优的排序量子线路。

　　3) 实例分析

　　图 8-26(a)是一条拥有四个量子比特的正向量子线路，该线路同时包含四个双量子比特门和一个单量子比特门，根据量子线路可逆性，通过逆向翻转可以得到一条与原始量子线路功能等价的逆向量子线路，如图 8-26(b)所示。

　　对于图 8-26(a)所示的正向量子线路，由于无法找到合适的双层量子门交换规则和多层量子门交换规则，所以并行执行的双量子比特门 $g_1$ 和 $g_2$ 无法分离。但是对于逆向翻转得到的量子线路(图 8-26(b))，可以利用交换规则进行优化，优化过程如图 8-27 所示。

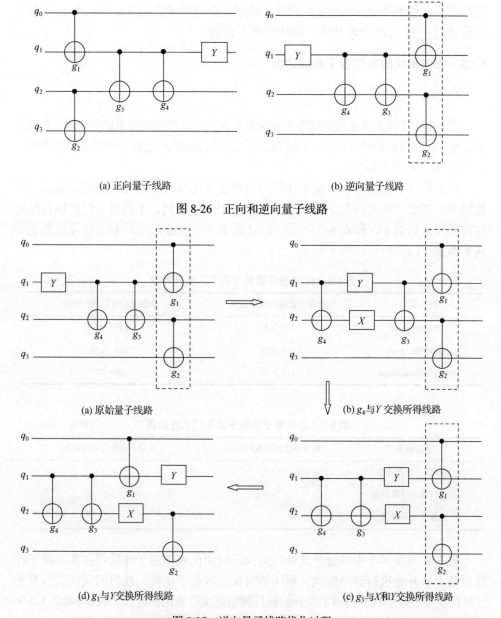

图 8-26　正向和逆向量子线路

图 8-27　逆向量子线路优化过程

　　首先，根据 $U_z$ 双层量子门交换规则，将双量子比特门 $g_4$ 与单量子比特门 $Y$ 进行交换，得到图 8-27(b)所示的量子线路；然后根据 $U_t$ 双层量子门交换规则，将双量子比特门 $g_3$ 与单量子比特门 $Y$ 和 $X$ 进行交换，得到图 8-27(c)所示的量子线路；最后根据 $U_z$ 双层量子门交换规则，将双量子比特门 $g_1$ 和单量子比特门 $Y$

进行交换，得到图 8-27(d)所示的量子线路。在该量子线路中，并行执行的双量子比特门 $g_1$ 和 $g_2$ 被分离开来，串扰得到了缓解。

### 8.3.3　面向串扰约束的量子线路调度

#### 1. 问题分析

双向排序变换方法虽然能够在逻辑层面生成具有低串扰的逻辑量子线路，但由于实际量子计算设备的硬件约束，该逻辑量子线路在实际执行过程中仍然会产生串扰。

1) 量子门执行时间

在逻辑量子线路上，单量子比特门与双量子比特门的执行时间通常被认为是相同的。然而，在实际量子计算设备上，由于硬件限制，不同量子门的执行时间存在差异，如表 8-6 和表 8-7 所示，IBM 为云平台收集的不同量子计算设备上不同类型量子门的执行时间不同。

**表 8-6　IBM 量子设备上量子门执行时间**　　　　　　　(单位：ns)

| 设备名称 | 单量子比特门执行时间 | 双量子比特门执行时间 |
| --- | --- | --- |
| IBMQ5(Quito) | 116 左右 | 235～370 |
| IBMQ7(Lagos) | 151 左右 | 284～640 |
| IBMQ16(Guadalupe) | 113 左右 | 263～775 |

**表 8-7　不同量子设备上量子门执行时间**　　　　　　　(单位：ns)

| 设备技术 | 单量子比特门执行时间 | 双量子比特门执行时间 |
| --- | --- | --- |
| 超导量子计算设备 | >10 | >20 |
| 离子阱量子计算设备 | >1 | >2 |
| 光量子计算设备 | >1 | >2 |

表 8-6 与表 8-7 中单量子比特门的执行时间代表单量子比特门在实际量子计算设备上从开始执行到结束执行所用的时长，双量子比特门执行时间代表双量子比特门在实际量子计算设备上从开始执行到结束执行所用的时长。表 8-6 和表 8-7 中的数据显示，双量子比特门执行时间大约为单量子比特门执行时间的两倍。

2) 执行时间对串扰的影响

图 8-28(a)是一条拥有四个量子比特的量子线路。在该量子线路中，双量子比特门 $g_1$ 和 $g_2$ 在同一时间段 $t_1$ 内并行执行，会产生高串扰，根据量子门交换规则，可以将图 8-28(a)所示的量子线路变换为图 8-28(b)所示的量子线路，两条量

子线路功能等价。在图 8-28(b)所示的量子线路中，双量子比特门 $g_1$ 在时间段 $t_1$ 内执行，双量子比特门 $g_2$ 在时间段 $t_2$ 内执行，由于双量子比特门 $g_1$ 和 $g_2$ 被分离开来，不会产生高串扰。但是，这些优化都是基于在逻辑量子线路上单量子比特门和双量子比特门拥有相同的执行时间这个理想条件进行的。

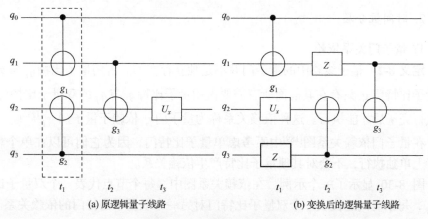

(a) 原逻辑量子线路　　　　　(b) 变换后的逻辑量子线路

图 8-28　逻辑量子线路变换

　　双量子比特门的并行执行是串扰产生的主要原因之一。在逻辑量子线路上，由于单量子比特门和双量子比特门的执行时间相同，可以利用量子门交换规则与双向排序变换算法，根据单量子比特门和双量子比特门的可交换性，分离具有高串扰的双量子比特门。然而，在实际量子计算设备上，单量子比特门和双量子比特门的执行时间通常是不同的。因此，即使是根据量子门交换规则和双向排序算法生成的量子线路，在实际量子计算设备上执行时，仍然会产生部分串扰。

　　根据表 8-6 中的数据，实际量子计算设备上双量子比特门执行时间为单量子比特门执行时间的两倍左右。将单量子比特门执行时间设为一个单位，双量子比特门执行时间设为两个单位。图 8-28(b)所示的量子线路的执行时间如图 8-29 所示。

　　如图 8-29 所示，单量子比特门 $Z$ 与 $U_x$ 仅在时间段 $t_0 \sim t_1$ 内占用一个量子比特；双量子比特门 $g_1$ 在时间段 $t_0 \sim t_2$ 内占用量子比特 $q_0$ 与 $q_1$；双量子比特门 $g_2$ 在时间段 $t_1 \sim t_3$ 内占用量子比特 $q_2$ 与 $q_3$；双量子比特门 $g_3$ 在时间段 $t_3 \sim t_5$ 内占用量子比特 $q_0$ 与 $q_1$。虽然在逻辑量子线路中双量子比特门 $g_1$ 和 $g_2$ 已分离，如图 8-28(b)所示，但在实际量子计算设备上执行时，它们在时间段 $t_1 \sim t_2$ 内仍处于

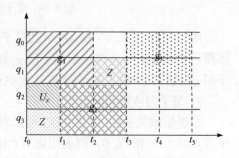

图 8-29　量子线路执行时间分割图

并行执行状态，导致量子线路在时间段 $t_1 \sim t_2$ 内仍然会产生高串扰。

利用量子门交换规则和双向排序变换算法可以在量子线路变换过程中将逻辑量子线路上具有高串扰的双量子比特门分离开来，但当量子线路在量子计算设备上执行时，由于量子门执行时间不同，仍然会产生一定的串扰。

### 2. 时间桩分层

#### 1) 量子门关系依赖

**定义 8-2**　量子线路中的量子门并不是独立存在的。占用量子比特 $q_i$ 与 $q_j$ 的双量子比特门 $g_i$ 只有在其前面所有需要占用量子比特 $q_i$ 与 $q_j$ 的双量子比特门 $g_j$ 都执行完毕后才能执行。这种依赖关系称为量子门 $g_i$ 依赖于量子门 $g_j$[236]。

在量子门依赖关系图[189]中不考虑单量子比特门，因为它们可以在单个量子比特上单独执行，不会对其他量子比特产生依赖关系。

图 8-30 显示了一个示例。在依赖关系图中，每个节点代表一个双量子比特门 $g_i$，每条有向边代表一个双量子比特门对另一个双量子比特门的依赖关系。

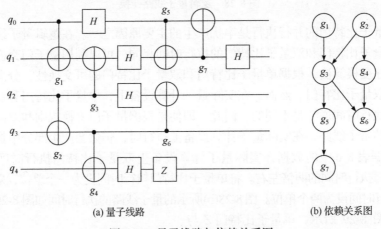

(a) 量子线路　　　　　　　　　　(b) 依赖关系图

图 8-30　量子线路与依赖关系图

图 8-30(b)是图 8-30(a)所示的量子线路所对应的依赖关系图。根据依赖关系图所示的依赖关系可得，当量子门 $g_1$ 和 $g_2$ 执行完毕后，量子门 $g_3$ 才可执行；量子门 $g_2$ 执行完毕后，量子门 $g_4$ 才可执行。

#### 2) 量子门依赖关系分层

根据依赖关系图(即 DAG)，可以对量子线路执行进行细致的分层。若 DAG 中节点的入度(ID)为 0，则表明该节点(对应量子门)可在同一时间执行，记为 $l_i$，表示这些节点(对应量子门)在同一个时间周期内执行。当所有入度为 0 的节点都纳入 $l_i$ 后，删除 $l_i$ 层中所有节点及其所连的有向边，生成一个新的 DAG。与对 $l_i$

的处理类似，在新 DAG 中将入度为 0 的节点纳入 $l_{i+1}$ 层，删除 $l_{i+1}$ 层中所有节点与其所连的有向边，再次生成新的 DAG。循环上述过程，直到 DAG 中所有节点都被删除，即可得到对应量子线路中所有量子门的分层。图 8-30(a) 所示的量子线路按照分层算法得到的量子门分层如表 8-8 所示。

表 8-8　依赖关系图中的量子门分层

| 分层 | 量子门集合 |
| --- | --- |
| $l_1$ | $g_1(q_0,q_1)$，　$g_2(q_2,q_3)$ |
| $l_2$ | $g_3(q_2,q_1)$，　$g_4(q_3,q_4)$ |
| $l_3$ | $g_5(q_0,q_1)$，　$g_6(q_3,q_2)$ |
| $l_4$ | $g_7(q_1,q_0)$ |

如表 8-8 所示，图 8-30(a) 中的量子线路按照分层模型分层后共有四层。其中，$l_1$、$l_2$ 和 $l_3$ 层均包含两个并行执行的双量子比特门，会产生高串扰，$l_4$ 层包含一个双量子比特门，不会产生高串扰。

3) 时间桩分层

量子门依赖关系分层可以清晰地显示出所有并行执行的双量子比特门，但无法在量子线路调度过程中分离并行执行的双量子比特门，为此，本节提出了时间桩分层方法。在量子门依赖关系分层的基础上，通过插入时间桩生成时间桩分层，以分离并行执行的双量子比特门，减缓串扰。

**定义 8-3**　时间桩是一个空量子门，一个双量子比特门 $g_i(q_i,q_{i+1})$ 对应一个时间桩，记为 $g_{i.lock}(q_{i-1},q_{i+2})$，表示在两个执行周期内，量子比特 $q_{i-1}$ 与 $q_{i+2}$ 被该时间桩占用，无法被其他双量子比特门调用，直到时间桩执行完毕，量子比特 $q_{i-1}$ 与 $q_{i+2}$ 才解除被占用状态。

针对量子线路执行过程中产生的串扰问题，根据量子门依赖关系分层，为每一个双量子比特门 $g_i(q_i,q_{i+1})$ 设置一个时间桩 $g_{i.lock}(q_{i-1},q_{i+2})$，通过量子比特占用状态分离具有高串扰的双量子比特门。例如，遍历图 8-30(a) 的量子门分层中的每一个双量子比特门，为其设定一个对应的时间桩。最终得到表 8-9 所示的时间桩分层。

表 8-9　时间桩分层

| 分层 | 量子门集合 |
| --- | --- |
| $l_1$ | $g_1(q_0,q_1)$，　$g_{1.lock}(q_2)$，　$g_2(q_2,q_3)$，　$g_{2.lock}(q_1,q_4)$ |
| $l_2$ | $g_3(q_2,q_1)$，　$g_{3.lock}(q_3,q_0)$，　$g_4(q_3,q_4)$，　$g_{4.lock}(q_2)$ |
| $l_3$ | $g_5(q_0,q_1)$，　$g_{5.lock}(q_2)$，　$g_6(q_3,q_2)$，　$g_{6.lock}(q_4,q_1)$ |
| $l_4$ | $g_7(q_1,q_0)$，　$g_{7.lock}(q_2)$ |

如表 8-9 所示，插入时间桩分层与量子门依赖关系分层的层数相同，但在原有分层的基础上，为量子线路中的每一个双量子比特门都插入了对应的时间桩。

4) 时间桩分层算法

通过时间桩的插入，原本并行执行的双量子比特门分离开来，从而减缓了串扰。基于时间桩的量子门分层算法如下。

---

**算法 8.5：** 时间桩分层

**输入：** 量子线路对应的依赖关系图：DAG
**输出：** 含有时间桩的分层的门集 $L$

1. $j \leftarrow 1$，$LN = \varnothing$，$L = \varnothing$
2. **foreach** $g_i \in DAG$ **do**
3.     **if** $g_{i.\text{degrees}} = 0$ **then**
4.         $L_j \leftarrow L_j.\text{add}(g_i)$                //将入度为 0 的节点加入新列表
5.         $DAG \leftarrow DAG.\text{remove}(g_i.\text{edge})$    //去除入度为 0 的节点的相邻边
6.         $DAG \leftarrow DAG.\text{remove}(g_i)$         //去除入度为 0 的节点
7.         $LN \leftarrow LN.\text{add}(L_j)$
8.         $j \leftarrow j+1$
9. **foreach** $L_j \in LN$ **do**
10.     **foreach** $g_i \in L_j$ **do**
11.         $L_j \leftarrow L_j.\text{add}(g_{i.\text{lock}})$       //为量子门添加时间桩
12.     $L \leftarrow L.\text{add}(L_j)$
13. **return** $L$

---

5) 实例分析

若未插入时间桩，图 8-30(a)所示量子线路的执行时间如图 8-31 所示。从图中可以看出，双量子比特门 $g_1$ 与 $g_2$ 在 $t_0 \sim t_2$ 时间段内并行执行，会在 $t_0 \sim t_2$ 时间段内产生两个单位时间的高串扰；双量子比特门 $g_3$ 与 $g_4$ 在 $t_2 \sim t_4$ 时间段内并行执行，会产生两个单位时间的高串扰；量子门 $g_5$ 与 $g_6$ 在 $t_5 \sim t_7$ 时间段内并行执行，同样会产生高串扰。如果不采用时间桩插入方法，该量子线路总共在六个单位时间内存在高串扰。

按照上述时间桩分层算法，对图 8-30(a)所示的量子线路进行时间桩分层，得到表 8-9 所示的分层结构，该量子线路的执行时间如图 8-32 所示。

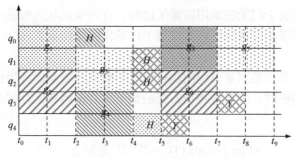

图 8-31　量子线路执行时间

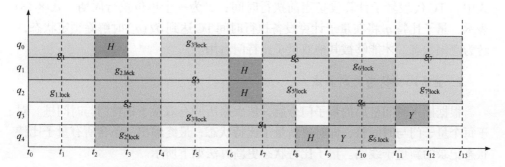

图 8-32　含有时间桩的量子线路执行时间

如图 8-32 所示，每个双量子比特门都分配了一个对应的时间桩。通过时间桩占用，原本并行执行的双量子比特门被分离，从而抑制了串扰的产生。

以图 8-32 为例，原本的双量子比特门 $g_1$ 和 $g_2$ 在 $t_0 \sim t_2$ 时间段内并行执行，会在 $t_0 \sim t_2$ 时间段内产生两个单位时间的高串扰。现在，由于双量子比特门 $g_1$ 和 $g_2$ 对应时间桩 $g_{1.\text{lock}}$ 和 $g_{2.\text{lock}}$ 的占用，双量子比特门 $g_1$ 和 $g_2$ 分离开来，分别在 $t_0 \sim t_2$ 和 $t_2 \sim t_4$ 两个时间段内执行，从而抑制了串扰的产生。原本的量子线路在六个单位时间内均存在高串扰，根据时间桩分层算法得到的新线路将六个单位时间内的串扰全部消除。

### 8.3.4　量子比特状态更新

1. 量子比特状态更新模型

时间桩分层方法能够在量子线路调度过程中完全分离会产生高串扰的双量子比特门。然而时间桩是一个空量子门，并非可执行量子门，无法直接在量子比特上执行，需要通过量子比特状态更新来实现。

**定义 8-4**　在一个时间周期内，一个量子比特只能执行一个量子门，无法同时执行多个量子门[244]。如果一个量子门在某时间周期 $T$ 内占据了某个量子比特，则称该量子比特在时间周期 $T$ 内处于锁定状态，记为 $\delta T(q_i) = g_i(2T)$。在锁定状态时，其他量子门无法调用该量子比特，直到锁定状态解除；若在某个时间周期 $T$ 内，没有量子门占用，则称该量子比特在时间周期 $T$ 内处于空闲状态，记为 $\delta T(q_i) = \mathrm{TC}$。

量子比特状态会根据量子门的执行情况不断进行更新。每当执行一个量子门或其对应的时间桩时，所有即将被占据的量子比特都需要进行状态更新，具体如式(8-18)所示：

$$\delta T(q_i) = \max\{\mathrm{TC} + 2T, \delta T(q_i) + g_i(2T)\} \tag{8-18}$$

式中，TC 代表量子计算设备当前执行时间；$T$ 为一个单位执行周期。式(8-18)表示，量子比特 $q_i$ 将在量子计算设备执行时间 TC 达到 $\delta T(q_i)$ 时解除锁定状态，转为空闲状态，才能够被其他双量子比特门占用。

### 2. 量子比特状态更新算法

根据插入时间桩后的量子门分层，依次遍历所有双量子比特门与时间桩。对于每个量子门与时间桩，即时更新量子比特状态，最终输出一条含所有量子比特状态记录的新量子线路。量子比特状态更新算法如下所示。

---

**算法 8.6**：量子比特状态更新算法

**输入**：时间桩分层 $L$

**输出**：量子线路 LC

1.　　$\mathrm{TC} = \varnothing$，$\mathrm{LC} = \varnothing$
2.　　**foreach** $q_i \in q$ **do**
3.　　　　$\delta T(q_i) \leftarrow 0$
4.　　**foreach** $L_i \in L$ **do**
5.　　**foreach** $g_i(q_m, q_n) \in L_j$ **do**
6.　　　　$\delta T_i(q_m) \leftarrow \max\{\mathrm{TC} + 2T, \delta T(q_i) + g_i(2T)\}$　//更新量子比特状态
7.　　　　$\delta T_i(q_n) \leftarrow \max\{\mathrm{TC} + 2T, \delta T(q_i) + g_i(2T)\}$　//更新量子比特状态
8.　　　　$\mathrm{TC}_i = \max\{\delta T_i(q)\}$　　　　　　　//更新正在执行时间
9.　　　　$T(q).\mathrm{add}(\delta T_i(q_m))$，$T(q).\mathrm{add}(\delta T_i(q_n))$
10.　$\mathrm{LC} \leftarrow \mathrm{LC}.\mathrm{add}(g_i)$，$\mathrm{LC} \leftarrow \mathrm{LC}.\mathrm{add}(T(q))$ //将量子比特状态添加入线路
11.　**return** LC

---

### 3. 实例分析

对图 8-30(a)所示的量子线路进行量子比特可视化分析，图 8-33 显示了未使

用量子比特状态更新算法时，量子线路的具体执行情况。

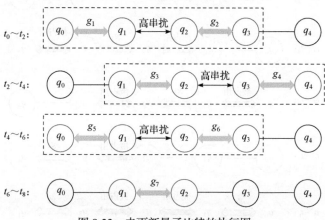

图 8-33　未更新量子比特的执行图

如图 8-33 所示，在时间段 $t_0\sim t_2$ 内，$g_1$ 和 $g_2$ 双量子比特门分别占据量子比特 $q_0$ 和 $q_1$、$q_2$ 和 $q_3$，两个双量子比特门并行执行，会产生高串扰；在时间段 $t_2\sim t_4$ 内，$g_3$ 和 $g_4$ 双量子比特门分别占据量子比特 $q_1$ 和 $q_2$、$q_3$ 和 $q_4$，两个双量子比特门并行执行，会产生高串扰；在 $t_4\sim t_6$ 时间段内，$g_5$ 和 $g_6$ 双量子比特门分别占据量子比特 $q_0$ 和 $q_1$、$q_2$ 和 $q_3$，两个双量子比特门并行执行，会产生高串扰。因此，在未使用量子比特状态更新算法的情况下，该量子线路在时间段 $t_0\sim t_6$ 内都会产生高串扰，进而影响量子线路的保真度。

图 8-34 显示了对图 8-30(a)所示的量子线路进行时间桩分层和量子比特状态更新后的执行情况。

如图 8-34 所示，在时间段 $t_0\sim t_2$ 内，$g_1$ 需要占据量子比特 $q_0$ 和 $q_1$。由于时间桩 $g_{1.lock}$ 的插入以及量子比特状态更新，量子比特 $q_1$ 和 $q_2$ 在时间段 $t_0\sim t_2$ 内被时间桩 $g_{1.lock}$ 占用。因此，$g_2$ 无法在时间段 $t_0\sim t_2$ 内占用量子比特 $q_2$，只能推迟执行时间。这分离了原本会在同一时间内并行的双量子比特门 $g_1$ 和 $g_2$。

在时间段 $t_4\sim t_6$ 内，$g_3$ 需要占据量子比特 $q_1$ 和 $q_2$。由于时间桩 $g_{3.lock}$ 的插入以及量子比特状态更新，量子比特 $q_0$ 和 $q_3$ 在时间段 $t_4\sim t_6$ 内被时间桩 $g_{3.lock}$ 占用。因此，$g_4$ 无法在时间段 $t_4\sim t_6$ 内占用量子比特 $q_3$，只能推迟执行时间。这分离了原本会在同一时间内并行的双量子比特门 $g_3$ 和 $g_4$。

同样地，在时间段 $t_6\sim t_8$ 内，双量子比特门 $g_5$ 与 $g_6$ 也由于时间桩分层和量子比特状态更新分离开来。

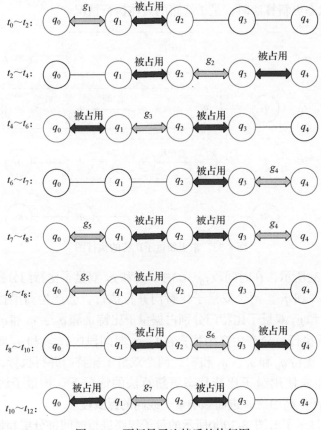

图 8-34　更新量子比特后的执行图

　　通过以上分析可以看到，时间桩分层和量子比特状态更新算法可以分离并行执行的双量子比特门，从而缓解串扰。

### 8.3.5　实验结果和分析

　　本节从 RevLib 基准数据集①中选取基准线路进行验证。为了得到更准确的线路执行结果，采用实际量子计算设备 ibmq_Quito、ibmq_Bogota 和 ibmq_belem 的拓扑结构与参数信息执行实验，通过 IBMQ API 即时获取实际量子计算设备的校准数据，包括量子门错误率与执行时间。其中，所有单量子比特门执行时间设置为一个单位时间周期，双量子比特门执行时间设置为两个单位时间周期。

　　采用文献[88]、文献[132]和文献[245]的保真度衡量指标。在 ibmq_Quito、ibmq_Bogota 和 ibmq_belem 上对每一个基准线路执行 6000 次实验。理想的保真

---

① https://www.informatik.uni-bremen.de/rev_lib。

度为 1，保真度为 0.35 表示在执行 6000 次实验的结果中产生预期结果的次数为2100，占总实验次数的 35%。

　　本节比较了 SABRE[94]方法在 ibmq_Quito、ibmq_Bogota 和 ibmq_belem 上执行的保真度。表 8-10 为相关比较结果。

表 8-10　本节方法与 SABRE 方法对比

| 设备名称 | Benchmark | SSR/% | MSR/% | IMP/% |
|---|---|---|---|---|
| ibmq_Quito | mod5mils_65 | 13.98 | 15.40 | 10.16 |
| | 4gt13_92 | 9.68 | 11.80 | 21.90 |
| | alu-v0_27 | 16.30 | 20.70 | 26.99 |
| | alu-v1_28 | 16.50 | 25.10 | 52.12 |
| | decod24-v2_43 | 8.68 | 14.00 | 61.29 |
| | mod5d2_64 | 7.37 | 14.90 | 102.17 |
| ibmq_Bogota | mod5mils_65 | 14.00 | 24.20 | 72.86 |
| | 4gt13_92 | 11.50 | 13.90 | 20.87 |
| | alu-v0_27 | 26.50 | 29.10 | 9.81 |
| | alu-v1_28 | 14.05 | 26.30 | 87.19 |
| | decod24-v2_43 | 8.52 | 12.00 | 40.85 |
| | mod5d2_64 | 7.67 | 14.60 | 90.35 |
| ibmq_belem | mod5mils_65 | 25.30 | 30.90 | 22.13 |
| | 4gt13_92 | 11.20 | 16.80 | 50.00 |
| | alu-v0_27 | 19.90 | 29.10 | 46.23 |
| | alu-v1_28 | 13.30 | 25.80 | 93.98 |
| | decod24-v2_43 | 8.68 | 14.20 | 63.59 |
| | mod5d2_64 | 9.88 | 14.00 | 41.70 |
| 平均 | | | | 50.79 |

　　为了比较两者之间的差距，采用了平均优化率的计算方法，计算平均优化率的公式如式(8-19)所示：

$$\text{IMP} = \frac{\sum_{i=1}^{n}\dfrac{\text{MSR} - \text{SSR}}{\text{SSR}}}{\sum_{i=1}^{n}i} \tag{8-19}$$

式中，IMP 为平均优化率；SSR 表示本节提出的方法获得的成功量子线路实验保真度；MSR 表示使用 SABER 算法获得的成功量子线路实验保真度。

# 8.4　本章小结

　　本章主要围绕噪声约束下的量子线路映射及优化问题，分析了量子比特和量子门在噪声影响下的品质差异。通过实例数据，展示了量子比特的相干时间和量子门的错误率在不同量子比特之间存在显著的时空波动性。

本章提出了一种基于量子门执行成功率的量子线路映射策略，旨在提高量子线路的保真度。该策略通过构建近邻代价树，对滑动窗口内的连续 CNOT 门进行优化。算法扫描逻辑量子线路，为每个 CNOT 门找出所有可能的近邻实现方式，并计算每种方式的 ESP 值。选择最大 ESP 值的近邻化方式，以确保线路中 CNOT 门的高保真度执行。实验结果表明，该策略能显著提高量子线路的执行成功率。

本章探讨了量子线路中的串扰问题，并提出了量子门交换规则来降低串扰噪声。通过量子门集划分和量子线路分层，研究了双层和多层量子门交换规则，这些规则能够在不改变量子线路功能的前提下，通过调整量子门的顺序来减少串扰。本章还提出了双向排序变换和面向串扰约束的量子线路调度方法，以进一步优化量子线路的执行保真度。

# 第 9 章  分布式映射及优化

量子计算规模通常受限于 QPU 芯片内的可用量子比特数目，而分布式量子计算架构为量子比特数目突破单个 QPU 的限制提供了一种可扩展的途径。近年来，超导量子互连技术的研究[150-156]取得了重要进展，这些研究为跨 QPU 的量子比特交互提供了一种短程的量子通信信道，使多个超导 QPU 可以连接在一起，从而构成分布式量子计算架构。在分布式量子计算架构上执行量子线路时，通常需要引入大量的量子态传输操作，包括 QPU 内的量子态移动和 QPU 间的量子态传输。由于这些传输操作(尤其是 QPU 间的量子态传输)具有较高的错误率，因此减少分布式量子线路映射过程中所需的量子态传输次数对于量子线路的计算成功率有着重要影响。本章面向分布式超导量子计算架构，以降低量子态传输次数为目标，提出分布式量子线路映射方法。

## 9.1  分布式映射概述

单个 QPU 上的量子线路映射问题已被证明是 NP 完全的[78]，而分布式架构上的量子线路映射不仅要考虑每个 QPU 施加的物理约束，还要同时考虑底层通信机制施加的物理约束，因此至少具备和单 QPU 上的映射问题相同的复杂性。虽然目前存在一些分布式量子线路映射的研究[82,161-166,168,169]，但是这些研究大多面向一种理想化的分布式计算模型。和分布式超导架构所用的基于短距量子信道的互连技术不同，这种理想化模型使用了量子隐形传态(quantum teleportation)[157]技术在 QPU 间传输数据，形成了一个 QPU 间全连通的量子计算网络，并假定在任意时刻可用的量子纠缠对数量是不受限的。该模型主要面向远程通信场景，而非量子计算场景，其在传输效率、保真度以及时延等方面难以达到协同量子计算的要求。另外，该模型没有考虑 QPU 内的物理约束，如可用的量子比特数量和量子比特的具体分布情况以及超导 QPU 上普遍存在的近邻交互约束。因此，这种理想化模型在通信机制、网络拓扑以及 QPU 特性等方面和新兴的低温超导量子计算分布式架构存在巨大差异，所以基于该分布式模型的量子线路映射方法同样无法直接适用于新兴的超导分布式架构。

与面向单 QPU 的量子线路映射不同，面向多 QPU 的量子线路分布式映射是将一个大型线路划分为多个较小量子比特规模的线路，再将划分后的线路分别映射到分布式量子计算的子系统执行。图 9-1 所示的是量子线路分布式映射基本步骤[246]，量子线路分布式映射分为多个阶段：线路划分、全局门调度、局部映射和路由。线路划分是将逻辑量子线路中的逻辑量子比特根据 QPU 的规模划分为多个分区，每个分区映射至一个 QPU。在分布式线路划分后，量子门分为非局域门(也称全局门)和局域门，非局域门表示被划分后量子比特处于不同分区的量子门，局域门表示量子比特处于相同分区的量子门。一个量子门的所有量子比特只有在同一分区时，量子门才能执行，所以需要通过非局域门调度的方式确定每个非局域门的执行分区。根据量子比特的初始映射方式，量子门需要通过 SWAP 门或者量子态传输将处于不同分区的量子比特上的状态路由至同一分区近邻的量子比特才能执行。

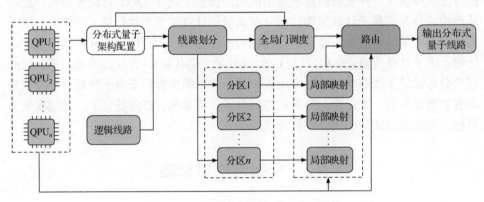

图 9-1　量子线路分布式映射基本步骤

# 9.2　分布式架构模型

为了使分布式量子线路映射研究不直接依赖于底层架构的技术细节，基于超导量子互连技术和超导 QPU 的特点，本节抽象出一种可扩展的分布式计算模型，并基于该模型对分布式量子线路映射问题进行描述。

## 9.2.1　模型构建

量子线路映射问题源自底层架构施加的物理约束，如量子比特之间的连通受限性。在分布式架构上，这种连通受限性包括两个方面：一是 QPU 内量子比特的连通受限性，即双量子比特门仅允许作用在通过耦合总线直接相连的两个量子比特上；二是 QPU 间的连通受限性，即跨 QPU 的量子态传输仅允许发生在一对通过量子信道互连的 QPU 之间。虽然目前超导量子比特的互连技术存在多种实现方案[150-156]，且这些方案在技术细节上各有区别，但它们在逻辑层面功能相似，即通过特定的量子信道将量子态从一个比特传至另外一个比特。上述特点为基于这些互连技术的量子线路映射研究构建分布式架构的抽象模型奠定了基础。

为了便于说明分布式模型，这里给出了一个分布式量子比特连通图的示例，如图 9-2 所示，其中，四个 QPU($M_0$、$M_1$、$M_2$ 和 $M_3$)通过量子信道(图 9-2 中的折线边)相连，从而构成了一个二维网格型网络拓扑结构；虚线方框内的子图是各 QPU 的量子比特耦合图，QPU 内的量子比特同样按二维网格结构排列，它们之间的连线表示量子比特间的耦合总线，双量子比特门仅允许作用在 QPU 内直接相连的一对量子比特上。将和量子信道相连的量子比特称为通信量子比特(虚线边框圆圈)，其余量子比特称为数据量子比特(实线边框圆圈)。和基于隐形传态的量子通信技术不同，在近期的超导量子比特互连技术方案中，通信量子比特和数据量子比特在物理实现方式上类似，因此通信量子比特也可像数据量子比特一样用于执行量子门。图 9-2 中每个通信量子比特仅与一个数据量子比特直接相连，这种做法有利于屏蔽量子信道中的噪声对 QPU 内部的干扰[158]。

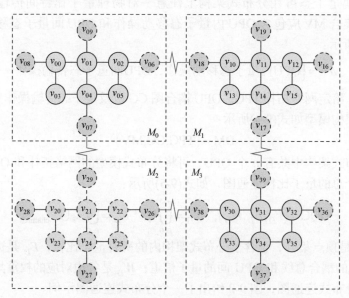

图 9-2　分布式超导量子计算架构的量子比特连通图

图 9-2 仅给出了分布式模型的一个示例，实际上分布式模型的网络拓扑结构以及 QPU 内部的耦合结构可采用任意图模型。由图 9-1 可知，面向量子线路映射的分布式架构模型可通过分布式架构的网络拓扑 TPG、QPU 的耦合图 CG 以及架构支持的量子态传输操作集合 MV 描述。

网络拓扑 TPG 用于描述由分布式架构中各 QPU 组成的网络拓扑结构，可表示为一个无向图，如式(9-1)所示：

$$\mathrm{TPG} = \left( M, E_{\mathrm{channel}}, W_{\mathrm{channel}} \right) \tag{9-1}$$

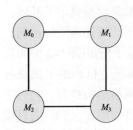

图 9-3　分布式架构的
网络拓扑图

式中，$M$ 是网络拓扑图的顶点集，每个顶点均代表一个 QPU；$E_{channel}$ 表示网络拓扑图的边集，每条边表示一个连接两个 QPU 的量子信道；$W_{channel}$ 表示各边对应的权重集合。图 9-2 所示分布式架构的网络拓扑如图 9-3 所示。

设分布式架构中共有 $n$ 个 QPU，则编号为 $i$ 的 QPU 的耦合图 $CG_i$ 可表示为

$$CG_i = (V_i, E_i, W_i), \quad 0 \leqslant i \leqslant n-1 \tag{9-2}$$

式中，$V_i$ 是耦合图的顶点集，每个顶点代表该 QPU 内的一个物理量子比特；$E_i$ 是耦合图的边集，每条边代表该 QPU 内的一条耦合总线；$W_i$ 表示各边对应的权重集合。图 9-2 中虚线方框内的子图便是各 QPU 的耦合图。

为了使量子态可在分布式架构上任意一对物理量子比特间传输，量子态传输操作集合 MV 应包含 QPU 内量子态移动操作和 QPU 间量子态移动操作，如式(9-3)所示：

$$MV = \{QPU内量子态移动操作，QPU间量子态传输操作\} \tag{9-3}$$

综上，给定网络拓扑 TPG、QPU 耦合图 CG 以及量子态传输操作集合 MV，则分布式架构模型如式(9-4)所示：

$$DM = (TPG, CG, MV) \tag{9-4}$$

设分布式架构中共有 $n$ 个 QPU，可将分布式模型的网络拓扑和 QPU 耦合图合并为一个总的量子比特连通图，如式(9-5)所示：

$$DQC = (V_D, E_D, W_D), \quad V_D = \bigcup_{i=0}^{n-1} V_i, \quad E_D = \bigcup_{i=0}^{n-1} E_i \cup E_{channel} \tag{9-5}$$

式中，$V_D$ 是顶点集合，包含了分布式架构内的所有量子比特；$E_D$ 是边集，包含了 QPU 内的耦合总线和 QPU 间的量子信道；$W_D$ 是各边对应的权重集合，将该图简称为分布式连通图，图 9-2 给出了一个分布式连通图示例。

不失一般性，假定分布式模型中所有 QPU 均支持 Clifford+$T$ 门库。在 Clifford+$T$ 门库的支持下，QPU 内量子态移动可通过 SWAP 门实现，如第 2 章所述，SWAP 门可通过三个级联的 CNOT 门实现。另外，虽然目前超导量子比特的互连技术存在多种实现方案，但它们在逻辑层面的功能相似，即将量子态从一个比特传输至另一个比特，并且量子态传输的保真度和时延均较为接近。因此，使用 ST(state transfer)门作为基于各种不同超导互连方案的量子态传输操作的抽象表示，其线路符号和逻辑功能如图 9-4 所示，图中的箭头表示量子态的传输方向，即箭头从信源量子比特指向信宿量子比特。ST 门仅允许作用在由量子信道直接相连的一对通信量子比特上，并要求信宿量子比特处于 $|0\rangle$ 态。因此，这里

所用的量子态传输操作集合为 MV={SWAP 门,ST 门}。

在 QPU 中，CNOT 门在所有量子门中具有较高的错误率。然而，ST 门相较于 CNOT 门具有更严重的错误倾向。以 IBM 的 QPU 为例，其 CNOT 门的平均错误率在 $10^{-3}\sim10^{-2}$ 量级，而 ST 门的平均错误率[150-158]在 $10^{-2}\sim10^{-1}$ 量级，约为 CNOT 门错误率的 10 倍。因此，就错误率而言，QPU 间和 QPU 内的量子态移动具有不

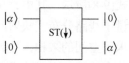

图 9-4　ST 门的线路符号和逻辑功能

同的代价。为了保证量子线路的执行成功率，分布式量子线路映射方法应能感知 ST 门和 CNOT 门在错误倾向上的差异。为此，通过为分布式连通图中的每条边赋予相应的权重来体现这种错误率差异。在本章实验中，将 QPU 内连边的权重设置为 1，而 QPU 间连边的权重设置为 10。需要说明的是，1 和 10 的权重设置仅是根据目前工艺现状给出的一个粗略估计，随着 CNOT 门和 ST 门实现工艺的改进，权重可进行相应的调整，这里所提分布式映射方法并不局限于特定的边权设置。

### 9.2.2　分布式量子线路映射

在本章所提的分布式模型中，双量子比特门仅允许作用在同一 QPU 内的一对近邻物理量子比特上。虽然存在门隐形传态(gate teleportation)[247]允许双量子比特门作用在位于不同 QPU 的两个量子比特上，但是这种协议和量子隐形传态协议类似，需要量子纠缠对、测量操作以及经典信道的辅助，因此暂不考虑这种双量子比特门的远程执行协议。

在分布式架构上执行量子线路时，一个双量子比特门的两个相关比特可能处于架构中的不同 QPU 上，为了执行该量子门，需要对其相关的量子态进行移动，直至两个相关量子态位于同一 QPU 内的两个近邻物理量子比特上。存在两种可行的分布式量子线路映射思路，一种思路为直接映射，另一种思路为先划分再映射。

直接映射的方式是将多个 QPU 构成的分布式量子架构视为一个量子架构，再将逻辑量子线路中的逻辑量子比特映射至分布式量子架构中的物理量子比特，即初始映射，映射至同一个 QPU 的量子比特被划分为同一个分区，此映射方式将划分包含在初始映射内。这种分布式量子线路初始映射的求解空间为 $n!$，其中，$n$ 表示逻辑量子线路中的量子比特数目。

先划分再映射的方式是先对逻辑量子线路的量子比特进行划分，再对划分后的分区内的逻辑量子比特进行初始映射。这种方式下，线路中 $n$ 个逻辑量子比特被划分为 $k$ 个分区，划分的求解空间如式(9-6)所示，其中，$n_{Ki}$ 表示第 $i$ 个分区中的量子比特数目，且需满足式(9-7)的约束，即所有分区中的量子比特数目之和等于量子线路中的量子比特数目。划分后的逻辑量子比特初始映射的求解空间如

式(9-8)所示，其中， $n_{Ki}!$ 表示第 $i$ 个分区内量子比特初始映射的求解空间。这种量子线路分布式映射问题的总体求解空间为划分的求解空间与分区内初始映射的求解空间的乘积，计算后的求解空间为 $n!$，如式(9-9)所示。因此，两种量子线路分布式映射方式的求解空间一致，均为 $n!$。

$$C_n^{n_{K1}} C_{n-n_{K1}}^{n_{K2}} C_{n-n_{K1}-n_{K2}}^{n_{K3}} \cdots C_{n_{Kk}}^{n_{Kk}} = \prod_{i=1}^{k} C_{n-\sum_{j=1}^{i-1} n_{Kj}}^{n_{Ki}} \tag{9-6}$$

$$\text{s.t.} \sum_{i=1}^{k} n_{Ki} = n \tag{9-7}$$

$$n_{K1}! n_{K2}! \cdots n_{Kk}! = \prod_{i=1}^{k} n_{Ki}! \tag{9-8}$$

$$\prod_{i=1}^{k} C_{n-\sum_{j=1}^{i-1} n_{Kj}}^{n_{Ki}} \prod_{i=1}^{k} n_{Ki}! = n! \tag{9-9}$$

在给定的初始量子比特映射下，便可以开始分布式量子线路映射的第二步了，即量子态路由。量子态路由过程按照量子门依赖关系依次读取量子门，若遇到不满足连通受限(或近邻交互)约束的双量子比特门，则通过插入 SWAP 门或 ST 门对该门相关的两个量子态(或逻辑量子比特)进行路由，直至这两个量子态移动至同一 QPU 上的两个近邻物理量子比特上。在进行量子态路由时，将逻辑量子比特和量子态视为两个可相互替换的等价概念。为了便于说明，根据是否位于同一 QPU 以及是否满足连通受限约束，给出量子门的不同类型定义。

**定义 9-1** 给定分布式连通图，将相关量子比特位于同一 QPU 内的量子门称为局域门，否则称为非局域门。

给定双量子比特门 $g(q_i,q_j)$，其中， $q_i$ 和 $q_j$ 为两个逻辑量子比特，若在量子比特映射 $\pi$ 下 $q_i$ 和 $q_j$ 对应的两个物理量子比特(即 $\pi(q_i)$ 和 $\pi(q_j)$)均位于分布式架构中的同一 QPU 内，则根据定义 9-1，该门是局域门，否则为非局域门。显然，单量子比特门总是局域门。

**定义 9-2** 给定分布式连通图 DQC=$(V_D,E_D,W_D)$ 和逻辑线路 $\Phi$，若在量子比特映射 $\pi$ 下， $\Phi$ 中的任一量子门 $g$ 既是局域门又是活跃门，并同时满足连通受限约束，则称量子门 $g$ 为可执行门。

设 $g(q_i,q_j)$ 是量子线路 $\Phi$ 中的一个活跃门，其中， $q_i$ 和 $q_j$ 为两个逻辑量子比特，若在量子比特映射 $\pi$ 下 $q_i$ 和 $q_j$ 对应的两个物理量子比特(即 $\pi(q_i)$ 和 $\pi(q_j)$)位于同一 QPU 耦合图中的两个相邻物理量子比特上，则该门是一个可执行门。单比特的活跃量子门总是可执行门。例 9-1 给出了在特定配置下局域门、非局域门以及可执行门的示例。

**例 9-1**　给定如图 9-2 所示的分布式连通图和如图 9-5 所示的逻辑线路，若当前量子比特映射关系为 $\pi:\{v_{02},v_{10},v_{11},v_{12}\}$，即 $\pi(q_0)=v_{02}$，$\pi(q_1)=v_{10}$，$\pi(q_2)=v_{11}$，$\pi(q_3)=v_{12}$，则逻辑线路中的局域门有 $g_0$、$g_2$ 和 $g_3$，而非局域门有 $g_1$ 和 $g_4$。另外，$g_0$ 满足近邻交互约束，是当前配置下线路中唯一的可执行门。

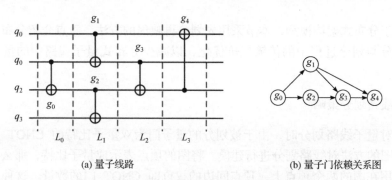

(a) 量子线路　　　　　　　　　　　(b) 量子门依赖关系图

图 9-5　示例量子线路及其量子门依赖关系图

量子态路由过程按照依赖关系依次读取逻辑线路中的量子门，并通过插入 SWAP 门(或 ST 门)将不满足交互约束的活跃门依次转换为可执行门。只有当一个量子门是可执行门时，才可以对其进行调度。最终，逻辑线路中的各量子门以及插入的 SWAP 门和 ST 门共同构成满足架构约束的物理线路。

**例 9-1 续**　在初始映射关系 $\pi:\{v_{02},v_{10},v_{11},v_{12}\}$ 下，量子态路由向原始线路中插入了两个 SWAP 门和一个 ST 门，得到如图 9-6 所示的物理线路。

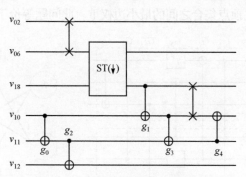

图 9-6　满足交互约束的物理线路

图 9-6 仅给出了当前配置下一种可能的物理线路，实际上不同的初始映射或量子态路由策略将导致不同 SWAP 门和 ST 门插入方式。为了提升量子线路的执行成功率，分布式量子线路映射以最小化插入的 ST 门数量和 SWAP 门数量为优化目标，在当前 ST 门错误率偏高的情况下，减少 ST 门数量尤为重要。

在分布式量子线路映射中，给定逻辑线路 LC=(Q,G)、分布式连通图

DQC=($V_D,E_D,W_D$)以及正整数 $k$ 和 $i$，目标是求解能否通过插入最多 $k$ 个 SWAP 门和 $i$ 个 ST 门，使 LC 中的任意双量子比特门均满足近邻交互约束。

## 9.3　分布式量子线路划分与优化

基于分布式架构模型，本节采用先划分再映射的方法，重点介绍分布式量子线路划分与划分过程中的传输代价优化，以减少分布式量子线路中的量子态传输次数。

### 9.3.1　线路划分策略

在对量子线路划分时，由于被划分的量子门为双量子比特的 CNOT 门，因此可用图的方法对线路划分进行建模。将图的顶点表示成量子比特，那么 CNOT 门就作用在图的两个顶点上，顶点间边的权重即 CNOT 门的数量。这种量子线路表示成图的方法使得可以利用图论中的算法，如图划分算法，来实现分布式的量子线路划分。图的划分对应在不同的 QPU 之间划分量子比特。

图 9-7 展示了一个分布式量子线路及其量子比特加权图 $G(V, E, W)$，其中，顶点 $V$ 为逻辑量子比特，边 $E$ 为作用在两个逻辑量子比特之间的双量子比特门，权重 $W$ 为作用在两个逻辑量子比特之间的双量子比特门数。通过对量子比特加权图的分割，将顶点即量子比特分割成 $K$ 个子集，即可等价于对分布式量子线路的划分。分布式量子线路划分的指标通常为最小化非局域门数量或传输代价，在量子比特加权图中表现为最小化顶点集合之间的最小边权重，此问题等价于图的最小割问题。

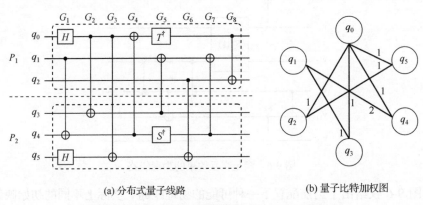

(a) 分布式量子线路　　　　　　　　(b) 量子比特加权图

图 9-7　分布式量子线路及其量子比特加权图表示

分布式量子线路划分代价的衡量指标之一为非局域门的数量，最小化非局域门的数量等价于最小化量子比特加权图中分区间的权重之和。如果每一个量子门都需要两次传输，那么传输代价等于两倍的非局域门的数量。事实上，一个量子态从源分区传输至目标分区后，此量子态在目标分区可被后续量子门继续使用，此模式为合并传输模型，合并传输模型的传输代价优于两倍的非局域门的数量，因此，此模型广泛使用于传输代价的优化。本节的分布式量子线路的划分代价指标中也考虑到这种模式的优化效果。由于优化后的传输代价无法用特定函数直接刻画，所以构建非局域门的散布关系图，用于判断非局域门对传输代价的间接影响关系。

**定义 9-3** 在量子比特加权图 $G(V, E, W)$ 中，所有量子比特 $V$ 被划分后，去除分区内的边 $E_{lg}$，只保留分区间的边 $E_{gg}$ 和权重 $W_{gg}$，更新后量子比特加权图的边 $E$ 均代表非局域门，此图称为非局域门的散布关系图，记为 $G(V, E_{gg}, W_{gg})$。

在非局域门散布关系图 $G(V, E_{gg}, W_{gg})$ 中，给出非局域门散布函数，用于判断非局域门数量及散布情况对传输代价的影响，如式(9-10)所示：

$$F_{gg} = \frac{\sum W_{gg}}{N_E} \tag{9-10}$$

式中，$\sum W_{gg}$ 表示所有非局域门的数量；$N_E$ 表示分区间的边数，即非局域门作用的两个量子比特集合的种类。边数越少意味着只有少数非局域门作用在特定的量子比特上，使操作更加集中。而边数越多，则意味着更多种类的非局域门作用在大量的量子比特上，使操作更加分散。$F_{gg}$ 表明了非局域门数量及散布情况对传输代价的影响，其比值越大，平均每两个量子比特上作用的非局域门越多，越容易匹配合并传输模型，非局域门所需的传输代价也越少。

**例 9-2** 图 9-8(a)是将图 9-7(b)所示的量子比特加权图中的 $q_0$、$q_1$、$q_2$ 划分至一个分区，将 $q_3$、$q_4$、$q_5$ 划分至另一个分区，此时共有 6 个非局域门和 5 条边，非局域门散布函数 $F_{gg} = 6/5$，共需 8 次传输。图 9-8(b)将 $q_0$、$q_1$、$q_5$ 划分至一个分区，将 $q_2$、$q_3$、$q_4$ 划分至另一个分区，此时非局域门散布函数 $F_{gg} = 6/6$，共需 10 次传输。较大的非局域门散布函数意味着此分布式量子线路所需的传输代价也较低。

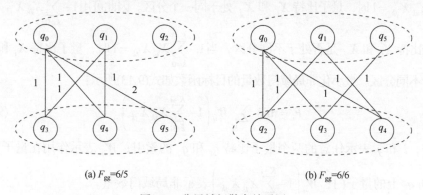

(a) $F_{gg}=6/5$      (b) $F_{gg}=6/6$

图 9-8 非局域门散布关系图

　　因此在综合考虑非局域门的数量和非局域门散布函数后，分布式量子线路划分的代价指标如式(9-11)所示。在非局域门散布关系图 $G(V, E_{gg}, W)$ 中，要求最小化非局域门数量，并尽可能最大化非局域门散布函数。

$$F = \left[ \min \sum W_{gg}, \max \frac{\sum W_{gg}}{N_E} \right] \tag{9-11}$$

　　图的最小割问题是图论中的一种组合优化问题，是一个经典的 NP-hard 问题，即在一般情况下，找到最优解需要指数级的时间。对于最小割问题，可以将此问题映射到一个二次无约束二元优化(quadratic unconstrained binary optimization, QUBO)模型[248]上。QUBO 模型是一种用于描述组合优化问题的数学模型。在 QUBO 模型中，每个二值变量的取值为 0 或 1，通过适当的约束和目标函数，将问题表示为一组二进制变量的二次型，进而利用量子优化算法来加速求解。

　　具体而言，对于给定的量子比特加权图，首先给出一组二进制变量 $X_{ik}$，如式(9-12)所示：

$$X_{ik} = \begin{cases} 1, & q_i \in P_k \\ 0, & q_i \notin P_k \end{cases}, \quad i \in [0, N), k \in [0, K) \tag{9-12}$$

式中，分区的编号 $k$ 取值范围为$[0, K)$，量子比特的编号 $i$ 取值范围为$[0, N)$，$K$ 表示分区数量，$N$ 表示量子比特数量。每个变量 $X_{ik}$ 表示一个顶点 $X_i$ 是否属于某个集合 $P_k$，即量子比特 $q_i$ 是否被划分到第 $k$ 个分区。当 $X_{ik} = 1$ 时，表示量子比特 $q_i$ 被划分至分区 $P_k$。

　　为了最小化非局域门的数量即最小化量子比特加权图中分区间的权重之和，对于量子比特加权图中的每一条边 $E_{ij}$，需要判断作用在边上的两个量子比特 $X_i$ 和 $X_j$ 是否处于不同的分区。如果量子比特 $X_i$ 和 $X_j$ 处于不同的分区，则作用在这两个量子比特上的 $W_{ij}$ 个量子门均为非局域门。在二值变量 $X_{ik}$ 下，当且仅当 $\sum_{k=0}^{K-1} X_{ik} X_{jk} = 1$时，量子比特 $X_i$ 和 $X_j$ 处于同一个分区。因此可用$1 - \sum_{k=0}^{K-1} X_{ik} X_{jk}$ 判断量子比特 $X_i$ 和 $X_j$ 是否处于不同分区，当$1 - \sum_{k=0}^{K-1} X_{ik} X_{jk} = 1$时，量子比特 $X_i$ 和 $X_j$ 处于不同分区。最小化非局域门数量的目标函数如式(9-13)所示：

$$F_1 = \min \sum_{i, j \in E_{ij}} W_{ij} \left( 1 - \sum_{k=0}^{K-1} X_{ik} X_{jk} \right) \tag{9-13}$$

式中，$i$ 和 $j$ 表示任意的两个量子比特 $q_i$ 和 $q_j$ 的索引；$W_{ij}$ 表示作用在量子比特 $q_i$ 和 $q_j$ 上的量子门；$W_{ij} \left( 1 - \sum_{k=0}^{K-1} X_{ik} X_{jk} \right)$ 表示非局域门数量。

　　最大化非局域门散布函数也可在量子比特加权图中刻画。由于 QUBO 模型只能求解目标函数的最小值，且无法求解分式形式的目标函数。因此将最大化非局域门散布函数转换为累加形式的最小化函数。转换后的最大化非局域门散布函数的目标函数如式(9-14)所示：

$$F_2 = \max \frac{\sum_{i,j \in E_{ij}} W_{ij} \left(1 - \sum_{k=0}^{K-1} X_{ik} X_{jk}\right)}{\sum_{i,j \in E_{ij}} \left(1 - \sum_{k=0}^{K-1} X_{ik} X_{jk}\right)}$$

$$\Rightarrow \hat{F_2} = \min \varphi \left[ \sum_{i,j \in E_{ij}} W_{ij} \left(1 - \sum_{k=0}^{K-1} X_{ik} X_{jk}\right) \right. \tag{9-14}$$

$$\left. - \sum_{i,j \in E_{ij}} \left(1 - \sum_{k=0}^{K-1} X_{ik} X_{jk}\right) \right]$$

式中，$\varphi$ 表示转换因子，且 $\varphi < 0$，用于将目标函数的最大化近似转换为最小化。式(9-14)也是式(9-10)在 QUBO 模型下的表达。

分布式量子线路的划分的约束条件为每个量子比特只能被划分至一个分区，且各分区内的量子比特数目尽可能相同或者相差较小，以保证分布式系统的负载均衡。因此分布式量子线路的划分的约束条件可用式(9-15)表示：

$$\text{s.t.} \begin{cases} \sum_{k=0}^{K-1} X_{ik} = 1, & \forall i \in [0, N) \\ \sum_{i=0}^{N-1} X_{ik} - \dfrac{N}{K} \leqslant \rho, & \forall k \in [0, k) \end{cases} \tag{9-15}$$

式中，$\sum_{k=0}^{K-1} X_{ik} = 1$ 用于保证任意的量子比特 $q_i$ 只能被划分至一个分区；$N/K$ 表示分区大小的平均值；$\rho$ 表示负载均衡公差，用于控制各分区内的量子比特数目的差异；$\sum_{i=0}^{N-1} X_{ik} - \dfrac{N}{K} \leqslant \rho$ 用于保证划分后每个分区的大小与平均值 $N/K$ 的差不大于负载均衡公差 $\rho$。

约束条件以惩罚系数的形式加入目标函数 $F$，以确保满足分布式线路划分问题的实际限制。在给约束条件加上惩罚系数 $\lambda_1$ 和 $\lambda_2$，并转换为二次型后，此问题的描述如式(9-16)所示：

$$H_{\min} = F_1 + \hat{F_2} + \lambda_1 \sum_{i=0}^{N-1} \left(\sum_{k=0}^{K-1} X_{ik} - 1\right)^2 + \lambda_2 \sum_{k=0}^{K-1} \left(\sum_{i=0}^{N-1} X_{ik} - \frac{N}{K} - \rho_k\right)^2 \tag{9-16}$$

式中，$\rho_k \in [0, \rho]$，用于保证每个分区的大小等于 $\dfrac{N}{K} + \rho_k$，以满足负载均衡的约

束；此外，惩罚系数 $\lambda_1$ 和 $\lambda_2$ 的取值需要根据决策变量 $X_{ik}$ 的数量改变。

在转换为 QUBO 矩阵后，可部署至量子退火机执行。本章 QUBO 模型的求解基于玻色量子[①]的 Kaiwu 模拟器，通过构建 QUBO 模型划分此量子线路。对于图 9-7(a)所示的分布式量子线路，当量子比特 $q_0$、$q_2$、$q_5$ 划分至分区 $P_1$，$q_1$、$q_3$、$q_4$ 划分至分区 $P_2$ 时，分区间的非局域门数量最少，非局域门数量为 2。

### 9.3.2　传输代价优化策略

将尽可能多的非局域门加入合并传输队列中，有助于降低分布式量子线路的传输代价。为了寻找单个合并传输队列中所能容纳的最大非局域门数量，本节提出一种基于门依赖关系图的合并传输队列匹配策略。量子线路的依赖关系图是一种有向无环图，用于表示量子线路中的量子信息流。在门依赖关系图中，量子门被表示成节点，而量子比特被表示成连接节点的边。门依赖关系图提供了对量子比特进行操作的可视化表示，以及量子比特相互作用的方式，所以从门依赖关系图中能够清晰地描绘量子门的依赖关系。以图 9-9 为例，将图 9-9(a)所示的量子线路转换为图 9-9(b)所示的门依赖关系图，五个顶点表示五个量子门，两个顶点之间的有向箭头表示依赖关系，边上的标签表示依赖的量子比特。需要注意的是，若两个相邻量子门具有相同的两个量子比特，则依赖关系上存在两个标签。

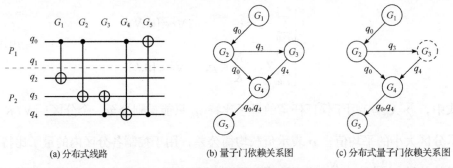

(a) 分布式线路　　　　　(b) 量子门依赖关系图　　　　(c) 分布式量子门依赖关系图

图 9-9　分布式量子线路及门依赖关系图

判断多个非局域门能否满足合并传输模型，就是在判断它们是否具有相同的量子比特，且这部分非局域门的执行是否依赖于其他非局域门。此问题可以在量子门依赖关系图中直接表现。多个非局域门具有相同的量子比特，在量子门依赖关系图中表现为边上的标签相同；非局域门的执行不依赖于其他非局域门，在量子门依赖关系图中表现为节点无依赖关系。为此，将处理分布式量子线路的量子门的依赖关系图改进成分布式量子门依赖关系图，简称分布式量子门依赖关系图。

**定义 9-4**　设 $G(V, E, T)$ 为一个分布式量子门依赖关系图，其中 $V$ 是节点集

---

① https://developer.qboson.com。

合，$E$ 是边集合，$T$ 是标签集合。在分布式量子门依赖关系图中，每个节点 $v \in V$ 代表一个量子门，每条边 $(v_i, v_j) \in E$ 表示量子门 $v_i$ 依赖于量子门 $v_j$ 的量子比特，边上的标签 $t_{(i,j)}$ 指明具体的依赖量子比特。

在分布式量子门依赖关系图的构造中，边的构造与传统量子门依赖关系图一致，均表示门的依赖量子比特。不同的是，在分布式量子门依赖关系图中能表现出非局域门与局域门的差别，用实线节点表示非局域门，称为全局节点，用虚线节点表示局域门，称为局部节点。

**例 9-3**　以图 9-9(a)的线路为例，对其进行分布式处理后，所对应的分布式量子门依赖关系图如图 9-9(c)所示。由合并传输模型可知，在图 9-9(a)中的分布式量子线路中，非局域门 $G_1$、$G_2$、$G_4$、$G_5$ 满足合并传输模型，所需传输的量子比特是 $q_0$。根据这四个非局域门的依赖关系，四个门都通过 $q_0$ 量子比特相互依赖，所以传输的量子比特也是 $q_0$。

寻找满足合并传输的非局域门的问题，即合并传输队列匹配问题，可以转换为在三个约束条件下于分布式量子门依赖关系图中寻找最长路径的问题，此路径称为传输路径。约束条件如下：

(1) 传输路径上的节点均为属性相同的全局节点。

(2) 传输路径上边的标签相同。

(3) 不存在路径使不在传输路径上的全局节点通往传输路径上的任意节点。

一个全局的双量子门只存在两个量子比特，必定存在于两个分区中，所以将全局节点的属性设置为 $[P_i, P_j]$，表示非局域门的两个量子比特分别位于分区 $P_i$ 和 $P_j$。以图 9-9(c)为例，存在最长传输路径 $G_1 \rightarrow G_2 \rightarrow G_4 \rightarrow G_5$。此传输路径上的标签都为 $q_0$，且 $G_3$ 节点是局部节点，不存在路径使不在传输路径上的全局节点通往传输路径上的任意节点，所以满足三个约束条件。

**定义 9-5**　在分布式量子线路中，需要将非局域门作用的两个量子比特 $\{q_i, q_j\}$ 中的一个量子比特 $q_t \in \{q_i, q_j\}$ 的量子态，传输至另一量子比特所在的分区，才可执行此非局域门，此时被传输的量子比特 $q_t$ 称为传输量子比特。

在利用合并传输模型优化分布式量子线路的传输代价时，目前普遍存在两种传输量子比特选择策略，其一是元启发式方法，其二是贪心策略。元启发式方法利用遗传算法等智能方法，通过动态调整每个量子门的传输量子比特，再将相同传输量子比特的量子门匹配合并传输模型。此方法难以收敛至最优解，且不稳定。贪心策略以当前最优解为目标，在线路中逐步向右遍历相邻的量子门，通过判断相邻或最近的量子门是否具有相同的量子比特来决定传输的量子比特。

**例 9-4**　如图 9-10 所示，如果采取贪心策略选择 $G_1$ 门的传输量子比特，贪心策略只会从 $G_1$ 门向后遍历，由于 $G_2$ 门的控制比特 $q_0$ 与 $G_1$ 门的控制比特相同，满足合并传输模型，因此传输量子比特选择为 $q_0$。后续其他门没有作用在 $q_0$ 上，所以传输 $q_0$ 完成 $G_1$ 门与 $G_2$ 门的执行。同理，传输 $q_3$ 完成 $G_3$ 门与 $G_4$ 门的执行，传输 $q_1$ 或 $q_4$ 完成 $G_5$ 门的执行。在考虑回传之后，线路的传输代价为 6。但是，如果在遍历完 $G_2$ 门后继续向后遍历，探索到 $G_3$ 门、$G_4$ 门与 $G_1$ 门具有相同的量子比特 $q_3$。以 $q_3$ 作为 $G_1$ 门的传输量子比特，则 $G_1$ 门、$G_3$ 门和 $G_4$ 门均可通过一次传输转化成局域门。最后，将 $G_2$ 门的传输量子比特选择为 $q_4$，则 $G_2$ 门和 $G_5$ 门满足合并传输。此时，考虑两次回传后，此分布式量子线路的传输代价为 4。

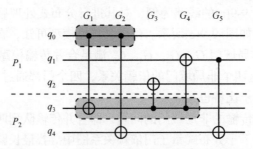

图 9-10　不同传输量子比特对传输代价的影响

**定义 9-6**　在分布式量子线路中，为非局域门选择不同的传输量子比特 $q_t$ 将使后续量子门的传输代价产生差异，此差异称为影响因子，记为 $E_q$。

影响因子 $E_q$ 有三种取值，分别对应三种不同的情况。影响因子 $E_q$ 的三种取值如式(9-17)所示：

$$E_q = \begin{cases} 1, & \text{积极影响} \\ 0, & \text{无影响} \\ -1, & \text{消极影响} \end{cases} \tag{9-17}$$

(1) 当后续量子门为非局域门，其所属分区与当前非局域门相同，并且其中一个量子态作用在传输量子比特 $q_t$ 上时，会对这些门产生积极影响，此时 $E_q$ 取 1。这是因为在进行当前传输量子比特的传输时，该非局域门会合并传输至目标分区。

(2) 当后续量子门为局域门，并且作用在传输量子比特 $q_t$ 上时，此次传输会对这些门产生消极影响，此时 $E_q$ 取 $-1$。这是因为局域门可以在所属分区内执行，因此无须传输量子比特，此时，若进行不必要的传输，反而会增加执行代价。

(3) 当后续门为非局域门，且后续门所属分区与当前非局域门所属分区不完全相同，或者当后续门均不作用在传输量子比特 $q_t$ 上时，此次传输不会影响这些门，此时 $E_q$ 取 0。

**例 9-5**　如图 9-11(a)所示，当 $G_1$ 门的传输量子比特为 $q_{i_1}$ 时，$G_n$ 门为非局域门且作用在 $G_1$ 门的传输量子比特上，在当前传输影响下，$G_1$ 门在传输量子比

特 $q_{i_1}$ 后会使 $G_n$ 门转换为局域门，从而减少 $G_n$ 门所需的传输，所以该传输量子比特 $q_{i_1}$ 会对 $G_n$ 门产生积极影响。图 9-11(b)中，当 $G_1$ 门的传输量子比特为 $q_{i_1}$ 时，$G_n$ 门为局域门且作用在 $G_1$ 门的传输量子比特 $q_{i_1}$ 上，由于此次传输后 $G_n$ 门变为非局域门，增大了分布式量子线路传输代价，所以该传输量子比特会对 $G_n$ 门产生消极影响。图 9-11(c)中，无论 $G_1$ 门的传输量子比特选择 $q_{i_1}$ 还是 $q_{j_n}$，由于 $G_n$ 门不作用在这两个量子比特上，对 $G_n$ 门均不产生影响。

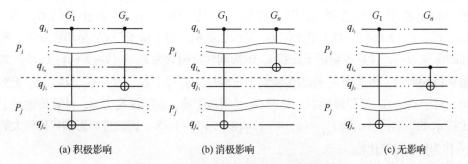

(a) 积极影响          (b) 消极影响          (c) 无影响

图 9-11    传输量子比特与量子门的影响关系

为了克服固定前瞻深度的缺陷，本节采取动态策略调整前瞻深度。在考虑非局域门的传输量子比特时，针对后续量子门的情况，灵活设置前瞻深度。具体而言，对于当前非局域门 $G_i$ 及其传输量子比特 $q_t$，前瞻窗口包含依赖于 $G_i$ 且不受传输量子比特 $q_t$ 消极影响的最长连续量子门序列。若在依赖于 $G_i$ 的后续量子门中，量子门 $G_j$ 是第一个受 $q_t$ 消极影响的量子门，此时量子门 $G_j$ 到当前非局域门 $G_i$ 的索引距离 $j-i$ 即当前非局域门 $G_i$ 的传输量子比特 $q_t$ 的前瞻深度 $d$。

基于当前非局域门的传输量子比特较优的前瞻窗口大小，需要评估不同传输量子比特在给定的前瞻深度下，对后续线路中量子门传输代价产生的影响，以此选择合适的传输量子比特。为此，本节通过给定传输量子比特 $q_t$ 的影响代价函数 $F_{q_t}$，判断如何选择该非局域门传输量子比特。对给定传输量子比特 $q_t$ 构建的代价函数如式(9-18)所示：

$$F_{q_t} = \sum_{k=1}^{d-1} f_k = \sum_{k=1}^{d-1} (d-k+1)E_{q_t}, \quad E_{q_t} \in \{0, \pm 1\} \tag{9-18}$$

式中，$f_k$ 表示后续前瞻窗口内每个量子门的影响函数；$d$ 表示前瞻深度；$k$ 表示前瞻深度内量子门的索引，且 $1 \leqslant k < d$；$E_{q_t}$ 为影响因子，如式(9-17)所示，表示当前传输量子比特对该索引指示的量子门的影响。

传输量子比特代价函数 $F_{q_t}$ 的值表示当前非局域门传输量子比特 $q_t$ 对于影响后续量子门传输的优化效果，值越大则表明基于传输量子比特优化的传输效果越好。基于动态前瞻的传输量子比特选择策略采用式(9-18)评估量子比特 $q_t$ 在不同传输方案中的优化潜力。该公式根据当前传输量子比特与后续量子门的影响关系,计算每一个门的影响函数 $f_k$。$k$ 越小,即与当前非局域门索引距离越小的量子门,计算得到的 $d-k+1$ 值会越大。换言之,靠近当前非局域门的量子门受到的影响更大,其在优化过程中的优先级也相应更高。

**例 9-6** 以图 9-12 所示的分布式量子线路为例,阐述本节基于动态前瞻的传输量子比特选择策略。为了执行 $G_1$ 非局域门,有两个传输量子比特 $q_0$ 和 $q_3$ 可选。如图 9-12(a)所示,当选择 $q_0$ 作为传输量子比特时,$q_0$ 对于量子门 $G_2$、$G_4$、$G_5$、$G_6$、$G_7$ 无影响,对于量子门 $G_3$ 是积极影响,对于量子门 $G_8$ 是消极影响,则前瞻深度为 7,计算传输量子比特 $q_0$ 的影响代价函数为 $F_{q_0}=(7-2+1)-1=5$。如图 9-12(b)所示,当选择 $q_3$ 作为传输量子比特时,$q_3$ 对于 $G_2$、$G_3$、$G_4$、$G_7$、$G_8$ 无影响,对于 $G_5$、$G_6$ 是积极影响,对于 $G_9$ 是消极影响,前瞻深度为 8,计算传输量子比特 $q_3$ 的影响代价函数 $F_{q_3}=(8-4+1)+(8-5+1)-1=8$。因此选择影响代价较大的 $q_3$ 作为传输量子比特。

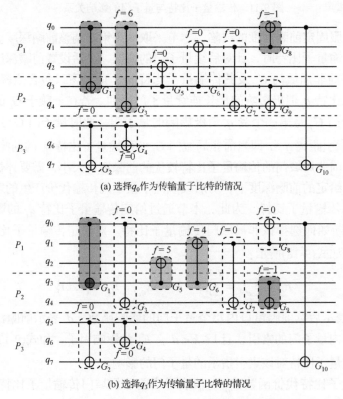

(a) 选择 $q_0$ 作为传输量子比特的情况

(b) 选择 $q_3$ 作为传输量子比特的情况

图 9-12 基于动态前瞻的传输量子比特选择过程

### 9.3.3　传输代价优化算法

为了在依赖关系图中即 DAG 中匹配合并传输队列，可转换为在依赖关系图中寻找约束条件下的最长路径，利用图的深度优先搜索(depth first search，DFS)算法可以解决此问题。为此，本节给出了基于 DAG 的合并传输队列匹配的递归 DFS($G,V,Q$)算法。该算法的主要思想如下：将 DAG 的一个全局节点 $V$ 作为起始节点，标记为已访问，将此节点加入传输路径。对于当前节点，探索其所有未访问的邻居节点，如果满足三个约束条件，将此节点加入传输路径。如果没有未访问的邻居，回溯到父节点。对每个未访问的邻居节点执行上述步骤。如果一个邻居有未访问邻居，则对新节点重复该过程。如果所有的邻居都被访问过，则回溯到父节点。重复上述过程，直到图中的所有节点都被访问。返回的传输路径即合并传输队列。

需要注意的是，对约束条件(3)的判断也是采用 DFS 算法。通过对每个全局节点逆向 DFS，对逆向的节点访问路径和传输路径计算差集，这部分差集表示不在传输路径上，但是能够通往传输路径的节点，即不在合并传输列表中但是会影响合并传输列表非局域门执行的其他量子门。所以这部分差集中不能出现非局域门，否则无法继续执行 DFS 算法。此算法的伪代码如算法 9.1 所示。

---

**算法 9.1**：基于 DAG 的合并传输匹配算法(DFS)

**输入**：量子线路 Quantum_circuit；初始量子门 Initial_gate；传输量子比特 Transfer_qubit

**输出**：传输队列 T_queue

1. $G$ ← Quantum_circuit;　　　　//初始化 DAG
2. $V$ ← Initial_gate;　　　　　//初始化门
3. $Q$ ← Transfer_qubit;　　　　//初始化$q_t$
4. Path_positive ← [$V$]　　　　//正向 DFS 的路径
5. $V_n$ ← V_neighbours;　　　　//邻居节点
6. **if** $V_n$ not NULL **then**　　　　//如果存在邻居节点
7. 　**foreach** $n$ in $V_n$ **do**
8. 　　Path_reverse ← Reverse DFS($G$, $N$);　　//反向 DFS 的路径
9. 　　Path_influence ← Path_reverse – Path_positive;
　　　　//正反 DFS 路径差集=受影响节点
10. 　　**if** no global_gate in Path_influence **then**　　//如果受影响节点不是非局域门

```
11.        fork ← 0;    //标记为 0
12.      else
13.        fork ← 1;    //标记为 1
14.      end
15.      if n is global_gate and  label_n = label_v and weight_n = weight_v  and fork = 0
              then // 三个约束条件均成立
16.          n is added to Path_positive;              //节点 n 加入正向 DFS 的路径
17.          V ← n;                                    //节点 n 作为起始节点，继续 DFS
18.      end
19.    end
20.    return DFS(G, V, Q);                            //递归
21. else
22.    return Path_positive;
23. end
```

分析算法 9.1 的时间复杂度。算法 9.1 中采用了 DFS 遍历，DFS 的时间复杂度为 $O(V+E)$，其中，$V$ 代表 DAG 中的节点数目，$E$ 代表边数。考虑到节点表示的 CNOT 门仅有两个量子比特，所以每个节点最多只有两个入度和两个出度，即每个顶点最多指向两个其他顶点，且最多被两个顶点指向。因此 $E$ 小于 $2V$，简化后的时间复杂度为 $O(V)$。对于 DAG 中的每一个节点，正向 DFS 过程中都将执行一次反向 DFS。反向 DFS 的执行最坏情况下可能需要遍历整个 DAG 的其余节点，使两层嵌套 DFS 的时间复杂度达到 $O(V^2)$。由于节点数目 $V$ 等于量子门数 $n$，因此算法 9.1 的时间复杂度为 $O(n^2)$。

为了对每个需要传输的量子门找到较优的前瞻深度来判断并选择其传输量子比特，提出的动态前瞻算法如算法 9.2 所述。此算法以量子线路、当前非局域门、非局域门的传输量子比特为输入，以此非局域门的前瞻深度为输出。通过判断当前非局域门后续的量子门与当前非局域门的影响关系，寻找首次出现消极影响关系的量子门。此时消极影响关系的量子门到当前非局域门的索引距离即为前瞻深度。

---

**算法 9.2**：计算前瞻深度(calculate look-ahead depth，CLAD)

**输入**：量子线路 Quantum_circuit；目标门 $g$；传输量子比特 $q$

**输出**：前瞻深度 $D$

1. g_list ← Quantum_circuit;                    //初始化门列表

2. $i \leftarrow$ index gate $g$ in g_list;　　　　　　　　//当前量子门 $g$ 在门列表中的索引

3. gg_list $\leftarrow$ count global gate from QC;　　　　//非局域门列表

4. $j \leftarrow i+1$;　　　　　　　　　　　　//从当前非局域门的下一个量子门遍历

5. **while** $j <$ g_list length **do**

6. 　**if** g_list[$j$] is in gg_list and g_list[$j$] is the same partition as $g$ and $q$ is in g_list[$i$] **then**

7. 　　　$j \leftarrow j+1$;　　　　　　//从当前非局域门 g_list[$j$]的下一个量子门遍历

8. 　**end**

9. 　**if** g_list[$j$] is not in gg_list and $q$ is in g_list[$i$] **then**
　　//消极影响:g_list[$j$]不是非局域门

10. 　　　break;

11. 　**end**

12. **end**

13. $D \leftarrow j-i$;　　　　　　　　　//计算前瞻深度

14. **return** $D$;

分析算法 9.2 的时间复杂度。假设量子门数为 $n$，即 g_list 的长度为 $n$，非局域门数量为 $m$。在第 5 行的 while 循环复杂度为 $O(n)$。第 6 行和第 9 行判断 g_list[$j$]门是否在非局域门列表中，复杂度为 $O(m)$，因此算法 9.2 的时间复杂度为 $O(nm)$。在最坏情况下，非局域门数量 $m$ 等于量子门数量 $n$，则算法 9.2 的时间复杂度为 $O(n^2)$。

通过动态选择前瞻深度，能够更有效地判断当前非局域门的传输量子比特。利用前瞻深度的动态性，在 DAG 中匹配合并传输模型，以优化分布式量子线路的传输代价。具体而言，执行完一次合并传输队列匹配 DFS 算法后，只能寻找到一个合并传输队列。然而对于其他未加入新的合并传输队列的非局域门，需要继续执行合并传输队列匹配算法。所以在分布式依赖关系图中执行完一次 DFS($G,V,Q$) 算法后，需要重新选择节点继续执行 DFS($G,V,Q$) 算法，以寻找新的传输路径，直到 DAG 中所有的节点都被访问。最终统计传输路径的数量，即合并传输队列的数量，两倍的合并传输队列的数量代表此线路的传输代价。

基于 DAG 的传输代价优化策略的主要思路为：对于每一个非局域门动态选择前瞻深度，选择 $F$ 值较优的量子比特作为传输量子比特，并在 DAG 中匹配合并传输模型，将满足合并传输模型的非局域门加入合并传输队列 T_queue。将 T_queue 中的非局域门从门列表中删除，直到所有非局域门被处理完。基于 DAG 的传输代价优化算法的伪代码如算法 9.3 描述。

算法 9.3 的主要步骤如下。

(1) 初始化参数 T_queue 和 T_list。

(2) 从左往右扫描量子线路，对于当前非局域门，通过算法 9.2 计算其前瞻深度 $D$。

(3) 利用式(9-18)计算当前非局域门两个传输量子比特在前瞻深度 $D$ 内的代价函数。判断两个传输量子比特的优劣，选择 $F$ 值较优的量子比特作为此非局域门的传输量子比特。

(4) 基于此传输量子比特，在 DAG 中利用合并传输模型匹配量子门，将满足合并传输的量子门加入合并传输队列 T_queue 中。将合并传输队列 T_queue 加入传输列表 T_list 中，列表长度×2 即为当前合并传输代价。

(5) 从量子线路中删除 T_queue 中的量子门与部分可执行的局域门，并继续执行步骤(2)，直到所有非局域门都已加入 T_list。

---

**算法 9.3:** 基于动态前瞻和 DAG 的传输代价优化算法(LA)

---

**输入:** 量子线路 Quantum_circuit
**输出:** 量子门传输列表 T_list

1. g_list ← Quantum_circuit;　　　　　　　　//初始化门列表
2. T_list ← [ ];　　　　　　　　//初始化传输列表
3. **foreach** gate in g_list **do**
4. 　**if** gate is global gate then　　　　//如果 gate 是非局域门
5. 　　T_queue ← [ ];　　　　　//初始化传输队列
6. 　　$D_c$ ← CLAD(QC, gate, control qubit);　//计算 gate 控制比特的前瞻深度
7. 　　$D_t$ ← CLAD(QC, gate, target qubit);　//计算 gate 目标比特的前瞻深度
8. 　　$F_c, F_t$ ← Calcuate $F$ by $D_c, D_t$;　//计算前瞻深度下的影响代价函数
9. 　　**if** $F_c > F_t$ **then**　　　//判断控制和目标比特代价函数优劣
10. 　　　transfer_qubit ← $F_c$;　　　//控制比特的代价函数更高
11. 　　**else**
12. 　　　transfer_qubit ← $F_t$;　　　//目标比特的代价函数更高
13. 　　**end**
14. 　　T_queue ← DFS(QC, gate, transfer_qubit);//根据传输量子比特执行算法 9.1DFS
15. 　　Add T_queue to T_list;　　　//将传输队列添加至传输列表
16. 　　Delete T_queue from g_list;　//在 g_list 中删除 T_queue 中的量子门

17.　　**else**
18.　　continue;　　　　　　　　　　　　　　//如果不是非局域门，跳过此门
19.　　**end**
20.**end**
21.**return** T_list;

　　分析算法 9.3 的时间复杂度。算法 9.3 对于每个非局域门都需要执行算法 9.1 与算法 9.2，因此算法 9.3 的时间复杂度为 $O(mn^2)$，其中，$m$ 是非局域门数量，$n$ 是量子门数量。最坏情况下，非局域门数量 $m$ 等于量子门数量 $n$，则算法 9.3 的时间复杂度为 $O(n^3)$。

　　**例 9-7**　　以表 9-1 中所示的分布式量子线路为例，介绍算法 9.3 对此线路的传输代价优化流程。在此分布式线路中，线路被分割成两个分区，$P_1$ 分区包含量子比特 $q_0$ 和 $q_1$，$P_2$ 分区包含量子比特 $q_2$、$q_3$、$q_4$。被分割后的分布式量子线路包含非局域门 $G_1$、$G_3$、$G_5$、$G_6$、$G_7$、$G_{10}$，以及局域门 $G_2$、$G_4$、$G_8$ 和 $G_9$。此分布式线路对应的量子门依赖关系图如图 9-13 所示。

**表 9-1　算法 9.3 的优化流程**

| 步骤 | 线路 | 细节 | |
|---|---|---|---|
| 1 | | Current_$G$ | $G_1$ |
| | | $F_{q_0}$ | 5 |
| | | $F_{q_3}$ | 8 |
| | | T_queue | $[G_1, G_5, G_6]$ |
| 2 | | Current_$G$ | $G_3$ |
| | | $F_{q_0}$ | $-1$ |
| | | $F_{q_4}$ | 3 |
| | | T_queue | $[G_3, G_7]$ |

续表

| 步骤 | 线路 | 细节 | |
|---|---|---|---|
| 3 | 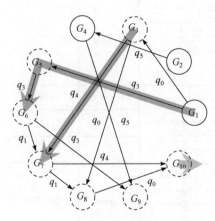 | Current_G | $G_9$ |
| | | $F_{q_0}$ | 0 |
| | | $F_{q_5}$ | 0 |
| | | T_queue | $[G_{10}]$ |

首先，在 DAG 中从第一个全局顶点 $G_1$ 开始 DFS。考虑非局域门 $G_1$ 的传输量子比特选择，根据 CLAD 算法，$G_1$ 门的 $q_0$ 和 $q_3$ 前瞻深度分别为 7 和 8，如表 9-1 中的步骤 1 所示，方框中为当前非局域门前瞻深度内的量子门。根据算法 9.3 计算得出 $G_1$ 门的传输量子比特为 $q_3$，于是从全局顶点 $G_1$ 沿着 $q_3$ 量子比特逐步搜索，依次搜索到满足约束条件的顶点为 $G_1$、$G_5$、$G_6$，并将这部分节点加入传输路径中，即合并传输队列 T_queue 中。当沿 $q_3$ 搜索到节点 $G_9$ 时，由于 $G_9$ 是局域门，节点 $G_9$ 不能加入传输路径，此时 $\text{DFS}(G, G_1, q_3)$ 结束，构成的传输队列 T_queue 为 $[G_1, G_5, G_6]$。

其次，在 DAG 中从全局节点 $G_3$ 开始 DFS。考虑非局域门 $G_3$ 的传输量子比特选择，如表 9-1 中的步骤 2 所示，根据 CLAD 算法，$G_3$ 门的 $q_0$ 和 $q_4$ 的前瞻深度分别为 2 和 3。由算法 9.3 可知，$G_3$ 的传输量子比特为 $q_4$。沿 $q_4$ 在 DAG 中逐步搜索，搜索到满足约束条件的全局节点 $G_7$。$G_9$ 为局域门，$\text{DFS}(G, G_3, q_4)$ 结束，返回 T_queue 为 $[G_3, G_7]$。

最后，DAG 中只剩下唯一的全局节点 $G_{10}$。如表 9-1 中的步骤 3 所示，$G_{10}$ 非局域门的前瞻深度为 0，其传输量子比特可选择 $q_0$ 或 $q_7$，该门的执行共计两次传输。至此，针对此分布式量子线路的 DFS 执行结束，总共执行了三次 DFS，生成了三条传输路径，即三条合并传输队列。最终传输列表中包含三个合并传输队列，分别为 $[[G_1, G_5, G_6], [G_3, G_7], [G_{10}]]$，在图 9-13 中表现为三条传输路径。因此整个分布式

图 9-13　表 9-1 中分布式量子线路的量子门依赖关系图

量子线路的执行总计需要 6 次传输。

# 9.4 分布式量子比特分配

基于分布式架构抽象模型，本节将介绍分布式量子比特分配算法，该算法以最小化全局量子态路由代价为目标，并基于模拟退火和局部搜索生成初始量子比特映射。

## 9.4.1 全局量子态路由代价

在分布式连通图 DQC=$(V_D,E_D,W_D)$ 上，两个物理量子比特间的最短加权路径直接反映了近邻化这两个比特的量子态所需的 ST 门数量和 SWAP 门数量，其中，最短路径中对应 QPU 间量子信道的边数等于所需的 ST 门数量，而对应 QPU 内耦合总线的边数等于所需的 SWAP 门数量减 1。

**定义 9-7** 给定分布式连通图 DQC=$(V_D,E_D,W_D)$，设 $v_i$ 和 $v_j$ 是两个不同的物理量子比特，$v_i,v_j \in V_D$，$i \neq j$，则将 $v_i$ 和 $v_j$ 在 DQC 上的最短加权路径长度称为 $v_i$ 和 $v_j$ 之间的量子态路由代价。

设 rcost[][] 为 DQC 的路由代价矩阵，其中 rcost$[v_i][v_j]$ 表示物理量子比特 $v_i$ 和 $v_j$ 之间的量子态路由代价。给定一个双量子比特门 $g(q_i,q_j)$，其中 $q_i$ 和 $q_j$ 为两个逻辑量子比特，在映射关系 $\pi:Q \to V_D$ 下，$q_i$ 和 $q_j$ 被分别映射到物理量子比特 $\pi(q_i)$ 和 $\pi(q_j)$，则近邻化该门所需的量子态路由代价为 rcost$[\pi(q_i)][\pi(q_j)]$。据此可进一步给出逻辑线路在特定映射关系下的全局量子态路由代价。

**定义 9-8** 给定逻辑线路 LC$(Q,G)$ 和分布式连通图 DQC=$(V_D,E_D,W_D)$，在映射关系 $\pi:Q \to V_D$ 下，将 LC 中所有双量子比特门所需的量子态路由代价之和称为 LC 的全局量子态路由代价。

根据定义 9-8，量子线路 LC 的全局路由代价可表示为

$$\text{tcost}(\text{LC},\text{DQC},\pi) = \sum_{(q_i,q_j) \in Q^2} \text{count}\big(g(q_i,q_j)\big) \cdot \text{rcost}\big[\pi(q_i)\big]\big[\pi(q_j)\big] \quad (9\text{-}19)$$

式中，count$(g(q_i,q_j))$ 用于统计 LC 中作用在 $q_i$ 和 $q_j$ 上的双量子比特门总数。显然，对于一个初始映射 $\pi$ 而言，其对应的全局路由代价越小，则该映射越有利于将逻辑线路中频繁交互的逻辑量子比特对聚集在相同的 QPU 上。分布式量子比特分配算法的任务便是在所有可能的量子比特映射关系中找到使式(9-19)取最小值的 $\pi^*$，如式(9-20)所示：

$$\pi^* = \arg\min_{\pi \in S_n} \text{tcost}(\text{LC},\text{DQC},\pi) \quad (9\text{-}20)$$

式中，$n$ 表示量子比特数目；$S_n$ 表示由所有可能的量子比特映射关系构成的集合。

### 9.4.2　分布式量子比特分配算法

由求解全局量子态路由代价最小值的式(9-20)可知，分布式量子比特分配具有 $O(n!)$ 规模的可行解空间，因此很难通过暴力枚举法获得其中的最优初始映射。在这种情况下，可以借助元启发式算法在求解速度和精度上取得较好的平衡。因此，基于模拟退火[191,192]算法，并通过最速下降法对退火过程进行强化，本节提出一种分布式量子比特分配方法。

模拟退火是一种常用的元启发式算法，其通过模拟固体退火过程，在问题状态空间内进行寻优搜索。在搜索过程中，算法可以以一定概率跳出局部最优，并最终趋近于全局最优。然而，模拟退火算法探索问题状态空间的方式是完全随机的，其在得到某个局部最优解之前通常会遍历大量较差的解，在迭代次数不够的情况下，算法最终获得的解会存在质量不佳或不稳定的情况。为了加速模拟退火趋近局域最优解的过程，给出一种基于最速下降的启发式算法。该启发式算法的基本思想是从一个给定的映射关系 $\pi$ 出发，以式(9-19)为代价函数，通过最速下降的方式不断交换 $\pi$ 中的两个不同元素，使频繁交互的逻辑量子比特逐渐"聚拢"到相同的 QPU，并最终生成量子比特映射的一个局部最优解。

算法 9.4 给出了在量子比特映射邻域中搜索局部最优解的详细过程，其以对换运算 $p_{ij}$(交换 $\pi$ 中的第 $i$ 个和第 $j$ 个元素)作为邻域算子对当前解 $\pi$ 的邻域结构进行探索，在邻域结构中搜索最小化式(9-19)的对换操作 $p_{uv}$，并用 $p_{uv}$ 更新当前解 $\pi$；重复上述过程直至 $\pi$ 为可达邻域内的局部最优解。

**算法 9.4：量子比特映射局部最优解生成算法**

输入：量子比特映射 $\pi$，逻辑线路 LC，分布式模型 DQC
输出：可达邻域内的局部最优量子比特映射 $\pi^*$

1.　loc_opt=FALSE;　　//初始化循环控制条件
2.　**while** not loc_opt **do**　　//循环直到找到可达邻域内的局部最优解
3.　　　$\Delta_{max}$=0;　//$\Delta_{max}$ 记录代价函数值的最大降幅
4.　　　**foreach** possible $p_{ij}$ **do**　　//$p_{ij}$ 表示交换 $\pi$ 的第 $i$ 个和第 $j$ 个元素
5.　　　$\Delta$=tcost($\pi$)−tcost($\pi\oplus p_{ij}$);　　//计算应用 $p_{ij}$ 后式(9-19)的降幅
6.　　　**if** $\Delta>\Delta_{max}$ **then**　　//判断是否更新 $\Delta_{max}$
7.　　　　　$\Delta_{max}$=$\Delta$, $u$=$i$, $v$=$j$;
8.　　　**end**
9.　**end**
10.　**if** $\Delta_{max}$>0 **then**　　//如果 $\Delta_{max}$ 发生更新
11.　　$\pi$=$\pi\oplus p_{ij}$;　//更新当前 $\pi$
12.　**else**　　//否则将 loc_opt 设置为 TRUE

```
13.     loc_opt=TRUE;
14.   end
15.   return π*←π;
```

在算法 9.4 的每次循环中，共需为 $O(n^2)$ 个对换操作计算式(9-19)的值，而计算一次式(9-19)的时间复杂度为 $O(n)$，且算法 9.4 最多循环 $O(n^2)$ 次，因此算法 9.4 的时间复杂度为 $O(n^5)$。

算法 9.4 从一个任意给定的量子比特映射出发，可迅速找到其可达邻域空间内的局部最优映射。该算法强化模拟退火中探索可行解的方式，使得对最优解的探索更具指向性，即在各邻域的局部最优解中进行搜索。基于模拟退火算法和算法 9.4，给出分布式量子比特分配算法，如算法 9.5 所示。

算法 9.5 使用模拟退火过程不断探索和跳出由算法 9.4 产生的量子比特映射局部最优解，从而逐步逼近全局最优；其采用了一种非均匀退火控制机制[249]，相关控制参数如表 9-2 所示，其中 $\Delta_{min}$ 和 $\Delta_{avg}$ 分别表示退火过程中目标函数差值的最小值和平均值，在实际设定时通过将算法 9.5 的总迭代次数 $L_0$ 设定为 1000 对这两个参数取值进行估计。

表 9-2　算法 9.5 模拟退火相关参数设定

| 参数 | 参数设定 |
| --- | --- |
| 总迭代次数 | $L=1000$ |
| 初始温度 | $t_0=0.3\Delta_{min}+0.7\Delta_{avg}$ |
| 终止温度 | $t_1=0.7\Delta_{min}+0.3\Delta_{avg}$ |
| 温度衰减系数 | $\beta=(t_0-t_1)/(Lt_0t_1)$ |
| 降温函数 | $t=t/(1+\beta t)$ |

**算法 9.5：分布式量子比特分配算法**

**输入：** 逻辑线路 LC，分布式模型 DQC

**输出：** 量子比特映射关系 $\pi^*$，即物理量子比特的排列

```
1.   set_parameters();    //根据表 9-2 设置参数 L,t₀,t₁,β
2.   t=t₀;      //将温度初始化为 t₀
3.   π=π*=randomize();   //随机初始化 π 和 π*
4.   for i=1 to L do     //最多迭代 L 次
5.     π₁=perturb(π);    //对 π 做扰动得到 π₁，扰动由连续多次的随机对换组成
6.     π₁=local_search(π₁);   //调用算法 9.4，从 π₁ 出发寻找局部最优解
```

| | |
|---|---|
| 7. | $\Delta = \text{tcost}(\pi_1) - \text{tcost}(\pi_0);$　//计算 $\pi_1$ 和 $\pi_0$ 在代价函数上的差值 |
| 8. | **if** $\Delta < 0$ **then** |
| 9. | accept = TRUE; //接受 $\pi_1$ |
| 10. | **else if** rand()$<$e$^{-\Delta/t}$**then** |
| 11. | accept = TRUE;　　//否则，以 e$^{-\Delta/t}$ 的概率接受 $\pi_1$ |
| 12. | **else** |
| 13. | accept = FALSE;　//拒绝 $\pi_1$ |
| 14. | **end** |
| 15. | **if** accept **then** |
| 16. | $\pi_0 = \pi_1;$　//将 $\pi_0$ 更新为 $\pi_1$ |
| 17. | $\pi^* = (\text{tcost}(\pi_0) < \text{tcost}(\pi^*) ? \pi_0, \pi^*);$　//更新目前为止的最优解 $\pi^*$ |
| 18. | **end** |
| 19. | $t = t/(1 + \beta t);$　//降低温度 |
| 20. | **end** |
| 21. | **return** $\pi^*;$ |

算法 9.5 共需进行 $L$ 次循环，在每次循环内，对算法 9.4 的调用是最耗时的操作。基于算法 9.4 的分析，其时间复杂度为 $O(n^5)$，因此算法 9.5 的时间复杂度为 $O(L \cdot n^5)$。

# 9.5　分布式量子态路由

在给定的量子比特映射下，量子态路由策略对所需的量子态传输次数有着重要影响。本节将重点介绍分布式量子态路由，包括 QPU 内量子态路由策略、QPU 间量子态路由策略以及量子态路由算法。

## 9.5.1　QPU 内量子态路由策略

QPU 内量子态路由策略通过插入 SWAP 门在 QPU 内移动量子态，因此以减少所需的 SWAP 门数量为优化目标。在分布式量子线路映射场景中，存在三种情形需要在 QPU 内部移动逻辑量子比特(量子态)。

第 1 种情形用于将待传输的逻辑量子比特从某个数据量子比特移动到同一 QPU 内的某个通信量子比特，将这种情形对应的量子态路由策略简称为 IQR$_1$。

第 2 种情形用于清空即将作为 QPU 间量子态传输信宿的通信量子比特，将这种情形对应的量子态路由策略简称为 IQR$_2$。

第 3 种情形用于执行局域门，即将局域门相关的两个逻辑量子比特移至 QPU

内的近邻位置上，将该情形对应的量子态路由策略简称为 IQR$_3$。

从上述描述可知，IQR$_1$ 和 IQR$_2$ 策略用于为跨 QPU 传输逻辑量子比特做准备，而 IQR$_3$ 用于将待调度的局域门转换成满足近邻交互约束的可执行门。

IQR$_1$ 策略的实现方式如下：首先找到在当前映射关系下该逻辑量子比特对应的物理量子比特，然后沿着该物理量子比特和相应通信量子比特之间的最短路径插入 SWAP 门，即可将该逻辑量子比特交换至特定的通信量子比特。

**例 9-8**  给定如图 9-2 所示的分布式连通图和量子比特映射关系 $\pi$，并假定 $\pi(q)=v_{18}$，即逻辑量子比特 $q$ 位于计算节点 $M_1$ 的物理量子比特 $v_{11}$ 上，此时若要将 $q$ 从 $M_1$ 传输至 $M_0$，则首先要将 $q$ 从 $v_{11}$ 移至通信量子比特 $v_{18}$，由于 $v_{11}$ 到 $v_{18}$ 间的最短路径为 $v_{11} \to v_{10} \to v_{18}$，则插入 SWAP 门序列 $\{\text{SWAP}(v_{11},v_{10}),$ $\text{SWAP}(v_{10},v_{18})\}$ 便可实现 $q$ 的移动。$q$ 的移动路径如图 9-14 所示，其中，除移动路径以外的边均以虚线表示，移动路径上的每个双向边均对应一个 SWAP 门。

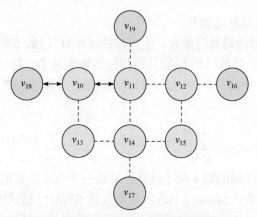

图 9-14  QPU 内量子态路由策略 IQR$_1$ 的示例

IQR$_2$ 策略的实现方式如下：首先在这些空闲量子比特中找到距离通信量子比特最近的量子比特门，然后沿着该空闲量子比特和通信量子比特之间的最短路径插入 SWAP 门，从而将空闲量子比特上的$|0\rangle$态移动到通信量子比特上。

IQR$_2$ 策略要求当前 QPU 内至少存在一个空闲物理量子比特，即至少存在一个尚未关联逻辑量子比特的物理量子比特。

**例 9-9**  给定如图 9-2 所示的分布式连通图，假设即将执行 ST$(v_{18},v_{06})$，但是 $v_{06}$ 被某个逻辑量子比特 $q$ 占用，若此时 $M_0$ 上未被逻辑量子比特占用的空闲量子比特有 $\{v_{05},v_{07},v_{08}\}$，其中 $v_{05}$ 距离 $v_{06}$ 最近，它们之间的最短路径为 $v_{05} \to v_{02} \to v_{06}$，则通过插入以下 SWAP 门序列：$\{\text{SWAP}(v_{05},v_{02}),\text{SWAP}(v_{02},v_{06})\}$，即可将物理量子比特 $v_{05}$ 上的$|0\rangle$态交换至物理量子比特 $v_{06}$，从而解除 $v_{06}$ 的被占用状态，为执行 ST 门做好准备。相应量子态的移动路径如图 9-15 所示，其中，除移动路径以外

的边均以虚线表示，移动路径上的每个双向边均对应一个 SWAP 门。

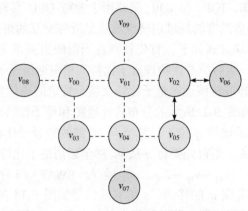

图 9-15    QPU 内量子态路由策略 IQR$_2$ 的示例

IQR$_3$ 策略的实现方式如下。

(1) 根据所考虑的局域门集合，生成候选 SWAP 门集 SW，其中的每个候选 SWAP 门至少和一个局域门相关(即共用相同的物理量子比特)。

(2) 为集合 SW 中的每个 SWAP 门计算效应值。计算 SWAP 门效应值如式(9-21)所示:

$$\mathrm{sw}_{\mathrm{eff}(v_1,v_2,\pi)} = \sum_{g\in L_0}\Delta\mathrm{rcost}(g,\pi) + \omega\cdot\frac{1}{K}\sum_{k=1}^{K}\sum_{g\in L_k}\Delta\mathrm{rcost}(g,\pi) \qquad (9\text{-}21)$$

式中，$L_k$ 表示逻辑线路的第 $k$ 层子线路；$K$ 是一个预设的数值，用于指定公式所考虑的最大线路层数；$\Delta\mathrm{rcost}(g,\pi)$ 表示在插入该 SWAP 门后量子门 $g$ 的路由代价减少值；$\omega$ 是一个小于 1 的权重系数；$\pi$ 表示当前量子比特映射。式(9-21)量化了在映射关系 $\pi$ 下 SWAP 门对后续 $K+1$ 层线路映射所需路由代价的影响，其等号右边第一部分计算了 SWAP 门对于 $L_0$ 层子线路中所有量子门的路由代价影响效应，而第二部分计算了对后续 $K$ 层线路平均每层路由代价的影响效应，其中小于 1 的权重系数 $\omega$ 体现了量子线路调度的优先级，即优先考虑 $L_0$ 层的路由代价。式 (9-21)的值越大，则表示该 SWAP 门越有利于将后续线路层中的局域门转换为可执行门。$\Delta\mathrm{rcost}(g,\pi)$ 的计算方式如式(9-22)所示:

$$\Delta\mathrm{rcost}\big(g(q_i,q_j),\pi\big) = \mathrm{rcost}\big[\pi(q_i)\big]\big[\pi(q_j)\big] - \mathrm{rcost}\big[\tau(q_i)\big]\big[\tau(q_j)\big] \qquad (9\text{-}22)$$

式中，$\mathrm{rcost}[][]$ 为路由代价矩阵；$\tau$ 表示应用 SWAP 门更新 $\pi$ 后得到的新的映射关系。由式(9-22)可知，$\Delta\mathrm{rcost}(g,\pi)$ 的最大取值为 1，最小取值为–1。由于式(9-21)中的路由代价矩阵 $\mathrm{rcost}[][]$ 可以预先计算，而对于包含 $n$ 量子比特的量子线路，每一层最多有 $n/2$ 个量子门，因此计算式(9-21)需耗时 $O(n)$。

(3) 选择效应值最大的 SWAP 门，并相应更新映射关系。

IQR$_3$ 策略每次仅插入一个 SWAP 门，通过多次决策使特定的局域门转换成可执行门。

**例 9-10**　给定一个如图 9-16(a)所示的逻辑线路、如图 9-2 所示的分布式连通图，在量子比特映射 $\pi$: $\{v_{00}, v_{02}, v_{01}, v_{05}\}$ 下，逻辑量子比特的分布情况如图 9-16(b)所示，其中的虚线表示待调度的两个活跃门 $g(q_0,q_1)$ 和 $g(q_2,q_3)$，可见这两个活跃门均是不满足近邻交互约束的局域门。根据 IQR$_3$ 构造候选 SWAP 门集合，其中共包含 9 个 SWAP 门，如 SWAP($v_{00},v_{01}$)、SWAP($v_{01},v_{02}$)等。根据式(9-21)计算每个 SWAP 门的效应值，如 SWAP($v_{00},v_{01}$)对应的值为$-0.2$，SWAP($v_{01},v_{02}$)对应的值为 2，其中 SWAP($v_{01},v_{02}$)的效应值最大，因此将该 SWAP 门插入物理线路，并更新 $\pi$ 得到 $\tau$，即 $\{v_{00}, v_{01}, v_{02}, v_{05}\}$，在映射关系 $\tau$ 下，量子比特的分布图如图 9-16(c)所示，此时两个活跃门均成为可执行门。在调度这两个门之后，剩余的 $g(q_1,q_2)$ 在新映射 $\tau$ 下仍是可执行门。最终的物理线路如图 9-16(d)所示。

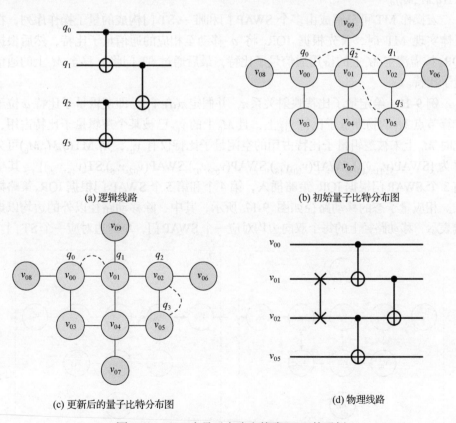

(a) 逻辑线路　　　　　　　　　　　　　　　(b) 初始量子比特分布图

(c) 更新后的量子比特分布图　　　　　　　　(d) 物理线路

图 9-16　QPU 内量子态路由策略 IQR$_3$ 的示例

### 9.5.2 QPU 间量子态路由策略

QPU 间量子态路由策略用于将非局域门转换成局域门。非局域门相关的两个逻辑量子比特(即量子态)分别位于分布式架构中两个不同QPU之上，为了执行非局域门，首先需要将该门相关的量子态移动至同一 QPU 上，即将该非局域门转换成局域门。ST 门用于在相邻 QPU 之间传输量子态，由于 ST 门具有较高的错误率，因此QPU间量子态路由策略以减少 ST 门数量为主要优化目标。为了专注于量子态在 QPU 间的流动，在分布式架构的网络拓扑图上分析和求解量子态路由问题。相较分布式连通图，网络拓扑图忽略了各 QPU 内部量子比特的连接结构，而仅保留 QPU 间的连接结构。

**定义 9-9**　给定分布式架构的网络拓扑图 $TPG = (M, E_{channel}, W_{channel})$，设 $M_S$ 和 $M_t$ 是两个QPU($M_s, M_t \in M$)，$q$ 为在 $M_s$ 上存储的一个量子态，将从信源 $M_s$ 传输量子态 $q$ 至信宿 $M_t$ 的一系列量子态传输操作称为量子态传输宏操作，记为 $MT(q, M_s, M_t)$。

宏操作 MT 可分解成由多个 SWAP 门和唯一 ST 门构成的量子操作序列，在具体实现 MT 时，首先根据 $IQR_1$ 将 $q$ 移动至相应的通信量子比特，然后根据 $IQR_2$ 按需清空 $M_t$ 上的待用通信量子比特，最后通过 ST 门将 $q$ 移至 $M_t$ 上的通信量子比特。

**例 9-11**　给定量子比特映射关系 $\pi$，并假定 $\pi(q) = v_{11}$，即逻辑量子比特 $q$ 位于计算节点 $M_1$ 的物理量子比特 $v_{11}$ 上，且 $M_0$ 上的 $v_{06}$ 已被某个逻辑量子比特占用，此时 $M_0$ 上未被逻辑量子比特占用的空闲量子比特仅有 $v_{05}$，则 $MT(q, M_1, M_0)$ 可分解为 $\{SWAP(v_{11}, v_{10}), SWAP(v_{10}, v_{18}), SWAP(v_{05}, v_{02}), SWAP(v_{02}, v_{06}), ST(v_{18}, v_{06})\}$，其中前 3 个 SWAP 门根据 $IQR_1$ 策略插入，第 4 个和第 5 个 SWAP 门根据 $IQR_2$ 策略插入。相应量子态的移动路径如图 9-17 所示，其中，除移动路径以外的边均以虚线表示，移动路径上的每个双向边均对应一个 SWAP 门，单向边对应一个 ST 门。

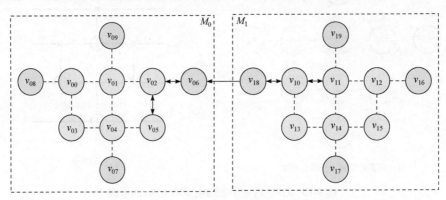

图 9-17　QPU 传输量子态的宏操作 $MT(q, M_1, M_0)$

为了评价 MT 宏操作的作用效应，本节构建了如式(9-23)所示的代价函数：

$$\text{mt}_{\text{eff}(q,M_1,M_2,\pi)} = \Delta n_{\text{local}} + \sum_{g \in L_0} \Delta \text{ncost}(g,\pi) + \omega \cdot \frac{1}{K} \sum_{k=1}^{K} \sum_{g \in L_k} \Delta \text{ncost}(g,\pi) \tag{9-23}$$

式中，$\Delta n_{\text{lcoal}}$ 表示插入该 MT 操作后前 $K+1$ 层子线路中新增的局域门数量；$\Delta \text{ncost}(g,\pi)$表示应用 MT 操作后量子门 $g$ 在网络拓扑图上的路由代价降幅，其余符号的含义和式(9-21)相同。$\Delta \text{ncost}(g,\pi)$的计算方式如式(9-24)所示：

$$\Delta \text{ncost}\big(g(q_i,q_j),\pi\big) = \text{ncost}\big[\pi(q_i)\big]\big[\pi(q_j)\big] - \text{ncost}\big[\tau(q_i)\big]\big[\tau(q_j)\big] \tag{9-24}$$

式中，ncost[][]是在网络拓扑图上的路由代价矩阵；$\tau$ 表示应用 MT 门更新当前映射 $\pi$ 后得到的新映射。式(9-24)同时考虑了新增的局域门数量和路由代价降幅，其取值越大，则表示该 MT 操作越有利于将后续线路层中的非局域门转换为局域门。和式(9-21)类似，计算一次式(9-23)需耗时 $O(n)$。

对 QPU 间量子态路由而言，QPU 的实际容量同样是需要重点考虑的约束之一。

**定义 9-10**　将 QPU 的物理量子比特总数称为该 QPU 的容量。

QPU 的容量限定了最多可容纳的逻辑量子比特(即量子态)的数量，当一个 QPU 上的所有物理量子比特均被逻辑量子比特占用，即该 QPU 的容量已满时，为了向该 QPU 传入一个逻辑量子比特，首先要从中移出一个逻辑量子比特。

若在使用 MT 宏操作进行 QPU 间量子态传输时信宿 QPU 的容量已满，为了使量子态能成功传输到信宿 QPU 上，需要从信宿 QPU 中至少移出一个量子态。从容量已满的 QPU 移出一个量子态的策略(简称为 MQR 策略)如下。

设 $M_i^1$ 为一个容量已满的 QPU，在分布式架构上距离 $M_i^1$ 最近且容量未满的 QPU 为 $M_i^n$，且 $M_i^1$ 和 $M_i^n$ 之间的最短路径为 $M_i^1 \to M_i^2 \to \cdots \to M_i^n$，因为 $M_i^n$ 是距离 $M_i^1$ 最近的且容量未满的 QPU，所以路径上除 $M_i^n$ 以外的 QPU 容量均已满，在 QPU 容量约束下，为了从 $M_i^1$ 移出一个量子态，需要按以下顺序依次移动量子态：从 $M_i^{n-1}$ 移动一个量子态至 $M_i^n$，从 $M_i^{n-2}$ 移动一个量子态至 $M_i^{n-1}$，$\cdots$，从 $M_i^1$ 移动一个量子态至 $M_i^2$。由于在 $M_i^j (1 \le j \le n-1)$ 上可能存在多个逻辑量子比特(设为集合 $Q_j$)，所以从 $M_i^j$ 向 $M_i^{j+1}$ 移出一个量子态存在多个可选 MT 宏操作，设为 $\text{MTo} = \{\text{MT}(q,M_i^j,M_i^{j+1}) \mid q \in Q_j\}$，为了减少量子态路由所需的 ST 门操作，根据式(9-23)在所有候选 MTo 中选择效应值最大的 MT 操作，设为 $\text{MT}(q_j,M_i^j,M_i^{j+1})$。综上，为了从 $M_i^1$ 移出一个量子态，需依次插入以下 MT 宏操作：$\text{MT}(q_{n-1},M_i^{n-1},M_i^n)$，$\text{MT}(q_{n-2},M_i^{n-2},M_i^{n-1})$，$\cdots$，$\text{MT}(q_1,M_i^1,M_i^2)$。

基于上述 QPU 间传输量子态的 MT 宏操作及从容量已满 QPU 中移出量子态的 MQR 策略，给出 QPU 间量子态路由策略(简称 CQR 策略)，该策略为了将待调度的非局域门转换为局域门，通过选择和插入特定 MT 宏操作进行 QPU 间量子态传输，并在每次传输之前先检查信宿 QPU 的容量是否已满，若已满则使用 MQR 策略从该 QPU 移出一个量子态。CQR 策略的详细过程如下。

(1) 根据当前待调度的非局域门集合 LS，构建候选 MT 宏操作集合 MTs，其中的每个候选 $MT(q, A, B)$ 满足以下条件：$q$ 为集合 LS 中任意非局域门相关的逻辑量子比特，$A$ 为 $q$ 所在的 QPU，$B$ 为网络中和 $A$ 相邻的 QPU。

(2) 为了减少所需的 ST 门数量，根据式(9-23)在集合 LS 中选择效应值最高的 MT 宏操作，设为 $MT(q, M_i^0, M_i^1)$。

(3) 检测宏操作 $MT(q, M_i^0, M_i^1)$ 的信宿 $M_i^1$ 是否容量已满。若未满，则跳转至步骤(5)；否则执行步骤(4)。

(4) 按 MQR 策略从 $M_i^1$ 移出一个量子态，设在分布式架构上距离 $M_i^1$ 最近且容量未满的 QPU 为 $M_i^n$，且 $M_i^1$ 和 $M_i^n$ 之间的最短路径为 $M_i^1 \rightarrow M_i^2 \rightarrow \cdots \rightarrow M_i^n$，则根据 MQR 策略插入 $MT(q_{n-1}, M_i^{n-1}, M_i^n)$，$MT(q_{n-2}, M_i^{n-2}, M_i^{n-1})$，$\cdots$，$MT(q_1, M_i^1, M_i^2)$。

(5) 插入 $MT(q, M_i^0, M_i^1)$。

设分布式模型共有 $n$ 个量子比特，其中每个 QPU 均包含 $s$ 个量子比特，则模型中共包含 $n/s$ 个 QPU，并构成一个 $\sqrt{n/s} \times \sqrt{n/s}$ 的二维网格型网络拓扑。CQR 的步骤(1)最多包含 $4n$ 个候选 MT 操作，因此步骤(2)共需 $O(n^2)$ 时间确定待插入的 MT 操作；步骤(4)找到 $M_i^n$ 需要 $O(\sqrt{n/s})$ 时间，由于网络拓扑中所有 QPU 间的最短路径可以预先确定，因此确定 $M_i^1$ 和 $M_i^n$ 之间的路径所需的时间为 $O(1)$，而路径长度为 $O(\sqrt{n/s})$，即 MQR 策略共插入了 $O(\sqrt{n/s})$ 个 MT 宏操作，而 MQR 插入一个 MT 宏操作需耗时 $O(s \cdot n)$，则步骤(4)共需耗时 $O(s \cdot n \cdot \sqrt{n/s})$。综上，一次调用 CQR 的时间复杂度为 $O(n^2 + n^{1.5} \cdot s^{0.5})$，由于 $s < n$，CQR 策略一次调用的时间复杂度可记为 $O(n^2)$。

### 9.5.3　量子态路由算法

基于上述 QPU 内量子态路由策略和 QPU 间量子态路由策略，分布式架构上的量子态路由算法将按照量子门依赖关系图定义的优先级关系，依次读取和处理量子线路中的活跃门集合，直至量子线路中的所有量子门均成为满足物理约束的可执行门。待调度的活跃门集合中的量子门可分为三类：可执行门、不可执行的局域门以及非局域门。对于处于活跃态的这三类门，量子态路由方法优先处理可执行门，即将可执行门从逻辑线路中删除，并将其加入物理线路；然后根据 QPU 间量子态路由策略依次插入 MT 宏操作，尽可能地将非局域门转换成局域门，进而根据 QPU 内量子态路由策略依次插入 SWAP 门，直至将局域门转换成可执行门。根据上述描述，给出分布式量子态路由算法，如算法 9.6 所示。

---

**算法 9.6：分布式量子态路由算法**

**输入**：逻辑线路 LC，分布式模型 DQC，初始映射关系 $\pi$

**输出**：物理线路 PC

1.　　dag = gen_DAG(LC);　　//为 LC 生成表示量子门依赖关系的 DAG
2.　　**while** dag≠NULL **do** //循环直至 DAG 为空
3.　　　acgs = get_active(dag);　　//读取 dag 中的活动门集合
4.　　　(exg,loc,nloc)=partition_act(acgs,$\pi$,DM); //将 acgs 中的门分为三类:可执行
　　　　　　　//门 exg、局域门 loc 和非局域门 nloc
5.　　　dag.remove(exg);PC.append(exg);//从 dag 中删除所有可执行门，并将这些门
　　　　　　　//加入物理线路
6.　　　**while** nloc≠NULL **do**　　//使用 CQR 策略将非局域门转换成局域门
7.　　　　mtops=cqr(nloc);　　//调用一次 CQR 策略
8.　　　　PC.append(mtops.decompose());//将 CQR 策略返回的 MT 宏操作分解成
　　　　　　　//SWAP 门和 ST 门，并加入物理线路
9.　　　　$\pi=\pi\oplus$mtops;　　//根据 CQR 返回的 MT 操作更新映射关系
10.　　　**end**
11.　　swaps=iqr3(loc);　　//使用 IQR$_3$ 策略处理局域门
12.　　PC.append(swaps);　　//将 IQR$_3$ 策略返回的 SWAP 门插入物理线路
13.　　$\pi=\pi\oplus$ swaps; //根据 IQR$_3$ 策略返回的 SWAP 门更新映射关系
14.　**end**
15.　**return** PC;

---

该算法的第 6～10 步根据 CQR 策略对非局域门进行转换，需要补充说明的是，为了防止 CQR 策略生成的 MT 操作将原先的局域门转换为非局域门，算法在调用 CQR 时将冻结局域门相关的量子态，即禁止移动这些量子态的 MT 操作成为 CQR 策略用到的候选操作。但量子态的冻结可能会导致在某些极端情况下找不到候选 MT 操作对非局域门进行进一步转换，当检测到这种情况时，算法会提前退出第 6～10 步的循环，继而进入处理局域门的环节。

给定量子线路 LC($Q$,$G$)，设分布式模型共有 $n$ 个量子比特，且每个 QPU 均包含 $s$ 个量子比特，并构成一个 $\sqrt{n/s}\times\sqrt{n/s}$ 的二维网络拓扑。在最坏情况下，算法 9.6 遍历的每个量子门均是非局域门，网络拓扑中两个QPU间的最大距离为 $O(\sqrt{n/s})$ 的量级，则为了将一个非局域门转换成局域门，最多需要调用 CQR 策

略 $O(\sqrt{n/s})$ 次；另外，若假定 QPU 内量子比特同样按方形网格排列，则两个物理量子比特的最大距离约为 $O(\sqrt{s})$ 量级，则将一个局域门转换成可执行门最多需调用 $\mathrm{IQR_3}$ 策略 $O(\sqrt{s})$ 次；每次调用 CQR 或 $\mathrm{IQR_3}$ 的时间复杂度为 $O(n^2)$，且 LC 中共有 $|G|$ 个门，则算法 9.6 的最坏时间复杂度为 $O((\sqrt{n/s}+\sqrt{s})\cdot n^2\cdot|G|)$，这里 $s=10$，则算法 9.6 的时间复杂度约为 $O(|G|\cdot n^{2.5})$。

　　另外，算法 9.6 返回的物理线路还可进行如下优化。作为算法 9.6 输入之一的初始映射关系由算法 9.5 生成，该算法在生成映射关系时综合考虑了位于量子线路左部的子线路，而不仅是即将处理的第 $L_0$ 层子线路。因此，在该初始映射下，通常在 $L_0$ 层子线路中存在不可执行的量子门，为了将这些门转换成可执行门，需要插入若干 ST 门或 SWAP 门，而这些插入的辅助门不依赖于原始线路中的任何量子门，因此可直接将这些辅助门更新后的映射关系当作初始映射，并将这些门从物理线路中删除，如例 9-12 所示。

　　**例 9-12**　给定由例 9-1 生成的物理线路(图 9-6)，该物理线路最左边的 $\mathrm{SWAP}(v_{02},v_{06})$ 和 $\mathrm{ST}(v_{06},v_{18})$ 将映射关系由最初的 $\pi$：$\{v_{02},v_{10},v_{11},v_{12}\}$ 更新为 $\{v_{18},v_{10},v_{11},v_{12}\}$，且这两个辅助量子门并不依赖于原逻辑线路中的任何量子门，因此将初始映射直接设定为 $\pi:\{v_{18},v_{10},v_{11},v_{12}\}$，并从物理线路中删除这两个辅助量子门，所得物理线路如图 9-18 所示。

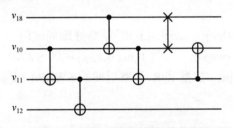

图 9-18　映射后优化策略的示例

## 9.6　实验结果与分析

　　本节通过在多个基准量子线路上的实验，采用直接映射的分布式量子线路映射方式，对本章所提的分布式量子线路映射方法所需的路由代价(即 ST 门数量和 SWAP 门数量)以及时间性能做出评价。

### 9.6.1　实验配置

　　在实验中，本节采用了被广泛用于量子线路映射测试的基准线路库[91,94,104]，该基准库中包含了百余条量子线路，每条量子线路均由 Clifford+$T$ 基本门组成，CNOT 门是其中唯一的双量子比特门，量子线路的规模从几十个量子门到数十万个量子门不等，线路包含的量子比特数目从 5 个到 16 个不等，为了便于测试分布式映射算法的性能，从中选取了量子比特数目超过 10 的部分线路进行测试。另外，所有实验除特别说明外均以图 9-2 所示的分布式连通图作为映射的目标量子平台。

本节参照现有基于理想模型的分布式量子线路映射算法[163,164](简称为 DQP 算法)实现了一种基线算法。DQP 算法的基本工作过程如下：首先，以减少非局域门数量为目标，将逻辑量子比特划分成若干不相交的子集，每个子集对应网络中的一个 QPU；然后，按序依次调度量子线路中的量子门，当遇到一个非局域门时，通过隐形传态技术将该门的一个量子态移至另一个量子态所在的 QPU 上，并在执行完这个门后，立刻将该量子态移回原来的位置，将这种量子态传输策略称为往返传输策略。原始的 DQP 算法以隐形传态次数作为评价指标，并假定网络中的 QPU 两两相互连通且每个 QPU 内的量子比特也是全连通的，此外，在跨 QPU 传送量子态时未考虑 QPU 的容量问题。为了匹配分布式模型，我们对 DQP 算法做了如下适配。

(1) 在划分逻辑量子比特时，要求每个子集的元素个数最多不超过 QPU 内的数据量子比特个数，并将每一个子集中的逻辑量子比特随机映射到对应 QPU 内的数据量子比特上，如此不仅可以建立完善的量子比特映射关系，还使通信量子比特处于空闲状态，从而确保使用量子态往返传输策略时 QPU 总有剩余空间。

(2) 在网络中两个物理量子比特间传输量子态时，沿着这两个量子比特间的最短路径，通过 ST 门和 SWAP 门实现量子态的往返传输，从而以 ST 门和 SWAP 门取代原始 DQP 中的隐形传态。关于 DQP 算法进一步的知识请查阅文献[163]和文献[164]。

在实验中，提出的分布式量子线路映射算法(简称 DQM 算法)在使用算法 9.5 生成初始映射时，仅将逻辑量子比特映射到 QPU 内的数据量子比特上，如此不仅和 DQP 算法的做法保持一致，还可以使量子线路分布到更多 QPU 上，更有利于评价分布式映射算法的路由代价。另外，在实验中，式(9-21)和式(9-23)中的权重因子 $\omega$ 均等于 0.2，前瞻层数 $K$ 除特别说明外取值为 5；算法 9.5 中总迭代次数 $L$ 设定为 1000 次。

### 9.6.2　算法性能

首先对 DQP 算法和 DQM 算法进行比较，从而检验 DQM 算法在路由开销以及时间开销等方面的性能，实验结果如表 9-3 所示。表 9-3 的前 3 列分别给出了基准量子线路的相关信息，包括线路名称(name)、量子比特数目($n$)以及包含的 CNOT 门数量($g$)；第 4～9 列分别给出了两种算法在各基准线路上的运行结果，包括插入的 SWAP 门数量(#SWAP)、ST 门数量(#ST)以及以秒为单位的运行时间

(time)；最后两列分别给出了 DQM 算法在 SWAP 门和 ST 门上相较于 DQP 算法的优化幅度。

表 9-3　DQP 算法和 DQM(本章)算法的性能比较

| 基准线路 | | | DQP | | | DQM | | | 优化幅度/% | |
| --- | --- | --- | --- | --- | --- | --- | --- | --- | --- | --- |
| name | $n$ | $g$ | #SWAP | #ST | time/s | #SWAP | #ST | time/s | #SWAP | #ST |
| qft_10 | 10 | 90 | 298 | 96 | 9.38 | 77 | 26 | 9.81 | 74.16 | 72.92 |
| sys6-v0_111 | 10 | 98 | 184 | 58 | 5.71 | 64 | 4 | 5.88 | 65.22 | 93.10 |
| rd73_140 | 10 | 104 | 158 | 74 | 5.63 | 73 | 4 | 5.64 | 53.80 | 94.59 |
| sym6_316 | 14 | 123 | 208 | 78 | 11.93 | 112 | 14 | 14.98 | 46.15 | 82.05 |
| rd53_311 | 13 | 124 | 267 | 90 | 10.88 | 108 | 18 | 11.30 | 59.55 | 80.00 |
| rd84_142 | 15 | 154 | 329 | 106 | 13.70 | 130 | 12 | 14.36 | 60.49 | 88.68 |
| ising_model_10 | 10 | 90 | 20 | 20 | 2.74 | 15 | 9 | 2.78 | 25.00 | 55.00 |
| qft_16 | 16 | 240 | 1463 | 432 | 15.30 | 354 | 105 | 19.48 | 75.80 | 75.69 |
| ising_model_16 | 16 | 150 | 57 | 40 | 5.86 | 50 | 19 | 5.03 | 12.28 | 52.50 |
| wim_266 | 11 | 427 | 832 | 296 | 7.76 | 323 | 47 | 7.42 | 61.18 | 84.12 |
| cm42a_207 | 14 | 771 | 1692 | 550 | 10.65 | 608 | 66 | 10.26 | 64.07 | 88.00 |
| pm1_249 | 14 | 771 | 1951 | 550 | 9.78 | 671 | 115 | 8.68 | 65.61 | 79.09 |
| dc1_220 | 11 | 833 | 2845 | 1144 | 9.89 | 671 | 88 | 9.99 | 76.41 | 92.31 |
| sqrt8_260 | 12 | 1314 | 3728 | 1198 | 10.48 | 1101 | 130 | 11.17 | 70.47 | 89.15 |
| radd_250 | 13 | 1405 | 4332 | 1482 | 13.00 | 1267 | 219 | 14.17 | 70.75 | 85.22 |
| adr4_197 | 13 | 1498 | 4684 | 1644 | 15.13 | 1332 | 226 | 11.60 | 71.56 | 86.25 |
| misex1_241 | 15 | 2100 | 7556 | 2744 | 20.75 | 1815 | 312 | 24.73 | 75.98 | 88.63 |
| rd73_252 | 10 | 2319 | 6876 | 2370 | 7.29 | 1811 | 296 | 8.83 | 73.66 | 87.51 |
| cycle10_2_110 | 12 | 2648 | 9700 | 2928 | 10.55 | 2302 | 395 | 14.37 | 76.27 | 86.51 |
| square_root_7 | 15 | 3089 | 9335 | 2752 | 19.94 | 2753 | 370 | 20.10 | 70.51 | 86.56 |
| sqn_258 | 10 | 4459 | 13829 | 4918 | 9.01 | 3369 | 398 | 9.45 | 75.64 | 91.91 |
| inc_237 | 16 | 4636 | 14579 | 5486 | 37.82 | 3846 | 608 | 37.80 | 73.62 | 88.92 |
| rd84_253 | 12 | 5960 | 22785 | 7336 | 14.58 | 4970 | 717 | 15.02 | 78.19 | 90.23 |
| root_255 | 13 | 7493 | 29689 | 10244 | 19.76 | 5919 | 694 | 17.26 | 80.06 | 93.23 |
| co14_215 | 15 | 7840 | 28291 | 8552 | 29.39 | 6640 | 857 | 24.63 | 76.53 | 89.98 |
| mlp4_245 | 16 | 8232 | 28963 | 9264 | 24.00 | 7013 | 1020 | 28.83 | 75.79 | 88.99 |
| sym9_148 | 10 | 9408 | 27995 | 10036 | 9.70 | 6765 | 904 | 11.99 | 75.83 | 90.99 |
| life_238 | 11 | 9800 | 33688 | 11192 | 12.24 | 7916 | 1073 | 12.22 | 76.50 | 90.41 |
| max46_240 | 10 | 11844 | 34640 | 10676 | 10.99 | 9580 | 1470 | 12.07 | 72.34 | 86.23 |
| clip_206 | 14 | 14772 | 61854 | 21818 | 21.67 | 12198 | 1538 | 23.95 | 80.28 | 92.95 |
| 9symml_195 | 11 | 15232 | 54676 | 18304 | 12.92 | 12570 | 1708 | 19.44 | 77.01 | 90.67 |
| sym9_193 | 11 | 15232 | 51570 | 15972 | 13.69 | 12959 | 1979 | 19.54 | 74.87 | 87.61 |

续表

| 基准线路 | | | DQP | | | DQM | | | 优化幅度/% | |
| --- | --- | --- | --- | --- | --- | --- | --- | --- | --- | --- |
| name | n | g | #SWAP | #ST | time/s | #SWAP | #ST | time/s | #SWAP | #ST |
| dist_223 | 13 | 16624 | 60240 | 19478 | 20.19 | 14073 | 1986 | 19.97 | 76.64 | 89.80 |
| sym10_262 | 12 | 28084 | 93147 | 28756 | 19.07 | 24017 | 3630 | 23.13 | 74.22 | 87.38 |
| urf3_279 | 10 | 60380 | 195298 | 66474 | 29.23 | 50700 | 8662 | 33.17 | 74.04 | 89.97 |
| plus63mod4096_163 | 13 | 56329 | 222417 | 72346 | 30.97 | 48818 | 6875 | 40.40 | 78.05 | 90.50 |
| urf6_160 | 15 | 75180 | 325841 | 119700 | 48.70 | 72316 | 13962 | 59.80 | 77.81 | 88.34 |
| hwb9_119 | 10 | 90955 | 306500 | 103090 | 37.51 | 72358 | 9637 | 43.95 | 79.39 | 90.65 |
| ground_state_estimation_10 | 13 | 154209 | 420548 | 130214 | 82.88 | 44609 | 23977 | 80.05 | 89.39 | 81.59 |
| urf4_187 | 11 | 224028 | 715546 | 240168 | 87.22 | 174385 | 24469 | 111.86 | 75.63 | 89.81 |

从表 9-3 可知，DQM 在 SWAP 门数量和 ST 门数量上远优于 DQP，在所有基准线路上，DQM 所需的 SWAP 门最多减少了 89.39%，平均减少了 69.69%；类似地，DQM 所需的 ST 门最多减少了 94.59%，平均减少了 85.88%。

DQM 算法在 SWAP 门和 ST 门上取得的优势主要源于以下几点原因。

(1) DQM 算法在映射逻辑量子比特时同时考虑了量子线路结构、分布式系统的网络拓扑以及 QPU 内量子比特的排列方式，而 DQP 仅考虑了量子线路本身的结构，网络拓扑和物理量子比特排列信息的缺失使 DQP 生成的初始量子比特映射质量低于 DQM。

(2) DQP 在移动量子态时所用的往返传输策略虽然简单、易实现，但在优化 SWAP 门和 ST 门数量上存在很大的局限性，相反，DQM 所用的 IQR 策略和 CQR 策略能在多个候选操作中选择最有利于降低路由代价的 SWAP 门或 ST 门，从而减少所需的 SWAP 门和 ST 门总数。此外，DQM 和 DQP 在所有基准线路上所需的 SWAP 门数量均普遍多于 ST 门数量，这主要是由于无论是将非局域门转换成局域门还是将局域门转换成可执行门均需插入 SWAP 门，而 ST 门仅在转换非局域门时用到。在时间开销方面，DQM 和 DQP 均是多项式时间复杂度算法，且在进行分布式量子比特映射时均采用了多迭代的算法，因此两者的时间开销相近。

网络拓扑是设计分布式量子计算系统时需要考虑的重要因素之一，其对量子线路映射所需的路由代价同样有着重要影响。为了评价网络拓扑对 DQM 算法的性能影响，构建了一个具有线性拓扑的网络。除拓扑结构不同以外，该线性网络包含的 QPU 类型及数量均和图 9-2 所示的二维网络相同；为了使网络中的每个 QPU 均参与量子线路映射，还构建了由 1000 个随机线路组成的测试集，测试集中的每条线路均包含 24 个量子比特。根据 CNOT 门数量的不同可将该随机线路测试集划分为 10 个子集，其中每个子集均包含 100 个仅由 CNOT 门组成的随机线路，各子集对应的 CNOT 门数量分别为 {100, 200, 300, 400, 500, 600, 700, 800, 900, 1000}。DQM 算法在两种网络拓扑上的实验结果图 9-19 所示。

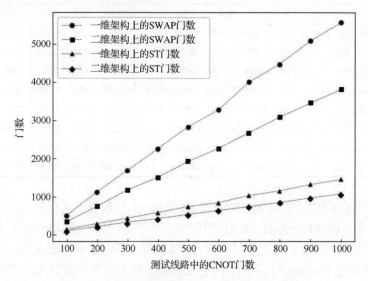

图 9-19　一维和二维网络拓扑上的分布式映射结果

图 9-19 中的横轴表示各测试子集线路中包含的 CNOT 门数量，纵轴表示在各测试子集上所需的平均 ST 门数量和 SWAP 门数量。由该图可知，在两种网络拓扑上，DQM 算法所需的 ST 门数量和 SWAP 门数量均随着 CNOT 门数量的增加呈近似线性增长关系，且由于二维网络拓扑具备较好的连通性和较短的图直径，其上所需的 ST 门数量和 SWAP 门数量普遍低于一维线性拓扑。DQM 算法可适应于任意网络拓扑结构，因此其在特定网络拓扑上的映射代价可作为选择网络拓扑的参考因素之一。

## 9.7　本章小结

本章根据超导量子互连技术和超导 QPU 的技术特征，抽象出了一种可扩展的分布式量子计算模型，并基于该抽象模型提出了一种分布式量子线路映射方法。由于分布式抽象模型重点考虑了当前超导量子互连技术和超导 QPU 面临的物理约束，并屏蔽了底层量子信道和 QPU 的物理细节差异，因此基于该模型的映射方法可以适用于基于超导互连技术的分布式量子计算系统。本章的分布式映射方法以减少映射所需的辅助量子操作(ST 门和 SWAP 门)数量为目标，将线路中的量子比特分布到网络中的各 QPU 上，并运用启发式量子态路由策略在网络中按需移动量子态，从而使量子线路中的所有量子门均满足 QPU 施加的物理约束。实验结果表明，该方法较现有同类方法可以有效降低量子线路映射所需的辅助门数量，尤其是 ST 门数量。另外，该方法还可作为选择和评价分布式架构网络拓扑的辅助工具。

参考文献

# 参 考 文 献

[1] Gyongyosi L, Imre S. A survey on quantum computing technology[J]. Computer Science Review, 2019, 31: 51-71.

[2] Huang H L, Wu D C, Fan D J, et al. Superconducting quantum computing: A review[J]. Science China Information Sciences, 2020, 63(8): 180501.

[3] Deutsch D E. Quantum computational networks[J]. Proceedings of the Royal Society of London A: Mathematical and Physical Sciences, 1989, 425(1868): 73-90.

[4] Fisher M P A, Khemani V, Nahum A, et al. Random quantum circuits[J]. Annual Review of Condensed Matter Physics, 2023, 14: 335-379.

[5] Benioff P. The computer as a physical system: A microscopic quantum mechanical Hamiltonian model of computers as represented by turing machines[J]. Journal of Statistical Physics, 1980, 22(5): 563-591.

[6] Feynman R P. Quantum mechanical computers[J]. Foundations of Physics, 1986, 16(6): 507-531.

[7] Deutsch D. Quantum theory, the Church-Turing principle and the universal quantum computer[J]. Proceedings of the Royal Society of London A: Mathematical, Physical and Engineering Sciences, 1985,400(1818): 97-117.

[8] Yao A C C. Quantum circuit complexity[C]//Proceedings of 1993 IEEE 34th Annual Foundations of Computer Science, Palo Alto, 2002: 352-361.

[9] Shor P W. Polynomial-time algorithms for prime factorization and discrete logarithms on a quantum computer[J]. SIAM Review, 1999, 41(2): 303-332.

[10] Grover L K. Quantum mechanics helps in searching for a needle in a haystack[J]. Physical Review Letters, 1997, 79(2): 325-328.

[11] Long G L. Grover algorithm with zero theoretical failure rate[J]. Physical Review A, 2001, 64(2): 022307.

[12] Al-Rabadi A N. Reversible Logic Synthesis: From Fundamentals to Quantum Computing[M]. Berlin: Springer, 2012.

[13] Saeedi M, Markov I L. Synthesis and optimization of reversible circuits—A survey[J]. ACM Computing Surveys, 2013, 45(2): 1-34.

[14] Abdessaied N. Reversible and quantum circuits: Optimization and complexity analysis[D]. Bremen:University of Bremen, 2015.

[15] 陈汉武, 李文骞, 阮越, 等. 基于汉明距离递减变换的可逆逻辑综合算法[J]. 计算机学报, 2014, 37(8): 1839-1845.

[16] 卜登立, 郭鸣. 基于布尔表达式图的可逆电路综合方法[J]. 电子学报, 2020, 48(3): 494-502.

[17] Maslov D A. Reversible logic synthesis[D]. Fredericton: University of New Brunswick, 2003.

[18] Abubakar M Y, Jung L T, Zakaria N, et al. Reversible circuit synthesis by genetic programming using dynamic gate libraries[J]. Quantum Information Processing, 2017, 16(6): 160.

[19] Shende V V, Bullock S S, Markov I L. Synthesis of quantum logic circuits[C]//Proceedings of the 2005 Conference on Asia South Pacific Design Automation, Shanghai, 2005: 272-275.

[20] Clarke J, Wilhelm F K. Superconducting quantum bits[J]. Nature, 2008, 453(7198): 1031-1042.

[21] Rigetti C, Gambetta J M, Poletto S, et al. Superconducting qubit in a waveguide cavity with a coherence time approaching 0.1 ms[J]. Physical Review B, 2012, 86(10): 100506.

[22] Cirac J I, Zoller P. Quantum computations with cold trapped ions[J]. Physical Review Letters, 1995, 74(20): 4091-4094.

[23] Leibfried D, Blatt R, Monroe C, et al. Quantum dynamics of single trapped ions[J]. Reviews of Modern Physics, 2003, 75(1): 281-324.

[24] Taylor J M, Petta J R, Johnson A C, et al. Relaxation, dephasing, and quantum control of electron spins in double quantum dots[J]. Physical Review B, 2007, 76(3): 035315.

[25] Saffman M, Walker T G. Analysis of a quantum logic device based on dipole-dipole interactions of optically trapped Rydberg atoms[J]. Physical Review A, 2005, 72(2): 022347.

[26] Miller D M, Maslov D, Dueck G W. A transformation based algorithm for reversible logic synthesis[C]//Proceedings of the 40th Annual Design Automation Conference, Anaheim, 2003: 318-323.

[27] Maslov D, Dueck G W, Miller D M. Toffoli network synthesis with templates[J]. IEEE Transactions on Computer-Aided Design of Integrated Circuits and Systems, 2005, 24(6): 807-817.

[28] Maslov D, Dueck G W, Miller D M. Techniques for the synthesis of reversible Toffoli networks[J]. ACM Transactions on Design Automation of Electronic Systems, 2007, 12(4): 42.

[29] Maslov D, Young C, Miller D M, et al. Quantum circuit simplification using templates[C]//Design, Automation and Test in Europe, Munich, 2005: 1208-1213.

[30] Maslov D, Dueck G W, Miller D M, et al. Quantum circuit simplification and level compaction[J]. IEEE Transactions on Computer-Aided Design of Integrated Circuits and Systems, 2008, 27(3): 436-444.

[31] Rahman M M, Dueck G W. Properties of Quantum Templates[M]//Glück R, Yokoyama T. Reversible Computation. Berlin: Springer, 2013: 125-137.

[32] Datta K, Sengupta I, Rahaman H. A post-synthesis optimization technique for reversible circuits exploiting negative control lines[J]. IEEE Transactions on Computers, 2015, 64(4): 1208-1214.

[33] Bandyopadhyay C, Wille R, Drechsler R, et al. Post synthesis-optimization of reversible circuit using template matching[C]//2020 24th International Symposium on VLSI Design and Test (VDAT), Bhubaneswar, 2020: 1-4.

[34] Arabzadeh M, Saeedi M, Zamani M S. Rule-based optimization of reversible circuits[C]//2010 15th Asia and South Pacific Design Automation Conference (ASP-DAC), Taipei, 2010: 849-854.

[35] Cheng X Y, Guan Z J, Wang W, et al. A simplification algorithm for reversible logic network of positive/negative control gates[C]//2012 9th International Conference on Fuzzy Systems and Knowledge Discovery, Chongqing, 2012: 2442-2446.

[36] Nielsen M A, Chuang I L. Quantum Computation and Quantum Information[M]. Cambridge: Cambridge University Press, 2012.

[37] Miller D M, Wille R, Sasanian Z. Elementary quantum gate realizations for multiple-control Toffoli gates[C]//2011 41st IEEE International Symposium on Multiple-Valued Logic, Tuusula, 2011: 288-293.

[38] Miller D M, Soeken M, Drechsler R. Mapping NCV Circuits to Optimized Clifford+T Circuits[M]//Reversible Computation. Cham: Springer International Publishing, 2014: 163-175.

[39] Amy M, Maslov D, Mosca M, et al. A meet-in-the-middle algorithm for fast synthesis of depth-optimal quantum circuits[J]. IEEE Transactions on Computer-Aided Design of Integrated Circuits and Systems, 2013, 32(6): 818-830.

[40] Vartiainen J J, Möttönen M, Salomaa M M. Efficient decomposition of quantum gates[J]. Physical Review Letters, 2004, 92(17): 177902.

[41] 李志强, 陈汉武, 刘文杰, 等. 基于新型量子逻辑门库的最优 NCV 三量子电路快速综合算法[J]. 电子学报, 2013, 41(4): 690-697.

[42] Soeken M, Roetteler M, Wiebe N, et al. Logic synthesis for quantum computing[EB/OL]. [2017-06-08].http://arxiv.org/abs/1706.02721v1.

[43] Boykin P O, Mor T, Pulver M, et al. A new universal and fault-tolerant quantum basis[J]. Information Processing Letters, 2000, 75(3): 101-107.

[44] Fowler A G, Mariantoni M, Martinis J M, et al. Surface codes: Towards practical large-scale quantum computation[J]. Physical Review A, 2012, 86(3): 032324.

[45] Biswal L, Bandyopadhyay C, Chattopadhyay A, et al. Nearest-neighbor and fault-tolerant quantum circuit implementation[C]//2016 IEEE 46th International Symposium on Multiple-Valued Logic (ISMVL), Sapporo, 2016: 156-161.

[46] Biswal L, Bandyopadhyay C, Rahaman H. Efficient implementation of fault-tolerant 4：1 quantum multiplexer (QMUX) using clifford T-group[C]//2019 IEEE International Symposium on Smart Electronic Systems (iSES) (Formerly iNiS), Rourkela, 2019: 69-74.

[47] Barenco A, Bennett C H, Cleve R, et al. Elementary gates for quantum computation[J]. Physical Review A, 1995, 52(5): 3457-3467.

[48] Zulehner A, Paler A, Wille R. Efficient mapping of quantum circuits to the IBM QX architectures[C]//2018 Design, Automation & Test in Europe Conference & Exhibition (DATE), Dresden, 2018: 1135-1138.

[49] Kole A, Datta K. Improved NCV gate realization of arbitrary size Toffoli gates[C]//2017 30th International Conference on VLSI Design and 2017 16th International Conference on Embedded Systems (VLSID), Hyderabad, 2017: 289-294.

[50] Almeida A, Dueck G W, Silva A. Efficient Realization of Toffoli and NCV Circuits for IBM QX Architectures[M]// Thomsen M, Soeken M. Reversible Computer, RC 2019. Lecture Notes in Computer Science. Cham: Springer, 2019: 131-145.

[51] Biswal L, Bhattacharjee D, Chattopadhyay A, et al. Techniques for fault-tolerant decomposition of a multicontrolled Toffoli gate[J]. Physical Review A, 2019, 100(6): 062326.

[52] Kumar P. Efficient quantum computing between remote qubits in linear nearest neighbor architectures[J]. Quantum Information Processing, 2013, 12(4): 1737-1757.

[53] Wille R, Lye A, Drechsler R. Exact reordering of circuit lines for nearest neighbor quantum

architectures[J]. IEEE Transactions on Computer-Aided Design of Integrated Circuits and Systems, 2014, 33(12): 1818-1831.

[54] Hirata Y, Nakanishi M, Yamashita S, et al. An efficient conversion of quantum circuits to a linear nearest neighbor architecture[J]. Quantum Information & Computation, 2011, 11: 142-166.

[55] Pedram M, Shafaei A. Layout optimization for quantum circuits with linear nearest neighbor architectures[J]. IEEE Circuits and Systems Magazine, 2016, 16(2): 62-74.

[56] Bhattacharjee A, Bandyopadhyay C, Wille R, et al. Improved look-ahead approaches for nearest neighbor synthesis of 1D quantum circuits[C]//2019 32nd International Conference on VLSI Design and 2019 18th International Conference on Embedded Systems (VLSID), Delhi, 2019: 203-208.

[57] Saeedi M, Wille R, Drechsler R. Synthesis of quantum circuits for linear nearest neighbor architectures[J]. Quantum Information Processing, 2011, 10(3): 355-377.

[58] Shafaei A, Saeedi M, Pedram M. Optimization of quantum circuits for interaction distance in linear nearest neighbor architectures[C]//Proceedings of the 50th Annual Design Automation Conference, Austin Texas, 2013: 1-6.

[59] Kole A, Datta K, Sengupta I. A heuristic for linear nearest neighbor realization of quantum circuits by SWAP gate insertion using N-gate lookahead[J]. IEEE Journal on Emerging and Selected Topics in Circuits and Systems, 2016, 6(1): 62-72.

[60] Wille R, Keszocze O, Walter M, et al. Look-ahead schemes for nearest neighbor optimization of 1D and 2D quantum circuits[C]//2016 21st Asia and South Pacific Design Automation Conference (ASP-DAC), Macao, 2016: 292-297.

[61] Alfailakawi M G, Ahmad I, Hamdan S. Harmony-search algorithm for 2D nearest neighbor quantum circuits realization[J]. Expert Systems with Applications, 2016, 61: 16-27.

[62] Hattori W, Yamashita S. Quantum circuit optimization by changing the gate order for 2D nearest neighbor architectures[C]//Reversible Computation: 10th International Conference, RC 2018, Leicester, 2018: 228-243.

[63] Ruffinelli D, Barán B. Linear nearest neighbor optimization in quantum circuits: A multiobjective perspective[J]. Quantum Information Processing, 2017, 16(9): 220.

[64] Kole A, Datta K, Sengupta I. A new heuristic for $N$-dimensional nearest neighbor realization of a quantum circuit[J]. IEEE Transactions on Computer-Aided Design of Integrated Circuits and Systems, 2017, 37(1): 182-192.

[65] Bhattacharjee A, Bandyopadhyay C, Wille R, et al. A novel approach for nearest neighbor realization of 2D quantum circuits[C]//2018 IEEE Computer Society Annual Symposium on VLSI (ISVLSI), Hong Kong, 2018: 305-310.

[66] Cheng X Y, Guan Z J, Zhu P C. Nearest neighbor transformation of quantum circuits in 2D architecture[J]. IEEE Access, 2020, 8: 222466-222475.

[67] Bhattacharjee A, Bandyopadhyay C, Niemann P, et al. An improved heuristic technique for nearest neighbor realization of quantum circuits in 2D architecture[J]. Integration, 2021, 76: 40-54.

[68] Farghadan A, Mohammadzadeh N. Quantum circuit physical design flow for 2D nearest-neighbor architectures[J]. International Journal of Circuit Theory and Applications, 2017, 45(7): 989-1000.

[69] Ding J, Yamashita S. Exact synthesis of nearest neighbor compliant quantum circuits in 2-D architecture and its application to large-scale circuits[J]. IEEE Transactions on Computer-Aided Design of Integrated Circuits and Systems, 2019, 39(5): 1045-1058.

[70] Jurcevic P, Javadi-Abhari A, Bishop L S, et al. Demonstration of quantum volume 64 on a superconducting quantum computing system[J]. Quantum Science and Technology, 2021, 6(2): 025020.

[71] Arute F, Arya K, Babbush R, et al. Quantum supremacy using a programmable superconducting processor[J]. Nature, 2019, 574(7779): 505-510.

[72] Sete E A, Zeng W J, Rigetti C T. A functional architecture for scalable quantum computing[C]//2016 IEEE International Conference on Rebooting Computing (ICRC), San Diego, 2016: 1-6.

[73] Wille R, Burgholzer L, Zulehner A. Mapping quantum circuits to IBM QX architectures using the minimal number of SWAP and H operations[C]//Proceedings of the 56th Annual Design Automation Conference 2019, Las Vegas, 2019: 1-6.

[74] Burgholzer L, Schneider S, Wille R. Limiting the search space in optimal quantum circuit mapping[C]//2022 27th Asia and South Pacific Design Automation Conference (ASP-DAC), Taipei, 2022: 466-471.

[75] Siraichi M Y, dos Santos V F, Collange S, et al. Qubit allocation[C]//Proceedings of the 2018 International Symposium on Code Generation and Optimization ,Vienna, 2018: 113-125.

[76] Tan B C, Cong J. Optimal layout synthesis for quantum computing[C]//Proceedings of the 39th International Conference on Computer-Aided Design, Virtual Event, 2020: 1-9.

[77] Boccia M, Masone A, Sforza A, et al. Swap Minimization in Nearest Neighbour Quantum Circuits: An ILP Formulation[M]//Paolucci M, Sciomachen A, Uberti P. AIRO Springer Series. Cham: Springer International Publishing, 2019: 255-265.

[78] de Almeida A A A, Dueck G W, da Silva A C R. Finding optimal qubit permutations for IBM's quantum computer architectures[C]//Proceedings of the 32nd Symposium on Integrated Circuits and Systems Design, São Paulo, 2019: 1-6.

[79] Murali P, McKay D C, Martonosi M, et al. Software mitigation of crosstalk on noisy intermediate-scale quantum computers[C]//Proceedings of the Twenty-Fifth International Conference on Architectural Support for Programming Languages and Operating Systems, Lausanne, 2020: 1001-1016.

[80] Tan B C, Cong J. Optimality study of existing quantum computing layout synthesis tools[J]. IEEE Transactions on Computers, 2021, 70(9): 1363-1373.

[81] Brandhofer S, Polian I, Büchler H P. Optimal mapping for near-term quantum architectures based on rydberg atoms[C]//2021 IEEE/ACM International Conference on Computer Aided Design (ICCAD), Munich, 2021: 1-7.

[82] Lin W H, Kimko J, Tan B C, et al. Scalable optimal layout synthesis for NISQ quantum processors[C]//2023 60th ACM/IEEE Design Automation Conference (DAC), San Francisco, 2023: 1-6.

[83] van Houte R, Mulderij J, Attema T, et al. Mathematical formulation of quantum circuit design

problems in networks of quantum computers[J]. Quantum Information Processing, 2020, 19(5): 141.

[84] Tkachenko N V, Sud J, Zhang Y, et al. Correlation-informed permutation of qubits for reducing ansatz depth in the variational quantum eigensolver[J]. PRX Quantum, 2021, 2(2): 020337.

[85] Booth K, Do M, Beck J, et al. Comparing and integrating constraint programming and temporal planning for quantum circuit compilation[C]//Proceedings of the International Conference on Automated Planning and Scheduling, 2018: 366-374.

[86] Do M, Wang Z H, O'Gorman B, et al. Planning for compilation of a quantum algorithm for graph coloring[EB/OL]. [2020-02-23].http://arxiv.org/abs/2002.10917v1.

[87] Itoko T, Imamichi T. Scheduling of operations in quantum compiler[C]//2020 IEEE International Conference on Quantum Computing and Engineering (QCE), Denver, 2020: 337-344.

[88] Murali P, Baker J M, Javadi-Abhari A, et al. Noise-adaptive compiler mappings for noisy intermediate-scale quantum computers[C]//Proceedings of the Twenty-Fourth International Conference on Architectural Support for Programming Languages and Operating Systems, Providence, 2019: 1015-1029.

[89] Murali P, Linke N M, Martonosi M, et al. Full-stack, real-system quantum computer studies: Architectural comparisons and design insights[C]//Proceedings of the 46th International Symposium on Computer Architecture, Phoenix, 2019: 527-540.

[90] Bhattacharjee D, Saki A A, Alam M, et al. MUQUT: Multi-constraint quantum circuit mapping on NISQ computers: Invited paper[C]//2019 IEEE/ACM International Conference on Computer-Aided Design (ICCAD), Westminster, 2019: 1-7.

[91] Zulehner A, Paler A, Wille R. An efficient methodology for mapping quantum circuits to the IBM QX architectures[J]. IEEE Transactions on Computer-Aided Design of Integrated Circuits and Systems, 2018, 38(7): 1226-1236.

[92] Lao L, van Wee B, Ashraf I, et al. Mapping of lattice surgery-based quantum circuits on surface code architectures[J]. Quantum Science and Technology, 2018, 4(1): 015005.

[93] Zulehner A, Wille R. Compiling SU(4) quantum circuits to IBM QX architectures[C]//Proceedings of the 24th Asia and South Pacific Design Automation Conference, Tokyo, 2019: 185-190.

[94] Li G S, Ding Y F, Xie Y. Tackling the qubit mapping problem for NISQ-era quantum devices[C]//Proceedings of the Twenty-Fourth International Conference on Architectural Support for Programming Languages and Operating Systems, Providence, 2019: 1001-1014.

[95] Siraichi M Y, dos Santos V F, Collange C, et al. Qubit allocation as a combination of subgraph isomorphism and token swapping[C]//Proceedings of the ACM on Programming Languages, 2019: 1-29.

[96] Paler A. On the influence of initial qubit placement during NISQ circuit compilation[C]//International Workshop on Quantum Technology and Optimization Problems. Cham:Springer, 2019: 207-217.

[97] Cowtan A, Dilkes S, Duncan R, et al. On the qubit routing problem[EB/OL]. [2019-02-21].http://arxiv.org/abs/1902.08091v2.

[98] Itoko T, Raymond R, Imamichi T, et al. Quantum circuit compilers using gate commutation

rules[C]//Proceedings of the 24th Asia and South Pacific Design Automation Conference, Tokyo, 2019: 191-196.

[99] Kole A, Hillmich S, Datta K, et al. Improved mapping of quantum circuits to IBM QX architectures[J]. IEEE Transactions on Computer-Aided Design of Integrated Circuits and Systems, 2019, 39(10): 2375-2383.

[100] de Almeida A A A, Dueck G W, da Silva A C R. CNOT gate mappings to Clifford T circuits in IBM architectures[C]//2019 IEEE 49th International Symposium on Multiple-Valued Logic (ISMVL), Fredericton, 2019: 7-12.

[101] Matsuo A, Hattori W, Yamashita S. Reducing the overhead of mapping quantum circuits to IBM Q system[C]//2019 IEEE International Symposium on Circuits and Systems (ISCAS), Sapporo, 2019: 1-5.

[102] Childs A M, Schoute E, Unsal C M. Circuit transformations for quantum architectures[EB/OL]. [2019-02-25].http://arxiv.org/abs/1902.09102v2.

[103] Bhattacharjee A, Bandyopadhyay C, Mukherjee A, et al. An ant colony based mapping of quantum circuits to nearest neighbor architectures[J]. Integration, 2021, 78: 11-24.

[104] Zhou X Z, Li S J, Feng Y. Quantum circuit transformation based on simulated annealing and heuristic search[J]. IEEE Transactions on Computer-Aided Design of Integrated Circuits and Systems, 2020, 39(12): 4683-4694.

[105] Li S J, Zhou X Z, Feng Y. Qubit mapping based on subgraph isomorphism and filtered depth-limited search[J]. IEEE Transactions on Computers, 2021, 70(11): 1777-1788.

[106] Itoko T, Raymond R, Imamichi T, et al. Optimization of quantum circuit mapping using gate transformation and commutation[J]. Integration, 2020, 70: 43-50.

[107] Zhou X Z, Feng Y, Li S J. A Monte Carlo tree search framework for quantum circuit transformation[C]//Proceedings of the 39th International Conference on Computer-Aided Design, Virtual Event, 2020: 1-7.

[108] Deb A, Dueck G W, Wille R. Towards exploring the potential of alternative quantum computing architectures[C]//2020 Design, Automation & Test in Europe Conference & Exhibition (DATE), Grenoble, 2020: 682-685.

[109] Niemann P, de Almeida A A A, Dueck G, et al. Design space exploration in the mapping of reversible circuits to IBM quantum computers[C]//2020 23rd Euromicro Conference on Digital System Design (DSD), Kranj, 2020: 401-407.

[110] Lin J X, Anschuetz E R, Harrow A W. Using spectral graph theory to map qubits onto connectivity-limited devices[J]. ACM Transactions on Quantum Computing, 2021, 2(1): 1-30.

[111] Niemann P, Mueller L, Drechsler R. Combining SWAPs and remote CNOT gates for quantum circuit transformation[C]//2021 24th Euromicro Conference on Digital System Design (DSD),Palermo, 2021: 495-501.

[112] Kong M. On the impact of affine loop transformations in qubit allocation[J]. ACM Transactions on Quantum Computing, 2021, 2(3): 1-40.

[113] Liu J, Li P Y, Zhou H Y. Not all SWAPs have the same cost: A case for optimization-aware qubit routing[C]//2022 IEEE International Symposium on High-Performance Computer Architecture

(HPCA), Seoul, 2022: 709-725.

[114] Zhou X Z, Feng Y, Li S J. Quantum circuit transformation: A Monte Carlo tree search framework[J]. ACM Transactions on Design Automation of Electronic Systems, 2022, 27(6): 1-27.

[115] Arufe L, González M A, Oddi A, et al. Quantum circuit compilation by genetic algorithm for quantum approximate optimization algorithm applied to MaxCut problem[J]. Swarm and Evolutionary Computation, 2022, 69: 101030.

[116] Zhou X Z, Feng Y, Li S J. Supervised learning enhanced quantum circuit transformation[J]. IEEE Transactions on Computer-Aided Design of Integrated Circuits and Systems, 2023, 42(2): 437-447.

[117] Sinha A, Azad U, Singh H. Qubit routing using graph neural network aided Monte Carlo tree search[C]//Proceedings of the AAAI Conference on Artificial Intelligence, 2022: 9935-9943.

[118] Wu B J, He X Y, Yang S, et al. Optimization of CNOT circuits on limited connectivity architecture[EB/OL]. [2019-10-31].http://arxiv.org/abs/1910.14478v4.

[119] Kissinger A, van de Griend A M. CNOT circuit extraction for topologically-constrained quantum memories[J]. Quantum Information and Computation, 2020, 20(7&8): 581-596.

[120] Nash B, Gheorghiu V, Mosca M. Quantum circuit optimizations for NISQ architectures[J]. Quantum Science and Technology, 2020, 5(2): 025010.

[121] Wu A B, Li G S, Zhang H Z, et al. Mapping surface code to superconducting quantum processors[EB/OL]. [2021-11-26].http://arxiv.org/abs/2111.13729v1.

[122] Paler A, Polian I, Nemoto K, et al. Fault-tolerant, high-level quantum circuits: Form, compilation and description[J]. Quantum Science and Technology, 2017, 2(2): 025003.

[123] Wu A B, Li G S, Zhang H Z, et al. A synthesis framework for stitching surface code with superconducting quantum devices[C]//Proceedings of the 49th Annual International Symposium on Computer Architecture, New York, 2022: 337-350.

[124] Saki A A, Alam M, Li J D, et al. Error-Tolerant Mapping for Quantum Computing[M]//Aly M M S, Chattopadhyay A. Emerging Computing: From Devices to Systems. Singapore: Springer, 2023: 371-403.

[125] Alam M, Ash-Saki A, Ghosh S. An efficient circuit compilation flow for quantum approximate optimization algorithm[C]// 2020 57th ACM/IEEE Design Automation Conference (DAC), San Francisco, 2020: 1-6.

[126] Alam M, Ash-Saki A, Ghosh S. Circuit compilation methodologies for quantum approximate optimization algorithm[C]//2020 53rd Annual IEEE/ACM International Symposium on Microarchitecture (MICRO), Athens, 2020: 215-228.

[127] Ferrari D, Tavernelli I, Amoretti M. Deterministic algorithms for compiling quantum circuits with recurrent patterns[J]. Quantum Information Processing, 2021, 20(6): 213.

[128] Deng H W, Zhang Y, Li Q X. Codar: A contextual duration-aware qubit mapping for various NISQ devices[C]//2020 57th ACM/IEEE Design Automation Conference (DAC), San Francisco, 2020: 1-6.

[129] Lao L L, van Someren H, Ashraf I, et al. Timing and resource-aware mapping of quantum circuits

to superconducting processors[J]. IEEE Transactions on Computer-Aided Design of Integrated Circuits and Systems, 2021, 41(2): 359-371.

[130] Zhang C, Hayes A B, Qiu L, et al. Time-optimal qubit mapping[C]// Proceedings of the 26th ACM International Conference on Architectural Support for Programming Languages and Operating Systems, Detroit, 2021: 360-374.

[131] Pozzi M G, Herbert S J, Sengupta A, et al. Using reinforcement learning to perform qubit routing in quantum compilers[J]. ACM Transactions on Quantum Computing, 2022, 3(2): 1-25.

[132] Tannu S S, Qureshi M K. Not all qubits are created equal: A case for variability-aware policies for NISQ-era quantum computers[C]//Proceedings of the Twenty-Fourth International Conference on Architectural Support for Programming Languages and Operating Systems, Providence, 2019: 987-999.

[133] Nishio S, Pan Y L, Satoh T, et al. Extracting success from IBM's 20-qubit machines using error-aware compilation[J]. ACM Journal on Emerging Technologies in Computing Systems, 2020, 16(3): 1-25.

[134] Niu S Y, Suau A, Staffelbach G, et al. A hardware-aware heuristic for the qubit mapping problem in the NISQ era[J]. IEEE Transactions on Quantum Engineering, 2020, 1: 3101614.

[135] Li Z T, Meng F X, Zhang Z C, et al. Qubits' mapping and routing for NISQ on variability of quantum gates[J]. Quantum Information Processing, 2020, 19(10): 378.

[136] Patel T, Li B, Roy R B, et al. {UREQA}: Leveraging {operation-aware} error rates for effective quantum circuit mapping on {NISQ-era} quantum computers[C]// 2020 USENIX Annual Technical Conference (USENIX ATC 20), Boston, 2020: 705-711.

[137] Tannu S S, Qureshi M. Ensemble of diverse mappings: Improving reliability of quantum computers by orchestrating dissimilar mistakes[C]//Proceedings of the 52nd Annual IEEE/ACM International Symposium on Microarchitecture, Columbus, 2019: 253-265.

[138] Ash-Saki A, Alam M, Ghosh S. QURE: Qubit re-allocation in noisy intermediate-scale quantum computers[C]//Proceedings of the 56th Annual Design Automation Conference 2019, Las Vegas, 2019: 1-6.

[139] Ferrari D, Amoretti M. Noise-adaptive quantum compilation strategies evaluated with application-motivated benchmarks[C]//Proceedings of the 19th ACM International Conference on Computing Frontiers, Turin, 2022: 237-243.

[140] Steinberg M A, Feld S, Almudever C G, et al. Topological-graph dependencies and scaling properties of a heuristic qubit-assignment algorithm[J]. IEEE Transactions on Quantum Engineering, 2022, 3: 3101114.

[141] Alam M, Ash-Saki A, Li J D, et al. Noise resilient compilation policies for quantum approximate optimization algorithm[C]//Proceedings of the 39th International Conference on Computer-Aided Design, Virtual Event, 2020: 1-7.

[142] Sivarajah S, Dilkes S, Cowtan A, et al. t| ket): A retargetable compiler for NISQ devices[J]. Quantum Science and Technology, 2020, 6(1): 014003.

[143] Liu L, Dou X L. QuCloud: A new qubit mapping mechanism for multi-programming quantum computing in cloud environment[C]//2021 IEEE International Symposium on High-Performance

Computer Architecture (HPCA), Seoul, 2021: 167-178.

[144] Das P, Tannu S S, Nair P J, et al. A case for multi-programming quantum computers[C]//Proceedings of the 52nd Annual IEEE/ACM International Symposium on Microarchitecture, Columbus, 2019: 291-303.

[145] 窦星磊, 刘磊, 陈岳涛. 面向超导量子计算机的程序映射技术研究[J]. 计算机研究与发展, 2021, 58(9): 1856-1874.

[146] Brink M, Chow J M, Hertzberg J, et al. Device challenges for near term superconducting quantum processors: Frequency collisions[C]//2018 IEEE International Electron Devices Meeting (IEDM), San Francisco, 2018: 6.1.1-6.1.3.

[147] Sarovar M, Proctor T, Rudinger K, et al. Detecting crosstalk errors in quantum information processors[J]. Quantum, 2020, 4: 321.

[148] Niu S Y, Todri-Sanial A. Enabling multi-programming mechanism for quantum computing in the NISQ era[J]. Quantum, 2023, 7: 925.

[149] Liu L, Dou X L. QuCloud+: A holistic qubit mapping scheme for single/multi-programming on 2D/3D NISQ quantum computers[J]. ACM Transactions on Architecture and Code Optimization, 2024, 21(1): 1-27.

[150] Kurpiers P, Magnard P, Walter T, et al. Deterministic quantum state transfer and remote entanglement using microwave photons[J]. Nature, 2018, 558(7709): 264-267.

[151] Magnard P, Storz S, Kurpiers P, et al. Microwave quantum link between superconducting circuits housed in spatially separated cryogenic systems[J]. Physical Review Letters, 2020, 125(26): 260502.

[152] Leung N, Lu Y, Chakram S, et al. Deterministic bidirectional communication and remote entanglement generation between superconducting qubits[J]. NPJ Quantum Information, 2019, 5(1) 032324-031243.

[153] Zhong Y P, Chang H S, Bienfait A, et al. Deterministic multi-qubit entanglement in a quantum network[J]. Nature, 2021, 590(7847): 571-575.

[154] Yan H X, Zhong Y P, Chang H S, et al. Entanglement purification and protection in a superconducting quantum network[J]. Physical Review Letters, 2022, 128(8): 080504.

[155] Gold A, Paquette J P, Stockklauser A, et al. Entanglement across separate silicon dies in a modular superconducting qubit device[J]. NPJ Quantum Information, 2021, 7: 142.

[156] Conner C R, Bienfait A, Chang H S, et al. Superconducting qubits in a flip-chip architecture[J]. Applied Physics Letters, 2021, 118(23): 232602.

[157] Pirandola S, Eisert J, Weedbrook C, et al. Advances in quantum teleportation[J]. Nature Photonics, 2015, 9(10): 641-652.

[158] LaRacuente N, Smith K N, Imany P, et al. Modeling short-range microwave networks to scale superconducting quantum computation[EB/OL]. [2022-01-21].http://arxiv.org/abs/2201.08825v2.

[159] Chow J M. Quantum intranet[J]. IET Quantum Communication, 2021, 2(1): 26-27.

[160] Bardin J. Beyond-classical computing using superconducting quantum processors[C]//2022 IEEE International Solid-State Circuits Conference (ISSCC), San Francisco, 2022: 422-424.

[161] Davarzani Z, Zomorodi-Moghadam M, Houshmand M, et al. A dynamic programming approach for distributing quantum circuits by bipartite graphs[J]. Quantum Information Processing, 2020, 19(10): 360.

[162] Andrés-Martínez P, Heunen C. Automated distribution of quantum circuits via hypergraph partitioning[J]. Physical Review A, 2019, 100(3): 032308.

[163] Houshmand M, Mohammadi Z, Zomorodi-Moghadam M, et al. An evolutionary approach to optimizing teleportation cost in distributed quantum computation[J]. International Journal of Theoretical Physics, 2020, 59(4): 1315-1329.

[164] Daei O, Navi K, Zomorodi M. Improving the teleportation cost in distributed quantum circuits based on commuting of gates[J]. International Journal of Theoretical Physics, 2021, 60(9): 3494-3513.

[165] Nikahd E, Mohammadzadeh N, Sedighi M, et al. Automated window-based partitioning of quantum circuits[J]. Physica Scripta, 2021, 96(3): 035102.

[166] Ghodsollahee I, Davarzani Z, Zomorodi M, et al. Connectivity matrix model of quantum circuits and its application to distributed quantum circuit optimization[J]. Quantum Information Processing, 2021, 20(7): 235.

[167] Williams C P, Gray A G. Automated Design of Quantum Circuits[M]//Williams C P. Quantum Computing and Quantum Communications. Berlin: Springer, 1999: 113-125.

[168] Sundaram R G, Gupta H, Ramakrishnan C. Efficient distribution of quantum circuits[C]// 35th International Symposium on Distributed Computing (DISC 2021). Schloss Dagstuhl-Leibniz-Zentrum für Informatik, 2021.

[169] Dadkhah D, Zomorodi M, Hosseini S E. A new approach for optimization of distributed quantum circuits[J]. International Journal of Theoretical Physics, 2021, 60(9): 3271-3285.

[170] Li L Z, Qiu D W. Determining the equivalence for one-way quantum finite automata[J]. Theoretical Computer Science, 2008, 403(1): 42-51.

[171] Landauer R. Irreversibility and heat generation in the computing process[J]. IBM Journal of Research and Development, 1961, 5(3): 183-191.

[172] Bennett C H. Logical reversibility of computation[J]. IBM Journal of Research and Development, 1973, 17(6): 525-532.

[173] Bérut A, Arakelyan A, Petrosyan A, et al. Experimental verification of Landauer's principle linking information and thermodynamics[J]. Nature, 2012, 483(7388): 187-189.

[174] Fredkin E, Toffoli T. Conservative logic[J]. International Journal of Theoretical Physics, 1982, 21(3): 219-253.

[175] Grover L K. A fast quantum mechanical algorithm for database search[C]//Proceedings of the Twenty-Eighth Annual ACM Symposium on Theory of Computing, Philadelphia, 1996: 212-219.

[176] Shannon C E. A symbolic analysis of relay and switching circuits[J]. Electrical Engineering, 1938, 57(12): 713-723.

[177] 管致锦. 可逆逻辑综合[M]. 北京: 科学出版社, 2011.

[178] Toffoli T. Reversible Computing[M]//Automata, Languages and Programming. Berlin: Springer,

1980: 632-644.

[179] Shende V V, Prasad A K, Markov I L, et al. Synthesis of reversible logic circuits[J]. IEEE Transactions on Computer-Aided Design of Integrated Circuits and Systems, 2003, 22(6): 710-722.

[180] Mermin N D. Quantum Computer Science: An Introduction[M]. Cambridge: Cambridge University Press, 2007.

[181] Kitaev A, Shen A, Vyalyi M. Classical and Quantum Computation[M]. Providence: American Mathematical Society, 2002.

[182] Lin C C, Sur-Kolay S, Jha N K. PAQCS: Physical design-aware fault-tolerant quantum circuit synthesis[J]. IEEE Transactions on Very Large Scale Integration (VLSI) Systems, 2015, 23(7): 1221-1234.

[183] Nickerson N H, Li Y, Benjamin S C. Topological quantum computing with a very noisy network and local error rates approaching one percent[J]. Nature Communications, 2013, 4(4): 1756.

[184] Chakrabarti A, Sur-Kolay S. Nearest neighbour based synthesis of quantum Boolean circuits[J]. Engineering Letters, 2007, 15(2): 356.

[185] Sheldon S, Magesan E, Chow J M, et al. Procedure for systematically tuning up cross-talk in the cross-resonance gate[J]. Physical Review A, 2016, 93(6): 060302.

[186] Preskill J. Quantum computing in the NISQ era and beyond[J]. Quantum, 2018, 2: 79.

[187] Sundaresan N, Lauer I, Pritchett E, et al. Reducing unitary and spectator errors in cross resonance with optimized rotary echoes[J]. PRX Quantum, 2020, 1(2): 020318.

[188] Wille R, Van Meter R, Naveh Y. IBM's Qiskit tool chain: Working with and developing for real quantum computers[C]//2019 Design, Automation & Test in Europe Conference & Exhibition (DATE), Florence, 2019: 1234-1240.

[189] Wei K X, Magesan E, Lauer I, et al. Hamiltonian engineering with multicolor drives for fast entangling gates and quantum crosstalk cancellation[J]. Physical Review Letters, 2022, 129(6): 060501.

[190] 张超, 管致锦, 冯世光, 等. 一种二维架构下的量子线路布局与优化方法[J]. 量子电子学报, 2023, 40(4): 570-581.

[191] 朱明强, 申文杰, 牛义仁, 等. 面向可靠性的 CNOT 量子线路最近邻综合[J]. 量子电子学报, 2023, 40(4): 560-569.

[192] Häffner H, Hänsel W, Roos C F, et al. Scalable multiparticle entanglement of trapped ions[J]. Nature, 2005, 438(7068): 643-646.

[193] Laforest M, Simon D, Boileau J C, et al. Using error correction to determine the noise model[J]. Physical Review A, 2007, 75(1): 012331.

[194] Kane B E. A silicon-based nuclear spin quantum computer[J]. Nature, 1998, 393(6681): 133-137.

[195] Fowler A G, Devitt S J, Hollenberg L C L. Implementation of Shor's algorithm on a linear nearest neighbour qubit array[J]. Quantum Information and Computation, 2004, 4(4): 237-251.

[196] Wan S S, Chen H W, Cao R J. A novel transformation-based algorithm for reversible logic synthesis[C]//Cai Z, Li Z, Kang Z, et al. International Symposium on Intelligence Computation and Applications. Berlin: Springer, 2009: 70-81.

[197] 程学云, 管致锦, 张海豹, 等. 基于规则的可逆 Toffoli 电路优化算法[J]. 计算机科学,

2013, 40(10): 32-38.

[198] Maslov D, Dueck G W, Miller D M. Simplification of Toffoli networks via templates[C]//16th Symposium on Integrated Circuits and Systems Design, Sao Paulo, 2003: 53-58.

[199] Jiang H, Li D K, Deng Y X, et al. A pattern matching-based framework for quantum circuit rewriting[EB/OL]. [2022-06-14].http://arxiv.org/abs/2206.06684v1.

[200] Rahman M M, Dueck G W. An algorithm to find quantum templates[C]//2012 IEEE Congress on Evolutionary Computation, Brisbane, 2012: 1-7.

[201] Rahman M M, Dueck G W, Horton J. Exact template matching using graphs[C]// 5rd Conference on Reversible Computation, Victoria, 2013: 67-72.

[202] Iten R, Moyard R, Metger T, et al. Exact and practical pattern matching for quantum circuit optimization[J]. ACM Transactions on Quantum Computing, 2022, 3(1): 1-41.

[203] Ekert A, Hayden P M, Inamori H. Basic Concepts in Quantum Computation[M]//Les Houches - Ecole d'Ete de Physique Theorique. Berlin: Springer, 2007: 661-701.

[204] Szyprowski M, Kerntopf P. Low quantum cost realization of generalized Peres and Toffoli gates with multiple-control signals[C]//2013 13th IEEE International Conference on Nanotechnology (IEEE-NANO 2013), Beijing, 2013: 802-807.

[205] Li Z Q, Chen S, Song X Y, et al. Quantum circuit synthesis using a new quantum logic gate library of NCV quantum gates[J]. International Journal of Theoretical Physics, 2017, 56(4): 1023-1038.

[206] Khan M H A. Cost reduction in nearest neighbour based synthesis of quantum Boolean circuits[J]. Engineering Letters, 2008, 16(1): 1.

[207] Lye A, Wille R, Drechsler R. Determining the minimal number of swap gates for multi-dimensional nearest neighbor quantum circuits[C]//The 20th Asia and South Pacific Design Automation Conference, Chiba, 2015: 178-183.

[208] Rahman M M, Dueck G W. Synthesis of linear nearest neighbor quantum circuits[EB/OL]. [2015-08-21].http://arxiv.org/abs/1508.05430v1.

[209] Liu J, Bowman M, Gokhale P, et al. QContext: Context-aware decomposition for quantum gates[C]//2023 IEEE International Symposium on Circuits and Systems (ISCAS), Monterey, 2023: 1-5.

[210] Matsuo A, Hattori W, Yamashita S. An efficient method to decompose and map MPMCT gates that accounts for qubit placement[J]. IEICE Transactions on Fundamentals of Electronics, Communications and Computer Sciences, 2023, 106 (2): 124-132.

[211] Lee J, Kang Y, Lee Y S, et al. MPMCT gate decomposition method reducing T-depth quickly in proportion to the number of work qubits[J]. Quantum Information Processing, 2023, 22(10): 381.

[212] de Leon N P, Itoh K M, Kim D, et al. Materials challenges and opportunities for quantum computing hardware[J]. Science, 2021, 372(6539): eabb2823.

[213] Park S W, Lee H, Kim B C, et al. Circuit depth reduction algorithm for QUBO and Ising models in gate-model quantum computers[C]//2021 International Conference on Information and Communication Technology Convergence (ICTC), Jeju Island, 2021: 1357-1362.

[214] Naito S, Hasegawa Y, Matsuda Y, et al. ISAAQ: Ising machine assisted quantum compiler[EB/OL]. [2023-03-06].http://arxiv.org/abs/2303.02830v1.

[215] Cheng X Y, Guan Z J, Ding W P. Mapping from multiple-control Toffoli circuits to linear nearest neighbor quantum circuits[J]. Quantum Information Processing, 2018, 17(7): 169.

[216] Satoh T, Oomura S, Sugawara M, et al. Pulse-engineered controlled-V gate and its applications on superconducting quantum device[J]. IEEE Transactions on Quantum Engineering, 2022, 3: 3101610.

[217] Tan Y Y, Cheng X Y, Guan Z J, et al. Multi-strategy based quantum cost reduction of linear nearest-neighbor quantum circuit[J]. Quantum Information Processing, 2018, 17(3): 61.

[218] Browne C B, Powley E, Whitehouse D, et al. A survey of Monte Carlo tree search methods[J]. IEEE Transactions on Computational Intelligence and AI in Games, 2012, 4(1): 1-43.

[219] Šašura M, Bužek V. Cold trapped ions as quantum information processors[J]. Journal of Modern Optics, 2002, 49(10): 1593-1647.

[220] Ali M B, Hirayama T, Yamanaka K, et al. Quantum cost reduction of reversible circuits using new Toffoli decomposition techniques[C]// International Conference on Computational Science and Computational Intelligence (CSCI), Las Vegas, 2016: 59-64.

[221] Szyprowski M, Kerntopf P. Reducing quantum cost in reversible toffoli circuits[EB/OL]. [2011-05-29].http://arxiv.org/abs/1105.5831v2.

[222] Wille R, Große D, Teuber L, et al. RevLib: An online resource for reversible functions and reversible circuits[C]//38th International Symposium on Multiple Valued Logic (ismvl 2008), Dallas, 2008: 220-225.

[223] Gong M, Wang S Y, Zha C, et al. Quantum walks on a programmable two-dimensional 62-qubit superconducting processor[J]. Science, 2021, 372(6545): 948-952.

[224] Wu Y L, Bao W S, Cao S R, et al. Strong quantum computational advantage using a superconducting quantum processor[J]. Physical Review Letters, 2021, 127(18): 180501.

[225] Zhu Q L, Cao S R, Chen F S, et al. Quantum computational advantage via 60-qubit 24-cycle random circuit sampling[J]. Science Bulletin, 2022, 67(3): 240-245.

[226] Heim B, Soeken M, Marshall S, et al. Quantum programming languages[J]. Nature Reviews Physics, 2020, 2(12): 709-722.

[227] Bertels K, Sarkar A, Hubregtsen T, et al. Quantum computer architecture: Towards full-stack quantum accelerators[C]//2020 Design, Automation & Test in Europe Conference & Exhibition (DATE), Grenoble, 2020: 1-6.

[228] Abdel-Basset M, Manogaran G, Rashad H, et al. A comprehensive review of quadratic assignment problem: Variants, hybrids and applications[J]. Journal of Ambient Intelligence and Humanized Computing, 2018: 1-24.

[229] Hahn P, Grant T. Lower bounds for the quadratic assignment problem based upon a dual formulation[J]. Operations Research, 1998, 46(6): 912-922.

[230] Clausen J. Branch and bound algorithms-principles and examples[D]. Copenhagen: University of Copenhagen, 1999: 1-30.

[231] Date K, Nagi R. GPU-accelerated Hungarian algorithms for the linear assignment problem[J]. Parallel Computing, 2016, 57: 52-72.

[232] Gross J L, Yellen J, Anderson M. Graph Theory and its Applications[M]. Leiden: Chapman and

Hall/CRC, 2018.

[233] 孙晓明. 量子计算若干前沿问题综述[J]. 中国科学(信息科学), 2016, 46(8): 982-1002.

[234] Bharti K, Cervera-Lierta A, Kyaw T H, et al. Noisy intermediate-scale quantum algorithms[J]. Reviews of Modern Physics, 2022, 94(1): 015004.

[235] 何键浩, 李绿周. 量子优化算法综述[J]. 计算机研究与发展, 2021, 58(9): 1823-1834.

[236] Tannu S S, Qureshi M K. Mitigating measurement errors in quantum computers by exploiting state-dependent bias[C]//Proceedings of the 52nd Annual IEEE/ACM International Symposium on Microarchitecture, Columbus, 2019: 279-290.

[237] Tripathi V, Chen H, Khezri M, et al. Suppression of crosstalk in superconducting qubits using dynamical decoupling[J]. Physical Review Applied, 2022, 18(2): 024068.

[238] He A, Nachman B, de Jong W A, et al. Zero-noise extrapolation for quantum-gate error mitigation with identity insertions[J]. Physical Review A, 2020, 102(1): 012426.

[239] Mundada P, Zhang G Y, Hazard T, et al. Suppression of qubit crosstalk in a tunable coupling superconducting circuit[J]. Physical Review Applied, 2019, 12(5): 054023.

[240] Mitchell B K, Naik R K, Morvan A, et al. Hardware-efficient microwave-activated tunable coupling between superconducting qubits[J]. Physical Review Letters, 2021, 127(20): 200502.

[241] Chamberland C, Zhu G Y, Yoder T J, et al. Topological and subsystem codes on low-degree graphs with flag qubits[J]. Physical Review X, 2020, 10(1): 011022.

[242] Knill E, Leibfried D, Reichle R, et al. Randomized benchmarking of quantum gates[J]. Physical Review A, 2008, 77(1): 012307.

[243] Magesan E, Gambetta J M, Emerson J. Characterizing quantum gates via randomized benchmarking[J]. Physical Review A, 2012, 85(4): 042311.

[244] Li M, Guo F Q, Jin Z, et al. Multiple-qubit controlled unitary quantum gate for Rydberg atoms using shortcut to adiabaticity and optimized geometric quantum operations[J]. Physical Review A, 2021, 103(6): 062607.

[245] Qureshi M, Tannu S. Quantum computing and the design of the ultimate accelerator[J]. IEEE Micro, 2021, 41(5): 8-14.

[246] Ferrari D, Carretta S, Amoretti M. A modular quantum compilation framework for distributed quantum computing[J]. IEEE Transactions on Quantum Engineering, 2023, 4: 2500213.

[247] Chou K S, Blumoff J Z, Wang C S, et al. Deterministic teleportation of a quantum gate between two logical qubits[J]. Nature, 2018, 561(7723): 368-373.

[248] Dunning I, Gupta S, Silberholz J. What works best when? A systematic evaluation of heuristics for max-cut and QUBO[J]. INFORMS Journal on Computing, 2018, 30(3): 608-624.

[249] Delahaye D, Chaimatanan S, Mongeau M. Simulated Annealing: From Basics to Applications[M]//Gendreau M, Potvin J Y. Handbook of Metaheuristics. Cham: Springer, 2019: 1-35.